자주국방론

국립중앙도서관 출판시도서목록(CIP)

자주국방론 : 한국에 의한, 한국을 위한, 한국의 안보 · 국방전략 /
김재엽 지음. -- 서울 : 선학사, 2007
p. ; cm

참고문헌과 색인수록
ISBN 978-89-8072-203-7 93390 : ₩20000

390.911-KDC4
355.0335519-DDC21 CIP2007001150

자주국방론

한국에 의한, 한국을 위한, 한국의 안보·국방전략

2007년 4월 10일 초판 인쇄
2007년 4월 15일 초판 발행

지 은 이 김재엽
펴 낸 이 이찬규
펴 낸 곳 선학사
등록번호 제10-1519호
주 소 121-802 서울시 마포구 공덕2동 173-51
전 화 (02)704-7840
팩 스 (02)704-7848
이 메 일 sunhaksa@korea.com
홈페이지 www.sunhaksa.com

값 20,000원

ISBN 978-89-8072-203-7 93390

이 책을

대한민국의 자주국방을 위해 헌신하신,

그리고 지금 이 순간에도

그 신성한 의무를 다하고 계시는

모든 분들께

바칩니다.

“자주정신(自主精神)이란 한마디로 ‘우리가 나라의 주인’이라는 의식이다.”

“우리의 힘이 부족할 때는 남의 도움을 받는 것은 당연하다. 그러나 남이 돕는 것은 어디까지나 도움이라고 생각해야지, 남이 우리를 대신해서 지켜주기를 기대해서는 안 된다.”

“가령 자기 집에 화재가 났다. 이랬을 때는 어떻게 하느냐? 우선 그 집 식구들이 일차적으로 전부 총동원해서 불을 꺼야 할 것이 아닌가. 그러는 동안에 이웃 사람들이 쫓아와서 도와주고, 물도 퍼다가 주고, 소방대가 쫓아와서 지원을 해준다. 그런데 자기 집에 불이 났는데 그 집 식구들이 끌 생각은 안하고 이웃 사람들이 도와주는 것을 기다리고 앉았다면, 소방대가 기분이 나빠서 불을 안 꺼줄 것이다.”

—박정희 대통령—

PAX KOREANA

한국에 의한,
한국을 위한,
한국의 안보 · 국방전략

자주국방론

김재엽 지음

선학사

:: 차례

도표 · 그림 차례

프롤로그

누가 우리 운명의 주인인가?

이 책이 쓰여진 배경을 설명하기에 앞서 필자는 지금 이 땅에서 벌어지고 있으며, 지금부터 이 책을 읽을 이들의 현재 그리고 미래와 직결되는 다음의 두 가지 현상들을 다시 한번 상기시키고자 한다.

(1) 2006년 10월 9일 오전. 추석 연휴를 마치고 각자의 일상생활로 돌아오고 있던 많은 이들에게 충격적인 소식이 전해졌다. 북한이 끝내 지하 핵실험을 강행했다는 내용이었다. 사태 직후 국내외의 주요 언론에서는 연일 북한 핵실험에 대한 기사가 넘쳐났으며, TV 방송과 뉴스는 핵실험 추정장소에 대한 위성사진과 지하 핵실험 관련 영상, 북한의 군사 퍼레이드, 그리고 경악하는 한국과 국제사회의 모습을 반복해서 보여주었다. 주식시장 역시 10월 9일 당일에만 유가증권(KOSPI)과 코스닥(KOSDAQ) 지수가 각각 32, 48포인트나 폭락했다. 단 하루만에 무려 21조 5,170억 원이 증발해 버린 것이다. 이후에도 사람들은 북한이 또 다른 핵실험을 비롯한 사태악화를 저지를지 모른다는 두려움에 긴장해야 했다.

그렇다면 이번 사태의 가장 직접적인 당사자인 동시에, 최대의 피해자일 수밖에 없는 한국은 무엇을 하였는가? 북한의 핵실험 직후 노무현 대통령이 직접 "이 마당에 와서 포용정책만을 계속 주장하기는 어렵게 되었다"고 인정했지만, 막상 UN 안전보장이사회에서 북한에 대한 제재결의안 1718호가 만장일치로 채택된 후에도 한국정부의 대응은 그다지 달라진 것이 없었다. 북한의 핵개발을 위한 자금 창구로 전용되고 있다는 의심을 받아온 개성공단과 금강산 관광사업은 '민간경협사업'이자 '한반도 화해협력의 상징'이라는 이유로 지속되었고, 정식 참여 및 참여범위의 확대가 예상되었던 대량살상무기 확산방지구상(PSI)도 '한반도에서의 특수한 상황'을 내세워 참여 유보를 선언한 것이다. 가장 적극적으로 북한의 도발에 맞서야 할 입장임에도 오히려 북한의 심기를 건드릴 것을 두려워하여 저자세를 취했다는 비판을 면할 수 없었다. 심지어 한국 사회와 정치권 일각에서는 "북한 핵실험은 대북강경, 적대정책을 펼쳐 온 미국의 책임", "북한과 미국의 직접대화만이 문제의 해결책"이라고 주장하면서 애써 북한정권의 입장을 두둔하기까지 했다. 이는 스스로 '위기의 1차적 당사자'이기를 포기하고, 대신 '북한 핵위협의 인질'임을 자처하는 추태였다.

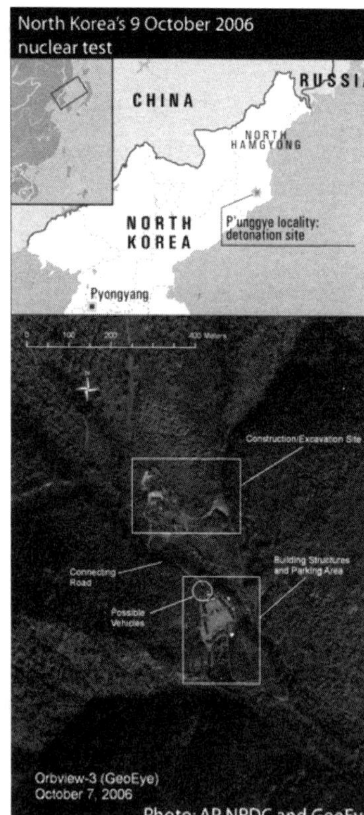

출처: *Strategic Comment*, October 2006, Vol.12, Issue.8

〈그림 1-1〉 **북한의 핵실험 추정장소와 현장 인공위성 사진**

다행히도 3주일만인 10월 31일 밤, 북한이 지난 1년이 넘게 중단되어온 6자회담에 복귀하기로 합의하면서 일단 사태의 급격한 악화는 피할 수 있게 되었다. 하지만 그것조차도 한국이 아닌 미국, 중국에 의해서 이루어진 것이었다. 노무현 행정부가 집권 초기부터 강조해 온 '한국의 주도적 역할'이라는 원칙은 다시 한번 무색해졌다. 한때 전쟁 일보직전까지 치달았던 제1차 북핵 위기로부터 10여 년이 지났지만, 여전히 한국은 '미국과의 굳건한 동맹관계와 공조'나 '평화적 해결'과 같은 외교적 수사(修辭)만 반복하면서 평양과 워싱턴 사이의 힘겨루기 결과를 지켜봐야만 하는 처지를 면치 못하고 있는 것이다.

(2) 6.25전쟁 이후 주한미군(駐韓美軍)이라는 존재는 한국 안보에 있어서 단순한 전투부대 이상의 가치를 차지해 왔다. 다시 말해 북한이 한국을 침략할 경우 주한미군을 지원하기 위해서라도 미국이 자동적으로 한국에 군사적 지원을 제공하도록 보장하는 '인계철선(Tripwire)'의 역할을 해온 것이다. 이를 위해 주한미군의 절대다수인 육군병력은 휴전선으로부터 불과 30~40km 이내의 한강 이북지역에 고정 전진배치되어 왔다. 지난 1970년대 닉슨 행정부의 제7사단 철수 그리고 카터 행정부의 주한 미 육군 완전철수계획 등을 겪기도 했지만, 주한미군의 인계철선 역할은 기본적으로 변함이 없었다.

그러나 지난 4년 동안에 걸쳐 이루어진 현상들은 과거 반 세기 동안 유지되어 온 주한미군의 기능과 성격을 근본적으로 변화시키고 있다. 먼저 1990년대 초부터 3만 7,000여 명을 유지해 온 주한미군의 병력 규모가 오는 2008년까지 2만 5,000여 명 이하로 대폭 감축되며, 남은 병력들도 휴전선에서 멀리 떨어진 한강 이남지역으로 재배치될 예정이다. 또한 탱크, 장갑차, 야포와 같은 중무장 위주로 이루어졌던 주한미군의 전력 편성을 경량화시켜 언제든지 한반도 이외의 지역으로 투입할 수 있도록 한다는 계획도 진행중이다. 이제 주한미군은 더 이상 한반도 방위만을 담당하는 고정배치 전력으로 남아있지 않게 된 것이다.

그동안 '인계철선으로서의 주한미군'을 당연하게 여겨온 한국 내부에서는 이러한 미국의 움직임에 매우 당황했다. "주한미군 병력의 감축, 한강 이남으로의 재배치, 그리고 한반도 밖으로의 차출 가능성이 유사시 미국의 한국 방어공약을 약화시킬 것"이라면서 안보 공백을 우려하는 주장들이 곳곳에서 제기되었다. 이런 가운데 6.25전쟁 이후 반 세기가 넘도록 주한미군 사령관에게 위임되어 온 한국군의 전시(戰時)작전통제권을 한국에 완전 이양하는 계획이 추진되자 국내 여론은 더욱 극심한 대립 속으로 빠져들었다. 특히 전직 국방장관과 퇴역장성, 유력 언론사 등을 중심으로 "전시작전통제권의 환수는 한미동맹을 근본적으로 무너뜨리고, 국방태세를 약화시키는 위험천만한 짓"이라는 주장이 쏟아졌다. 이후 한미 양국의 국방당국은 여러 차례에 걸쳐 "전시작전통제권 전환 이후에도 동맹은 굳건하다"고 강조했지만, 반대측의 목소리는 오히려 더욱 거세어졌다. 급기야는 "북한 핵문제가 해결되기 전까지 전시작전통제권 이양을 절대 반대한다"는 결의안이 국회에 상정되기까지 했다. 최근 한미 국방장관회담에서 전시작전통제권의 전환 시기가 2012년 4월 17일로 합의된 후에도 유력한 대통령선거 후보들과 퇴역 장성들은 연일 재협상을 요구하고 나섰다.

위와 같은 두 개의 현상은 상식적으로 매우 납득되기 힘든 모습들이다. 전체 국력이 북한보다 훨씬 우월하다는 한국이 왜 북한의 계속되는 도발, 위협 앞에서 그토록 쩔쩔매야만 하는가? 그리고 60만 명이 넘는 군대를 갖고 있으면서 겨우 3만 명에도 못 미치는 외국군의 병력 규모나 배치지점이 바뀌는 일을 놓고, 주권국가의 가장 대표적인 고유권한에 해당하는 자국군대의 작전권을 뒤늦게나마 회복하는 것 때문에 나라 전체가 발칵 뒤집혀야 하는 까닭이 도대체 무엇일까?

이유는 간단하다. 국가안보를 위해 필요한 핵심적 능력을 미국과의 동맹에 전적으로 의존하고 있기 때문이다. 다시 말해서 자국의 생존이나 전쟁의 예방 등과 같은 가장 근본적인 과제를 풀어나갈 수단에 대한 자립을 하지 못하고 있다는 것이 바로 오늘날 한국이 직면한 문제의 근본원인인 셈이다. 좀더 가혹하게 표현하자면, 한국은 '스스로의 운명을 개척하지 못하는' 답답하기 그지없는(직설적으로 표현하자면 너무도 한심한) 처지에 놓여있다고 할 수 있다.

지난 2002년 6월 한일월드컵에서 국가대표 축구팀의 4강 신화와 "대~한민국!"을 연호하던 '붉은 악마' 응원단의 함성에 세계는 아낌없는 갈채를 보냈으며, 한국 국민들은 무한한 자긍심을 만끽했다. 하지만 월드컵 폐막을 불과 하루 앞둔 그해 6월 29일, 서해에서 북한 해군경비정이 저지른 기습도발사건으로 한국은 또 다시 '언제 전쟁이 터질지 모르는 위험한 나라'라는 익숙한(?) 오명을 뒤집어쓰게 되었다. 2006년 10월에는 역시 국가적인 경사이자 자랑거리였던 반기문 당시 외교통상부장관의 제8대 UN 사무총장 당선마저도 바로 직전에 일어난 북한의 핵실험사태 때문에 빛을 잃고 말았다. 이처럼 한국은 일정 수준의 국방·군사력이 뒷받침되지 않고서는 스스로의 생존과 번영을 위한 최소한의 발언권이나 영향력조차 보장받지 못하는 가혹한 조건에 놓여 있다. 불쾌할지언정 결코 외면할 수 없는 엄연한 현실인 것이다. 30년 전인 '판문점 도끼만행사건' 당시에 박정희 대통령이 "미친 개에게는 몽둥이가 필요하다"라고 역설하기도 했지만, 지금까지 한국은 이렇다 할 몽둥이를 갖지 못해왔음을 부정할 수 없다.

그렇다면 과연 이러한 현실이 정상이라고 할 수 있는가? 결코 아니다. 이러한 상황이 계속 우리의 현실로 남아있는 이상 동북아시아에서 한국이 설 자리는 없을 것이기 때문이다. 중국의 고구려사 왜곡, 한국을 후진국 내지 전쟁위험지역 정도로나 묘사하는 외신보도와 헐리웃 영화, 그리고 동해(東海)의 자리에 'Sea of Japan'이나 '日本海'가 적혀있는 지도의 모습에 분노하면서도 정작 그럴 때마다 우리는 무엇을 했던가? 기껏해야 "깊은 유감"이라는 식의 외교성명, 일회성의 대규모 항의집회, 인터넷 토론게시판에 분노섞인 탄식과 댓글이나 올리는 것이 고작이었다. 또는 '한 번도 남을 침략한 적이 없는, 평화를 사랑하는 민족'임을 자부하면서 애써 위안삼거나, 만주를 지배했던 고구려 시절을 예찬하는 사극(史劇) 드라마와 『무궁화꽃이 피었습니다』류의 가상전쟁소설이나 영화에 열광하며 현실도피나 하려 했을 뿐이었다. 심지어 핵개발과 미사일을 앞세운 북한의 횡포를 부러운(?) 눈으로 바라보는 이들마저 있을 정도였다. 이 땅의 전쟁과 평화 여부가 북한 관영방송의 협박성 발언이나 미국대통령 선거 결과만으로 좌우되는 현상이 당연한 것인양 여긴다면, 이건 분명 잘못되어도 한참 잘못된 일이다.

사실 한국의 국가안보에서 '자주국방'이라는 개념이 전혀 새로운 것은 아니다. 이미 지난 1970년대 초반, 그러니까 미국이 소위 '닉슨 독트린'에 따라 한국에 주둔하고 있던 미 육군 제7사단을 비롯한 약 2만 명 규모의 주한미군 병력을 일방적으로 철수시키고, 박정희 행정부가 자체적인 군사력 증강과 방위산업 육성을 진행시키면서 처음 등장했기 때문이다. 그러나 박정희 시대가 막을 내린 1980년대 이후에는 다시 미국과의 동맹이 한국 안보를 위한 전략의 전부인양 강조되었으며, 이는 현재까지도 크게 달라지지 않고 있다.

자주국방이 다시 사람들의 주목을 받기 시작한 것은 불과 최근 몇 년 동안의 일이다. 지난 2003년 노무현 행정부가 출범 직후부터 '협력적 자주국방'이라는 기치 아래 그 필요성을 여러 차례에 걸쳐 강조하면서, 이 주제는 참으로 오랜만에 국방분야의 중심과제이자 화두(話頭)로 떠오르게 되었다. 이를 '자주국방의 르네상스'라고 할 수 있을 것이다. 그러나 한편으로는 모처럼 활기를 되찾은 자주국방의 여러 다양한 논의과정에서 나타난 한계도 부정할 수 없다. 자주국방이 그 자체로 의미있는 안보, 국방전략의 하나로 다뤄지기보다는 여전히 미국과의 동맹전략이라는 큰 틀의 일부로 국한되는 '하위변수' 정도로 인식되었기 때문이다. 뿐만 아니라 주제의 성격도 국가안보전략의 측면보다는 '자주냐, 동맹이냐?'라는 양자택일식 이념논쟁으로 전개되는 경우가 많았다. 특히 현재 진행중인 북한 핵위기, 한미 동맹관계의 구조조정과 맞물리면서 자주국방이 정부·여당과 야당, 또는 보수와 진보 사이의 정치, 사상적 대립 현안으로 변질되는 지경에 이르렀다.

자주국방에 관한 필자의 첫 졸저 『한국형 자력방위』가 출간된 것은 지난 2004년 10월 말이다. 그로부터 불과 3년이 채 안 되는 짧은 시간이 흘렀지만, 그동안 일어난 변화는 실로 엄청난 것이었다. 북한은 공식적으로 핵보유를 선언한 지 1년만에 핵실험을 강행했고, 이에 앞서 지난 8년 동안 중지되었던 탄도미사일 시험발사를 재개하였다. 일본은 군대 보유의 합법화를 비롯하여 본격적인 정치·군사대국으로 나아가기 위한 내용들이 다수 포함된 개헌안을 공식발표했으며, 과거사 문제 및 독도 영유권을 둘러싼 한국과의 갈등을 더욱 악화시켜 나갔다. 중국과 러시아는 냉전시절에도 없었던 합동군사훈련을 한반도의 바로 코앞인 서해상에서 실시했다. 여기에 주한미군을 한반도 이외의 지역에도 투입할 수 있다는

'전략적 유연성'에 관한 한미 양국의 합의가 이루어졌고, 국내외의 숱한 논란을 일으켰던 한국군의 전시작전통제권 환수도 오는 2012년 4월에 완료하기로 결정되었다. 그리고 한국 내에서는 '병력규모의 감축과 질적 정예화 그리고 국방운영체계의 선진화' 등을 골자로 하는 「국방개혁 2020」이 발표되었고, 이를 제도적으로 뒷받침하기 위한 「국방개혁법」도 국회를 통과했다.

이처럼 북한과 주변 강대국에 의한 위협이 과거 어느 때보다 구체화되고 있는 가운데, 지금까지 먼 장래의 일처럼 여겨져 왔던 '한국 방위의 한국화'는 이제 눈앞의 현실이자 과제로 다가오고 있다. 많은 사람들이 지금을 '6.25전쟁 이후 최대의 안보위기'라고 우려하고 있으며, 사실 전혀 틀린 주장은 아니다. 하지만 '위기는 곧 기회'라고 하지 않았던가. 위험스럽게만 여겨지는 현재의 상황이, 한국 스스로의 의지와 노력 여하에 따라 오랜 숙원이었던 자주국방의 성패여부를 결정짓는 기회가 될 수도 있는 것이다. 필자가 이 시점에서 '자주국방'을 주제로 다시 책을 쓰겠다고 결심한 계기도 여기에 있다.

주제의 특성상 이 책의 내용은 주로 군사력의 사용과 건설 등을 다루고 있으며, 그만큼 외교나 동맹 등이 국가안보에 미치는 기능을 상당히 간과할 수 있다는 한계점을 인정하는 바이다. 또한 군의 지휘통제 구조나 사기, 정신전력 등 소위 '무형요소'에 관해서도 논외사항으로 둔 점에 따른 연구의 한계가 있을 수 있음을 미리 밝혀둔다. 무엇보다 이 책이 한국의 자주국방이라는 주제에 대한 완결된 형태의 연구일 수 없다. 다만 오늘날 한국의 안보환경에 있어서 왜 자주국방이 요구되며, 어떤 형태의 전략과 능력이 요구되는지, 그리고 이를 달성하는 데 직면하고 있는 과제와 해결책 등은 무엇인지 등 실재적인 정책현안들을 풀어나가고자 할 때 기여와 토론의 대상이 될 수 있다고 자부한다. 부디 본 졸저가 건국 이후 국가안보전략의 가장 근본적인 전환기라고 할 수 있는 오늘날 자주국방에 대한 학문적·정책적 논의와 연구 그리고 실천에 미력하게나마 보탬이 될 수 있길 희망한다. 그리하여 자주국방 실현이라는 역사적 과업의 첫 삽을 뜬 노무현 행정부의 남은 임기 동안은 물론, 오는 12월의 제17대 대통령선거 이후에 출범할 새 정부가 보다 발전된 방향으로 자주국방의 과업을 이어 나가도록 촉매역할을 할 수 있다면 필자로서는 나름대로의 몫을 했다고 만족할 수 있을 것이다.

이 책을 쓰는 동안 필자의 머릿속에서는 여러 생각들이 교차했다. '도대체 우리는 언제까지 남에게 당하기만 해야 하는 것일까? 수 세기가 넘도록 외세의 침탈에 시달렸던 것도 모자라서, 이젠 권력욕을 위해 7,000만 겨레를 압제와 전쟁의 공포로 몰아넣으려는 독재자들에게까지 끌려다녀야 한단 말인가? 갖은 고난 끝에 제국주의자들의 식민지배로부터 해방되어 경제대국을 건설하고, 수많은 이들의 희생 속에서 민주화를 쟁취해 낸 대가가 고작 이런 것이었나?' 이것이 단지 필자 혼자만의 감상(感傷)은 아닐 것이다. 하지만 단순히 울분을 터뜨리거나 체념만 하고 있을 수는 없다. 우리 스스로의 생존과 번영 그리고 더 이상 우리의 후손들에게 '힘없는 조국'을 물려주지 않기 위해서, 지금이야말로 '정치 선전구호'가 아닌 '국가안보전략'으로서의 자주국방을 실현하기 위한 범정부 차원의 결단과 국민적 성원, 그리고 지속적인 실천이 필요한 것이다.

2년 전 『한국형 자력방위』에 이어서, 부족한 점이 많은 이번 연구가 다시 한번 책의 형태로 나올 수 있도록 배려해 주신 선학사/북코리아의 이찬규 대표님께 먼저 감사드린다. 또한 본 졸저의 집필과정을 비롯해서 늘 친절한 배려와 조언을 아끼지 않으시는 김종하 한남대 국방전략연구소 부소장님, 일찍부터 탁월한 선견지명을 갖고 핵주권을 비롯한 독자적인 전략수준 능력 자립의 필요성을 역설해 오신 한국국방연구원(KIDA)의 김태우 박사님, 그리고 활발한 연구 및 저술활동을 통해 척박한 국내 국방전략 연구의 선구자 역할을 하고 계신 前 해군 교육사령관 강영오 제독님께 진심으로 감사와 존경의 인사를 올린다.

2007년 3월

김재엽

I 기본개념 정리

▶ 국가의 이익 그리고 안전보장

▶ 안보환경

▶ 국가안보전략으로서의 자주국방

1. 국가의 이익 그리고 안전보장

(1) 국익과 우선순위의 규정

책의 첫머리인 만큼 가장 기본적인 질문들에 답하는 것으로 시작하고자 한다. 제일 먼저 우리는 "국가(國家)란 무엇인가?"라는 질문에 대해 대답할 필요가 있을 것이다. 사전적 정의를 인용하자면, 국가는 '일정한 영토와 그곳에 사는 일정한 주민들로 이루어져, 주권(主權)에 의한 통치 조직을 지니고 있는 사회 집단'이라고 할 수 있다. 그렇다면 "국가는 무엇을 위해 존재하는가?"라는 질문이 자연스럽게 이어진다.

지구상에 존재하는 거의 모든 개인과 집단은 저마다 이루고자 하는 여러 목적을 좇아 행동하기 마련이다. 작게는 스스로의 안전이나 복리를 위해, 그리고 크게는 보다 보편적이고 대의에 호소하는 이상(理想)과 윤리의 실현을 위해 말이다. 이와 같은 목적들이 보다 구체화된 것, 또는 목적을 이루는 데 도움이 되는 것들을 가리켜 흔히 '이익(利益)'이라고 부른다. 마찬가지로 수백만에서 수천만, 혹은 수억에 달하는 국민들을 책임져야 하는 오늘날의 국가들 또한 이익을 추구해야 하는 속성을 갖게 된다. 이처럼 국가 차원에서 추구되어야 하는 이익이 바로 '국익(國益: National Interest)'이다.[1] 요컨대 국익은 국가 그 자체의 존재이유를 구체화한 것

---

1) '국익'이라는 개념이 처음 국제정치에 등장한 것은 베스트팔렌 조약으로 대표되는 서구식 주권국가가 인정된 지난 17세기 전후로 알려져 있다. 하지만 20세기에 들어와서야

이며, 국가의 이름으로 수립·집행되는 모든 행위들(즉, 국가정책)에 대한 기준 및 근거가 된다.

여기서 기억해야 할 것은 국익이라는 개념은 한 가지 형태의 이익만으로 이루어지지 않으며, 여러 다양한 이익들로 구성되는 총체적인 성격의 것이라는 점이다. 반면에 어느 국가든지 정도의 차이가 있을 뿐 총량적인 능력의 크기에는 한계가 있기 마련이다. 만일 국익 전반을 구성하는 다양한 이익들을 한꺼번에 이루려고 할 경우 지나친 국력상의 부담을 초래하여 해당 국가는 큰 곤경에 빠질 수밖에 없을 것이다. 이러한 이유 때문에 국가는 국익을 구성하는 각각의 이익들에 대한 교통정리, 즉 우선순위를 규정지을 필요가 있다. 이를 통해서 한정된 국력을 보다 효율적으로 사용하면서 국익의 극대화에 기여할 수 있기 때문이다.

국익을 구성하는 여러 이익들에 대한 우선순위 규정은 국익 그 자체에 대한 정의만큼이나 여전히 학문적인 논쟁거리가 되고 있을 정도로 모호한 성격을 띈 주제다. 하지만 국내 학계에서는 구영록 前 서울대 외교학과 교수가 제시한 4가지 범주에 따라 분류, 정의되는 것이 일반적이다.[2] 즉, '사활적(死活的: Survival)' 이익과 '핵심적(核心的: Vital)' 이익, '중요(重要: Important)' 이익, 그리고 '지엽적(枝葉的: Peripherial)' 이익을 뜻한다. 그 내용들을 좀 더 자세히 살펴보자.

비로소 학문적 차원에서 체계적으로 연구되기 시작했으며, 한스 모겐소를 비롯한 세력주의(Power Politics, 일명 현실주의(Realpolitik)) 계열의 정치학자들이 주로 강조한다. 전 웅, 『外交政策論』(법문사, 1986), pp.258~262.

2) 구영록 著, 『한국의 國家利益: 외교정치의 現實과 理想』(법문사, 1995), pp.31~32.

1) 사활적 이익

한마디로 국가 스스로의 생존여부와 직결되는 '자기보존(自己保存)'에 관한 이익으로서, 가장 우선순위가 높은 국익이라고 할 수 있다. 그 어떤 거대한 목표나 이상도 결국에는 살아있어야만 달성할 수 있기 때문이다. 따라서 사활적 이익은 모든 국가의 입장에서 반드시 관철시켜야 하는 성격의 것이며, 이것과 직결되는 문제에 관한 한 양보와 타협이란 있을 수 없다. 그리고 이를 달성하기 위해서는 군사력을 포함해서 해당국가의 모든 정책수단이 즉각적으로 동원될 수밖에 없다. 사활적 이익에 해당하는 내용들을 구체적으로 열거해 보면 다음과 같다.

- 국가의 대외적인 주권을 수호하는 것
- 자국 영토의 존엄과 통합성을 보호하는 것
- 국민 다수의 생명에 대한 안전을 달성하는 것
- 국가 내부의 질서와 고유한 정치적 · 사회적 가치를 유지하는 것
- 국가 존속에 필수적인 유형적 역량과 제도적 장치를 지속시키는 것
- 생존에 필수적인 물질요소를 안정적으로 확보하는 것

2) 핵심적 이익

사활적 이익에 비해서는 상대적으로 우선순위가 낮지만, 결코 소홀히 해서는 안 되는 성격의 국익이라고 할 수 있다. 비록 현 시점에서는 아직 잠재적인 가능성 정도에 머물러 있지만 그냥 내버려둘 경우 머지않은 장래에 사활적 이익을 위태롭게 할 만큼 악화될 수 있는, 그리고 현 시점에서도 해당국가의 행동의 자유를 제약할 정도의 족쇄로 악용될 수 있는 위협이 있다면 어떻게 해야 할 것인가? 해당국가의 입장에서는 사전에 그

것을 제거, 해소하는 것이 가장 바람직할 것이다. 훨씬 비용과 수고를 절약할 수 있기 때문이다. 이처럼 '위험 예방'을 달성하는 것에 해당하는 국익을 바로 핵심적 이익이라고 한다.

핵심적 이익에 대한 위협은 사활적 이익의 경우에 비해서 대처하는데 상대적으로 시간적 여유가 있는 경우가 대부분이다. 때문에 일반적으로 비군사적인 수단을 통해서 당사국 간의 사활적 이익을 침해하지 않는 한도 내에서 문제를 해결하려는 경향이 강하다. 하지만 상황의 진행 여하에 따라서 핵심적 이익의 달성을 위해 군사력을 포함한 극단적인 정책수단이 동원될 수 있는 가능성도 배제될 수 없다. 핵심적 이익에 해당되는 내용들을 좀더 자세히 열거하면 다음과 같다.

- 자국의 의지, 이익에 부합되는 방향으로의 행동의 자유를 보장받는 것
- 주변국가 및 강대국과의 우호적인 관계를 구축하는 것
- 유사시 직접적인 도움을 기대할 수 있는 우방, 동맹국가를 최대한 확보하는 것
- 국내외에서 자국에 적대적인 세력, 정권이 등장하거나 그 힘이 커지는 일을 방지하는 것
- 주변 이해당사국이 자국에 적대적인 정치, 외교, 경제, 군사적 행동을 실행하지 못하도록 하는 것
- 해당지역에서 특정국가가 압도적으로 강해지는 일을 막는 것
- 테러리즘, 국제범죄를 비롯한 '초국가적 위협'을 통제하는 것
- 생존에 필수적인 물질요소 확보에 필요한 수단, 경로(經路)를 보호하는 것

3) 중요 이익

앞에서 언급한 사활적, 핵심적 이익이 단기간 이내의 신속한 대응을 필요로 하는 반면, 중요 이익은 보다 장기적 관점에서 다루어지는 국익들에 관한 것이다. 쉽게 말해서 "국가가 어떻게, 무엇으로 먹고 살 것인가?"에 대한 질문에 대한 해답이라고 할 수 있다. 중요 이익의 효과적인 달성은 해당국가를 보다 부강하게 만들며, 국제적으로 큰 영향력을 행사할 수 있는 기반을 제공한다. 반면 중요 이익을 제대로 성취하지 못한다면 해당국가의 힘은 갈수록 쇠퇴할 것이며, 결국에는 사활적, 핵심적 이익을 지켜낼 여유조차 남아있지 못할 것임은 분명하다.

중요 이익이 해당국가의 국익 전반에서 차지하는 비중은 해당국가가 국제사회에서 갖는 역할, 그리고 사활적 · 핵심적인 국익내용에 있어서의 대외의존도와 비례하는 특성을 갖는다. 강대국일수록 자국의 주요국익이 걸린 영역이 세계 여러 지역으로 확장되는 이유가 여기에 있다. 중요 이익에 해당하는 내용들을 열거해 보면 다음과 같다.

- 자국이 지향하는 정치 · 경제적 질서와 가치를 해당지역 및 세계 전체로 확대하는 것
- 자국 또는 우방, 동맹국에 유리한 국제질서를 유지 · 강화하는 것
- 국제적 · 지역적인 분쟁을 안정시키는 것
- 재외국민과 교포의 안전과 권익을 보호하는 것
- 생산 및 국제무역, 투자유치 등의 극대화를 통해 국부(國富)를 증진하는 것
- 중요 시장과 자원 원산지로의 진출을 확대하는 것
- 세계시장에서의 경쟁력을 확보, 강화하는 것

4) 지엽적 이익

지금까지 설명된 국익의 4대 범주 가운데 지엽적 이익은 그 중요도에 있어서 가장 약한 성격의 것이다. 해당국가의 입장에서 중요하고 바람직하다고 여겨지는 것이지만, 당장의 국가 생존이나 장기적인 복리의 증진에 직접적인 영향을 주지는 않는 일종의 '희망사항' 정도에 해당한다고 볼 수 있다. 따라서 앞에서 언급된 다른 세 가지 국익에 비해 훨씬 큰 폭의 양보도 이루어지는 경우가 많다. 하지만 지엽적 이익도 엄연히 국익에 포함되는 것은 분명하다. 비록 짧은 시간에 그 효과가 쉽게 나타나지는 않으나 해당국가가 타국으로부터 '선진국' 내지 '문화국가'로서 존경과 권위를 인정받고, 대내적으로는 국민들 사이에서의 단결을 강화시킨다는 점에서 가치가 있다.

흔히 지엽적 이익의 달성을 '국위선양'이라고 표현한다. 주로 학문, 예술, 대중문화, 체육 등의 분야에서의 성과를 통해 나타나는 경우가 많다. 여기에 해당하는 내용은 아래와 같이 열거될 수 있을 것이다.

- 자국의 역사, 문화 등에 대한 정확한 정보를 대외에 보급하는 것
- 국제적 행사 및 대회 등을 통해서 자국의 힘과 우수성을 널리 홍보하는 것
- 타국 내부에서 자국에 대한 우호적인 인식과 여론을 심어주는 것
- 국민들의 자긍심과 애국심을 높이는 것

지금까지 살펴본 국익들이 갖는 특징들을 정리하면 도표 1-1과 같다.

〈도표 1-1〉 국익의 틀

	시기	범위	내용	성격	목적
사활적	상시적	일국 차원	방어적	양보불가	생존
핵심적	중 · 단기적	지역 차원	예방적	제한적 조정 가능	평화, 자유
중요	장기적	세계 차원	확장적	호혜적 타협 가능	번영
지엽적	가변적	포괄적	상징적 심리적	상당한 양보 가능	명예

주해: 시기 항목에서 '단기(短期)'는 수개월~1년 내외의 짧은 기간이며, '중기(中期)'는 특정 정부의 임기에 해당하는 약 4~5년, 그리고 '장기(長期)'는 최소 한 세대(世代: Generation)에 걸친 10년 이상의 오랜 기간을 뜻한다.

(2) 국가안보란 무엇인가?

국가의 안전보장(安全保障), 또는 줄여서 국가안보(國家安保: National Security)라고 하는 개념 역시 그 내용을 둘러싸고 국제정치학에서 오랜 논쟁거리가 되어왔다.[3] 국가안보에 대해서는 여러 가지 정의(定意)가 있으나, 이들 대부분이 '국가의 생존 자체'와 '국가 고유의 가치 및 생활양식'에 대한 보호 등과 같은 내용을 공통적으로 포함한다. 따라서 국가안보란 "국가가 존재하기 위해 필수적인 이익, 가치들을 모든 직접 · 간접적인 위협들로부터 지키는 것"이라고 요약, 정의될 수 있을 것이다.

앞에서 살펴본 국익의 범주에 비추어볼 때, 국가안보에 해당되는 내용의 국익은 사활적 · 핵심적 이익임을 알 수 있다. 그러므로 국가안보를 국익이라는 기준에서 재정의하면 "국가의 사활적 · 핵심적 이익을 보호하고 유지, 관철시키는 것"으로 규정할 수 있다. 쉽게 말해서 국가의 '자기보존'과 '위험 예방'에 관한 것으로, "사느냐, 죽느냐"와 "전쟁이냐, 평

3) 국가안보의 개념화에 관한 학문적인 논쟁 내용에 대해서는 정준호, "제1장 國家安全保障의 槪念과 展開", 『安全保障理論』(국방대학교, 2002), pp.8~47을 참고.

화냐", 그리고 "자유냐, 속박이냐" 등의 과제에 해당되는 것이다.

흔히 국가안보와 동의어로 인식되면서 혼용되고 있는 두 가지 개념이 있는데, 바로 국방(國防: National Defense)과 방위(防衛: Defense)다. 하지만 이들 세 개념은 명백히 구분되는 것으로, 국방과 방위는 모두 국가안보의 범주에 포함되는 하위개념들이다. 좀더 구체적으로 설명하자면 국가안보는 국가의 '자기보존'과 '위험의 예방'에 대한 위협의 근원을 해당 국가의 내부와 외부 모두로 설정하며, 위협의 내용 역시 물리적인 폭력(즉, 군사력)뿐만 아니라 정치, 경제, 사회, 환경, 심리적 요인 등 매우 광범위한 내용을 포함한다.[4] 셋 가운데 최상위를 차지하는 개념이다.

이에 비해서 국방은 위협의 근원을 '국가 외부'에 한정짓고 있다는 점에서 국가안보보다는 좁은 개념이라고 할 수 있다. 그리고 방위는 위협의 내용을 '국가 외부로부터의 군사력'에 국한시키며, 이에 대한 대응책도 군사력의 사용만으로 설정하고 있다. 따라서 이들 세 개념들 사이에는 '국가안보⊃국방⊃방위'의 관계가 성립되는 것이다. 이를 도식화하면 그림 1-2와 같다.

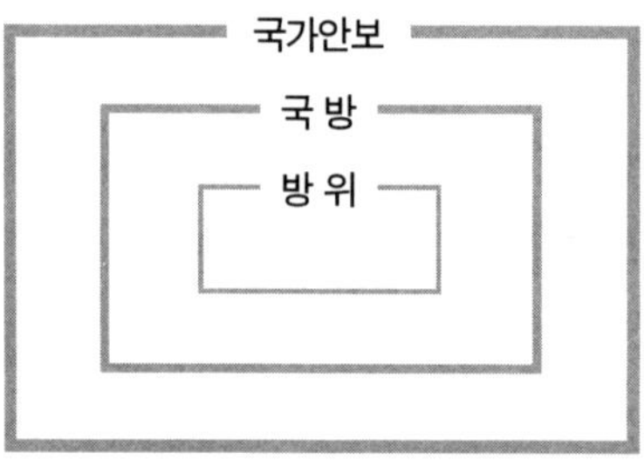

〈그림 1-2〉 국가안보와 국방, 방위의 관계

4) 본래 국가안보 역시 위협의 근원과 내용을 각각 국가 외부의, 정치 · 군사적 분야에 국한시키는 시각이 지배적이었다. 그러나 1960~70년대 베트남전쟁에서 국가 내부의 반정부 · 반체제 세력과, 이들을 통한 소위 '간접침략' 역시 국가안보에 심각한 위협이 될 수 있음이 증명되었다. 또한 냉전이 끝난 1990년대 이후 강대국들 사이의 대규모 군사적 충돌 가능성이 줄어들고 대신 군사 이외 분야에서의 초국가적 위협(예: 테러리즘, 국제조직범죄, 전염병, 환경오염, 자연재해 등)에 대한 경각심이 커지게 되었다. 그 결과 오늘날 대부분의 국가들은 국가안보를 보다 넓은 개념으로 정의하게 되었다. 보다 자세한 내용은 황병무, 『전쟁과 평화의 이해』(오름, 2001), pp.45~53을 참고.

2. 안보환경

(1) 개념과 구성요소들

이 세상에 존재하는 모든 개체들은 어떤 식으로든지 주위의 자연 또는 사회의 조건, 형편들로부터 직접·간접적인 영향을 받게 마련이다. 단지 그 영향에 따르는 결과가 해당 개체에게 긍정적인가, 혹은 부정적인가의 차이만이 있을 뿐이다. 이러한 요소들을 일컫는 용어가 바로 환경(環境: Environment)이다. 영토라는 일정 공간 속에서 국민들과 이들을 다스리는 정부 등으로 이루어진 국가 역시 스스로의 행동과 이익에 영향을 끼치는 여러 환경요소에 직면하고 있다. 특히 해당국가의 '자기보존'과 '위험의 예방', 즉 국가안보와 연관되는 국내외의 모든 요소들을 통칭하여 안보환경(安保環境: Security Environment)이라고 부른다.

특정국가의 입장에서 안보환경을 이루는 각각의 요소들은 국가안보에 대한 기회와 도전을 뜻한다. 따라서 그 내용들을 제대로 이해하고 자국에 미칠 긍정적 혹은 부정적 영향의 가능성을 파악해내는 것은 매우 중요한 일이다. 이를 토대로 하여 안보를 보다 공고히 하기 위해 필요한 정책의 방향과 필요한 국력의 내용 등을 결정할 수 있기 때문이다.

안보환경의 구성요소들은 다음의 두 가지 기준을 통해 구분될 수 있다. 하나는 '공간적' 기준으로 각각 국내 요소와 국외 요소로 분류된다. 그리고 다른 하나는 '요소 자체의 특성'에 따른 기준으로 이들은 상수(常數)와 변수(變數)로 분류된다. 상수는 거의 변화되지 않는 것들로서 주로 자연환경이나 기후, 물리적 지리요소 등을 일컫는다. 변수는 시간과 인간

〈도표 1-2〉 안보환경의 내용들

	상수	변수
국내	• 지표면과 하천의 형태, 위치, 규모, 비율 • 날씨, 계절	• 주요도시와 농어촌, 교통시설의 위치, 규모, 비율 • 인구의 크기, 분포 • 국력의 내용, 수준 • 정부 및 국민의 관심, 의도
국외	• 주변국가들의 존재 • 국경 사이의 지리적 특징 • 바다의 위치, 조류, 깊이	• 국제, 지역질서의 양상 • 주변 이해당사국의 국력 내용, 수준 • 주변 이해당사국 정부 및 국민의 관심, 의도 • 자국에 대한 주변 이해당사국 정부 및 국민의 시각

의 의지여하에 따라 변화되는 특징을 지니며 이들은 국가와 국민의 관심이나 의도, 능력, 인문적 지리요소 등에 관한 것들이 대부분이다.

이 안보환경들의 여러 요소를 정리하면 도표 1-2와 같다.

(2) 각 요소의 영향수준 평가

앞에서 살펴봤듯이 한 국가의 안전보장은 내부와 외부의 여러 정태적 · 동태적인 요소들로부터 영향을 받고 있다. 이들 요소들은 해당국가의 사활적 · 핵심적 이익에 대한 직접 · 간접적인 위협이 되거나, 혹은 반대로 이들 국익을 보호 · 관철하기 위해서 요구되는 능력이 될 수 있다. 하지만 안보환경의 내용을 이루는 각 요소들이 해당국가의 안전보장에 끼치는 영향의 정도가 모두 같은 것은 아니다.

이 점에서 안보환경의 구성요소들이 보여주는 영향수준을 제대로 이해하는 것은 큰 중요성을 갖는다. 만일 여기에 실패한다면 해당국가는 자국의 안보에 대한 당면 위협과 능력을 과소, 혹은 과대평가할 우려가 높으며, 그 결과 국가생존과 직결되는 문제에 대해서 효과적으로 대응하지 못할 위험도 커지게 되는 것이다.[5)]

안보환경의 각 요소들은 크게 다음의 세 가지 차원으로 분류될 수 있다. 즉, 전술적(戰術的: Tactical), 작전적(作戰的: Operational), 그리고 전략적(戰略的: Strategic) 수준으로 나뉘게 되는 것이다. 이들 3개의 차원을 구별하는 기준은 해당되는 안보환경상의 요소가 국가안보에 끼치는 영향 및 효과의 정도의 규모인데, 이는 그 효과의 지속시간이나 파급범위 그리고 성격 등을 기준으로 측정된다.

우선 전술적 수준의 요소는 수반되는 영향의 정도가 매우 일시적이며, 그 파급범위도 점(點)과 선(線) 정도의 국지적인 영역에 한정된다. 때문에 일정 기능에 대한 국부적인 영향만을 가져오며, 국가안보에서 차지하는 비중도 일부 하위기능 수준에 머문다. 반면 작전적 수준의 요소는 상대적으로 그 영향의 지속시간이 길고 면(面)에 해당하는 일정 영역까지 영향권에 포함된다. 이러한 차원에서는 최소한 해당국가의 안전보장에 간접적으로나마 영향을 끼칠 수 있으며, 단계적으로는 직접적인 파급효과까지 가져올 수 있는 위치를 점하게 된다.

5) 가장 대조적인 두 가지의 사례로는 2001년의 9.11 테러사태와 2003년 미국의 제2차 걸프전쟁을 들 수 있다. 전자의 경우 오사마 빈 라덴이 이끄는 테러집단 '알 카에다'의 위협능력에 제대로 대처하지 못하면서 3천여 명에 달하는 무고한 인명이 희생되는 결과를 낳았다. 반면 후자의 경우는 명확한 증거보다는 추측과 과거 전력(前歷)에 더 비중이 실린 이라크 사담 후세인 정권의 대량살상무기 개발 및 국제 테러집단 지원 의혹을 근거로 전쟁이 발발했으며, 현재까지 드러난 바로는 정당성을 얻기에는 위협의 수준이 과대평가된 것이라는 시각이 지배적이다. Richard A. Clarke, *Against All Enemies: Inside America's War on Terror* (New York : Free Press, 2004).

그리고 전략적 차원의 요소는 해당국가의 '자기보존'과 '위험의 예방'에 항상 직접적인 영향을 가져오며, 사활적·핵심적 국익과 직결될 수 있는 주요한 영역을 비롯해 전방위적인 범위로 그 효과를 파급시킬 수 있다. 따라서 그 자체로 국가의 생존과 자유 여부를 결정할 수 있는 성격을 갖는다. 이러한 내용들을 도표로 정리하면 도표 1-3과 같다.

〈도표 1-3〉 안보환경 요소들의 수준평가

	지속기간	파급범위	성격
전술적 요소	단기	하위 영역(점, 선)	한정적
작전적 요소	중·장기	일정 영역(면)	단계적
전략적 요소	상시	핵심 영역(전방위)	궁극적

3. 국가안보전략으로서의 자주국방

(1) 국가안보전략과 그 유형

국가가 생존을 유지하고 발전하기 위해서 추구해야 할 국익의 내용들이 식별, 규정되고, 이에 영향을 미칠 수 있는 국내외의 상수와 변수 요인들이 파악된 다음의 과제는 무엇인가? 바로 현실적인 도전과 기회들이 상존하고 있는 제반여건 하에서 해당국가에게 보다 높은 수준의 국익을 극대화시킬 수 있는 방책을 마련하는 것이다. 그 가운데 국가의 전반적인 기능과 국익들을 대상으로 수립된 경우를 국가전략(國家戰略: National Strategy)이라고 한다.[6] 오늘날 거의 모든 국가들은 좋든 싫든 세계차원의 정치 · 경제질서에 편입되어 있다. 때문에 각국의 국가전략은 현존질서와 자국 이익 사이의 합치 여부에 따라서 결정되기 마련이다. 따라서 국가전략은 크게 현존질서에 만족하면서 이를 지속하려는 '현상유지' 전략과, 그 반대로 현재의 국제질서가 자국의 이익에 부합되지 않는 것에 불만을 갖고 이를 바꾸려는 '현상타파' 전략 두 가지로 구분된다. 그리고 이 두 개의 국가전략 역시 그 목표를 이루기 위해서 어떠한 정책과 수단이 동원되는가를 기준으로 다시 세분화될 수 있다. 도표 1-4는 이를 정리한 것이다.

〈도표 1-4〉 국가전략의 세분화와 그 내용들

국가전략의 종류		내 용
현상유지	수세적 (순응)	이해당사국에 대한 양보로써 현존질서에 대한 변화 요구를 무마시키는 것
	공세적 (대결)	힘의 시위와 사용을 통해 도전세력의 팽창을 막아 기존질서를 유지하는 것
	제도적 (공존)	구속성 있는 합의와 실천으로 현재 상태의 안정을 보장하는 것
현상타파	점진적 (개입)	국제제도와 경제력 등의 간접적 영향력을 매개로 기존질서를 자국에 유리하도록 바꾸는 것
	급진적 (석권)	군사력을 비롯한 직접적인 힘으로 갈등관계에 있는 세력을 정복, 타도하여 자국의 이익과 부합하는 새로운 질서를 세우는 것

6) 국가전략은 종종 대전략(大戰略: Grand Strategy)이라는 용어와 혼용되는 개념으로 사용되고 있다. 영국의 전략사상가 리델 하트가 처음 명명한 이래 대전략이라는 개념은 주로 영국에서 사용되고 있으며, 프랑스의 전략가 앙드레 보프르의 경우는 총력전략(總力戰略: Total Strategy)이라고 표현한 바 있다. 굳이 구분을 짓자면 대전략의 경우는 해당국가의 총량적인 국력은 물론 비밀공작, 강압 외교, 기만책, 심리전 등의 보다 세세하고 광범위한 책략(策略)적인 수단을 통한 상대국가에의 영향력 행사까지 포함한다. 이 점에서 대전략은 국가전략보다 넓은 개념이라고 할 수 있다. John M. Collins, *Grand Strategy: Principles and Practices* (Annapolis, Maryland: Naval Institute Press, 1973), pp.14~15

국가안보전략(國家安保戰略: National Security Strategy)은 국가전략의 일부분으로 지금까지 설명한 안전보장에 관한 국익들, 즉 "'자기보존'과 '위험의 예방'을 유지하고 관철시키는 것을 목적으로 국력 및 정책수단을 사용하는 국가차원의 행동방책과 지침"을 통틀어서 일컫는다. 때문에 국가안보전략은 정치, 외교, 군사, 사회 등의 모든 국가기능을 대상분야로 설정하며, 정책수단 역시 거의 모든 국력상의 요소들을 포함시킨다.

그렇다면 국가안보전략에는 어떤 종류가 있는가? 이는 해당국가가 스스로의 사활적, 핵심적 이익을 지키기 위한 수단으로 힘과 협력 중에서 어느 쪽을 선택하느냐에 따라 구분된다. 하지만 국가안보를 이들 가운데 특정한 하나의 전략에만 전적으로 맡기는 경우는 드물다. 단지 각국의 안보환경 내용에 따라 그 우선순위의 차이만이 있을 뿐, 대부분의 국가들은 이들 전략들을 상호보완적인 성격으로 병행하는 경우가 많다.

먼저 '힘에 의한 안전보장'은 안보상의 국익에 대해 주변 이해당사국과의 갈등이 매우 심하며, 상호 간의 신뢰수준 역시 그다지 높지 못하기 때문에 그 해결수단으로 힘(군사력 등 물리적인 폭력 포함)의 균형, 우위를 선택하는 방식이다. 여기에는 해당국가 스스로의 능력을 주요 수단으로 하는 '자주국방(自主國防: Self-reliant National Defense)' 전략, 그리고 자국과 안보상의 공동위협을 맞고 있는 다른 나라와 힘을 합쳐 함께 대처하는 '동맹(同盟: Alliance)' 전략을 들 수 있다.

이와는 달리 '협력에 의한 안전보장'은 국가 생존과 직결되는 국익에 있어서 주변 이해당사국 사이의 입장차이가 거의 없거나 극복되기 쉽고, 상대국과 깊은 신뢰관계를 유지하고 있는 경우 선택되는 방법이라고 할 수 있다. 그 종류에는 해당국가와 안보상의 여러 이해당사국들이 함께 참여하여 함께 안보현안들을 관리, 해결하는 '공동안보(共同安保: Common

Security)' 전략, 그리고 군사력의 내용(규모, 능력, 구성, 배치 등)을 직접 조정하여 무력 충돌의 위험을 원천적으로 줄이는 '군비통제(軍備統制: Arms Control)' 전략이 있다.

〈도표 1-5〉 국가안보전략의 종류

분류기준	힘에 의한 전략		협력에 의한 전략	
종류	자주국방	동맹	공동안보	군비통제
내용	스스로의 힘에 의존	다른 국가와 힘을 합침	이해당사국들과의 안보문제 공동관리	군사력의 직접 조정

(2) 자주국방이란 무엇인가?

자주국방이란 "한 국가의 사활적·핵심적 이익을 보호 및 관철하기 위한 방법으로 자체적인 힘의 사용을 우선순위에 두는 국가안보전략의 한 종류"라고 정의할 수 있다. 자주국방 또한 유사시 동맹을 비롯한 외부 세력의 지원 가능성을 포함시키느냐의 여부를 기준으로 각각 '단독방어(單獨防禦: Sole Defense)'와 '능력자립(能力自立: Self-sustenance in Capability)'으로 구분된다.

〈도표 1-6〉 자주국방의 유형

	단독방어	능력자립
특징	타국의 도움을 상정하지 않고 100% 스스로의 능력에만 의존하여 국가 생존을 책임지는 것	평시 혹은 무력충돌이 발생한 직후부터 외부의 지원이 도착하는 시점까지 자국의 안전보장을 달성할 수 있는 힘을 갖추는 것

자주(自主)라는 명칭에서도 알 수 있듯이, 자주국방은 독자적으로 안전보장을 달성할 수 있는 유형능력뿐만 아니라 그 능력의 사용에 대한 해당국가의 주체성, 자율성까지 포함하는 넓은 개념으로 정의되기도 한다. 여기서는 "우리의 안전과 생명, 영토는 우리들 스스로가 책임져야 한다"는 해당국가 내부의 국민적 공감대와 정부차원의 의지, 그리고 외국의 영향력에 대해 법적 · 제도적으로 자유로운 국가안보 정책상의 의사결정 및 실행체제 등이 요구된다. 이처럼 자주국방은 하드웨어에 해당하는 유형능력과 더불어 소프트웨어인 법적 · 제도적 자율성을 포함시키느냐를 기준으로 다시 '좁은 의미의 자주국방', 그리고 '넓은 의미의 자주국방'으로 분류될 수 있다.

하지만 자주국방이 그 실효성을 갖기 위해서는 자국의 안전보장을 스스로 뒷받침하기에 충분한 국력과 유형 군사력이 무엇보다도 요구된다는 점은 말할 필요도 없다. 바로 자력방위(自力防衛: Self-effort Defense) 능력이다. **따라서 자력방위 능력은 자주국방의 실현을 위한 가장 기본적인 전제, 즉 '필요조건'인 것이다.** 자국 안보에 대한 내부의 강력한 결의나 독립적인 군사력의 지휘 · 통수체제 등과 같은 요소들만으로는 '자주'는 가능해도, '국방'이라는 본래의 목적은 달성하기 어렵다. 자력방위 능력이 뒷받침되지 않는 자주국방은 국가안보전략이라기보다 정치, 이념적 선전구호에 더 가깝다고 할 수 있다.

필자가 본 연구에서 다루고자 하는 자주국방은 별도의 언급이 없는 이상 '좁은 의미의 자주국방', 즉 자력방위를 의미하는 것임을 미리 밝혀두고자 한다. 이 점에 대해 독자들의 오해가 없기를 희망한다.

II

한국의 안보환경 평가: 왜 자주국방인가?

이번 장에서는 앞에서 설명한 국가안보에 대한 사항들을 한국의 경우에 직접 적용하면서 살펴보기로 하겠다. 다시 말해서 한국의 안전보장에 해당하는 구체적인 국익의 내용이 무엇이며, 이에 영향을 주는 국내외적인 영향요인들을 살펴볼 필요가 있는 것이다. 안보환경을 제대로 이해할 수 있어야 한국이 주권국가로서 그 생존과 행동의 자유를 보장받기 위해서 어떤 전략이 요구되며, 그 가운데서도 왜 자주국방 전략의 중요성이 강조되어야 하는지가 증명될 수 있기 때문이다.

1. 한국의 안전보장 영역

(1) **자연 · 공간적 특징**

한반도의 지리적 위치는 북위 33~43° 사이에 세로 방향으로 놓여 있으며, 남북의 최장거리가 1,300km에 달하고, 동서의 폭은 동경 124~131° 사이에 평균 약 250km 정도로 좁다. 전체 면적은 22만 1,336km^2인데, 휴전선 이남의 대한민국은 그 가운데 45% 정도에 해당하는 9만 9,461km^2를 차지한다. 한반도는 약 1만 km의 전체둘레 가운데 육지 국경선은 압록강과 두만강으로 이루어진 북쪽의 약 1,300km 뿐이며, 나머지 87%에 달하는 3면은 각각 동해와 서해 그리고 남해 등의 바다에 둘러싸인 해안이다.[7] 말 그대로 대륙과 해양의 특성을 모두 갖춘 반도(半島)

7) 이 가운데 지형이 단조로운 동해안이 1,727km, 굴곡이 심한 서해안은 2,247km, 섬이 많은 남해안은 4,719km에 이르는 등 한반도의 전체 해안선 길이는 8,693km에 달한다.

국가가 바로 한국인 것이다.

한반도 내부의 지형특징을 살펴보자면 영토에서 산악지대가 차지하는 비중은 75%로 14개의 산맥이 있으며, 산악 전체의 80%를 차지하는 9개 산맥이 한반도 이북에 위치하고 있다. 이들 가운데 고도 1,500m 내외의 개마고원과 1,000m 내외의 태백, 소백산맥 정도가 고산지로 평가되며, 나머지는 고도 500m 내외의 낮은 산지에 해당된다. 반면 경사도 5° 미만의 평야지형은 한반도 전체면적의 23% 정도 밖에 안 되는데, 대부분이 서쪽과 남쪽의 주요 하천 및 지류에 분포한다.[8] 이처럼 한반도의 지형은 서쪽과 남쪽의 평야 및 구릉지대, 그리고 동쪽과 북쪽의 산악으로 요약될 수 있다.

해양환경을 살펴보자. 한반도의 3면을 둘러싸고 있는 3개의 바다 가운데 동해의 전체면적은 97만 8,000km^{2}이며, 서해는 41만 7,000km^2, 그리고 남해를 포함하는 동중국해는 75만 2,000km^{2}에 달한다. 모두 합치면 한국 영토의 21배에 해당하는 214만 7,000km^{2}에 이르게 된다. 수심(水深)의 경우 동해는 평균 1,752m로 매우 깊으며, 서해는 훨씬 얕은 평균 40m, 그리고 동중국해가 평균 272m다. 한반도 주변의 부속도서들은 모두 3,418개로 사람이 거주하는 곳은 831개뿐이다. 이들 가운데 휴전선 이남에 위치하고 있는 섬들은 제주도, 거제도, 강화도, 진도 등 2,900개로 한국 전체영토의 3.4%를 차지한다.

국토면적 1km^{2}당 해안선 길이가 78m 정도 되는 셈이다.

8) 한반도에 위치한 평야는 먼저 서쪽에서 청천강 유역의 안주, 박평평야, 대동강 유역의 평양평야, 동진강·만경강 유역의 호남평야, 영산강 유역의 나주평야가 있다. 동쪽에는 수성천 유역의 수성평야, 성천강 유역의 함흥평야, 용흥강 유역의 용흥평야가 있다. 그리고 남쪽에는 낙동강 유역의 김해평야가 있다. 이들 외에도 재령평야, 연백평야, 경기평야, 논산평야 등이 있다.

한반도는 아시아 대륙의 동쪽 끝 중위도에 위치하고 있어서 사계절이 뚜렷한 온대성 기후에 속한다. 여기에 3면이 바다를 접하고 있는 반도라는 지리적 특성까지 더해져서 계절풍의 영향을 크게 받아 매우 춥고 건조한 겨울과 덥고 습한 여름이 교차된다. 한국의 계절별 기상특징을 정리하면 도표 2-1과 같다.

〈도표 2-1〉 한국의 계절별 기상특징

계절	기상 내용
봄 (3~5월)	황사, 이상건조, 늦서리, 짙은 안개(濃霧), 해빙(解氷)
여름 (6~8월)	강수량 증가(장마 포함), 기온 상승
가을 (9~11월)	심한 일교차, 일반적 기상은 양호, 계절풍의 방향변화(남서풍→북서풍)
겨울 (12~2월)	혹한, 한파, 강풍, 강설(降雪), 결빙

출처: 강호국 등, 『지형 및 기상』(양서각, 1999), pp.243~246.

(2) 한국의 안보는 어디에 달려있나?

첫 번째 장에서도 설명했지만 한 국가의 가장 기본적이고 우선되는 이익은 '자기보존'과 '위험 예방'이며, 이를 위해서는 해당국가의 존재에 없어서는 안 될 물질적 · 제도적 요소들과 이들을 보장하는 수단들을 보호해야 한다. 여기에 해당하는 것들이 바로 국가안보의 유지 및 관철을 위한 구체적인 대상이 되는 것이며, 안보환경에서 '전략' 수준에 해당되는 가치를 갖는 구성요소다. 그럼 한국의 경우는 어떤 것들이 여기에 해당될까?

대한민국 헌법은 한국의 영토를 '한반도와 그 부속도서'로 규정하고 있으며, 주권재민(主權在民)과 법치주의(法治主義), 입법 · 행정 · 사법의 권력분립에 기초한 정치체제, 자유 시장경제, 언론 · 사상 · 결사 등의 자유 그리고 사상적 다원주의(多元主義)를 원칙으로 하는 자유민주주의(自由民主主義: Liberal Democracy)가 국가질서의 근간임을 명시하고 있다. 또한 국민의 참정권 행사에 따라 선출된 민주공화국의 법적인 대표로서 한국의 정부는 4,800만 국민의 생명과 복지를 지켜야 하는 엄중한 책임을 진다. 이들이 바로 한국의 사활적 이익인 것이다. 따라서 주변의 다른 국가에서 한국의 주권과 영토 및 국민의 안전을 부정하거나 침해하는 내용의 의도를 공식적인 정책으로 삼아 실천하는 경우, 그리고 이러한 외국의 적대적인 정책을 추종하거나 전제(專制) 및 독재정치를 비롯하여 자유민주주의와 어긋나는 국가질서를 수립하려는 내부 세력이 존재한다면 이들 모두가 한국의 '사활적 이익'에 대한 위협이라고 할 수 있다.

이와 같은 기준에서 한국이 필사적으로 방어해야 할 '사활적 이익'과 직결되는 대상을 보다 가시적으로 정리한다면 다음과 같다. 국가를 인체에 비유한다면 이들은 심장이나 두뇌, 허파, 간(肝)처럼 생명이 걸려있는 부위에 해당되는 것이다.

- 정부 핵심기능 소재지
- 대규모 인구밀집 지역(주요 대도시들)
- 국가 기간시설(중요 산업단지, 사회간접자본, 통신체계 포함)
- 식량, 석유 등 에너지자원, 산업용 금속광물, 깨끗한 환경 등

특히 수도 서울을 포함한 수도권은 그 중요성이 매우 크다.[9] 수도권

의 면적 자체는 1만 1,730km^{2}로 한국 영토의 불과 12%에 지나지 않으나, 수도권 내에 거주하는 주민들의 수는 전체 한국인구의 약 48.3%에 해당하는 약 2,378만 명(2005년 기준)이나 된다. 서울의 인구만 해도 1,003만 명을 넘을 정도다.[10] 무엇보다 수도권은 한국의 정치, 경제, 사회, 문화 등 거의 전 분야의 중심기능이 밀집되어 있는 그야말로 심장부라고 할 수 있다.[11] 따라서 수도권에 한정되는 피해만으로도 한국 전체에 매우 심각한 타격이 가해지게 된다.

한편 한국이 사활적 이익과 직결되는 이들 영역을 지키기 위해서 대내외적인 위협으로부터 자유로워야 할 필요가 있는, 즉 '핵심적 이익'이 걸려있는 요소들은 다음과 같이 정리될 수 있다. 이들은 인체의 신경, 혈관 기능에 해당된다.

- '사활적 이익' 관련 영역에 대한 지리적인 거점
- 육상 및 해상의 주요 교통 · 운송로(항구, 공항 포함)
- 식량, 주요자원의 원산지

9) 여기서 수도권은 인천광역시, 수원, 성남, 의정부, 안양, 부천, 광명 등의 위성도시와 서울을 중심으로 반경 70km 이내에 위치하는 경기도 19개 군(郡)을 포함한다.

10) 이와 같은 수도권에 대한 인구집중은 다른 나라의 경우와 비교해도 지나치게 높은 수준이다. 2003년 기준으로 영국이 26%(런던 12.4% 포함), 프랑스가 19%(파리 3.7% 포함) 그리고 일본은 27.2%(도쿄 9.9%포함) 정도를 나타냈을 뿐이다. 인터넷 웹사이트 e-나라지표, http://www.index.go.kr (검색일자 2006년 12월 11일)

11) 현재 한국 주요 공공기관의 85%, 100대 기업 본사의 91%, 벤처기업의 70%, 제조업체의 57%, 그리고 금융기관의 67%가 수도권 내에 몰려있다. 행정중심복합도시 건설청 홍보기획팀, 『행정중심복합도시 건설 기본계획 50문 50답』(충남: 행정중심복합도시 건설청, 2006), p.9.

한국의 '사활적 이익'을 겨냥할 수 있는 중요한 거점지역으로는 ① 서해5도(백령도, 연평도, 덕적도 등)와 김포반도를 비롯한 수도권의 서부 연안, ② 서울 북쪽의 경기도 북서부 방면(의정부, 동두천 등), ③ 강원도 원주와 충청북도 제천 및 충주를 중심으로 하는 중부권, ④ 남해의 제주도, 그리고 ⑤ 동해의 독도(獨島) 등을 꼽을 수 있다. 이들 가운데 서해5도와 김포반도, 경기도 북서부, 중부권 등은 수도권의 안전을 비롯한 직접적인 영토 방어를 위해 반드시 안전이 확보되어야 하는 육상 거점들이다. 뿐만 아니라 한국은 3면을 바다와 접하는 반도국가로서 바다의 안전을 위해서도 노력을 기울일 수밖에 없으며, 이러한 점에서 특히 중요한 곳이 바로 제주도와 독도다.

우선 제주도는 그림 2-1에서 볼 수 있듯이 지리적으로는 남해에 위치하지만, 동해와 서해가 연결되는 길목에 있어서 한반도를 둘러싼 대부분의 해역으로 접근하기에 매우 유리한 입지를 점하고 있다. 현재 한국으로 향하는 해상 운송의 50% 이상이 제주도 인근 해역을 경유하는 것도 이러한 제주도의 지리적 특징과 결코 무관하지 않다.

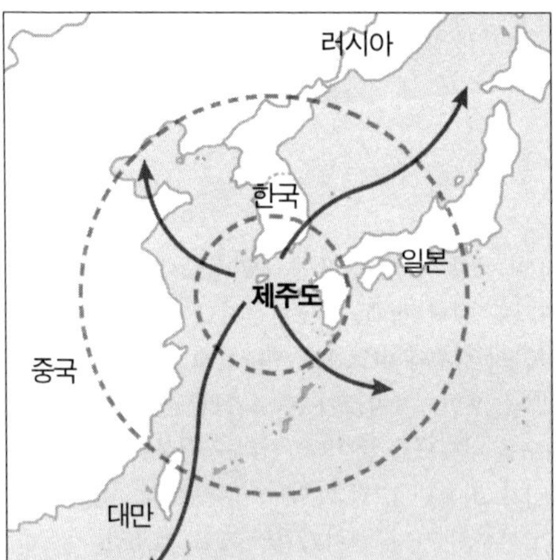

출처: 해군본부, 『제주도민과 해군이 함께 건설하는 화순항』(해군본부, 2005), p.11

〈그림 2-1〉 제주도의 지리적 위치

그리고 독도는 그림 2-2와 같이 한국의 동해안과 일본 혼슈(本州) 남서쪽 사이의 동심원 중앙에 해당하는 위치를 차지한다. 다시 말해서 동해를 경유하여 인근 해역으로 항해하는 대부분의 선박들이 통과하는 길목에 바로 독도

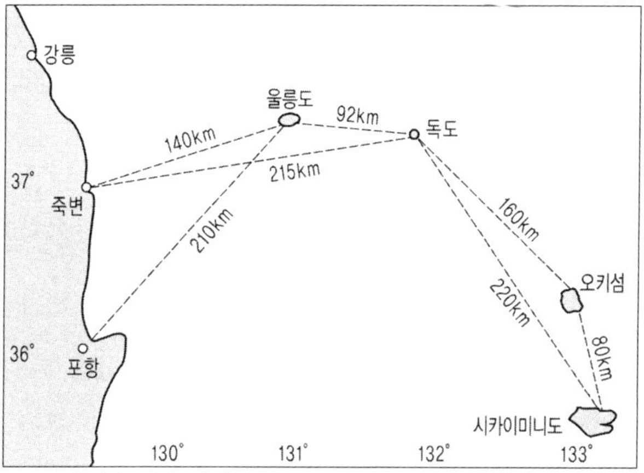

출처: 정신문화연구원, 『한국민속대백과사전7』(웅진출판사, 1991), p.48

〈그림 2-2〉 독도의 지리적 위치

가 있는 것이다. 때문에 독도는 단순한 무인도가 아니라 동해 전체에 대한 통제권을 좌우하는 요충지이며, 한국의 안전에 결코 무시할 수 없는 영향을 끼치는 중요 거점의 가치를 갖는다.[12)]

한국경제의 대외의존도는 매우 높은 수준이다. 2005년 기준으로 세계 12위를 차지한 한국의 교역 총규모는 5,456억 달러로 국가경제에서 차지하는 무역의존도가 무려 69.3%였다.[13)] 특히 국민의 일상생활과 주요 경제활동에 필수적인 동력 발전(發電)에 사용되는 1차 에너지자원(석유, 석탄, 천연가스, 우라늄 등)의 경우 96.8%를 수입에 의존하며, 그 가운데서도 가장 중요한 에너지원인 석유는 약 96%가 외국에서 수입되고 있다.[14)]

12) 임덕순, 「地政學: 理論과 實際」(법문사, 1999), pp.211~214.

13) 이 가운데 수출의존도는 36.1%이며, 수입의존도는 33.2%를 기록했다. 산업자원부, 『산업자원백서 2005』(산업자원부, 2006), p.44.

14) 2005년 기준으로 한국에서 사용되는 전체 에너지자원 가운데 석유의 비중은 44.3%이며, 유연탄이 21.8%, 원자력은 16%, 그리고 천연가스가 13%다. 한국은 2006년 3월

현재 한국은 석유의 수입과 소비규모에서 각각 세계 7, 8위(2004년 기준)에 올라있다.[15] 식량의 경우 2005년에 수입의존율(사료용 제외)이 46.6%였으며, 밀과 옥수수(각각 99% 이상), 보리(40%) 등 곡물류의 70.7%와 콩(90.2%)을 비롯한 두류(豆類)의 89.3%, 어패류의 35.7%, 육류(肉類)의 18.4%, 그리고 과일류의 14.4%가 해외수입으로 공급되었다.[16]

전세계적으로 육지에서의 자원이 점차 고갈되고 있는 추세에서 바다의 생물·광물자원이 갖는 중요성은 점차 높아지고 있다.[17] 지구 표면 가운데 71%인 약 3억 6,000만km^{2}를 차지하는 바다에 전체 동식물의 80%가 서식하며, 석유는 전체 산유량의 30%가 해저유전에서 채굴되고 있다. 소위 4대 핵심금속광물로 불리는 구리, 망간, 니켈, 코발트[18] 등의

기준으로 정부 57일분(7,253만 배럴)과 민간 52일분(7,354만 배럴) 등 총 109일분의 석유를 자체비축하고 있다. 산업자원부, 2006, pp.788~790; p.977.

15) 한국무역협회 무역연구소, 「208개 경제·무역·사회지표로 본 대한민국 2006」(한국무역협회, 2006), pp.18~19.

16) 한국농촌경제연구원, 「2005년 식품수급표」(한국농촌경제연구원, 2006), p.210.

17) 이러한 경향을 반영한 개념이 지난 1982년 12월 UN 해양법회의에서 채택되고, 1994년 11월 발효된 UN 해양법협약이 인정한 '배타적 경제수역(EEZ: Exclusive Economic Zone)'이다. 영해기선으로부터 200해리 이내의 EEZ에서는 그 해저 상부수역 천연자원의 탐사·개발·보존 그리고 해양과학조사 환경보호 등에 관한 연안국의 주권적 권리 및 관할권이 인정되고 있다. 이론적으로 세계 149개 연안국 모두가 200해리 EEZ를 선포할 경우 전체 해양의 36%, 주요어장의 90%, 대륙붕 석유매장량의 89%가 EEZ에 들어간다. 한국도 지난 1996년 9월 200해리의 EEZ를 선포한 바 있다.

18) 이들 네 광물은 전자, 자동차, 항공우주, 화학 등 고급 첨단산업뿐만 아니라 군사무기 생산에 필요한 특수강 제조에서 핵심적 비중을 차지한다. 한국은 지난 1994년 8월 세계에서 7번째로 UN해양법 운영위원회로부터 선행투자가 등록을 인준 받으면서 하와이 동남부에 위치한 클라리온-클리퍼튼 지역의 태평양 심해저 단독개발광구 7만 5,000㎢(한국 영토의 75% 면적에 해당)를 확보했다. 그리고 해양수산부는 지난 9월 15일 이 광구에서 향후 100년 동안 매년 300만 톤 생산이 가능한 약 5억 1,000만톤(시가 200조원) 규모의 망간단괴가 분포하고 있음을 발표했다. 오는 2010년부터 본격적인 채굴에 들어

해저 매장량은 육지의 21~273배나 되는 것으로 추정된다. 특히 육지에서 연장된 수심 200m 이내의 해저지형, 즉 대륙붕(大陸棚)에 대한 개발가치는 오래 전부터 주목되어 왔다.

국토의 3면이 바다로 둘러싸인 한국도 예외는 아니다. 오늘날 한국의 해양관할 범위는 영해 4만 8,117km^2[19]와 경제수역 총 44만 7,000km^{2}이며, 이 가운데 대륙붕의 면적은 34만 5,000km^{2}에 달한다. 이는 한국 영토의 3~4배를 넘는 규모다. 지난 1970년 대통령령으로 설정 · 공표된 7개의 해저광구 가운데 제1 · 2 · 3광구는 서해에 위치하며, 제4 · 5 · 6-2광구는 남해에, 그리고 제6-1광구는 동해 남부에 있다. 한국은 지난 1960~1970년대부터 대륙붕에서의 석유탐사를 시작했으며, 2006년 6월말까지 29만 7,045km^2 면적에 걸쳐 42개공(동해 23개공, 서해 5개공, 남해 14개공)을 시추, 탐사해 왔다.[20] 탐사 결과 11개공에

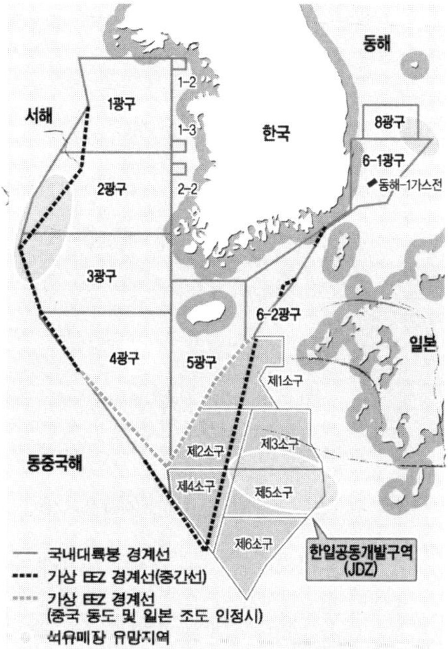

출처: 「서울경제」 2006년 6월 19일자

〈그림 2-3〉 한반도 주변해역의 대륙붕 현황

갈 계획이다.

19) 위의 수치는 휴전선 이남의 해역만을 대상으로 한 것이며, 한반도 전체를 기준으로 할 경우 영해 넓이는 약 7만 1,000㎢로 확대된다. 해양수산부, 「2002-2003 해양수산백서」 (해양수산부, 2004), p.696.

20) 한국석유공사 인터넷 웹사이트, http://www.knoc.co.kr (검색일자 2006년 12월 11일)

서 천연가스가 발견되었으며, 5개공에서는 석유 및 천연가스의 매장 징후가 나타났다. 이 가운데 울산 남동쪽의 제6-1광구 '동해-1 가스전'은 그 경제성이 인정되어 지난 2004년 9월부터 본격적인 천연가스를 생산, 공급을 시작했다. 이후 2005년 2월에는 동해-1 가스전에서 남서쪽으로 약 5km 떨어진 지점에 새로운 석유 · 가스층이 발견되었다. '고래-8 가스구조'로 명명된 이 지점은 앞으로 정밀평가를 거쳐 동해-1 가스전과 연계 개발될 예정이다.

지난해에는 울릉분지가 기존의 7개 대륙붕 광구에 이어 새로운 '제8광구'로 지정되었다.[21] 이로써 울릉도 남쪽 8,481km^2 규모의 심해지역에 대한 해저자원 개발이 본격화된 것이다. 이번 결정은 현재 울릉분지를 비롯한 동해 여러 곳에서 미래의 청정연료로 주목받는 가스수화물의 대규모 매장 가능성이 높은 것으로 평가되고 있다는 점에서 큰 의미를 갖는다.[22] 울릉분지 외에도 서해와 제주도 인근의 해저분지를 대상으로 하는 신규 대륙붕 개발계획이 중국, 일본과 공동으로 추진되고 있다.[23]

한국의 사활적, 핵심적 국익에서 바다가 차지하는 중요성은 여기서 끝나지 않는다. 앞서 언급했듯이 한국은 국가 경제의 대부분을 수출입 등 대외교역에 의존하고 있으며, 현재 한국 대외 경제활동에서 자그마치

21) 김현준, "우리 영해에 8번째 광구 생긴다", 「연합뉴스」 2006년 5월 25일자.

22) 가스수화물이란 천연가스의 주성분인 메탄이 얼음과 유사한 형태로 매장된 것인데, 여기에 포함된 탄소의 양은 석탄이나 석유의 두 배 이상에 달한다. 수심 300m 이하의 저온 고압상태가 유지되는 심해환경에서 주로 발견되며, 현재 전세계적으로 천연가스 매장량의 100배가 넘는 10조톤 이상이 매장되어 있다고 추정된다.

23) 새로 개발이 추진될 이들 분지에는 석유매장 가능성이 높은 것으로 평가되는 해저 유전구조가 서해, 제주분지에 각각 2곳과 5곳이 분포하는 것으로 알려진다. 이미 한국석유공사는 지난 2004년 7월 서해 대륙붕의 제2광구에서 석유탐사에 착수한 바 있다. 손철, "대륙붕 개발 다시 본격화", 「서울경제」 2006년 6월 19일자.

99.7%가 해상운송을 통해 이루어진다.[24] 이것은 해상교통로(SLOC: Sea Lanes/Lines of Communication)의 안전 여부에 따라 한국의 식량, 에너지, 그리고 무역을 비롯한 경제 및 산업활동이 좌우될 수 있음을 뜻한다. 따라서 해상교통로는 한국이 스스로의 생존에 대한 '위험 예방'을 위해 보호해야 할 대상에 반드시 포함되어야 하는 영역이다. 현재 한국이 사용하는 대표적인 해상교통로에는 크게 4개 항로(航路)가 있다. 서해에서 중국대륙으로 이어지는 '한중항로', 동해에서 일본을 거쳐 러시아 및 북태평양으로 이어지는 '북방항로', 동해 남부에서 일본으로 향하는 '한일항로', 그리고 남해에서 동남아시아, 아랍, 아프리카, 유럽 등지로 나아가는 '남방항로'가 여기에 해당한다. 그 가운데서도 한국이 특히 안정 여부를 주시해야 할 해상교통로는 동해 기점의 한일, 북방항로와 남해를 기점으로 하는 남방항로다. 이를 구체적으로 살펴보면 아래와 같다.[25]

① 동해 기점: 대한해협(한국 동 · 남해안~일본 사이)
간몬(關門)해협(일본 규슈(九州)~혼슈 사이)
오스미(大隅)해협(일본 규슈 남쪽)
쓰가루(津輕)해협(일본 혼슈~홋카이도(北海道) 사이)

② 남해 기점: 바시해협(대만 남쪽~필리핀 북쪽 사이)
말라카해협(말레이반도 남쪽~인도네시아 수마트라섬 사이)
순다 · 롬보크해협 등 인도네시아 내부 군도수역

---

24) 지난 2005년 기준으로 한국의 연간 국제화물 수송량은 총 7억 5,755만 3,023톤이었는데, 이 가운데 해상운송을 통한 수송이 총 7억 5,493만 6,409톤으로 약 99.65%를 차지했다. 건설교통부, 『건설교통통계연보 2006』(건설교통부, 2006), pp.496~497.
25) 박경일 편저, 『동북아 안보의 도화선은 어디에 있는가?』(한국해양전략연구소, 2003), pp.166~169.

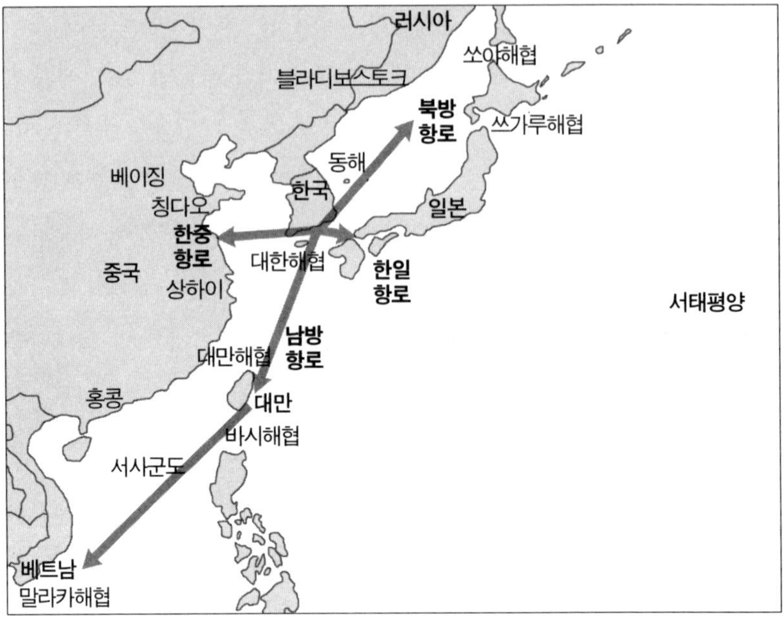

〈그림 2-4〉 **한국의 주요 해상교통로 현황**

동해를 기점으로 하는 한일, 북방항로는 태평양과 연결되는 통로로서 한국의 최대 수출입 시장인 미국, 일본과의 무역이 걸려있으며, 철강업을 비롯하여 한국의 주요 기간산업에 쓰이는 금속 광물들을 호주, 브라질 등 태평양 남방의 자원부국들로부터 수입하기 위해 필요하다. 그리고 한국은 남해에서 출발하여 동남아시아를 경유하는 남방항로를 통해 인도양을 거쳐 수송되는 아랍의 석유, 천연가스를 비롯한 주요 에너지자원을 공급받고 있다.[26)]

---

26) 구체적으로 각 항로가 한국 무역에서 차지하는 비중을 살펴보면, 우선 동해를 기점으로 하는 한일, 북방항로는 전체 해상운송의 34.3%와 곡물수입량의 56.4%, 철광석 수입의 89.5%, 발전용 유연탄 수입의 47.2%를 차지한다. 그리고 남방항로는 동남아시아,

국가의 물리적 주권 범위는 육지와 바다에만 국한되지 않는다. 20세기 초 비행기의 등장으로 인류의 활동공간은 하늘로까지 확장되었으며, 자연스럽게 항공영역의 관리가 국가안보의 새로운 과제로 등장했다. 일반적으로 각국의 주권 차원 항공관할 범위에는 ① 영토 및 영해의 직접적인 수직 상부공간, 즉 영공(領空)과 ② 비행정보구역(FIR: Flight Information Region), 그리고 ③ 군사상 목적에서 영토 밖의 일정지역 상공까지 포괄하여 설정되는 방공식별구역(ADIZ: Air Defense Identification Zone)

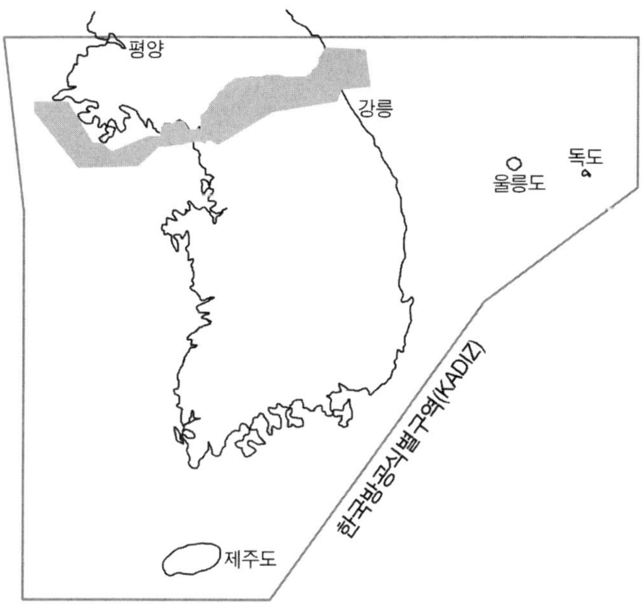

〈그림 2-5〉 **한국방공식별구역(KADIZ)의 범위**

아랍, 유럽, 아프리카, 서남아시아 등으로 대상을 한정하는 경우에도 전체 해상운송의 약 43.2%, 석유수입의 95.7%, 천연가스 수입의 92.5%에 달할 정도의 중요성을 갖는다. 해양수산부, 『해양수산통계연보 2006』(해양수산부, 2006), pp.78~82.

등이 있다.[27] 한국은 6.25전쟁중이었던 지난 1951년 3월 22일 미 태평양 공군이 설정한 한국방공식별구역(KADIZ)을 관할중인데, 그 범위는 휴전선 일대 지역과 독도를 비롯한 한반도 주변해역의 상공을 포함한다.

지금까지 살펴본 바에 따르면 한국의 국가안보는 좁게는 휴전선 이남의 영토와 부속도서들 그리고 동해, 서해, 남해 이내의 영해(領海) 및 영공(領空)을 영역으로 두며, 특히 수도 서울을 비롯하여 인구와 경제력, 주요 정부기능이 집중되어 있는 대도시들과 기간산업시설, 주요 교통로와 시설들 그리고 이들 주변의 지리적 요충지들이 '전략' 수준의 방어대상에 해당한다. 보다 넓게는 대륙붕을 포함한 인근 해역의 잠재적인 주요 에너지자원 산지들과 그 상공의 방공식별구역, 그리고 동해와 남해를 기점으로 하여 각각 태평양, 동남아시아, 아랍 등지로 이어지는 해상교통로 역시 한국의 국가안보 영역에 포함될 수 있다. 앞으로 한국과 북한 사이의 적대관계가 개선 내지 해소되어 평화공존 단계에 이르거나 궁극적인 통일에 이르는 시기에는 중국, 러시아를 맞대는 한반도 이북으로까지 그 범위가 확대될 것이다.

27) FIR은 민항기의 관제, 유도와 조난 항공기의 구조 등을 목적으로 해당 정부와 관련기관이 항공관제와 정보제공을 실시하는 항공 구역으로 주변국과 국제민간항공기구(ICAO)의 협의에 따라 설정된다. 방공식별구역은 1950년 12월 미국이 처음 설정한 것으로 해당 국가로 접근하는 항공기의 항적(航跡) 탐지, 식별, 감시기준으로 쓰인다. 현재 18개국이 방공식별구역을 설정 중이며, 국제 관습법의 효력을 인정받고 있다.

2. 한국 안보에 대한 위협들

국가의 안전보장에 대한 위협은 ① 현존하는 위협(Clear and present Threat)과 ② 잠재적인 위협(Potential Threat)으로 구분될 수 있다. 전자는 현재 해당국가의 '자기보존'을 부정하는 내용의 정책을 공식적으로 채택하고 있으며, 실제로 이를 실행할 수 있는 위협능력을 보유한 경우를 뜻한다. 반면 현 시점에서 해당국가의 '자기보존'을 침해할 정도는 아닐지라도 '위험의 예방'과 관련된 영역에서 갈등 중이면서 이를 위협할 능력이 있고, 머지않은 장래에 '자기보존'에 관한 대립으로 악화될 가능성을 배제할 수 없는 경우는 후자에 해당한다.

그렇다면 한국의 국가생존에 대한 현존하는, 혹은 잠재적인 위협세력은 과연 누구인가?

(1) 북한: 현존하는 위협

공식국명이 '조선민주주의 인민공화국'으로 한반도 이북의 12만 2,762km²를 차지하는 북한은 155마일(약 250km) 길이의 휴전선과 남북으로부터 각각 2km 거리의 비무장지대(DMZ)를 경계로 한국과 맞닿아 있다. 제2차 세계대전이 끝난 직후 한반도 이북을 점령한 구 소련의 후견 아래 북한은 지난 1948년 9월 9일 김일성을 수장으로 하는 공산정권을 수립했다. 이후 김일성은 1950년대를 전후로 내부의 경쟁세력들을 차례로 숙청하여 1인 독재체제를 구축했으며, 1970년대부터는 '주체사상'이라는 유일지도이념을 내세워 자신의 절대지배를 확고히 했다. 1994년 7

월 김일성이 죽은 후에는 그의 아들 김정일이 국방위원장 자격으로 최고 권력의 자리를 승계했다.[28]

많은 사람들이 북한의 정치질서를 현존하는, 아니 인류 역사상 가장 지독한 전제적 독재체제로 평가하는 데 주저하지 않는다. '영원한 수령'으로 추앙되는 김일성의 조선로동당이 유일한 정치세력으로 국가 위에 군림하고, 국민 전체를 '지배하는 뇌수(腦髓) 수령 한 사람'과 '지배받는 나머지'로 계급화해 놓은 사상이 하나뿐인 진리로 공인되며, 김일성 · 김정일 일가를 위시한 소수 지배세력이 경제력과 공권력 및 언론 · 대중문화 매체를 독점하는, 그리고 이들 지배세력의 전국가적인 감시와 공포정치가 법질서를 압도하고 있기 때문이다. 극단적으로 표현하자면 북한은 김일성 · 김정일 일가를 신으로, 그들을 추종하는 지배세력을 사제로, 그리고 나머지 주민들을 신도로 하는 일종의 거대한 사교(邪敎)집단인 셈이다.

문제는 이와 같은 기형적인 국가체제가 단순히 북한 내부의 사안으로만 끝나지 않는다는 점에 있다. 다시 말해서 김일성 · 김정일 일가와 그 추종세력을 비롯한 북한 정권이 노리는 또 다른 궁극적인 목적이 있으며, 이것이 북한 정권으로 하여금 지난 반세기 동안에 걸친 독재체제를 북한 주민들에게 강요하는 근거가 되고 있는 것이다. 그 목적이란 바로 '한반도 전체의 장악'이다.

북한은 지난 1948년 정권이 수립된 이후 줄곧 한반도 전체를 자신들의 지배 아래에 두겠다는 목표를 고수해 왔으며, 이를 자신들의 존재의의로 삼아왔다. 이는 다음과 같은 북한 정권의 공식 입장에서도 잘 나타나고 있다.

---

28) 북한의 통치체제 변천과정에 대해서는 이상우, 『북한정치입문』(나남출판, 2000), pp.81~88을 참고.

"조선로동당의 당면목적은 공화국 북반부에서 사회주의의 완전한 승리를 이룩하여 전국적 범위에서 민족해방과 인민민주주의의 혁명과업을 완수하는데 있으며, 최종목적은 온 사회의 주체사상화와 공산주의 사회를 건설하는 데 있다."(조선로동당 규약 中)

"조선민주주의 인민공화국은 북반부에서 인민정권을 강화하고 사상, 기술, 문화와 3대혁명을 힘있게 벌려 사회주의의 완전한 승리를 이룩하며 자주, 평화, 민족대단결의 원칙에서 조국통일을 실현하기 위하여 투쟁한다."(북한 사회주의 헌법 제9조)

말하자면 북한 정권의 시각에서 휴전선 이남의 한국은 소위 '제국주의 침략자'인 미국의 괴뢰정권이 다스리는 미해방지역(未解放地域)이며, 한민족의 유일한 대표세력은 자신들뿐이라는 주장이다.[29] 따라서 북한 정권은 한반도 이남에서 점령세력인 미국과 그 괴뢰정권인 대한민국 정부를 타도하여 북한 정권의 지배체제와 지도이념을 따르는 '하나의 해방된 인민공화국'을 완성시키는 것이 문제의 해결책이라고 강변한다. 이처럼 한반도 전체를 김일성 · 김정일 일가 중심의 전체주의 체제로 통일한다는 북한 정권의 공식 목표는 한국의 국가주권과 영토적 존엄성, 그리고 자유민주주의 질서를 정면으로 부정하는 '사활적 국익'에 대한 명백한 위

29) 이러한 북한 정권의 관점은 역시 조선로동당 규약에 명시된 다음의 내용에서도 확인될 수 있다. "조선로동당은 남조선에서 미제국주의 침략군대를 몰아내고 식민지통치를 청산하며, 그리고 일본 군국주의의 재침기도를 좌절시키기 위한 투쟁을 전개하고, 남조선 인민들의 사회민주화와 생존권 투쟁을 적극 지원하고, 조국을 자주적 평화적으로 민족대단결의 원칙에 기초하여 통일을 이룩하고, 나라와 민족의 통일적 발전을 위해 투쟁한다."

협임에 틀림없다.

한국의 '자기보존'에 대한 북한의 위협은 선언적인 수사(修辭)에 그치지 않는다. 이미 북한은 지난 1950년 6월 25일 한국을 상대로 전면적인 침략전쟁을 일으켰으며, 3년 동안 계속된 이 전쟁으로 한국 민간인 약 35만 명(북한군에 의한 학살 12만 명 포함)이 목숨을 잃었고, 약 22만 명의 부상자와 29만 명 내외의 실종자가 발생했다. 국군은 5만 8,808명이 전사하고, 17만 8,632명이 부상당했으며, 실종 및 포로의 수는 8만 2,318명에 이르렀다.[30] 전 국토가 철저히 파괴되었음은 물론이다. 6.25전쟁 이후에도 북한 정권은 '한반도 장악'이라는 목표를 버리지 않았다. 그 결과 지난 반세기 동안 여러 차례에 걸쳐서 민간인에 대한 납치와 테러리즘, 대통령을 비롯한 정부 중요인물에 대한 암살 시도, 휴전선 일대와 서해 5도 등지에서의 국지적 무력충돌이 반복되었다.[31] 한반도 분단 이후 북한이 한국을 상대로 자행한 주요 적대행위들을 정리하면 도표 2-2와 같다.

뿐만 아니라 북한 정권은 위와 같은 직접적인 적대행위와 더불어 한국의 안전을 위협, 교란하기 위해 여러 간접적인 술책들을 자행해 왔다. 우선 북한은 지난 1953년 휴전 이후 한반도의 안정을 제도적으로 규정해 온 정전(停戰)체제의 권위와 정당성을 일방적으로 부정하면서 이를 무너뜨리려는 시도를 실천에 옮겼다. 이를 위해 1993~1995년에 걸쳐 정전체제의 관리기구인 군사 정전위원회의 기능을 약화시키고,[32] 1996년 4월

---

30) 노병천, 『이것이 한국전쟁이다』(21세기 군사연구소, 2000), p.146.

31) 지난 1953년 7월 휴전이 이루어진 후 1992년 말까지 북한이 이를 위반한 건수는 무려 40만 457건으로 1년에 평균 1만 건이나 된다.

32) 이를 위해서 북한은 판문점의 중립국 감시위원단(NNSC)에서 1993년 4월 체코 대표를 철수시켰으며, 1994년 12월에는 중국 대표를, 그리고 1995년 2월에는 폴란드 대표마저 철수시켰다. 나아가 1995년 5월에는 군사 정전위원회의 북한측 사무실까지 폐쇄

〈도표 2-2〉 북한의 주요 대남 적대행위 사례

유형	사례
침략	1950~1953년 6.25전쟁
무력충돌 및 침투	1968년 1.21 청와대 습격 미수 울진 · 삼척 침투 1976년 판문점 도끼만행 1996년 동해안 잠수함 침투 1998년 동해안 잠수정 침투 1999년 제1차 연평해전 2002년 제2차 연평해전
민간인 납치	1958년 부산-서울행 여객기 강제납북 1969년 강릉-서울행 여객기 강제납북 1958년 이후 동해 · 서해상에서 한국 어민납치(수원 32호, 해왕호 등) 1978년 영화인 최은희 · 신상옥 납치 2000년 김동식 목사(탈북주민 지원운동가) 납치 ※ 6.25전쟁 이후 총 3,790명이 북한에 강제 납치당했으며, 이 가운데 484명(어부 433명 포함)이 아직 억류되어 있음
테러리즘	1970년 국립묘지 현충문 지붕 폭파(박정희 대통령 암살미수) 1974년 광복절 기념식에서의 박정희 대통령 암살미수 (영부인 육영수 여사 피살) 1983년 미얀마 아웅산 묘소 폭파(주요 각료 피살) 1986년 김포공항 일부 폭파(범인 불명) 1987년 아부다비-서울행 대한항공(KAL) 858기 공중폭파 1996년 최덕근 블라디보스토크 영사 피살(범인 불명) 1997년 탈북자 이한영 씨(김정일의 처조카) 피살

에는 정전협정 자체의 무효까지 선언했다. 다분히 한반도가 전쟁 상태로 돌아갈 수도 있는 위험한 상황을 조성하여 자신들의 한반도 장악에 유리한 내용의 새로운 합의를 수용하게끔 한국과 국제사회에 강요하려는 의도가 깔려있다.

시키면서 대신 1년 전에 자신들이 별도로 세운 '조선인민군 판문점 대표부'를 대화 · 접촉 창구로 주장하고 있다.

여기에 북한은 최근 수년 동안에 걸쳐 '바다의 휴전선'이라고 할 수 있는 서해상 북방한계선(NLL: Northern Limit Line)을 무력화하려는 목적으로 여러 차례의 정치, 군사적인 도발을 시도하고 있다. 이를 위해 북한은 1993년부터 간헐적으로 NLL의 정당성을 부정하는 주장들을 제기하기 시작했으며,[33] 1999년 9월 2일 NLL의 무효화를 선언하기에 이른다. 이어 2000년 3월 23일에는 서해상 NLL로부터 서해 5도로 한국 선박이 출입할 수 있는 2개 수로를 포함하는 이른바 '서해 5개섬 통항질서'를 일방적으로 선언했다. 그리고 이 과정에서 한국과 북한 해군 사이의 무력충돌이 지난 1999년과 2002년 6월에 서해 연평도 인근에서 각각 한 차례씩 일어난 바 있다. 이것이 바로 제1, 2차 연평해전이었다.

북한이 NLL의 무력화를 획책하는 의도는 크게 2가지로 요약된다. 첫째, 한국의 심장부인 수도권으로 이어지는 지리적 요충지인 서해 5도에 대한 방어태세를 약화시켜 한국을 겨냥한 자신들의 군사적 위협능력을 증대시킨다는 군사적 효과가 있다.[34] 그리고 둘째, 그동안 사실상의 군사분계선 역할을 해온 NLL을 무력화하여 정전체제 자체까지 약화시키려는 자신들의 입지를 강화하겠다는 속셈도 들어있는 것이다.

---

33) NLL은 6.25전쟁이 휴전된 직후인 1953년 8월 30일 마크 클라크 당시 UN군 사령관이 선포한 것으로 처음에는 북한 인근해역에 대한 한국 해군의 초계활동 범위를 제한하기 위한 목적으로 설정되었다. 북한은 정전협정이 조인될 당시 해상 군사분계선에 대한 명문화된 합의가 포함되지 않았다는 점을 구실로 NLL의 정당성을 부인하고 있으나, 휴전 이후 북한에서도 이를 사실상의 해상 군사분계선으로 인정해온 전례가 다수 존재한다는 점에서 설득력이 떨어진다. 보다 자세한 내용은 이정훈, "北의 욕심, 南의 조심-NLL은 불안하다", 「신동아」 2006년 5월호를 참고.

34) 김민석, "집중해부 NLL: 서해 5도－서울, 평양 넘보는 요충지", 「중앙일보」 2002년 7월 10일자.

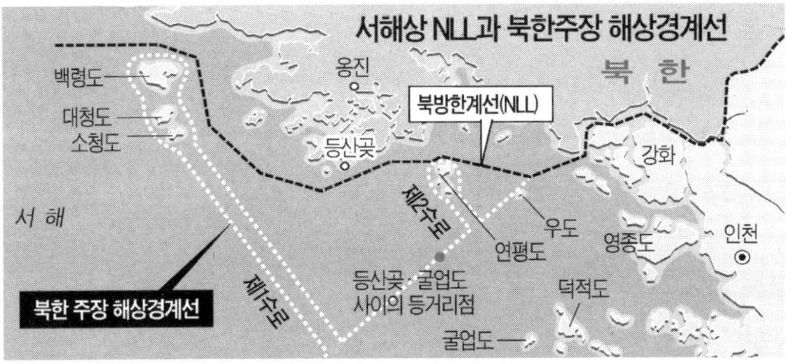

출처: 「조선일보」 2006년 3월 10일자

〈그림 2-6〉 서해 북방한계선(NLL)의 현황과 북한측이 주장하는 해상경계선의 비교

또한 자신들의 주장과 요구를 '자주(自主)', '민족(民族)', '평화(平和)' 등으로 미화시켜 한국 여론의 분열을 획책하고, 한국 내부에서 자신들을 추종하는 세력이 보다 자유롭게 활동하면서 그 영향력을 확대하여 북한 주도의 한반도 장악을 완성시킬 수 있도록 지원하려 든다. 이를 위해 북한은 조선로동당 내부의 소위 대남사업 담당비서국에 소속된 통일전선부, 대외연락부, 35호실, 작전부 등을 운영중이다.[35] 한편으로는 한국 내부에 자신들의 추종세력이 주도하는 지하당, 즉 한국민족민주전선(한민전)을 구축하여 직접적인 침투를 위한 중심세력으로 삼고 있다.[36] 최근 적발된 '일심회' 사건은 북한 정권이 여전히 한국사회 내부에서 자신들의 추종, 동조세력을 확대 및 강화하기 위해 혈안이 되어 있음을 증명하는

35) 이들 가운데 통일전선부는 남북대화와 대남공작 및 기타 대남사업을 총괄하고 있으며, 대외연락부는 한국 내부의 지하당과 공작거점을 마련하고 관리하거나 관련 공작원을 훈련·파견하는 임무를 맡고 있다. 35호실의 임무는 국제 및 대남 간첩·테러공작, 정보수집이며, 작전부는 남파간첩의 훈련과 호송, 침투로 구축, 침투기지의 건설 유지 등을 담당한다. 이상우, 2000, pp.187~188.

36) 여영무, "남북화해시대의 지하조직 한민전", 「신동아」, 2000년 11월호.

본보기다.[37)]

이와 같이 한국의 국가생존을 직접 위협하는 북한 정권의 한반도 장악노선을 지원하는 최대의 힘은 바로 군사력이다. 이미 정권 수립 이전인 1948년 2월 8일 당시 한국이 보유하지도 못했던 탱크 등으로 무장한 군대(즉, 조선인민군)를 창설한 북한은 한반도에서 미군 병력이 완전히 철수한지 불과 1년만에 한국을 침략, 그들의 군사력이 단순히 자체방어만을 위한 것이 아님을 증명했다. 1962년 이후에는 '전인민의 무장화', '전국토의 요새화', '전군의 간부화', '전군의 현대화'로 요약되는 소위 4대 군사노선에 따라 어마어마한 군사력을 건설하였다. 현재 북한의 정규 군사력 규모와 내용은 도표 2-3과 같이 정리될 수 있다.

북한의 군사력은 병력수 자체만으로도 세계 4위에 이를 정도로 거대한 규모다. 북한은 이러한 자신들의 대규모 병력 전체의 절반 이상, 특히 육군의 70%를 한국의 수도권에서 얼마 떨어지지 않은 평양~원산 이남 지역에 배치하고 있다. 이들 전진배치된 부대의 대부분이 탱크, 장갑차, 장거리 야포(野砲) 등의 전형적인 공격용 무기들로 무장되어 있다. 전쟁

---

37) 국가정보원과 검찰 등의 조사에 의하면 일심회는 북한 대외연락부에서 직접 교육, 지령을 받은 총책임자 장민호(미국명 마이클 장)를 중심으로 한 5명의 복선포치형(複線布置型) 조직이며, 민주노동당 전 · 현직 고위관계자도 조직원으로 가담한 것으로 나타났다. 이들은 한국 주요 정당과 시민단체들의 동향 및 주요 인물들에 대한 분석, 국내 정세 등을 북한에 보고하는 한편으로 시민단체들을 앞세운 반미운동(예: 주한미군 기지이전 및 한미 자유무역협정(FTA) 반대)을 부추기고, 지방자치단체 선거에서 보수 성향의 후보들을 겨냥한 낙천 · 낙선운동을 벌이라는 북한의 지령을 이행했다. 뿐만 아니라 북한은 일심회 조직원들에게 한국의 기성 정당과 시민단체에 대한 직접 침투를 지시하기까지 했다. 이는 북한 정권 추종세력들이 그동안의 지하조직 형태를 넘어 한국사회 내부에서 본격적인 공식 세력화를 추구하고 있다는 점에서 문제의 심각성을 보여준다. 강의영, "일심회-통일전선체 구축 시도", 「연합뉴스」 2006년 12월 8일자.

〈도표 2-3〉 북한의 군사력

구분		내용
총병력		117만명
육군	병력규모	100만명
	부대구성	군단: 19개(보병 9개, 기계화보병 4개, 기갑 1개, 포병 1개, 기타 4개(평양방어사령부, 국경경비사령부, 미사일지도국 경보병교도지도국)) 사단 및 여단: 170여개 (보병 75개 사단(정규 20여개 포함), 기갑 10여개, 기계화보병 20여개 여단, 포병 30여개 여단, 특수전 25개 여단, 탄도미사일 2개 사단 등)
	탱크	주력전차: 약 3,200여대 수륙양용 경전차: 560대
	장갑차	보병전투용: 소수 병력수송용: 2,100대
	대포	야포: 13,300문(견인포 및 자주포 8,500문 방사포 4,800문) 박격포: 7,500문
	방공무기	대공포: 11,000문 지대공 미사일: 3,400기 이상(휴대용 10,000기 제외)
	탄도미사일	총 700~1,000여기
해군	병력규모	6만명
	군함	잠수함: 22척 소형 잠수정: 40~50여척 수상전투함: 300척(경비정 158척 어뢰정 100척 미사일정 34척 초계함 5척 호위함 3척 등) 상륙함정: 270여척 기뢰함정: 24척
공군	병력규모	11만명
	군용기	전투기: 510여대, 폭격기: 80대, 헬기: 310여대 수송기 318대

출처: IISS, *Military Balance 2006* ; 국방부, 『국방백서 2006』.

초반부터 수도권을 비롯한 한국 전역에 타격을 가하여 저항능력을 제거하고, 짧은 시간 이내에 한국 영토 전체를 점령하려는 목적을 띈 것임을 알 수 있다. 북한 정권에게 군사력은 그들의 지상목표이자 존재의의인 한반도 전체의 장악을 위한 유리한 여건을 조성하고, 이를 완성시키는 데 필수적인 수단인 셈이다.[38)]

지금까지 살펴본 바와 같이 북한은 정권 수립 이후 한국의 국가생존을 부정하는 '전체주의 정권에 의한 한반도 통일'을 지상과제로 규정하고 있으며, 이를 위해 지난 반세기에 걸쳐 한국을 상대로 침략전쟁과 무력충돌, 납치, 테러리즘 등을 일삼아 왔다. 그리고 이와 같은 북한의 적대행위를 뒷받침하는 힘이 바로 한국을 겨냥한 대규모의 공세적인 군사력인 것이다. 1953년 이래 한국은 북한과의 종전(終戰)이 아닌 휴전(休戰) 상태에 놓여 있다. 교전만 멈추었을 뿐, 공식적으로는 전쟁상태가 지속되고 있는 셈이다. 이러한 점들에 대해서 근본적인 변화가 이루어지지 않는 이상, 북한은 한국의 국가안보에 대한 '현존하는 위협'일 수밖에 없다.

(2) 주변 강대국: 잠재적인 위협

한반도는 지리적으로 다음의 3개 국가에 둘러싸여 있다. 즉, 중국과 일본 그리고 러시아다. 중국과는 압록강으로 이루어진 길이 1,300km 이상의 북쪽 국경선을 걸쳐서 동북부(랴오닝(遼寧), 지린(吉林), 헤이룽장(黑龍江) 등 3개 성(省)으로 구성됨), 즉 만주(滿洲)와 인접하며, 서해를 통해서는 불과 400km 떨어진 산둥반도를 비롯한 중남부의 화둥(華東)지역(산둥(山

38) 북한 정권의 전쟁관에 대한 사상적 배경에 대해서는 장명순, 『북한군사연구』(팔복원, 1999), pp.98~106을 참고.

東), 장시(江西), 저장(浙江) 등)으로 접근할 수 있다. 한편 한반도는 일본과 동쪽으로 동해를 사이에 두고 있다. 최단거리인 남동쪽의 대한해협을 기준으로 하면 겨우 50~150km 이내에 있는 셈이다. 그리고 러시아와는 북동쪽 국경을 따라 흐르는 두만강을 경계로 약 16.5km에 걸쳐 연해주와 맞대고 있다. 동해를 경유하면 블라디보스토크나 사할린을 포함한 극동부까지 겨냥하게 된다.

공교롭게도 한반도 주변의 이들 3개국은 아시아는 물론 전세계적으로도 손꼽히는 정치, 경제, 군사적인 강대국이다. 중국은 세계 3위의 국토면적에 13억이 넘는 세계 최대인구를 보유하고 있으며, 지난 1980년대 이후 폭발적인 경제성장을 계속하면서 가장 유력한 미래의 최대 경제대국으로 손꼽힌다. 일본은 세계적으로도 1~2위를 다툴 뿐만 아니라 아시아에서는 경쟁 상대가 거의 없는 제일의 경제대국으로 군림하고 있다. 러시아는 유럽과 아시아 사이에 걸친 세계 최대의 국토면적을 자랑하는 대국이다. 비록 20세기 후반 미국과 함께 세계를 호령했던 구 소련 시절의 초강대국은 더 이상 아니지만, 시장규모와 부존자원 그리고 첨단 과학기술 등의 여러 성장잠재력은 러시아를 여전히 무시할 수 없는 대국으로 인정받게 하기에 충분하다.[39] 그리고 이들 3개국 가운데 중국과 러시아는 세계질서의 향방을 좌지우지하는 UN 안전보장이사회 5개 상임이사국의 일원이며, 국제적으로 핵무기의 합법적인 보유를 공인받은 5개국(미국,

39) 러시아는 2000년 이후 계속되고 있는 국제 석유가격의 상승에 힘입어 높은 경제성장을 유지하고 있으며, 중국과 브라질 그리고 인도 등과 더불어 향후 반세기 이내에 세계경제를 주도할 4대 신흥 경제대국, 즉 BRICs(Brazil, Russia, India, China)의 하나로 꼽힌다. 이동휘, "BRICs의 국제 정치경제적 중요성과 우리의 대응", 『주요국제문제분석』(외교안보연구원, 2006년 11월 10일), pp.3~5.

영국, 프랑스 포함. 역시 UN 안전보장이사회 상임이사국들) 가운데 하나다.

1) 3개국의 동향

중국은 '독립 · 자주 · 평화'라는 3대 기조에 따라서 "국내 경제발전 및 사회주의 시장경제확립에 유리한 평화적인 국제환경을 조성하고, 신장된 국력에 상응하는 국제적 위상을 확보하는 것"을 자신들의 대외정책 목표로 내세운다. 현재 중국이 추구하는 최우선적 국익은 지속적인 경제발전을 통한 '조화롭고 번영된 사회(일명 샤오캉(小康)사회)'의 건설, 국가주권과 영토의 보전, 분열저지 및 통일 촉진, 그리고 패권주의 반대 등으로 나뉜다.[40]

일찍이 중국은 '하나의 중국(One China)'이라는 원칙 아래 대만(臺灣)을 자국의 일부로 규정해 왔으며, 1992년에는 영해법을 통해 남사군도(南沙群島)를 비롯한 남중국해 일대의 섬 모두를 그들의 영토로 명시하고 있다. 때문에 중국은 대만의 분리독립 요구나 남사군도 등에 대한 타국의 영유권 주장은 자신들의 주권이 걸린 문제로서 결코 용납할 수 없으며, 군사력을 비롯한 모든 수단을 동원해서라도 막겠다는 입장이다. 지난 2005년 3월 14일 중국의 헌법상 최고권력기구인 제10기 전국인민대표대회(일명 전인대(全人代))의 제3차 회의에서 압도적인 지지로 통과된 소위 『반분열국가법』(反分裂國家法)은 이를 잘 반영한다. 전문 10개조로 이루어진 이 법은 대만이 중국으로부터 분리 및 독립하려는 구체적인 시도

40) 중국 정부는 지난 1998년부터 2년마다 발간되는 『중국 국방백서』(공식명칭: 中国的国防)를 통해 국방정책 기조를 발표하고 있으며, 가장 최근에 발간된 것은 지난해 12월 29일에 발표된 2006년도판이다. 『중국 국방백서』의 연도별 내용은 중국정부 인터넷 홈페이지(http://www.gov.cn/zwgk/index.htm)를 참고.

(독립 공식선언, 국호 변경, 독립 여부에 대한 국민투표 실시, 외국 군대의 개입 등)를 할 경우, 이를 저지하기 위해 중국이 '비평화적 수단'을 사용할 수 있도록 허용하는 것을 골자로 한다.[41)]

한편으로 중국은 '해양권익의 수호'라는 명분을 내세워 동중국해와 남중국해를 비롯한 주변 해역에서의 관할권 확대 · 강화를 추구하고 있다.[42)] 1987년 류화칭(劉華淸) 당시 중국해군 총사령관의 선언을 기점으로 중국은 자국의 해상방위 대상을 이전의 '연안방어'에서 연안과 대양 사이의 '근해방어'로 확대시켰다. 그 결과 중국은 쿠릴열도-일본-대만-필리핀으로 이어지는 제1도련(島鍊) 200해리를 넘어 마리아나 제도-괌-케롤라인 제도로 이어지는 600해리의 제2도련(島鍊)까지를 자국의 해상 활동 영역으로 삼고자 한다.[43)] 이 경우 중국의 해양영역은 태평양으로까지 확대된다.

하지만 주변국들에게 이러한 중국의 태도는 노골적인 세력팽창으로 비춰지고 있으며, 이미 대륙에서 강대한 세력을 형성한 중국의 지배권이 해양으로까지 파급될 가능성에 바짝 긴장하고 있다. 특히 대만과 남중국해가 중국의 해양활동 확대를 위해 필수적인 길목에 해당하는 위치에 있다는 점을 생각할 때, 중국의 의도는 더욱 의심을 받기에 충분하다. 이들 수역이 중국의 통제권 아래에 들어갈 경우 아시아와 태평양으로 통하는 거의 모든 해상 무역 및 에너지원 운송은 중국이 좌우하게 될 것이며, 대

41) 대만 독립을 둘러싼 중국과 대만 사이의 대립, 분쟁에 관한 보다 자세한 내용은 서진영, 『21세기 중국외교정책』(폴리테이아, 2006), pp.273~309를 참고.

42) 중국은 지난 2004년도판 『중국 국방백서』를 통해 처음으로 '해양권익 수호'를 공식적인 주요 국익으로 명시한 바 있다.

43) 김덕기, 『21세기 중국해군』(한국해양전략연구소, 2000), pp.93~95.

외무역에 자국 생존과 국부(國富)의 상당부분을 의존하는 아시아 국가들에게 심각한 위협이 될 수밖에 없다. 이 경우 중국은 명실상부한 아시아의 패권세력으로 등극하게 된다.

지난 20세기 후반 현재의 공산정권이 들어선 이후 중국과 군사적 대결을 경험했던 중국 국경 인근의 15개국을 비롯한 아시아 국가들에게 이는 과거 중화(中華)질서의 재림을 뜻하는 악몽이다. 다음은 중국 공산정권 수립 이후 일어났던 주변국과의 주요 무력충돌 사례를 열거한 것이다.

- 6.25전쟁 개입(한반도: 1950~1953년)
- 티벳 침공(1950~1951년)
- 금문(金門) · 마조(馬祖) 포격(대만해협: 1954년)
- 인도와의 전쟁(1962년)
- 소련과의 국경분쟁(1969년)
- 서사군도 점령(베트남: 1974년)
- 베트남과의 전쟁(1979년)
- 남사군도의 미스치프 환초 점령(필리핀: 1995년)
- 대만에 대한 탄도미사일 시험발사(1995, 1996년)

일본은 지난 1945년 제2차 세계대전에서 패배한 이후 전범국가로 낙인찍히면서 소위 '특수국가(特殊國家)'로서의 지위를 유지해 왔다. 이는 1946년 11월 제정된 현행 일본헌법(이하 『평화헌법』)의 제9조에 명시되어 있는 아래의 내용들에서 잘 나타난다.

① 일본국민은 정의와 질서를 기조로 하는 국제평화를 성실히 희구하여 국권의

발동인 전쟁과 무력에 의한 위협 또는 무력의 행사를 국제분쟁을 해결하는 수단으로서 영구히 포기한다.

② 위 항의 목적을 달성하기 위해 육 · 해 · 공군 및 기타 전력을 보유하지 않으며, 국가의 교전권 또한 인정하지 않는다.

이와 같은 원칙은 지난 1954년 7월 사실상의 재무장인 자위대(自衛隊: Self-Defense Forces)의 창설 이후에도 지속되어 왔다. 우선 이름에서도 알 수 있듯이 자위대는 정식 군대가 아닌 일종의 중무장 경찰(?)이며, 때문에 그 구성원은 군인이 아닌 자위관(自衛官)으로 불린다. 보병을 '보통과(普通科)', 포병을 '특과(特科)', 그리고 공병을 '시설과(施設科)'라고 각각 호칭하는 것도 군대로서의 이미지를 불식시키려는 의도에 따른 것이다. 국가방위의 주무부처인 방위청(防衛廳) 역시 수상 예하의 내각부에 소속된 외청 기관의 지위에 머물러 왔다.

그 후 일본은 1969년 사토 에이사쿠(佐藤榮作)의 수상 집권시절에 "자위권의 발동요건을 외부 적성세력의 무력공격이 실제로 발생했을 경우에 한하며, 그 범위도 방어에만 국한된 필요 최소한도로, 일본 영토 내부만을 대상으로 한다"는 '전수방위(專守防衛)' 원칙을 채택했다. 그 이전인 1967년에는 핵무기를 제조 · 반입 · 보유하지 않는다는 '비핵 3원칙(非核三原則)'을 발표했다.

위와 같은 일본의 방위전략 기조는 1990년대를 기점으로 변화의 가능성이 나타나기 시작했다. 제2차 세계대전 이후에 출생한 신진 정치세력들이 앞 다투어 '보통국가(普通國家)로의 복귀'라는 구호 아래 일본의 정치 · 군사대국화를 역설하고 나선 것이다. 일본의 고도 경제성장기 속에서 자라난 이들 전후세대 출신들은 강한 국가적 자긍심을 공유하고 있으며, 패전 이후 계속되어온 일본의 국제정치적 위상과 국가안보 정책 기조가 세계적인 경제대국으로서의 실제 국력과 부합하지 않는다는 문제의식을 견지하고 있다. 이들은 교전권과 군대보유를 금지하는 「평화헌법」 제9조를 패전 이후 승전국에 의해 강요된 치욕적인 산물로 여기며, 스스로를 범죄국가로 규정하는 전후 역사교육의 내용에도 거부감을 숨기지 않는다.[44] 아울러 그동안 주변국과의 지속적인 관계개선 노력과 과거사에 대한 반성 천명으로 일본이 충분히 신뢰를 회복했다는 전제 아래, 더 이상 과거사의 멍에에 묶여 주권국가로서의 정당한 권리인 교전권과 군대 보유를 포기해서는 안된다는 주장을 내세운다. 그들의 목적은 한마디로 일본을 다시금 '전쟁을 할 수 있는 나라'로 만드는 것이다.

2001년 고이즈미 준이치로(小泉純一郎)의 집권은 전후세대 정치세력들이 명실상부하게 일본 정치의 주도권을 차지하는 계기가 되었다. 고이즈미는 수상에 취임한 직후부터 여러 차례에 걸쳐 "자위대는 실질적인 군대"라고 강조하면서 일본의 교전권과 군대 보유를 금지한 「평화헌법」 제9조의 개정을 지지해 왔다. 이와 함께 일본의 정치 · 군사대국화를 적극 지지하는 이들 신진세력들이 내각과 집권 자유민주당(自由民主黨. 이하 자민당)의 요직에 대거 진출했다. 지난해 9월 26일 고이즈미의 뒤를 이어 일본 수상으로 취임한 아베 신조(安倍晋三) 역시 신진 정치세력의 대표적인 인물로 고이즈미의 집권 기간동안 자민당 간사장 대리, 내각 관방장관[45] 등

44) 양준호, "일본판 네오콘의 급부상", 「SERI 경제포커스」 제66호, 2005년 11월 14일, pp.8~9.

45) 일본의 내각 관방장관은 수상의 최고 보좌관, 각 정부부처 사이의 정책 통합 · 조정, 정부 대변인, 그리고 내각의 중요정책에 대한 정보의 수집과 조사 등을 담당하는 직책으로 수상에 버금가는 요직이다. 일본의 내각제도에 대한 보다 자세한 내용은 공의식, 「現代日本의 政治」(세종출판사, 1998), pp.67~78을 참고.

을 역임하였다.[46] '일본 역사상 최초의 전후세대 출신 수상'으로 기록된 아베 수상은 자민당 총재경선에 출마할 당시부터 「평화헌법」 제9조의 개정을 비롯한 개헌(改憲) 의지를 공개적으로 피력했으며, 수상에 취임한지 약 1개월 뒤인 지난해 10월 31일 해외 언론과의 인터뷰를 통해 "시대에 맞지 않는 조문으로 대표적인 것이 헌법 제9조다. 일본을 지켜야 한다는 관점과 국제공헌을 하기 위한 차원에서 9조를 개정해야 한다"라고 언급하여 개헌 의지를 재확인했다. 특히 아베 수상은 "임기 중에는 헌법 개정을 마치고 싶다"면서 개헌에 대한 남다른 의욕을 나타내기까지 했다.[47]

뿐만 아니라 일본의 제1야당인 민주당(民主黨)에서도 전후세대 정치세력들의 영향력이 커지고 있다. 한 보기로 지난 2005년 9월 11일의 일본 총선거 직후 「마이니치신문」(每日新聞)이 중의원 당선자들을 대상으로 실시한 설문조사에 따르면 전체 당선자의 84%에 해당하는 402명이 「평화헌법」 제9조의 개정을 지지하는 것으로 나타났으며, 여기에는 자민당 소속 275명(자민당 당선자의 약 93%) 외에 민주당 소속 78명(민주당 당선자의 약 69%)도 포함되어 있었다.[48] 요컨대 일본 정치권 내에서 정치·군사대

46) 고이즈미 전임 수상과 아베 수상의 부친 역시 일본의 정치·군사대국화를 주장해 온 정치가들로, 지난 1960년대 초반 외국에 대한 공격을 허용하는 개헌을 추진했던 기시 노부스케(岸信介) 전임 수상의 정치적 후계자로 알려져 있다. 기시의 사위로 지난 1980년대 외상(外相)을 역임했던 아베 신타로(安倍晋太郎)는 아베 수상의 부친이다. 고이즈미 전임 수상의 부친인 고이즈미 준야(小泉純也)는 1965년 방위청장관을 역임하면서 유사법제의 필요성을 처음 제기했던 바 있으며, 고이즈미 전임 수상은 아베 신타로의 비서로 정계에 입문했다. 유민호, "보수 본류 '기시 후예들' 아시아 정조준", 「주간조선」, 2003년 8월 28일.

47) 신지홍, "日 '평화헌법' 공포 60년-'평화주의' 퇴색", 「연합뉴스」, 2006년 11월 1일자.

48) 박철희, "일본 9.11 총선의 의미와 한일관계 전망", 「주요국제문제분석」(외교안보연구원, 2005년 9월 29일), p.15.

국화에 대한 지지는 이미 여야(與野)가 따로 없는 '대세(大勢)'로 기울고 있는 것이다.

이러한 정계의 의지에 편승하여 일본의 정치 · 군사대국화는 최근 몇 년 동안 급진전을 나타내고 있다. 이미 일본은 지난 1990년대 초 UN 평화유지활동(PKO: Peace-Keeping Operations)에 대한 참여 형식으로 자국 영토 밖으로의 자위대 파병사례를 만든 바 있으며, 2001년 9.11 테러사태 직후에는 「테러대책 특별법」을 통과시켜 1,500명의 비전투 자위대 병력을 미국 주도의 다국적군 일원으로 아프가니스탄 대테러전쟁에 파병했다. 여기에는 보급지원함 2척, 소해함 1척과 이들을 방어하기 위한 구축함 3척, 수송기 6대, 다목적 지원기 2대 등이 포함되어 있었다. 그리고 지난 2004년에는 제2차 걸프전쟁 이후 이라크에 주둔 중인 미국 중심의 다국적군을 지원하기 위해 1,000여명의 자위대 병력이 이라크 남부지역에 파병되었다. 당시 이라크에 파병된 자위대 병력에는 육상자위대 소속의 약 550명과 항공자위대 소속 190여명이 포함되어 있었고, 이들은 기관총과 휴대용 대전차로켓, 200여 대의 차량(장갑차 포함) 등을 장비하였다.[49]

이로써 자위대는 전후 처음으로 전투지역에 일장기를 앞세우고 참전하는 선례를 남겼다. 국제사회에 기여한다는 명분을 충족시키면서 자연스럽게 군사력 동원에 대한 지리적 범위를 넓힐 수 있는 근거를 만들겠다는 속셈인 것이다. 궁극적으로는 동맹 · 우방국의 안보위협에 대한 공동대응, 즉 '집단적 자위권(Collective Self-Defense)'을 합법화시켜 일본 영토 밖에서의 군사력 행사에 대한 제약을 없애려 하고 있다.

2003년 6월에는 '『무력공격 사태 대처법안』, 『자위대법』 개정안, 『안

49) 이들 가운데 육상자위대 소속 병력은 지난해 7월 모두 이라크에서 철수했으며, 현재는 항공자위대 소속의 병력 200명만이 쿠웨이트에서 항공 수송지원 임무를 수행 중이다.

전보장회의 설치안』' 등 3개 법률을 묶은 소위 유사법제(有事法制)를 통과시켰다. 이는 일본이 타국의 요청 없이도 자위대를 외국영토에 파병하는 것을 허용하며, 포괄적으로 규정된 '유사시 상황'을 근거로 정부가 자의적으로 민간물자 징발과 국민기본권 제한을 단행할 수 있도록 규정하고 있다. 사실상 제2차 세계대전에서와 같은 국민동원체제로 회귀하려 한다는 평가를 받고 있다.

지난 2005년 11월 22일에는 마침내 집권 자민당이 마련한 새 헌법의 초안이 발표되었다. 일본은 이미 지난 2000년 국회 내부에 헌법조사회를 설치하여 개헌 문제를 연구하도록 조치한 바 있으며, 2005년 4월의 최종 보고서 제출에 이어서 자민당의 창당 50주년을 맞아 공식화된 것이다. 총 10개 장으로 이루어진 자민당의 개헌 초안에 포함된 주요내용은 아래와 같다.[50]

- 정규 군대인 '자위군(自衛軍)'의 보유 명시, 교전권도 공식 인정
- 자위군의 임무에 국방, 공공질서 유지, 그리고 국제협력활동 명시
- 단, '전쟁 및 무력행사의 영구적 포기' 조항은 현행대로 유지
- 헌법 전문(前文)에 '천황(天皇)제도의 유지', '국가에 대한 국민의 책무' 명시
- 사회적 관습과 의례에 의한 국가, 공공단체의 종교활동 인정
- 개헌안의 발의 요건을 중의원 및 참의원 전체의 과반수 이상으로 완화

위와 같은 개헌안의 내용대로라면 일본은 제2차 세계대전 이후 60여 년만에 다시 군대와 교전권을 보유하면서 '전쟁을 할 수 있는 보통국가'의 지위를 회복할 예정이다.[51] '전쟁 및 무력행사의 영구적 포기' 조항이 유

50) 국방정보본부, 『2005~2006 世界軍事動向』(국방부 국방정보본부, 2006), p.64.

지된다고 하지만, 이는 자신들의 정치 · 군사대국화 움직임에 대한 국내외의 비판여론을 회피하기 위한 상징적 조치에 불과하며, 사실상 『평화헌법』 제9조의 사문화를 뜻하는 것이다. 아울러 국제협력활동을 새로 창설될 정규군의 기본 임무로 명시하여 자국영토 밖으로의 군사력 투입을 합법화시켰다.[52] 이것은 집단적 자위권의 인정과 직결될 수 있다는 점에서 주목된다. 비록 개헌안에는 집단적 자위권이 명시되지 않았으나, 헌법해석에 따라서 이를 허용할 가능성이 높은 것으로 평가된다. 아베 수상은 수상에 취임한지 사흘만인 지난해 9월 29일 국회에서 가진 첫 연설에서 "어떤 경우가 헌법에서 금지하고 있는 집단적 자위권의 행사에 해당하는지, 개별적이고 구체적인 사례를 연구해 나가겠다"라고 밝혀 집단적 자위권 허용을 적극 검토하겠다는 의사를 나타낸 바 있다.

전수방위, 비핵 3원칙을 비롯하여 그동안 일본 방위전략의 근간을 규정해온 원칙들도 그 기반이 흔들리고 있다. 우선 군사력의 사용범위를 '일본 영토 내에서의 방어 임무'로 국한시켰던 전수방위 원칙은 현재 진행되고 있는 자위대의 해외파병 역할 강화와 집단적 자위권 허용 추진으로 상당부분 손상되었다. 여기에 지난해 7월 5일 북한이 동해상의 일본 인근해역으로 7개의 탄도미사일을 시험발사한 직후에는 타국 영토에 대한 공격을 허용하는 소위 '적 기지공격론'이 일본 정부와 정치권에서 적극 제

51) 당초 자민당은 정규군의 명칭을 '국방군'으로 하려 했으나, 과거 군국주의 시대의 이미지가 강하다는 점 때문에 기존 자위대의 명칭을 따른 '자위군'으로 정했다.

52) 자민당은 지난해 6월 14일 그동안 UN결의와 국제기구 및 우방국의 요청, 혹은 한시적인 개별입법을 조건으로 승인되어 온 자위대의 해외파병을 독자적으로 실시할 수 있도록 허용하는 「자위대 해외파병 항구법」의 초안을 발표한 바 있다. 지난해 11월에는 국제평화협력 활동을 자위대의 '부수적인 임무'에서 '본연의 임무'로 격상하는 내용을 담은 「자위대법」의 개정안이 일본 국회를 통과했다.

기되기도 했다.[53] '적 기지공격론'을 공개적으로 주창했던 이들 가운데는 당시 관방장관이었던 아베 수상, 누카가 후쿠시로(額賀福志郎) 당시 방위청장관이 있었으며, 한국을 비롯한 주변국은 이를 사실상의 '선제공격' 논의로 규정하여 강력히 반발하였다.

급기야 지난해 10월 9일에 실시된 북한의 핵실험 이후에는 일본의 핵무장을 요구하는 주장까지 등장했다. 먼저 10월 15일 나카가와 쇼이치(中川昭一) 자민당 정조회장이 "일본 헌법은 핵 보유를 금지하지 않는다. 일본이 고수해 온 비핵3원칙을 수정할 필요가 있는지 논의해야 한다"라고 주장했으며, 이어 10월 18일에는 아소 다로(麻生太郎) 일본 외상이 중의원 외무위원회에서 "이웃 나라가 핵무기를 갖게 되었을 때 '일본이 핵 보유 여부를 검토하거나 의견을 교환해서도 안된다'는 견해도 있지만, 논의를 해 두는 것도 중요한 일"이라고 답변하면서 논란은 확대되어 갔다. 아소 외상은 10월 25일에도 "동북아시아의 핵 상황이 변했다. 확실히 논의해보자는 것을 못하게 한다면 언론봉쇄다. 논의하는 것이 당연하다"라면서 핵무장 논의에 대한 입장을 반복했다. 아베 수상은 일단 "비핵 3원칙에 따라 핵무기 개발을 고려하지 않을 것"이라고 천명하여 논란을 수습하려 했지만, 한편으로는 "언론자유에 따라 논의 자체를 봉쇄하는 것은 불가능하다"라면서 여운을 남겼다. 실제로 아베 수상은 관방 부장관 시절인 지난 2002년 5월 13일의 대학강연에서 "헌법상 핵무기의 보유는 문

53) 이것은 지난 1956년 일본 정부가 "적국 기지 공격능력이 '자위권의 범위'에 포함된다"는 통일견해를 발표한 것에서 유래하며, 2003년 3월에는 이시바 시게루(石破茂) 당시 방위청장관도 "일본에 미사일을 발사하려 할 경우 미사일 발사장소에 대한 선제공격에 나서는 것은 위헌이 아니다"라는 견해를 피력한 바 있다. 신지홍, "日 적기지 공격 공론화-'전수방어' 허물기", 「연합뉴스」, 2006년 7월 10일자.

제될 것이 없다"라는 견해를 나타낸 바 있다.

지난 2004년 12월 10일 발표된 일본의 새로운 『방위계획대강』(防衛計劃大綱)은 전수방위에 기초한 그동안의 일본 방위전략의 기조가 바뀌고 있음을 공식화하고 있다. 우선 독립국으로서의 필요 최소한의 기초적인 방위력을 보유한다는 '기반적 방위력'의 개념에 새로운 위협에 대한 효과적인 대응, 그리고 국제평화협력 활동의 참가를 위한 '다기능 · 탄력적이며 실효성 있는 방위력'이라는 내용을 추가했다.[54] 이는 전수방위를 넘어서는 형태의 군사력 동원, 확보에 나설 것임을 뜻한다. 아울러 미국을 위시한 동맹, 우방국과의 협력 그리고 국제사회 기여 등을 강조하여 집단적 자위권의 형식 아래 군사력 동원의 지리적 범위를 확장하려는 의도를 드러내고 있다.

최근에는 방위청이 1월 9일을 기하여 창설 53년만에 방위성(防衛省)으로 정식 승격했으며, 방위청장관도 방위상으로 지위가 격상되었다. 방위성은 독립된 중앙부처로서 수상을 거치지 않고서도 독자적으로 법률안 등의 주요안건을 각료회의에 제출하고, 재무성(財務省)에 직접 예산을 요구, 집행할 수 있는 권한까지 갖는다. 이번 방위성 승격을 계기로 자위대를 정규 군대로 전환시키려는 일본의 움직임은 더욱 탄력을 받게 될 전망이다.

문제는 이와 같은 일본의 정치 · 군사대국화가 그들이 주장하는 대로 '보통국가로의 권리회복' 정도에 머무르지 않을 것이라는 우려에 있다. 일본에서는 1990년대에 들어 계속된 만성적인 경제불황으로 위기의식이 팽배했으며, 일본 사회에서 메이지유신(明治維新)과 제2차 세계대전 직후

54) 日本 防衛廳, 『平城18年版 防衛白書-日本の防衛』(防衛廳, 2006), pp~81~86.

의 전후개혁에 이은 제3의 국가개혁이 필요하다는 위기의식을 불러일으키면서 새로운 돌파구에 대한 욕구를 자극해 왔다.[55] 이러한 분위기는 일본 내부에서 국수주의(國粹主義)가 팽배해지는 배경이 되었으며, 자국의 국가적 자긍심을 강조한다는 미명아래 지난 20세기 전반기에 주변 국가를 침략한 역사를 왜곡 · 미화하는 모습까지 나타났다. 최근 자민당이 발표한 개헌안의 초안 내용에 '천황제도 유지'와 '국가에 대한 국민의 책무' 등이 명시되고, 지난해 말 애국심 고취를 골자로 하는 『교육기본법』 개정안이 일본국회를 통과한 것도 일본사회의 이러한 흐름과 일맥상통하는 대목이다.

현재 일본 정부와 정치권의 주요 인사들 가운데서도 상당수가 이에 동조하고 있다는 점에 문제의 심각성이 있다. 지난 1999년에 당선된 이후 도쿄(東京) 도지사를 역임 중인 이시하라 신타로(石原愼太郞)는 "난징(南京) 대학살사건은 중국인들이 지어낸 거짓말" 등을 위시하여 수차례의 과거사 관련 망언(妄言)으로 비판을 받았던 국수주의 인사다. 또한 핵무장 논의를 제기하여 물의를 빚었던 아소 외상은 고이즈미 내각에서 자민당 정조회장, 총무상을 거쳐 2005년 11월부터 외상에 기용되었고, 아베 내각에서도 유임되었다. 그는 과거 태평양전쟁에서 1만여명의 한국인 징용자들을 강제노역에 동원시켰던 아소탄광 사장의 아들이며, "식민지 시절 창씨개명은 조선인들이 원해서 했던 것"이라는 발언으로 한국인들의 분노를 산 바 있다. 아소 외상과 더불어 일본의 핵무장을 옹호했던 나카가와 자민당 정조회장은 일본의 대표적인 국수주의 단체인 '새 역사교과서를 만드는 모임'을 국회차원에서 후원하는 '역사교과서를 생각하는 모

55) 이원덕, "일본사회의 우경화와 안보정책 전환: 군사적 보통국가를 향하여", 김호섭 등 지음, 『일본우익연구』(중심, 2000), pp.288~289.

임'의 회장을 역임했고, 고이즈미 내각에서 경제산업상과 농림수산상 등의 요직을 거쳤다. 고이즈미 전임 수상은 2001~2006년까지의 집권기간 동안 매년 한 차례씩 제2차 세계대전의 A급 전범들의 위패가 안치된 야스쿠니신사(靖國神社)를 참배하여 주변국들의 강한 반발을 일으켰다.[56)]

아베 수상은 취임 이후 야스쿠니신사 참배 여부에 유보적인 태도를 나타내고 있지만, 집권 이전에는 "야스쿠니신사 참배는 수상의 기본적 책무"라고 주장했을 정도로 적극적인 참배 옹호론자였다. 또한 그는 '새 역사교과서를 만드는 모임'의 정치적 후원역할을 하였으며, 자민당 간사장대리 시절에는 일본 NHK 방송에서 계획 중이던 태평양전쟁 종군위안부에 관한 다큐멘터리의 방영을 취소하도록 압력을 행사하기도 했다. 최근에는 아베 수상이 태평양전쟁 당시 일본의 종군위안부 강제동원 문제에 대해 "강제성을 뒷받침하는 증언 · 증거가 없다"고 주장했으며, 뒤이어 일본 정부도 이를 공식입장으로 채택하여 다시 한번 국내외의 논란을 증폭시켰다.[57)]

이처럼 과거 자국의 침략행위에 대한 반성의식이 결여되거나, 오히려 이를 미화하는 세력이 일본을 움직인다는 것은 그들이 추구하는 일본의 정치 · 군사대국화가 궁극적으로는 대동아공영권(大東亞共榮圈)이라는 이

---

56) 지난 2005년 11월 22일 발표된 개헌안 초안에 정교분리(政敎分離) 원칙과 어긋나는 '국가, 공공단체의 종교활동 인정'이 포함된 것도 일본 정치지도자들의 야스쿠니신사 참배를 정당화하기 위한 목적에서 비롯되었다.

57) 일본 정부는 지난 3월 16일 각료회의에서 쓰지모토 기요미(元淸美) 의원의 국회질의에 관해 "정부가 발견한 자료들 가운데서는 군이나 관청에 따른 '강제연행'을 직접 나타내는 기술은 발견할 수 없었다"는 내용의 답변서를 채택하였다. 이는 1993년 일본 정부의 종군위안부 강제동원을 인정한 고노 요헤이(河野洋平) 당시 관방장관의 발표(일명 고노 담화)를 부정한 것으로 해석될 수 있다. 최이락, "日 각의 '강제연행 자료 없다' 입장 공식화", 「연합뉴스」, 2007년 3월 16일자.

름의 아시아 지역패권 장악을 위한 것이라는 의구심을 증폭시킬 수밖에 없다.

1991년 구 소련의 해체이후 러시아는 경제재건과 체제전환의 과정에서 과도기적인 혼란을 경험했으며, 이에 대한 문제를 해결하기 위해 미국을 위시한 주요 서방국가들의 도움에 의존해야 했다. 그리하여 1990년대의 러시아는 다분히 유일 초강대국인 미국이 주도하는 세계질서를 그대로 인정하는 것을 전제로 하는 대외정책을 견지해 왔다. 국제사회에서의 영향력도 냉전 시대에 비해 급격하게 약화되었다. 지난 2000년 5월 젊은 지도자 블라디미르 푸친의 대통령 취임을 계기로 러시아는 다시금 국제사회에서 강대국의 지위를 회복하기 위해 적극적인 노력을 기울이고 있다. 유럽과 아시아에 걸친 광대한 영토, 규모 상으로는 여전히 미국의 뒤를 잇는 거대한 군사력, 그리고 풍부한 에너지자원[58]을 바탕으로 미국과 유럽연합(EU)을 위시한 기존의 세계질서 주도세력들과의 협력을 지속, 강화하는 한편으로 동유럽, 중앙아시아 국가들에 대한 전통적인 영향력을 증대시키고 있는 것이다. 뿐만 아니라 중국, 인도를 비롯한 신흥 강대국들과도 정치, 경제, 군사 분야에 걸친 다양한 협력관계를 발전시키는 중이다. 이를 통해 러시아는 미국의 일방적인 국제질서 주도에 제동을 걸 수 있는 거부(Veto) 세력으로서 유라시아 양쪽에 영향력을 발휘하는 실력자의 지위를 되찾으려 하고 있다.

---

58) 러시아는 전세계 석유의 6.9%인 약 690억 배럴(세계 7위)의 매장량을 확보하고 있으며, 천연가스의 경우도 세계 전체의 31.6%인 약 429억톤의 매장량을 보유하고 있다. 오늘날 러시아는 석유와 천연가스 수출량에서 각각 세계 2위와 1위를 차지한다. 김덕주, "러시아의 에너지자원 개발동향과 우리의 대응", 『주요국제문제분석』(외교안보연구원, 2006년 4월 3일), p.1.

러시아의 세력 회복은 군사력 부문에서도 나타나고 있다. 냉전 이후 러시아군은 미하일 고르바초프의 '합리적 방어 충분성' 개념에 입각한 소극적인 방위전략을 견지하는 가운데, 체제전환 과정에서 나타난 국가재정 약화로 수년만에 전력 규모가 급격히 축소되어 왔다. 하지만 푸친이 집권한 2000년을 기점으로 국방 분야에 대한 투자규모가 본격적으로 증대되기 시작했으며, 그동안 중단 및 축소되었던 신형 무기체계의 개발과 획득도 재개되었다. 가장 주목되는 부분은 러시아가 최근 수년 동안에 들어서 공세적 성격이 강한 군사전략을 채택하고 있다는 점이다. 지난 2003년 10월 2일 푸친 대통령과 러시아군 주요지휘관, 국방관계자들이 참석한 가운데 열린 국방회의에서 병력 및 국방예산 축소의 중단과 더불어 '필요시 선제 핵공격 가능', 그리고 '2개 지역에서의 전쟁 동시수행' 등을 포함하는 새로운 군사전략 기조가 발표된 것이 그 증거다.[59)]

한편 러시아는 냉전 시절에 비해 약화되었던 동북아시아에서의 정치, 군사적 영향력 증대에도 적극적인 태도를 나타내고 있다. 세계 정치 · 경제의 새로운 중심지로 떠오르고 있는 동북아시아는 러시아에게 경제재건을 위한 기회의 공간이자 강대국으로의 복귀를 위한 우호세력을 확보하고, 자국에 대한 잠재적인 경쟁세력의 진출을 견제, 예방해야 하는 중요한 영역이기 때문이다. 이를 위해 러시아는 최근 수년 동안에 걸쳐 극동지역에서의 대규모 군사훈련을 차례로 실시하고 있다. 먼저 구 소련의 붕괴 이후 처음으로 태평양함대의 대규모 극동해역 훈련이 2003년 8월 18~27일 사이에 실시되었는데, 동해와 오호츠크해, 배링해 부근에서 병력 3만여 명과 군함 110척, 군용기 50여 대가 참가했다. 2004년 6월에는

---

59) 국방정보본부, 『2003~2004 世界軍事動向』(국방부 국방정보본부, 2004), pp.229~230.

유럽 우랄산맥 서부지역의 병력을 극동 지역으로 신속히 이동시키는 '기동 2004' 훈련을 실시했다.[60] 이 훈련은 러시아군 총참모장의 지휘와 푸친 대통령의 참관 아래 진행되었으며, 동북아시아에서 러시아가 실시한 훈련 가운데 15년만에 최대 규모였다.

러시아가 동북아시아에서 실시한 대규모 군사훈련 가운데서도 가장 큰 주목을 받았던 것은 바로 2005년 8월 18~25일에 중국과 합동으로 수행했던 '평화의 사명 2005'였다. 이 훈련은 지난 2004년 12월에 러시아와 중국 사이의 합의에 따라 이루어진 것으로 본래는 양국의 국경지대에서, 육군 병력만으로 참가부대를 한정시킬 계획이었다. 그러나 이후 중국 동남부의 산둥반도 및 인근 해역으로 훈련장소가 바뀌었으며, 양국의 최신 군함과 전투기, 폭격기를 비롯한 주력 부대까지 포함하는 대규모 훈련으로 확대되었다. 3단계로 진행된 이 훈련에는 총 9,800여 명(중국 8,000여 명, 러시아 1,800여 명) 규모의 병력이 참가하여 상륙, 공중 낙하, 봉쇄, 그리고 미사일 발사 훈련 등이 펼쳐졌다.[61]

이처럼 러시아는 동북아시아에서 대규모의 군사훈련을 잇달아 실시하여 유사시 이 지역에서 언제든지 군사적 개입에 나설 수 있다는 의지와 능력을 과시한 것이다. 다시 말해 러시아가 강조하는 '2개 지역에서의 전쟁 동시수행' 대상에 동북아시아가 포함될 가능성은 매우 높다고 평가할 수 있다.

---

60) '기동 2004' 훈련에서는 우랄 군관구의 공수, 기계화보병 부대와 북양함대 산하 해군 보병 등 병력 800명과 장갑차 100대가 군용 수송기 47대 및 민간 수송기 2대를 통해 연해주의 블라디보스토크 부근으로 이동하여 극동군관구 병력과 합동으로 공중침투 및 상륙 훈련을 벌이는 내용이 포함되었다. 황유성 · 김기현, "러시아, 연해주서 대규모 군사훈련", 「동아일보」, 2004년 6월 19일자.

61) 국방정보본부, 2006, p.142.

출처: 「조선일보」 2005년 8월 18일자

〈그림 2-7〉 **2005년 8월 중국-러시아의 합동 군사훈련 지역 및 내용**

2) 한국 안보에 대한 문제

반도 지역은 대륙과 해양의 특징을 동시에 갖고 있다. 때문에 항상 대륙세력과 해양세력 양쪽의 공통적인 관심대상이 되는 숙명을 안기 마련이다. 특히 관련된 국가들의 힘과 국제적인 위상이 클수록 이러한 경향은 더욱 강해지며, 해당 반도국가의 안전보장에 대한 도전요인도 커질 가능성은 높아지게 된다. 이는 한국의 입장에서 단순한 이론이 아니라 유사 이래 계속되어온 엄연한 현실 문제에 해당한다. 북쪽의 대륙 방향으로는 전통적인 동북아시아의 패권국가이자 떠오르는 경제대국인 중국과 유라시아에 걸쳐 세계 최대의 영토를 차지한 러시아를 맞대고 있으며, 동쪽 해양 방향으로는 아시아 제일의 경제대국 일본을 바라보고 있기 때문이다.

한반도는 동북아시아 지역에서 가장 동쪽에 해당하는 자리에 있다는 점에서 태평양으로 나아가기에 매우 유리한 입지를 점하고 있다. 대륙 혹은 해양세력이 상대방을 겨냥하여 세력팽창을 하기 위한 일종의 교두보

(Bridgehead) 역할을 하기에 이상적인 위치를 차지한다. 반대로 상대측의 세력이 자신들의 영역까지 침투하는 것을 막으려는 입장에서는 우선적으로 확보해야 할 완충지대(Buffer Zone)에 해당된다. 만일 한반도가 특정 국가의 우호세력이 되거나 지배 아래에 놓인다면 해당국가는 한반도 인근의 나머지 강대국의 직접 위협으로부터 보다 안전해질 수 있으며, 경우에 따라서는 이들에 대한 직접적인 영향력을 행사할 수도 있다.

이와 같은 한반도의 지정학적 위치는 중국의 경우 '순망치한(脣亡齒寒)[62] 관계', 러시아에게는 '극동으로의 부동항(不凍港)', 그리고 일본에서는 '이익선'[63] 내지 '대륙으로부터 돌출된 흉기(凶器)'[64]라는 개념으로 인식되어 왔다.

이처럼 한반도는 동북아시아 전체를 상대로 통제권을 행사하기 위해서는 반드시 확보해야 할 지역이며, 따라서 동북아시아에 대해 정치·경제·군사적인 야심을 가진 나라라면 항상 눈독을 들이는 대상이다. 이러

62) 직역하자면 "입술(脣)이 없으면 이(齒)가 시리다"라는 뜻이 되는데, 여기서 이와 입술은 각각 중국과 한반도를 지칭한다. 중국에 대한 완충지대로서 한반도의 기능을 설명할 때 자주 인용되는 용어다.

63) 19세기 말 일본 육군원수와 수상을 역임한 야마가타 아리토모(山縣有朋)가 처음 제시한 개념으로 일본 영토자체인 '주권선'과 가까운 지리적 공간을 뜻하며, 주권선의 안전과 밀접한 관계가 있다고 인정되는 개념이다. 야마가타는 한반도를 '일본의 이익선'으로 규정하면서 중국 청 황조와 제정 러시아가 한반도에서 독점적 지배권을 차지하는 것을 막아야 한다고 역설했다. 결국 이러한 논리는 그 후 청일, 러일전쟁으로 이어지면서 일본의 한반도 침탈로 연결되는 이론적 근거가 되었다.

64) 야마가타의 '이익선' 이론과 더불어 한반도를 '일본을 겨냥한 대륙세력의 위협'으로 인식하는 일본 내 국수주의자들의 시각을 반영하는 개념이다. 최근 '새 역사교과서를 만드는 모임'에서 제작된 후소샤(扶桑社) 판을 비롯한 일본의 몇몇 역사교과서에서도 이러한 논리가 소개되어 "한반도 침탈은 일본 스스로의 안전을 위해 불가피했던 선택"이라는 국수주의 세력들의 주장을 대변하고 있다는 비판을 받았다.

한 지정학적 특성으로 인해 한반도는 역사상 숱한 외부 세력의 침략을 받아왔다. 고조선 시대에는 중국의 한(漢), 삼국 시대에는 수(隋)와 당(唐), 고려 시대에는 거란과 여진, 몽골 제국, 조선시대에는 도요토미 히데요시(豊臣秀吉)의 일본과 중국의 청(淸)을 상대로 싸웠던 것이다. 19세기말에 이르러서는 청(淸)과 제정 러시아 그리고 메이지유신(明治維新) 직후 근대화된 일본이 한반도의 지배권을 놓고 차례로 전쟁을 치렀으며, 여기서 승리한 일본이 1910년부터 제2차 세계대전에서 패망할 때까지 35년이나 한반도를 지배했다. 냉전 시대의 첫 번째 열전(熱戰)으로 기록된 6.25전쟁도 공산주의 세력의 팽창을 노린 소련과 중국이 북한을 지원했기 때문에 가능했다. 이후 중국은 1950년 9월 이후 미국 주도의 UN군과 한국군의 북진으로 북한의 패색이 짙어지자 자국의 영토 바로 아래에 이념적 적대국가가 들어서는 것을 막기 위해 10월 후반부터 전쟁에 개입했다.

이처럼 한민족이 주변 강대국들을 상대로 치른 무력 충돌의 횟수를 합친다면 무려 931차례에 이른다. 이 가운데 대륙으로부터의 침략은 438차례, 그리고 바다를 통한 침략이 493차례나 되었다.[65] 반만년 역사를 통틀어 평균 5년에 한번 외부의 침략을 받았다는 계산이 나오는 셈이다.

중국과 일본 그리고 러시아 등 한반도 주위의 국가들이 여전히 동북아시아와 전세계적인 주요 강대국으로 남아있으며, 이들이 동북아시아 지역질서의 주도권을 손에 놓기 위해 경쟁하고 있다는 현실은 한국의 국가안보에 대한 중대한 도전임에 틀림없다. 단지 과거와 같은 군사적 침략이나 병합과 같은 방식이 아닐 뿐, 이들 국가들이 한반도를 자신들의 영향권에 편입시키기 위해 한국을 상대로 감당하기 어려운 압박을 가할 방

---

65) 유봉영, “外寇와 鑑訣 所謂十勝之地”, 「白山學報」, 1970년 6월호, 통권 제8호.

법은 얼마든지 있기 때문이다. 이는 한국이 스스로의 의지와 국익에 부합되는 방향으로 행동할 수 있는 자유를 심각하게 제약하는 문제이며, 한국의 입장에서 '핵심적 이익'을 심각하게 침해하는 위협이라고 밖에 볼 수 없다.

또한 한국은 이미 중국, 일본과 해양자원 관할권을 둘러싸고 갈등 및 분쟁 가능성을 안고 있다. 지난 1994년 11월 UN 해양법협약이 발효된 이후 일본과 중국도 1996년 7월과 1998년 6월 각각 200해리의 배타적 경제수역(EEZ)을 선포했다. 하지만 서해의 경우 가장 폭이 넓은 부분이 겨우 350해리 정도이고, 동해에서도 한·일간 최장거리가 450해리 이내에 불과하다. 이로 인해 한국이 주장하는 해양자원 관할영역은 중국, 일본의 것과 여러 부분에서 중첩되고 있는 실정이다. 여기에는 수산 생물자원뿐만 아니라 주요 지하자원의 매장 잠재력이 있는 대륙붕의 경계선 책정에 대한 과제도 포함되어 있다.[66] 당사국 모두 각자의 산업수요에 비해 부존자원이 턱없이 부족하므로 이들 수역에 대한 자원 관할권 문제는, 특히 상당규모의 해저유전이라도 발견될 경우 충분히 국가안보 차원의 현안으로 비화될 수 있다.[67] 때문에 앞으로 대규모 분쟁으로 악화될 우려를 배제할 수 없다.

이미 한반도 주변해역에서는 대륙붕과 EEZ를 비롯한 해양관할권 관련 갈등이 표면화되고 있다. 먼저 중국 관영 신화(新華)통신의 자매 언론지에서 2004년 7월 15일자 기사를 통해 2004년 7월 초부터 한국가스공사가 착수한 서해 제2광구 내에서의 해저유전 탐사를 "중국의 해양주권

66) 한국과 중국, 일본 사이의 EEZ 및 대륙붕 경계획정에 관한 논쟁에 대해서는 박경일 편저, 2003, pp.90~97을 참고.

67) 김병륜, "東중국해 해양분쟁 가능성 상존", 「국방일보」, 2006년 3월 16일자.

및 권익에 대한 침해"라고 주장하고 나섰다. 문제의 해역이 군산 앞바다에서 직선거리로 약 250km 떨어진 위치에 있으며, 중국 대륙붕 중간선에서 불과 50km 거리밖에 되지 않는다는 점을 문제삼은 것이었다.[68] 얼마 후 중국의 시사주간지 「요망동방주간」(瞭望東方週刊)에는 "황해(黃海: 서해의 중국식 명칭)의 총면적 38만km^2 가운데 25만km^{2}까지를 중국의 관할권 아래에 둘 수 있어야 한다"는 주장까지 등장했다.[69] 심지어 중국은 지난해 3월 초 동중국해 가스전 개발에 관한 일본과의 실무회의에서 현재 한일 공동개발구역(JDZ: Joint Development Zone)으로 설정되어 있는 남해 제7광구의 대륙붕 일부를 공동으로 개발하자고 제안하여 한국의 반발을 야기하였다.[70]

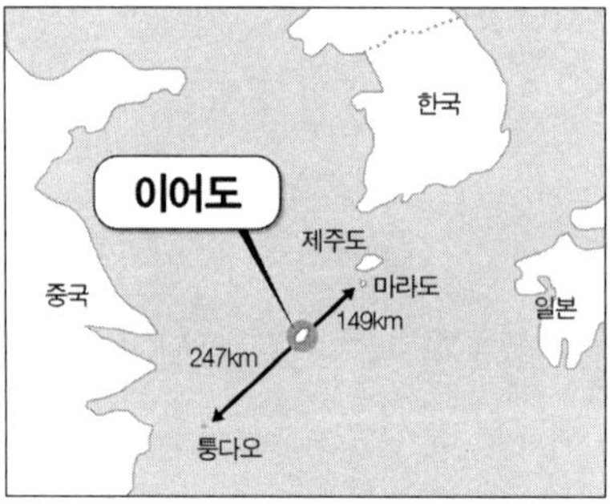

출처: 「조선일보」 2006년 9월 22일자
〈그림 2-8〉 이어도의 지리적 위치

지난해 9월에는 제주도에서 남서쪽으로 149km 떨어진 이어도가 해양관할권 문제의 새로운 갈등 요인으로 떠올랐다. 한국이 1995년부터 255평 규모의 종합해양과학기지를 설치, 운영하고 있는 이 바위섬에 대한 관할권을 중국이 정면으로 부정하고 나선 것이다.

---

68) 임채정 외, 『간도에서 대마도까지-한 · 중 · 러 · 일 영토문제 현장』(동아일보사, 2005), p.185.

69) 조성대, "韓-中 서해 영해 분쟁 소지", 「연합뉴스」, 2004년 8월 5일자.

70) 한일 공동개발구역(즉 남해 제7광구)은 총 면적이 약 8만 6,000㎢에 달하며, 양국의 공동개발은 오는 2028년까지 유효하다. 중국은 지난 1974년에 한일 양국이 『한일 대륙붕 공동개발협정』을 통해 처음 제7광구에서의 대륙붕 공동개발에 합의할 당시부터 이를 '중국에 대한 주권 침해'로 규정하면서 인정을 거부해온 바 있다. 박용채, "中, 韓日 공동대륙붕 넘보나", 「경향신문」, 2006년 3월 9일자.

〈그림 2-9〉 중국과 일본이 추구하는 해양관할 범위의 현황

중국 외교부는 9월 14일의 정례브리핑에서 "쑤옌자오(蘇岩礁: 이어도의 중국식 명칭)는 국제법상 섬이 아니라 동중국해 북부의 수면 아래에 있는 암초이며, 이곳에서 이루어지는 한국의 행동은 아무런 법률적 효력이 없다"고 주장하고 나섰다. 뿐만 아니라 중국은 국가해양국 소속 항공기를 동원하여 2005년에만 5차례나 이어도 종합해양과학기지를 감시한 것으로 드러났다.[71] 한국과 중국은 아직 동중국해 이내에서의 EEZ 경계를 설정하지 못하고 있으며, 이어도는 한중 양측이 주장하는 EEZ가 중첩되는 해역

71) 이돈관, "中, 비행기 동원 이어도 해양과학기지 감시", 「연합뉴스」, 2006년 9월 13일자.

에 위치한다. 말하자면 중국은 동중국해 EEZ 경계 설정과정에서 보다 유리한 조건을 얻어내기 위해서 이어도에 대한 한국의 관할권을 문제삼는 것으로 평가된다.[72)]

해양에서의 활동영역 확장을 꾀하는 중국과 일본의 방침도 한국의 안보에 도전요인이 될 수 있다. 앞서 언급한 중국의 '근해방어' 정책과 일본의 '1,000해리 해상교통로 방어책'[73)]은 모두 동중국해에서 동남아시아로 이어지는 한국의 석유수송로, 그리고 동해에서 북태평양으로 향하는 한국의 주요 무역항로를 포함하게 된다. 이는 중국과 일본의 함대가 유사시 한국을 압박하려는 목적으로 이들 수역 이내의 해양교통로에서 한국 선박들을 차단하거나, 중국과 일본 사이에 직접적인 해양 무력충돌이 발생할 경우 한국의 생명줄과 같은 해상운송에 심각한 장애가 발생할 수 있음을 뜻한다.[74)]

72) 박기성, "이어도, 한중 해양분쟁 출발점 될 수도", 「연합뉴스」, 2006년 9월 14일자.

73) 일본의 '1,000해리 해상교통로 방어책'은 지난 1981년 스즈키 젠코(鈴木善幸) 당시 일본 수상이 로널드 레이건 미국대통령과의 회견에서 처음 밝힌 개념이다. 여기서 1,000해리에 해당하는 범위는 도쿄만을 기준으로 남동쪽으로 마리아나 제도의 북쪽, 그리고 남서쪽으로는 대만~필리핀 사이의 바시해협까지를 포함하고 있다. 이들 해역은 동아시아와 아랍으로 투입되는 미 해군함대가 가장 먼저 통과하는 관문의 위치에 해당한다.

74) 주요 에너지자원 수입에 사용되는 남방항로 하나만 차단되더라도 석유의 경우 평시에는 3개월 이내에 주요 산업과 민간생활이 마비되고, 전시의 경우는 1개월만에 국가 존립까지 위협받을 수 있다. 최악의 경우 해상교통로 전체가 차단된다면 15일 이내에 제철산업을 비롯한 주력 기간산업의 마비가 초래되면서 제조업과 건설업이 근본적인 타격을 입고, 식생활과 대중교통수단 이용이 극심하게 제약을 받게 된다. 이러한 상태가 15일을 넘길 경우에는 국가의 산업 및 경제활동 전반이 마비되어 생활필수품과 식량이 고갈 상태에 이르러 심리적 공황이 야기될 뿐만 아니라, 폭동까지 발생하여 국가생존이 심각하게 위협받을 수밖에 없을 것으로 예상된다. 에너지경제연구원, 『비상시 석유수급 안정화방안 연구』(에너지경제연구원, 1996), p.6; 국방부, 『제 250회 국회 국방위원

그리고 한국은 영유권 문제에 대해서도 주변 강대국들과 현재 분쟁이 진행 중이거나, 잠재적인 가능성을 안고 있다. 먼저 일본과는 이미 반세기가 넘도록 독도를 두고 마찰을 빚고 있다. 한국은 지난 1952년 1월 18일 '인접해양주권에 대한 대통령선언'을 통해 독도에 대한 영유권을 정식 선언했으며, 1954년 8월에 등대를 세우고 1956년부터 독도를 경찰의 관할 아래 경비하고 있다. 하지만 일본은 한국이 독도 영유권을 선언한지 불과 열흘만인 1952년 1월 28일에 공식으로 항의 의사를 전달했으며, 이후에도 외교경로를 통해 매년 같은 내용의 항의를 반복하여 영유권 포기 의사가 없음을 재확인하고 있다. 지난 1996년 독도에서의 선박 접안시설 설치와 2004년 초 독도우표 발행을 비롯하여 한국이 독도에 대한 주권행사를 실시할 때마다 일본이 '영유권 문제'를 내세워 반대 의사를 나타냈던 것도 같은 맥락에서 비롯된 일이다.

그동안 독도 영유권에 대한 한국과 일본 사이의 갈등은 단순히 일본 정부와 정치권에서 의 관련 발언을 둘러싼 일회성 논란으로 그치는 경우가 대부분이었다. 하지만 최근 일본은 독도에 대한 한국의 '실효적 지배'에 손상을 가하고, 독도를 국제 분쟁지역으로 만들려는 목적에서 제도적, 물리적인 도발을 본격화하고 있다. 2005년 3월 16일 일본 시마네(島根)현(縣)의 지방의회가 매년 2월 22일을 이른바 '다케시마(竹島: 독도의 일본식 명칭)의 날'로 제정하는 조례안을 통과시킨 것이 그 시작이었다.[75] 3월 29일에는 일본 문부과학성이 주요 고등학교 교과서 제작 출판사에 독도

회 2004년도 국정감사요구자료(Ⅱ)』(2004년 10월), p.1790.

75) 2월 22일은 지난 1905년에 일본이 독도를 자신들의 영토로 강제 편입시킨 날짜다. 일본 시마네 현 지방의회의 '다케시마의 날' 제정은 독도 침탈 100주년을 맞아 이루어졌으며, 이는 독도 영유권에 대한 일본의 의지를 대내외에 강조하려는 것으로 풀이된다.

에 대한 일본의 영유권을 명시하도록 요구하여 물의를 빚기도 했다. 뿐만 아니라 일본 방위청의 2005년도판 『방위백서』(防衛白書)는 일본 관련 국제분쟁을 언급하면서 독도를 '일본의 고유영토'라고 명시하여 한국의 강한 반발을 불러 일으켰는데, 1년 뒤에 발행된 2006년도판 일본 『방위백서』에서도 이 내용은 시정되지 않았다.

독도 영유권을 둘러싼 한일 양국의 대립은 지난해 4월에 이르러 최악의 경지까지 치달았다. 4월 14일 일본 해상보안청이 독도를 비롯한 동해상의 한국 EEZ을 포함하는 해양탐사 계획을 국제수로기구(IHO)에 통보한 것이 문제의 발단이었다. 일본은 해양탐사를 위한 해상보안청 소속 측량선의 출항을 준비시켰고, 한국도 이에 맞서 해양경찰청의 경비정 18척을 독도 인근해역에 배치하는 초강경 대응에 나섰다. 한때 양국 해경(海警) 사이의 직접적인 충돌 가능성까지 우려되었던 이 사건은 1주일만인 4월 22일에 두 나라의 외무차관 회담에서 '일본의 해양과학조사 중단'과 '동해 EEZ 경계 획정을 위한 협의 재개' 등에 합의하면서 일촉즉발의 위기를 넘겼다. 그러나 이후 재개된 EEZ 경계획정 논의에서도 양국은 입장 차이를 좁히지 못했으며, 오늘날 독도를 둘러싼 두 나라의 대립은 그 어느 때보다 공론화되어 있는 상태이다.

앞서 지적한 바 있듯이 독도는 한국, 일본 양쪽과 같은 거리인 동해 한 가운데에 위치한다. 때문에 독도를 손에 넣는다면 동해 전체를 통제할 수 있는 유리한 고지를 점하게 된다. 말하자면 일본이 줄곧 독도에 대한 영유권을 고집하는 것은 아시아 지역에 대한 일본의 팽창욕을 반영하는 하나의 사례라고 할 수 있다.[76]

---

76) 일본은 러일전쟁이 진행 중이었던 시기에 독도를 자신들의 영토로 강제 편입시켰으며, 이후 독도에 망루와 통신시설을 설치하여 동해에서의 러시아 함대를 감시했다. 만

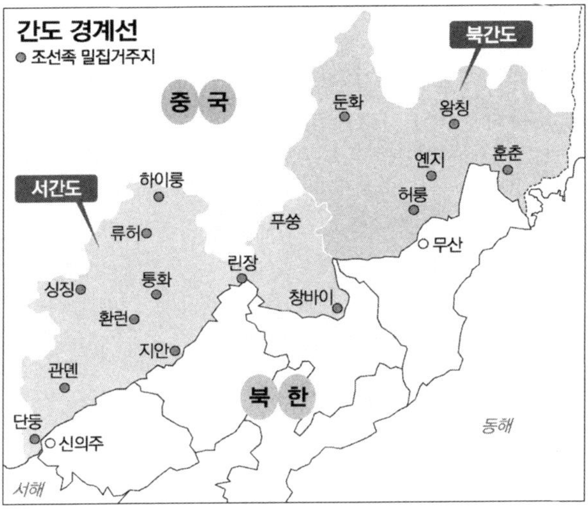

출처: 「동아일보」 2006년 9월 7일자

〈그림 2-10〉 한중 국경과 간도

그리고 한국은 중국, 러시아와도 통일 이후에는 다시금 직접 국경을 맞대는 위치에 놓일 것이다. 이미 한국 사회 내부에서는 지난 20세기 초 일본의 식민지배 직전에 한국의 의사와는 무관하게 영유권을 상실한 북방영토(北方領土), 즉 간도(間島)와 두만강 유역의 녹둔도(鹿屯島) 등을 각각 중국과 러시아로부터 반환받아야 한다는 주장이 점점 힘을 얻고 있다.[77] 통일 이후 이들 지역이 북쪽 국경 인근의 '완충지대'로서 기여할 수

약 일본이 독도를 차지한다면 극동 지역의 러시아 해군전력 견제뿐만 아니라 한국의 북방항로를 위협하는 군사 거점으로 사용될 수 있으며, 이 경우 독도와 가장 가까운 울릉도까지 일본의 직접적인 위협권 안에 놓이게 된다. 김태준, "군사적 측면에서 독도가 국가안보와 동해의 세력확보에 미치는 영향", 서대구JC 엮음, 『독도가 한국을 살린다』(백산서당, 2004), pp.245~252.

77) 일부 학자들은 지난 1860년 중국 청 황조와 제정 러시아 사이에 체결된 『베이징조약』으로 러시아 영토에 편입된 연해주도 한국의 북방영토에 포함된다고 주장한다. 북방영토 문제의 역사상 배경과 현황에 대해서는 임채정 외, 2005, pp.83~100을 참고.

있는 안보상의 가치를 고려할 때, 이 문제에 대한 한국 정부의 태도 여부에 따라 영토 문제로 진전될 가능성은 남아있다.[78)]

한편 중국 사회과학원 산하의 중국 내 소수민족 연구기관인 중국변강사지연구중심(中國邊疆史地硏究中心)이 지난 2002년부터 추진하고 있는 소위 '동북공정(東北工程)'이라는 역사연구 사업도 한국과 중국 사이의 영유권 분쟁으로 비화될 불씨를 안고 있다. 동북공정은 왕뤄린(王洛林) 중국 사회과학원 부원장을 중심으로 한반도 북쪽과 인접한 동북 3성의 사회과학원과 해당 지역의 대학 및 연구기관이 총동원되고 있는 5년 단위의 연구사업이며, 금년 2월까지 27가지 주제의 연구논문을 출간한다는 것을 목표로 한다.

"중국의 국경 안에서 전개된 모든 역사는 중국역사의 일부"라는 주장을 학문적으로 입증하는 것이 이 사업의 목표다. 이들의 주장대로라면 현재의 중국 동북부에 해당하는 만주를 활동영역으로 삼았던 고조선, 고구려, 발해도 중국 영토에 속한 지방정권에 불과했다는 논리가 성립된다.

2004년 4월 중국 외교부 웹사이트에 게재된 한국사 설명에서 고구려 관련내용이 제외되고, 중국 관영신화통신이 고구려를 '중국의 지방정권'

---

78) 외교통상부는 지난 2004년 10월 국회 국정감사에서 "정부는 1905년 한국의 외교권을 박탈한 을사보호조약이 강압에 의해 체결된 무효조약인 만큼, 이 연장선상에서 일본이 한국의 의사와 무관하게 중국과 체결한 1909년의 『간도협약』은 무효라는 입장을 견지한다"는 내용이 포함된 자료집을 국회에 제출했으나, '행정상의 착오'라는 이유로 즉각 수거하여 "『간도협약』은 무효"라고 언급된 부분이 삭제된 새 자료집을 제출하였다. 반기문 당시 외교통상부 장관(현 UN 사무총장)도 10월 22일 국회 통일외교통상위원회 국정감사에 출석하여 "『간도협약』은 법리적인 측면에서 무효라고 할 수 있으나 영유권 문제는 (법적 문제와) 분리해서 접근하는 게 중요하다. 『간도협약』이 무효라고 해서 간도문제가 해결되는 것은 아니다"라고 답변했다. 이는 한국 정부가 현재로서는 간도 등 북방영토 문제에 소극적인 입장임을 보여준다.

으로 보도한 사건을 계기로 동북공정 문제는 한국 내부에서도 큰 파장을 일으켰다. 이후 2004년 8월 한중 양국의 외교부차관이 "역사문제로 두 나라의 우호협력 관계가 손상되는 것을 방지하도록 노력한다"는 것을 골자로 한 5개항의 구두(口頭) 양해에 합의하면서 동북공정을 둘러싼 갈등은 잠시 주춤하는 듯했다. 하지만 2년 뒤인 지난해 9월 중국 변강사지연구중심은 다시 18개의 동북공정 관련 연구논문들을 인터넷 웹사이트에 공개했다. 여기에는 고조선과 고구려, 발해 역사를 중국 역사의 일부로 주장하는 내용과 더불어 한중 국경문제와 관련된 논문들도 일부 포함되었다.[79)]

외견상 동북공정은 단순한 학문적 연구사업의 형태를 취하고 있지만, 실제로는 매우 강한 정치적 의도가 담긴 중국의 국가차원 책략에 더욱 가깝다.[80)] 무엇보다도 한국사의 일부인 고조선과 고구려, 그리고 발해가 이 사업의 주요 대상에 포함되어 있다는 점은 장래 한국의 안보에 상당한 부담 요인으로 작용할 수 있다. 다시 말해서 만주를 영토로 삼았던 이들 고대국가들이 중국 변방의 일부이므로, 그 영토에 포함되는 지역에 대한

79) 이돈관, "中, '동북공정' 재점화-일부 연구성과 출간 재개", 「연합뉴스」, 2006년 9월 5일자.

80) 동북공정을 주관하는 변강사지연구중심은 중국 국무원(다른 나라의 내각, 행정부에 해당) 직속의 국책 연구기관인 중국 사회과학원의 관할 아래에 있다. 총책임자인 왕뤄린을 비롯한 동북공정의 지도급 위원과 고문들도 대다수가 중국공산당의 고위급 위원과 동북 3성의 고급 행정관료 출신이다. 그리고 변강사지연구중심의 인터넷 웹사이트에 개재된 동북공정에 대한 사업 소개를 보면 "일부 국가의 연구기관들과 학자들이 불순한 의도로 역사적 사실을 왜곡하고, 소수의 정치가들이 정치적 의도로 거짓을 퍼뜨려 혼란을 조성하면서 동북 국경지역에서의 역사와 현황 연구가 심각한 도전에 직면하였다"면서, "동북 국경지역의 역사에 대한 연구를 심화, 체계화시켜 이 지역의 안정을 보호할 수 있도록 기여한다"라고 밝히고 있다. 이는 동북공정이 정치적 동기에서 비롯된 사업임을 공개적으로 인정한 것이나 다름없다.
인터넷 웹사이트 http://chinaborderland.cass.cn (검색일자 2006년 12월 12일)

사안에 개입하는 것은 중국의 정당한 주권행사라고 주장하는 근거가 될 수 있기 때문이다. 이러한 중국의 시도는 머지않은 시점에 한반도 전체가 한국 주도로 통일될 경우를 겨냥한 것이라는 의심을 받기에 충분하다. 작게는 한반도와 가까운 옌볜(延邊)의 조선족 주민의 동요나 한국과의 북방 영토 논란을 예방하고, 크게는 한반도 통일과정에서 중국이 역시 고구려 영토의 일부였던 북한 지역에 직접 개입하거나 아예 북한 전체를 자국 영토로 주장하는 상황까지 생길 수도 있다.

중국은 동북공정 사업의 착수와 때를 같이 하여 광개토대왕비(廣開土大王碑)를 비롯한 만주의 고구려 관련 역사유적들을 단독으로 유네스코(UNESCO)에 세계문화유산 등록을 신청했다. 심지어 중국은 최근 백두산(白頭山)에까지 노골적으로 눈독을 들이기 시작했다. 이를 위해 백두산에 대한 개별적인 관할 행정기관을 신설하고, 유네스코에도 백두산을 '창바이산(長白山)'이라는 중국식 명칭으로 세계자연유산에 등재시킨다는 계획을 진행 중이다. 최근 중국 창춘(長春)에서 열렸던 제6회 동계아시안게임도 백두산 영유권을 주장하려는 중국의 선전무대로 이용되었다.[81] 중국은 지난 1962년 10월과 1964년 3월에 각각 체결된 북한과의 『중조 변계조약』(中朝邊界條約)과 『중조 변계의정서』(中朝邊界議定書)에 백두산을 분할하는 비밀조항을 포함시킨 것으로 알려지며,[82] 이제 백두산 전체를

---

81) 이 대회의 성화는 백두산에서 채화되었으며, 대회 개막식에서는 백두산을 주제로 하는 공연이 펼쳐졌다. 뿐만 아니라 중국은 대회기간 내내 백두산을 '중국의 명산'으로 선전하는 홍보책자를 다수 배포하기까지 했다. 이에 반발한 한국 여자 쇼트트랙 선수단이 1월 31일 3,000m 계주 시상식에서 "백두산은 우리 땅"이라고 씌어진 문구를 들어 항의했는데, 중국 정부가 이를 공식으로 문제 삼으면서 한중 양국의 외교문제로 비화되기도 하였다.

82) 임채정 외, 2005, pp.21~27.

차지하려는 속셈을 드러내고 있는 것이다. 한반도와 중국 사이의 자연적 경계선에 해당하는 백두산이 중국의 손에 넘어간다면 한국 영토는 압록강과 두만강 이남으로 거의 완전히 굳어지며, 그 결과 통일 이후에도 한국이 북방영토에 대한 영유권을 주장하는 근거가 크게 약화될 수 있다.

중국은 과거 티벳, 신장(新疆) 자치구의 위구르 족 등의 분리독립 요구를 탄압하는 과정에서도 역사연구 사업을 빙자하여 영유권 주장을 합리화시키려 했다.[83] 이 점에서 한국은 중국의 동북공정 사업이 머지않은 장래에 영유권 분쟁으로 연결될 가능성을 경계할 필요가 있는 것이다.

3) 군사력 현황

중국과 일본 그리고 러시아는 국토면적과 인구와 같은 외형상의 국력 지표나 경제력은 물론 군사력에 있어서도 세계적인 우세를 보이는 강대국이다. 앞에서 설명한 이들 국가들의 팽창지향적인 대외정책을 뒷받침하는 가장 큰 힘도 바로 군사력에 있다고 할 수 있다.

마오쩌둥(毛澤東)의 공산혁명 이후 중국은 병력규모의 우위와 게릴라전을 통해 적의 침략을 영토 내부에서 물리친다는 '인민전쟁(人民戰爭)' 군사전략을 1970년대 중반까지 지속했다. 다분히 전면전쟁과 장기소모전을 전제로 외국의 침공에 대항하여 생존을 추구하는 방어적인 성격이었다. 이후 1985년 공산당 중앙군사위원회 확대회의를 통해 국경지역에서

83) 중국은 지난 1980년대부터 신장 자치구의 역사를 중국 역사의 일부로 주장하는 서북공정(西北工程), 그리고 티벳에 대해서는 서남공정(西南工程) 사업을 각각 전개했다. 이들 사업은 모두 고고학 연구로 시작해서 유적지에 대한 관광개발, 그리고 철도 건설과 같은 대규모 국책사업 등으로 연결되었다는 공통점이 있다. 그리고 이러한 진행단계가 동북 3성에서도 그대로 나타나고 있는 것이다. 진병태 · 정주호, "중국 역사왜곡, 서남 · 서북에 이어 동북공정까지", 「연합뉴스」, 2006년 9월 13일자.

의 소규모 분쟁과 제한적인 국지전쟁에 대비한 '유한국부전쟁(有限局部戰爭)'이라는 전략개념을 채택했다. 1991년 제1차 걸프전쟁을 계기로 중국의 군 지휘부는 첨단기술의 군사적 적용 필요성을 더욱 절실히 느꼈으며, 그리하여 제한된 첨단 군사장비가 운용되는 미래전에 대비하기 위한 '첨단기술 조건하의 국부전쟁' 전략을 채택하기에 이른다. 그리고 제2차 걸프전쟁 이후에는 최근의 전쟁에서 나타난 정보 능력의 군사적인 중요성을 적극 반영하여 '정보화 조건하의 국부전쟁' 전략을 모색하기 시작했다.

총 225만 명 규모의 중국 정규군, 즉 인민해방군(人民解放軍: People's Liberation Army)의 전력내용은 도표 2-4 ~ 도표 2-7과 같다.

〈도표 2-4〉 **중국의 육군전력 현황**

구분	내용
병력규모	160만 명
부대구성	대군구(大軍區): 7개(선양, 베이징, 지난, 난징, 광저우, 청두, 란저우) 성군구(省軍區): 28개 집단군(군단급): 18개(정규 16개, 신속대응군 2개) 사단: 52개(보병 15개, 기계화 5개, 기갑 8개, 차량화 18개, 포병 4개, 상륙 2개) 여단: 72개(기계화 8개, 차량화 17개, 기갑 8개, 포병 15개, 상륙 1개, 산악보병 3개, 방공 9개, 대공포 11개)
탱크	주력전차: 7,580대 수륙양용 경전차: 1,000대
장갑차	보병전투용: 1,000대 병력수송용: 3,500대 이상
대포	17,700문 이상(견인포 14,000문, 자주포 1,200문, 다연장로켓포 2,400문 이상)
대전차무기	대전차미사일: 7,200기 대전차포: 300문 이상
방공무기	대공포: 7,700문 지대공 미사일: 미상
헬기	375대 이상(공격 31대, 수송 260대, 공중강습용 8대, 수색구조용 7대, 범용 69대 이상)

출처: IISS, *Military Balance 2006* ; 인터넷 웹사이트 http://www.sinodefence.com

〈도표 2-5〉 중국의 해군전력 현황

구분	내용
병력규모	25만 5,000명(해군육전대(해병대) 1만명 포함)
부대구성	함대: 3개(북해, 동해, 남해) 해군육전대: 2개 여단규모
군함	잠수함: 59척(핵추진 5척, 디젤추진 54척) 수상전투함: 74척(구축함 27척, 호위함 47척) 연안전투정: 254척(미사일정 55척, 경비정 199척) 기뢰함: 69척 상륙함: 76척
항공기	폭격기: 130대 전투기: 642대 해상초계기: 7대 정찰기: 7대 공중급유기: 3대 수송기: 66대 헬기: 78대(대잠/대함 35대, 수송 8대, 수색구조 35대)

출처: IISS, *Military Balance 2006.*

〈도표 2-6〉 중국의 공군전력 현황

구분	내용
병력규모	40만명
부대구성	비행군단: 5개 비행사단: 32개(전투기 22개, 폭격기 3개, 공격기 5개, 수송기 2개) 방공사단: 4개(지대공미사일 3개, 혼성 1개) 방공여단: 9개(지대공미사일 6개, 대공포 3개) 공수군단: 1개(3개 사단 규모)
군용기	전투기: 2,421대(전폭기 1,169대 포함) 폭격기: 222대 정찰기: 53대 공중조기경보기: 4대 이상(대형 조기경보통제기 소수 포함) 공중급유기: 10대 수송기: 296대 이상 헬기: 80대
중·장거리 방공무기	대공포: 16,000문 지대공미사일: 1,578기

출처: IISS, *Military Balance 2006.*

〈도표 2-7〉 중국의 탄도미사일 전력(제2포병) 현황

구분	내용
병력규모	10만 명 이상
부대구성	미사일군(군단급): 6개 여단: 20개(단거리 6개, 중 · 장거리 7개, 대륙간 5개 등)
탄도미사일	지상배치 단거리(SRBM): 725기 지상배치 중 · 장거리(MRBM/IRBM): 55기 지상배치 대륙간(ICBM): 26기 / 잠수함탑재(SLBM): 12기

출처: IISS, *Military Balance 2006.*

자위대로 대표되는 일본의 군사력은 외형적으로는 불과 24만 명 정도의 소규모에 불과하다. 그러나 무기체계 자체로 따진다면 대부분이 세계 최고급의 신형무기들이며, 적어도 아시아 내에서는 질적 수준에서 일본의 군사력에 대적할 나라는 찾아볼 수 없다. 이러한 일본의 군사력은 도표 2-8 ~ 도표 2-10과 같이 정리될 수 있다.

〈도표 2-8〉 일본 육상자위대 전력 현황

구분	내용
병력규모	14만 8,200명
부대구성	방면대(군단급): 5개(북부, 동부, 동북, 중부, 서부) 사단: 10개(보병 9개, 기갑 1개) 여단: 10여개(보병 3개, 포병 1개, 공수 1개 방공 2개, 항공 1개, 혼성단 2개 등) 군(群): 12개(기갑 1개, 포병 3개, 방공 8개)
탱크	주력전차: 980대 / 정찰용: 100대
장갑차	보병전투용: 70대 / 병력수송용: 730대
대포	야포: 840문(견인포 480문, 자주포 250문 다연장 로켓포 110문) 박격포: 1,140문
대전차무기	대전차미사일: 690기 / 대전차로켓: 2,820기
방공무기	대공포: 60문 / 지대공 미사일: 760기(휴대용 290기 포함)
헬기	443대(공격 90대, 수송 53대, 범용 300대 등)

출처: IISS, *Military Balance 2006* ; 日本 防衛廳, 『平城18年版 防衛白書-日本の防衛』(2006)

〈도표 2-9〉 일본 해상자위대 전력 현황

구분	내용
병력규모	4만 4,400명
부대구성	자위함대: 호위함대(호위대군 4개 포함), 잠수함대(잠수대군 2개 포함), 항공집단(항공군 7개 포함) 지방대: 5개(요코즈카, 구레, 사세보, 오미나토, 마이즈루)
군함	잠수함: 18척(실전배치 16척, 훈련용 2척) 수상전투함: 54척(구축함 45척, 호위함 9척) 연안전투정: 9척(모두 미사일정) / 기뢰함정: 31척 상륙함정: 26척(상륙함 3척, 상륙정 17척, 공기부양정 6척)
항공기	해상초계기: 80대 / 전자전기: 소수 / 수송기: 4대 헬기: 140여대(대잠 88대, 소해 10대, 수색구조 18대, 범용 12대, 훈련 15대 등)

출처: IISS, *Military Balance 2006* ; 日本 防衛廳, 『平城18年版 防衛白書-日本の防衛』(2006)

〈도표 2-10〉 일본 항공자위대 전력 현황

구분	내용
병력규모	4만 5,600명
부대구성	항공총대: 방면대 4개(북부, 중부, 서부, 남서혼성단)정찰항공대, 경계항공대, 수송항공대(3개) 등 방공군(防空群): 지대공 미사일군 6개, 대공포군 1개
군용기	전투기: 350여대 / 정찰기: 20대 공중조기경보기: 17대(대형 조기경보통제기 4대 포함) 전자전기: 11대 / 수송기: 30대 헬기: 40대(수송, 수색구조 각 20대) / 훈련기: 230대 이상

출처: IISS, *Military Balance 2006* ; 日本 防衛廳, 『平城18年版 防衛白書-日本の防衛』(2006)

구 소련의 해체 이후 현재 러시아의 군사력은 냉전 시절 세계전체를 활동범위로 두었던 초강대국 수준에서 크게 위축되었다. 그러나 미국에 이어 세계 2위의 핵무기 보유국이라는 군사대국의 면모는 여전히 건재하며, 최소한 지역세력으로서 러시아의 위용은 냉전 이후에도 러시아의 국제적 지위를 유지해주는 사실상의 유일한 근거라고 할 수 있다. 총 98만

명에 이르는 러시아 연방의 군사력을 정리하면 도표 2-11~14와 같다.

〈도표 2-11〉 러시아 육군 전력 현황

구분	내용
병력규모	39만 5,000명
부대구성	군관구: 6개(북코카서스, 레닌그라드, 모스크바, 볼가-우랄, 시베리아, 극동) 집단군: 9개(칼리닌그라드 제11독립근위집단군 포함) 군단: 2개 사단: 34개(기갑 5개, 차량화보병 17개, 공수 4개, 기계화포병 5개, 포병 3개) 여단: 53개(차량화보병 10개, 공수 1개, 특수전 9개, 포병 5개(다연장로켓포 1개 포함), 단거리 탄도미사일 12개, 대전차 5개, 방공 11개 독립연대: 차량화보병 7개, 포병 17개(다연장로켓포 2개 포함), 헬기 20개(공격 9개 공중강습 6개 등)
탱크	주력전차: 22,800대 / 수륙양용 경전차: 150대 / 정찰용: 2,000대
장갑차	보병전투용: 15,090대 이상 / 병력수송용: 9,900대 이상
대포	야포: 22,751문(견인포 12,765문, 자주포 6,010문, 다연장로켓포 3,976문) 박격포: 2,550문
방공무기	대공포: 다수 / 지대공 미사일: 2,465기 이상
단거리 탄도미사일	200기 이상(핵탄두 탑재 가능)
헬기	1,520여대(공격 636대, 지원 890여대)

출처: IISS, *Military Balance 2006*.

〈도표 2-12〉 러시아 해군 전력 현황

구분	내용
병력규모	14만 2,000명(연안방어대 2,000명과 해군보병(해병대) 7,500명 포함)
부대구성	함대: 4개(흑해, 발트해, 북양, 태평양) / 직할전단: 1개(카스피해) 해군보병: 사단 1개, 여단 3개, 특수전여단 3개 연안방어대: 사단 1개, 여단 1개
군함	잠수함: 61척(핵추진 41척, 디젤추진 20척) 수상전투함: 41척(항공모함 1척, 순양함 6척, 구축함 15척, 호위함 19척) 연안전투정: 98척(초계함 26척, 미사일정 40척 어뢰정 9척, 경비정 23척) 기뢰함정: 41척 / 상륙함정: 52척(상륙함 22척, 상륙정 30척)

구분	내용
항공기	전투기: 117대 / 폭격기: 58대 / 해상초계기: 91대 / 수송기: 55대 정찰 · 전자전기: 26대 헬기: 235대(대잠 120대, 대함 11대, 공중강습 30대, 지원 74대 등)
육상장비 (연안방어대 + 해군보병)	탱크: 510(350+160) / 전투기: 28대 장갑차: 1,730대(정찰용 60대, 보병전투용 450+150대, 병력수송용 320+750대) 야포: 618문(견인포 280+45문, 자주포 48+113문 다연장로켓포 36+96문) 대전차무기: 72기 / 대공포: 60문 / 지대공미사일: 370기(50+320기)

출처: IISS, *Military Balance 2006*.

〈도표 2-13〉 러시아 공군 전력 현황

구분	내용
병력규모	16만명
부대구성	항공사령부: 3개(장거리, 수송, 훈련) 전선항공/방공군: 6개(각 군관구에 1개씩 배치)
군용기	전투기: 1,690대(전폭기 677대 포함) / 폭격기: 204대 정찰기: 119대 / 공중조기경보기: 20대 / 전자전기: 60대 공중급유기: 20대 / 수송기: 323대
장거리 방공무기	지대공미사일: 1,900기 이상

출처: IISS, *Military Balance 2006*.

〈도표 2-14〉 러시아의 미사일 전력 현황

구분	내용
병력규모	8만명(해 · 공군 소속 49,000명 제외)
부대구성	미사일집단군: 3개 / 사단: 13개
미사일	지상배치 대륙간(ICBM): 506기 / 잠수함탑재 대륙간(SLBM): 348기 공중발사 순항(ALCM): 다수 / 탄도탄 요격용(ABM): 100기

출처: IISS, *Military Balance 2006*.

중국과 일본 그리고 러시아 3개국이 아시아는 물론 세계적으로 손꼽히는 강대국으로 남아있는 현실에서, 그리고 그들이 동북아시아 질서에서 협력보다 경쟁과 패권을 지향하는 이상, 이들 세 국가의 영토와 동시에 인접하는 지정학적 요충지인 한반도를 가만히 내버려두지 않을 것이다. 이미 반만년에 걸친 역사를 통틀어 이들 주변 강대국들로부터 군사적 침략과 식민지배, 민족 분단, 그리고 대리전쟁까지 경험했던 한국의 입장에서 이는 국가생존에 매우 불리한 환경일 수밖에 없다. 자기보존 자체를 위협받는 수준까지는 아니더라도, 최소한 자주적인 국익 추구를 위한 행동의 자유를 제한당하면서 주권이 속박되는 등 '핵심적 이익'을 심각하게 침해하는 '잠재적인 위협'이 되는 것이다.

3. 기타 전략대안들의 한계

지금까지 한국의 국가이익 가운데 소위 안전보장, 즉 '자기보존'과 '위험 예방'에 해당하는 내용을 살펴보면서 이러한 한국의 입장과 충돌하고 있는 현존 및 잠재적인 위협인 북한과 주변 강대국의 위협내용을 설명하였다. 그렇다면 이 대목에서 다음의 질문에 대해 짚고 넘어갈 필요가 있을 것이다. 바로 "왜 자주국방이어야 하는가?"라는 어떻게 보면 아주 기본적인 질문이다.

다시 말해서 "어째서 북한이나 주변 강대국의 안보위협에 맞 서는데 굳이 한국 스스로의 국력을 들이는 모험을 해야 하느냐?"는 질문이다. 외교적인 방법이나 군사력의 통제, 감축을 통해서 평화적으로 해결할 수도 있겠고, 아니면 역시 이들 국가들을 안보위협으로 인식하는 다른 강대국의 힘을 빌릴 수도 있지 않느냐는 의문은 충분히 생길 수 있는 것이다. 만일 이러한 의문들의 내용처럼 다른 안보전략상의 대안이 충분히 효과가 있다면 한국은 굳이 적지 않은 국력부담이 요구되는 자주국방을 우선적인 대안으로 삼아야 할 필요가 없을지도 모른다. 그러나 애석하게도 필자는 위의 질문들에 대해 부정적인 대답을 내놓을 수밖에 없다. 이제부터 그 근거들을 살펴보고자 한다.

(1) **'협력에 의한 전략'의 미약함**

당사국들 사이의 신뢰와 협력으로 국가의 사활적 · 핵심적 이익을 보호하는 전략, 즉 '공동안보'와 '군비통제'의 대표적인 성공사례로는 서유럽을 꼽을 수 있다. 냉전체제가 계속되고 있던 1975년 8월 헬싱키 선언을 통해 이미 동 · 서유럽 35개국(미국, 캐나다도 포함)이 참여하는 유럽안보협력회의(CSCE)가 발족하여 두 진영 사이의 군사적인 상호신뢰구축조치(CBMs)를 발전시켜 왔으며, 냉전 이후에는 상설화된 다자안보 협력체인 유럽안보협력기구(OSCE)를 발족시켰다. 또한 1990년대에는 『유럽재래식군사력 감축조약』(CFE)이 체결되면서 군사력에 대한 직접적인 통제, 감축을 통한 동서진영 간의 안보위협 해소가 실현되었다.[84] 냉전 이후에는 EU의 발족과 더불어 유럽대륙의 '공동외교 안보정책(CFSP)'이 채택되었고, EU 회원국들의 병력으로 구성되는 5~6만 명 규모의 유럽 신속대응군(ERRF: Europe Rapid Reaction Forces)도 확대 재편성이 진행중

84) CSCE와 CFE 등 유럽의 공동안보 및 군비통제 사례에 대한 보다 자세한 내용은 남만권, 『군비통제 이론과 실제』(한국국방연구원, 2004), pp.137~169를 참고.

이다.[85)]

서유럽에서 위와 같은 '협력에 의한 전략'이 가시적인 성과를 가져올 수 있었던 배경은 다음과 같다. 첫째, 20세기 전반기 두 차례의 세계대전으로 유럽 국가들은 공통적으로 엄청난 파괴와 살상을 경험했다. 그로 인해 전쟁 예방의 필요성에 대해서 깊은 공감대를 형성할 수 있었다. 둘째, 대부분이 냉전 시절 소련 주도의 공산진영이라는 '공동의 위협'을 상대로 북대서양 조약기구(NATO)의 깃발 아래 단결하였으며, 정치 · 경제적으로도 유럽공동체(EC)에서 현재의 EU로 이어지는 지속적 협력을 통해 상호 신뢰와 의존관계를 발전시켜왔다. 셋째, 지역 내부의 국가들 사이에서 국력격차가 심하지 않았으며, 주도적 역할을 맡은 강대국들(영국, 프랑스, 독일 등) 역시 자신들의 패권을 전제로 하는 지역질서를 형성하려 들지 않았다. 그리고 넷째, 무엇보다도 국가안보에 있어서 최대 충돌요인 가운데 하나인 영토를 둘러싼 분쟁이 유럽에서는 거의 사라졌다는 점을 들 수 있다.

하지만 동아시아의 상황은 서유럽의 경우와 극히 대조적이다. 우선 이들 지역의 국가들은 역사상으로 '공동의 위협'을 상대로 단결한 경험이 거의 없다시피 하다. 오히려 세계 어느 지역보다 영해와 섬, 국경을 비롯한 영유권 분쟁 위험이 높은 지역이 바로 동아시아이다.[86)] 특히 대부분

---

85) 유럽 신속대응군은 지난 1999년 핀란드 헬싱키에서 개최된 EU 정상협의회에서 승인된 것을 계기로 창설되었으며, 2~4개의 여단급 부대로 구성된 1개 군단급 병력으로 편성된다. 병력 충원은 EU 15개 회원국의 자발적 참여 원칙에 의거한 60일 이내의 동원방식에 의존하며, 주로 유럽 및 인근지역에서의 인도주의, 평화유지활동 가운데 NATO군이 개입하기 어려운 임무에 긴급 투입하도록 되어 있다. 공군본부, 『외국 군구조 편람 2005』(공군본부, 2005), pp.334~339.

86) 보다 자세한 내용은 한국국방연구원(KIDA) 세계분쟁 데이터베이스 http://www.kida.re.kr/woww 를 참고.

중국, 일본, 러시아 등의 지역 강대국들이 직접적인 당사국으로 연관되어 있으며, 해당 분쟁지역들이 상대방 국가와 지리적으로 인접해서 유사시 군사 목적의 전진기지로 사용될 수 있다는 점 때문에 단기간에 해결되기 어렵다는 평가가 지배적이다. 더불어 이들 지역 인근에서의 대규모 해양 자원의 존재 가능성으로 인해 자칫 당사국간의 대규모 분쟁 위험이 더욱 높아질 수 있다.[87)]

- 남사군도 분쟁(남중국해: 중국 대 동남아시아 국가들)
- 북방 4개도서(일명 남쿠릴열도) 분쟁(오호츠크해: 일본 대 러시아)
- 센카쿠(尖閣)열도(중국명 조어도(釣魚島)) 분쟁(동중국해: 일본 대 중국 대 대만)
- 독도 대립(동해: 한국 대 일본)
- 양안(兩岸) 분쟁(대만해협: 중국 대 대만)

여기에 이 지역의 주요 강대국이라고 할 수 있는 중국과 일본 그리고 러시아는 정치, 경제, 군사적으로 나머지 국가들과 비교가 되지 않을 정도의 엄청난 국력상의 우위를 차지하고 있다. 이와 같은 현실에서는 정치, 경제, 군사적으로 역내 국가들에게 구속력을 갖는 지역차원의 공동체가 동아시아에 형성된다고 해도 단지 제2의 '중화질서' 내지 '대동아공영권'의 구현에 봉사(?)할 뿐, 동아시아 전체의 공동 안정과 평화 및 번영과는 거리가 먼 결과를 가져올 것이 분명하다.

---

87) 남사군도의 석유 매장량은 약 300억톤(2,200억 배럴 이상. 세계석유 매장량 4위에 해당함)으로 추정되며, 현재 중국과 대만, 필리핀, 베트남, 말레이시아, 브루나이 등에서 영유권을 주장하고 있다. 센카쿠 열도의 경우 지난 1969년에 제출된 UN 보고서를 통해 막대한 석유와 천연가스의 매장 가능성이 처음 제기되었다.

〈그림 2-11〉 **동아시아 지역 내의 주요 분쟁현안들**

현재 아시아에서 정부, 민간 차원으로 운영되고 있는 다자간 안보협력체는 아래와 같다.[88)]

- 아세안 지역안보포럼(ARF): 1994년 출범. 참가국 24개
- 동북아 협력대화(NEACD): 1993년 출범. 참가국 6개.
- 아태 안보협력이사회(CSCAP): 1994년 출범. 참가국 21개.

이들 가운데 ARF만이 유일하게 아시아에서 정부간 공식 안보협의체로 운영되고 있는 소위 제1트랙(Track Ⅰ)이며, NEACD와 CSCAP는 민간 학자들이 참여하면서 간혹 당사국의 정부측에서도 참관인(Observer)을

---

88) 한용섭 등, 『동아시아 안보공동체』(나남출판, 2005), p.248.

파견하는 형태로 운영되는 비공식적 대화 · 협력체, 즉 제2트랙(Track II)에 해당한다.

ARF의 경우 동남아시아 국가연합, 즉 아세안(ASEAN) 회원국인 9개 동남아 국가들을 모태로 했으나 한국, 일본, 중국, 러시아, 북한 등 동북아시아 국가들을 포함한 11개의 아시아-태평양 지역의 국가들이 대화상대국으로 참가하면서 아시아 역사상 최초의 지역차원 공동안보의 장으로 등장했다. ARF는 1995년 채택된 『개념보고서』에서 나타난 '신뢰구축의 증진'과 '예방외교 체계의 개발' 그리고 '갈등해결을 위한 점진적 접근'으로의 단계적 발전을 지향하며,[89] 매년 5월 고위관리회의와 7월 최고의사결정기구인 외무장관회의를 통해 의장성명을 채택하는 방식으로 운영된다.

지속적인 대화창구의 존재 자체는 국가간의 분쟁이 발생할 경우 상황이 악화되기 전에 공개적인 토론과 협상을 통해 오해의 여지를 줄이고 평화적 해결의 여지를 남긴다는 점에서 긍정적이다. 그러나 상시적으로 당면의제들을 다룰 사무국의 부재를 비롯하여 제도화에 한계를 보이고 있으며, CSCE와 같이 참가국들의 동의에 의거하여 실제 행동에 적용되는 최종합의서 등을 채택하는 단계에 이르지는 못하고 있다. 여기에 역내 국가들 사이의 영유권 분쟁이나 군비경쟁 등과 같은 핵심적인 안보관련 현안에 대해서는 본격적으로 논의되지 못하고 있는 점도 한계로 지적된다. 때문에 서유럽의 CBMs에 해당하는 군사적인 상호신뢰구축에 대한 실천방안 역시 마련되지 못하고 있다.

특히 한국 안보와 직접적으로 연관되는 역내 분쟁에서는 다자간 안보협력체의 적극적인 역할을 기대하기가 더욱 힘들 것으로 평가된다. 앞서

89) 한용섭 등, 2005, pp.250~251.

설명한 바와 같이 한반도는 동북아시아 지역에 대한 대륙, 해양세력 사이의 우위 여부를 결정짓는 지정학적 위치에 놓여 있으며, 따라서 한반도에서의 정치 · 군사적인 분쟁은 곧바로 대륙과 해양세력을 각각 대표하는 중국, 러시아, 그리고 일본 등 역내 강대국들의 세력경쟁으로 비화될 소지가 크다. 그 결과 해당 시점에서 한국이 당면한 안보위협에 효과적으로 대응하기 위한 적시성과 구속력을 갖춘 지역 차원의 공동조치 도출은 매우 어려워질 수밖에 없다. 지난해 북한이 탄도미사일 시험발사, 핵실험을 감행했던 당시 일본과 중국, 러시아가 취했던 대조적인 태도는 이를 잘 반영하고 있다.[90]

경우에 따라서는 오히려 주변 강대국들이 한반도에서의 분쟁에 적극 개입하는 명분을 제공하여 문제를 더욱 악화시킬 수도 있다. 1894년의 청일전쟁, 1904~1905년의 러일전쟁, 그리고 6.25전쟁 당시 중국의 참전 등이 이러한 사례에 해당한다.

군비통제 문제로 들어가자면 동아시아는 더욱 암울한 현실에 직면하게 된다. 오늘날 세계에서 가장 군비경쟁이 치열한 지역 가운데 하나가 다름 아닌 아시아 · 태평양, 그 가운데서도 동아시아이기 때문이다. 그 증거로 냉전이 막을 내린 1991년부터 9.11 테러사태 직전인 2000년까지의 비교적 평화로웠던 10년 동안 전세계적으로는 군사비 지출이 평균 11% 감소(북아메리카 16%, 유럽 19%, 아랍 14% 감소 포함)했던 반면에 아시

---

90) 북한의 탄도미사일 시험발사와 핵실험이 이루어진 직후에 각각 채택된 UN 안전보장이사회의 대북 규탄결의안(1695호), 제재결의안(1718호)에서 일본은 '군사력에 의한 응징'까지 포함하는 UN헌장의 제7장 전체에 근거한 초강경 제재를 추진했지만, 중국과 러시아는 군사적인 제재를 배제하는 제7장 41조에 입각한 제재안을 지지했다. 이는 중국, 러시아가 원칙상으로는 북한의 핵보유를 반대하면서도 한편으로는 북한의 급속한 약화, 붕괴로 연결될 수 있는 조치를 원치 않고 있음을 보여준다.

아 · 태평양 지역에서는 같은 기간에 무려 27%나 군사비가 증가되었다.[91] 또한 1990년 세계 전체의 9.4%에 불과했던 아시아 · 태평양 지역의 군사비 지출점유율은 1990년대 중반 이후 매년 15%를 상회할 정도로 상승했다.[92] 이 가운데서도 75% 이상은 동아시아 국가들의 군사비 지출에 의한 것이었다.

이와 같은 동아시아 지역의 군비경쟁을 부채질하고 있는 주인공은 다름 아닌 이 지역의 대표적인 두 강대국, 즉 일본과 중국이다. 이들 두 나라가 전세계 군사비의 2/3 이상을 지출한 상위 5개국들 가운데 각각 4, 5위로 기록되었을 정도다. 중국은 폭발적인 경제성장을 바탕으로 1989년 이후 단 한 차례(2003년)를 제외하고 매년 10% 이상 군사비를 증액하고 있다.[93] 지난 3월에 발표된 중국의 2007년도 공식 군사비는 3,509억 위안(약 450억 달러)에 달했는데, 이는 지난해보다 무려 17.8%나 증가한 액수다. 일본의 경우 전체 국가총생산(GNP)에서 군사비가 차지하는 비중은 1% 내외에 불과하지만, 일본이 세계 2위의 경제대국이라는 점을 감안하면 총량 기준으로는 미국, 러시아 등의 뒤를 잇는 세계 최상위급의 군

---

91) SIPRI, *SIPRI Yearbook 2001: Armament, Disarmament and International Security* (Oxford: Oxford University Press, 2001), p.226.

92) SIPRI, *SIPRI Yearbook 2006: Armament, Disarmament and International Security* (Oxford: Oxford University Press, 2006), p.298.

93) 중국은 전국인민대표회의가 개최되는 매년 3월에 연례 군사비 지출규모를 공개하고 있지만, 여기에는 운영유지비 항목만을 다룬다. 전력증강과 직결되는 무기체계 수입 및 획득, 연구개발에 대한 비용은 다른 정부기관의 예산에 은닉되어 집행되는 것으로 알려져 있다. 이러한 점 때문에 미 국방성과 중앙정보국(CIA)을 비롯한 미국 정부기관, 그리고 서방진영의 주요 민간전문가들은 중국의 실제 군사비 지출이 중국 정부의 공식발표 규모보다 2~5배 이상에 이를 것으로 평가한다. 고성윤 등, 『2005-2006 동북아군사력』(한국국방연구원, 2006), pp.139~140.

사비 지출국임에 틀림없다.[94] 러시아도 지난 2000년 푸친의 집권을 계기로 구 소련의 해체 이후의 만성적인 군사 부문 지출의 감소추세에서 벗어나 국내총생산(GDP) 대비 2.5~3.5% 수준으로 군사비 규모를 회복시키고 있다.

군사비 지출의 규모보다 더욱 우려되는 것은 이들 두 강대국이 갈수록 치명적인 위력의 무기체계를 앞다투어 확보하려는 시도를 계속하고 있다는 점에 있다. 다시 말해 보다 빠른 속도로 장거리 이동이 가능하며, 보다 많은 전력을 운반할 수 있는, 그리고 보다 파괴력이 강한 소위 '비대칭(非對稱: Asymmetric)' 무기체계를 손에 넣으려는 것이다. 지난 1990년대 이후 중국과 일본의 대표적인 군비경쟁 현황을 살펴보면 도표 2-15와 같다.

한국의 국가안보에 대한 '현존하는 위협'인 북한의 경우는 어떠한가? 경제력 자체와 군사비의 절대액수에서는 1970년대를 기점으로 북한은 이미 한국보다 훨씬 뒤떨어지고 있지만, 여전히 국가경제의 막대한 비중을 군사부문에 할애하고 있다. 북한은 지난 1960년대 들어서 4대 군사노선에서 천명한 대규모의 군사력 건설을 위해 매년 국민총소득(GNI) 가운데 20% 이상, 국가예산의 약 30% 가량을 군사비에 지출해 왔다. 심지어 북한의 경제사정이 최악의 경지에 이르렀던 1995~1997년 사이의 기간 중에도 군사부문 지출은 GNI 대비 27%를 상회했을 정도였다. 그 결과

94) 일본의 군사비는 1974년에 처음 1조엔을 돌파한 이래 1979년에는 2조엔 이상으로 증액되었으며, 1985년에 3조엔을 넘어섰다. 그리고 1990년 마침내 4조엔 이상의 규모가 되었다. 현재 일본의 군사비 총규모는 2005년 기준으로 ASEAN 10개 회원국 군사비 합계의 3.3배 이상, 중국의 약 1.3배이며, 한국의 2.5배를 넘는 수준이다. SIPRI , 2006, pp.339~340.

〈도표 2-15〉 중국과 일본의 군비경쟁 현황(1990년대 이후)

국가	중국	일본
군사비 추세	연간 155~180억 달러 (1996~1998년) 연간 202~262억 달러 (1999~2001년) 연간 309~410억 달러 (2002~2005년)	연간 4조 1천~4조 5천억엔 (1990~1992년) 연간 4조 6천~4조 8천억엔 (1993~1996년) 연간 4조 8천~4조 9천억엔 (1997년 이후)
군비증강 내용	구축함 (10척:1996년~) 디젤추진 잠수함 (14척: 1993년~) 핵추진 잠수함 (5척 이상: 1985년~) 다목적 전투기 (100대: 1999~2004년) 장거리 제공전투기 (200대: 1996년~) 공중조기경보기 (소수: 2000~2004년) 공중급유기 (8대: 2005년~) 단거리 탄도미사일 (수백기: 1988년~) 대륙간 탄도미사일 (수량 미상: 1985년~)	일반구축함 (9척: 1993~2002년) 방공구축함 (6척: 1990년~) 대형 헬기구축함 (2척: 2001년~) 대형 상륙함 (3척: 1994년~) 디젤추진 잠수함 (9척: 1994년~) 나목직 진투기 (98대: 1999년~) 공중급유기 (4대: 2002년~) 정찰위성 (4대: 2003년~)

출처: SIPRI, *SIPRI Yearbook 2006: Armament, Disarmament and International Security* (Oxford: Oxford University Press, 2006), p.339; IISS, *Military Balance 2006*.

북한의 군사비 지출 수준은 1998년 이후에도 GNI의 25~30% 이상, 그리고 국가예산의 무려 45~50% 내외에 달하는 것으로 평가된다.[95]

95) 북한측의 공식 대외자료에 따르면 세출예산 기준 군사비의 비중이 1960년대에 30% 이상이었으나, 1970년대 초부터는 20% 미만으로 하락하고, 1990년대 이후에는 매년 11~14% 수준을 유지하는 것으로 나타난다. 하지만 같은 기간동안 북한 군사력의 전력

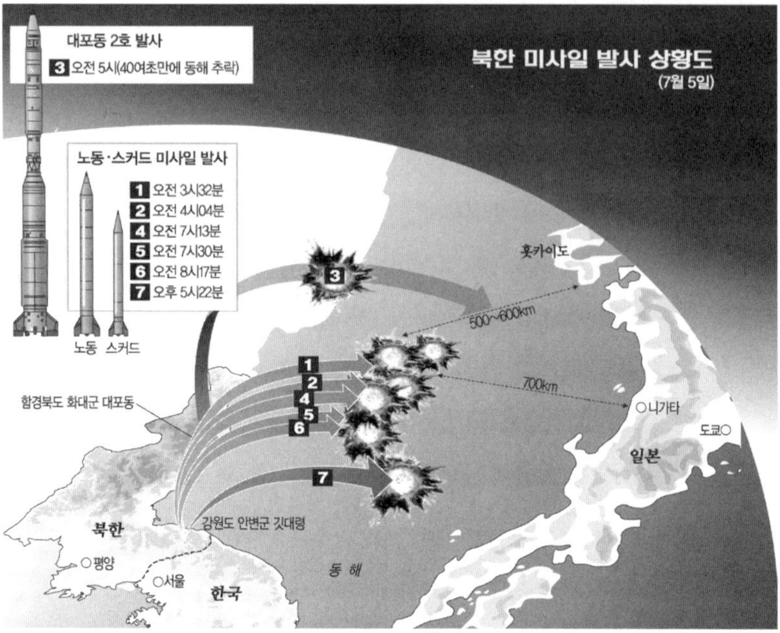

출처: 「세계일보」 2006년 7월 6일자

〈그림 2-12〉 **북한의 탄도미사일 시험발사 당시 상황도**

특히 1980년대 후반에 들어서는 북한 역시 본격적으로 비대칭 전력의 확보, 강화에 전력을 기울이고 있다. 이를 위해 북한은 상당량의 생물·화학무기를 개발, 확보하였을 뿐만 아니라 평안북도 영변에 대규모의 핵시설을 세워 핵무기의 개발에 나서기 시작했다. 그리고 지난해 10월 9일 북한은 기어이 함경북도 길주군 풍계리로 추정되는 장소에서 지하 핵실험을 강행하고야 말았다. 이로써 북한은 세계에서 8번째로 공식

증대 양상을 고려한다면, 북한의 실제 군사비 지출규모가 공식발표보다 훨씬 크다는 결론이 나올 수밖에 없다. 북한은 소위 '궁정경제', '제2경제'로 알려진 비공식적 부문의 지출을 누락시키는 방식으로 실제 군사비 지출의 규모를 은폐하는 것으로 알려진다. 성채기·박주현 등, 『북한 경제위기 10년과 군비증강 능력』(한국국방연구원, 2003), pp.38~80; 고성윤 등, 2006, pp.209~211

핵실험을 실시한 국가로 기록되었다.[96] 뿐만 아니라 북한은 이들 핵, 생물, 화학무기 등을 실제 무기화할 수 있는 장거리 탄도미사일의 개발에도 혈안이 되어 있다. 그 결과 일본과 태평양 일대를 사거리 안에 포함시키는 로동 1호, 대포동 1호 등이 차례로 개발, 배치되고 있으며, 북한은 지난해 7월 5일에 무려 7발의 탄도미사일을 동해상으로 시험발사하여 큰 충격을 주었다.

이처럼 가공할만한 수준의 비대칭 전력을 확보하려고 혈안이 되어있는 북한은 오늘날 한국의 국가생존은 물론 동북아시아 전체의 안전에 대한 근심거리가 되고 있다. 최근 몇 년 동안 일본의 정치·군사대국화가 빠른 속도로 현실화되는 배경에는 장거리 탄도미사일을 비롯하여 갈수록 구체화되는 북한의 군사적 위협능력이 결정적인 구실이 되고 있다. 앞에서도 언급된 일본 정치권 내의 '적 기지공격론'과 일본의 자체 핵무장 요구가 등장한 것도 모두 북한의 탄도미사일 시험발사와 핵실험 사태 직후의 일이다.[97] 또한 북한은 상당수의 탄도미사일들을 남아시아와 아랍의 주요 분쟁당사국들에 수출하면서 국제적인 대량살상무기(WMD: Weapons of Mass Destruction) 확산의 원흉으로 지목되고 있다.[98]

---

96) 기존의 5대 핵보유국(미국, 러시아, 영국, 프랑스, 중국. 이상 UN 안전보장이사회 상임이사국) 이외에 핵무기를 보유한 것으로 알려진 나라는 인도, 파키스탄, 이스라엘, 그리고 북한 등 4개국이다. 이들 가운데 이스라엘은 약 200기의 핵탄두를 보유중인 것으로 평가되지만 공식적인 핵실험을 실시한 바 없으며, 핵무기의 보유 여부도 정부 차원에서 확인하지 않고 있다.

97) 이처럼 일본은 제2차 세계대전 직후 패전국으로 몰락했다가 1950년 북한이 일으킨 6.25전쟁 덕분에 경제대국으로 재도약했으며, 이제 반세기만에 핵과 탄도미사일을 앞세운 북한의 군사적 위협에 편승하여 정치·군사대국화의 숙원마저 이루려 하고 있다. 요컨대 북한 김일성·김정일 정권은 광복 이후 최악의 친일, 반민족 세력이나 다름없다.

한국은 지난 1998년 김대중 행정부의 출범을 계기로 "대화와 화해, 협력을 통한 북한의 자발적인 개혁 · 개방 유도"를 기본 원칙으로 하는 '대북 포용정책(일명 햇볕정책)'을 채택했으며, 현재 노무현 행정부의 '평화번영정책'도 이를 상당 부분 계승하고 있다. 그 결과 지난 10년 동안 금강산 관광, 개성공단을 비롯한 북한과의 경제협력, 정부 및 민간차원을 망라한 민족 내 교류를 이전과는 비교할 수 없을 정도로 활성화시키는 성과를 이루었다. 그 가운데서도 절정은 역시 2000년 6월의 사상 첫 남북 정상회담이었다.

한편으로는 북한 핵문제를 평화적으로 해결하기 위한 6자회담이 지난 2003년 8월 이후 현재까지 5차례 개최된 바 있다. 특히 지난 2005년 9월의 제4차 6자회담에서는 "북한의 현존하는 모든 핵무기 및 핵프로그램 포기"를 비롯한 6개항의 '9.19 공동성명'이 채택되었으며, 마침내 지난 2월 13일의 제5차 6자회담 3단계 회의에서 그 구체적인 이행을 위한 주요 실천사항을 담은 초기조치 7개항의 합의가 이루어졌다. 이른바 '2.13 합의'로 불리는 이번 합의사항의 주요 내용은 아래와 같다.

- 북한은 앞으로 60일 이내에 영변의 각종 핵관련 시설들을 봉인, 폐쇄하며, 이를 감시 및 검증할 국제원자력기구(IAEA) 사찰요원들을 IAEA와의 합의를 통해 다시 복귀시킨다. 이 기간동안 나머지 5개국은 북한에 중유 5만톤 상당의 긴급에너지 지원을 제공한다.

---

98) 북한의 탄도미사일 수출은 1987년 이란에 30대를 시작으로 현재까지 490여 대 이상에 이르는 것으로 파악된다. 주요 구매국은 이란, 예멘, 시리아, 아랍에미리트, 리비아, 이집트 등이다. 이란의 샤하브 3호 탄도미사일과 파키스탄의 가우리 탄도미사일은 북한의 로동 1호를 모방한 것으로 알려졌다. 장명순, 1999, p.303.

- 후속조치로서 북한은 현존하는 모든 핵프로그램을 신고하며, 폐쇄된 영변 핵시설을 비롯한 모든 핵관련 시설들을 불능화시킨다. 나머지 5개국은 북한의 합의사항 이행에 상응하여 중유 100만톤 상당의 경제, 에너지, 인도적 지원을 제공한다.[99]
- 6자회담 참가국들은 이번에 합의된 초기조치와 9.19 공동성명의 완전 이행을 다룰 5개의 실무그룹(Working Group)을 설치한다. 이들은 각각 한반도 비핵화, 미국-북한 관계정상화, 북한-일본 관계정상화, 경제 및 에너지협력, 그리고 동북아시아 평화 · 안보 체제 담당으로 나뉜다.
- 미국, 일본은 북한과의 관계정상화를 위한 양자대화를 실시한다.
- 6자회담 참가국들은 별도의 논의기구에서 한반도의 항구적인 평화체제에 관한 협상을 갖는다.

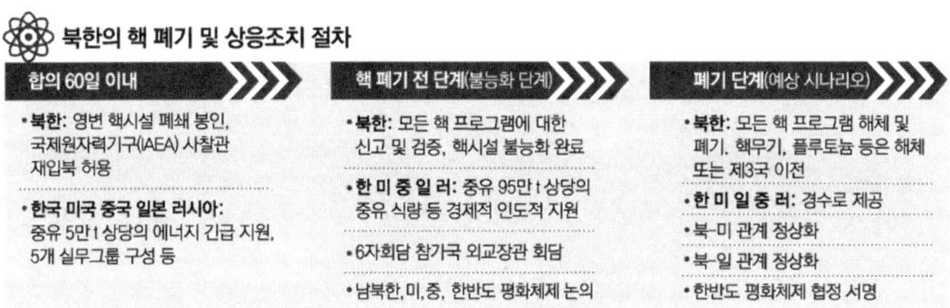

출처: 「동아일보」 2007년 2월 14일자

〈그림 2-13〉 2.13 합의 주요내용과 앞으로의 예상절차

하지만 이러한 노력들이 한국의 안보환경 개선에 얼마나 기여하였는

---

99) 여기서 '폐쇄(Shutdown)'는 핵관련 시설의 가동 중단뿐만 아니라 관리, 수리를 위한 운영요원들의 접근을 금지하여 재가동을 어렵게 만드는 조치를 뜻한다. '불능화(Disablement)'는 폐쇄 이후에도 남아있는 핵시설의 운영에 필요한 주요 부품들을 제거하여 핵시설을 다시 가동시킬 가능성을 기술적으로 막는 것이다.

지에 대해서는 여전히 부정적인 평가가 지배적이다.

가장 큰 문제는 역시 한반도의 안전, 평화에 관한 북한의 입장에 변화가 없다는 점이다. 북한은 지난 반세기 동안과 마찬가지로 한국의 국가주권과 자유민주주의 체제에 대한 존엄성을 부정하는 '전체주의 체제에 의한 한반도 장악'을 여전히 조선로동당 규약, 헌법에 존속시키고 있다. 이러한 본질적인 사항이 바뀌지 않는 이상, 북한의 어떠한 대남 정책이든 결과적으로는 기존의 '한반도 장악' 노선과 연장선상에 있을 뿐이다. 실제로 북한은 지난 2000년 6월의 남북 정상회담 이후부터는 평화정착과 통일에 대한 한국사회 내부의 고조된 기대감, 그리고 대북정책의 성패 여부를 주요 치적(治績)으로 여기는 한국 정부의 입장을 악용하여 노골적으로 한국에 대한 내정간섭과 내부 국론분열을 획책하고 있다. 자신들의 '한반도 장악' 노선과 한국을 겨냥한 대규모의 군사력은 그대로 둔 채 북한 정권에 비판적인 정치, 사회적 세력들을 한국 스스로 약화시키도록 강요하고, 그들 추종세력들의 활동을 제약하는 한국 내부의 법적 · 제도적 장치까지 없애려 들고 있는 것이다.

한 보기로 북한은 2005년 12월에 열렸던 제17차 남북 장관급회담부터 '정치적 장벽의 철폐'라는 명목을 앞세워 "상대측을 방문하는 이들에 대한 방문장소, 대상, 그리고 의사표시 및 행동에 일체의 제약을 가하지 말 것"과 "상대측의 제체, 상징을 겨냥한 비난 및 공격에 대한 해당 당국의 책임있는 조치" 등을 요구하고 있다. 한국 내부의 북한 추종세력들이 김일성 묘소, 혁명 · 애국열사릉(북한 정권의 역대 주요인사들이 안장된 국립묘지) 등에 조문하는 등 공개적으로 북한 정권 지지, 찬양을 할 수 있도록 만들고, 북한 정권에 대한 한국 사회의 비판적인 여론을 억누르려는 의도가 담긴 것이다. 심지어 금년 1월 1일 「로동신문」 등 북한의 3개 기관지 명의로 발표된 신년 공동사설에서는 다음과 같은 내용이 포함되기도 했다.

> "남조선에서 반보수투쟁은 민족대단합 실현의 중요한 고리이며 사회의 진보와 통일운동의 전진을 위한 관건적 요인이다. …(중략)…사회주의 자주화와 민주화, 조국통일을 바라는 남조선의 각계각층 인민들은 반보수 대련합을 실현하여 올해의 대통령선거를 계기로 매국적인 친미 반동보수세력을 결정적으로 매장해버리기 위한 투쟁을 더욱 힘있게 벌여 나가야 한다."

이처럼 2007년 12월로 예정된 한국의 제17대 대통령 선거를 직접 거론하면서 북한 정권에 비판적인 정당 및 후보의 집권을 막기 위한 소위 '반보수 대연합' 실현을 요구하고 나선 것은 명백한 내정간섭이다. 이는 한국 사회와 내부의 북한 추종세력을 겨냥한 선동행위일 뿐만 아니라, 북한 정권의 직접적인 대통령 선거 개입 가능성까지 암시하고 있다.[100)]

그리고 북한의 탄도미사일 시험발사 직후인 지난해 7월 12일의 제19차 남북 장관급회담에서는 북한측 수석대표인 권호웅 내각 책임참사가 "우리 선군(先軍: 군사력 우선)정치가 남측의 안전도 도모해 주고, 남측의 광범위한 대중이 선군의 덕을 보고 있다"라는 주장마저 하기에 이른다. 이는 제1차 북핵위기가 악화되고 있던 지난 1994년 3월의 '서울 불바다' 폭언(暴言) 이후 동족을 상대로 한 가장 파렴치한 망언이었다. 이와 같은 북한 정권의 일방주의적인 행태는 자신들의 독재, 인권 유린, 그리고 대량살상무기 확산 등에 대한 한국과 국제사회의 거듭된 비판을 '주권 침해', '내정간섭'이라면서 극도로 민감하게 반응하는 것과는 지극히 모순된

---

100) 허문영 등, 『2007년 북한 신년 공동사설 분석』(통일연구원, 2007), pp.19~21

이율배반의 극치인 것이다.

한반도에서의 평화 구축, 정착에 필수적인 군사 부문에서의 협력도 아직 이렇다 할 성과를 이루지 못하고 있다. 2000년 6월의 남북 정상회담 이후 지난해 5월 말까지 남북한 사이의 당국자 회담은 정치분야가 33회, 경제분야는 66회, 그리고 인도주의 지원 및 사회분야가 32회 개최되었다. 이와 더불어 군사 부문에 관련된 회담도 37차례 열렸다. 하지만 이 가운데 국방장관 회담은 단 한차례(2000년 9월) 뿐이었으며, 장성급 회담도 4차례에 불과했다.[101] 지난 2004년에 합의된 휴전선 인근에서의 상호비장 · 선전활동 중지, 그리고 양측 해군 함정 사이의 직통연락망 운영을 통한 서해상의 우발적인 무력충돌 예방 등이 현재까지 군사 부문에서 거둔 성과다. 이들은 지극히 초보적인 군사상 신뢰구축조치이며, 진정한 의미에서의 군비통제가 한반도에서 실현되기 위해서는 아직 많은 단계가 남아있다. 그나마 2004년 이후에는 북한이 서해상의 군사분계선 재설정을 우선적인 의제로 요구하면서 교착 상태가 계속되고 있는 실정이다. 이는 서해 NLL을 무력화하려는 북한의 기존 의도와 연장선상에 있는 것이며, 북한이 진정한 의미에서의 군사적 협력과 군비통제보다는 자신들의 '한반도 장악' 노선에 유리한 요구, 선전 차원에서 한국과의 군사당국 회담에 임하고 있음을 보여준다.

북한 핵문제의 평화적 해결 여부도 낙관하기에는 아직 이르다. 해결에 대한 원칙적인 합의가 이루어진 후에도 이를 실천, 확인하기 위해서는 적지 않은 시간이 요구된다. 지난 1991년 『한반도 비핵화에 대한 공동선언』과 1994년 미국과 북한 사이의 『제네바 핵합의』(Geneva Agreed

101) 4차례의 장성급 회담은 2004년 5월과 6월, 그리고 2006년 3월과 5월에 각각 개최되었다. 권태영 등, 『동북아 전략균형 2006』(한국전략문제연구소, 2006), pp.285~286.

Framework), 그리고 2005년 '9.19 공동성명' 이후의 사례에서도 나타났듯이, 실천과 확인을 위한 구체적 단계에서 얼마든지 이견과 갈등은 나타날 수 있는 것이다.[102] 최근의 '2.13 합의'만 해도 현재까지 확정된 것은 "향후 60일 이내에 북한의 주요 핵시설들을 폐쇄한다"는 내용뿐이다. 핵시설의 불능화와 완전 해체(Dismantlement), 그리고 이미 북한이 확보했을 것으로 추정되는 핵탄두와 플루토늄(Pu)의 폐기를 비롯해서 북한의 핵위협을 근본적으로 제거하기 위한 핵심 후속조치의 구체적 내용과 시한은 앞으로 논의되어야 할 과제로 남겨졌다.[103] 만약 북한이 영변 이외의 또 다른 지역에 존재할지도 모르는 핵관련 시설과 비밀 핵프로그램의 신고를 거부하거나, 폐쇄 및 불능화 등의 주요 합의사항에 대한 자의적인 해석을 고집한다면 2.13 합의 이행은 결코 순탄치 못할 것이다.[104]

무엇보다도 북한 정권의 입장에서는 핵을 비롯한 자신들의 대량살상무기 능력을 완전히 포기한 후에는 미국과 외부세계에 자신들의 요구를 강요할 수단이 없어지는 것을 우려할 수 있다. 때문에 구체적인 이득을

---

102) 1994년 미국과 북한 사이에 체결된 『제네바 핵합의』는 북한이 영변의 주요 핵시설들을 가동 중단하는 대가로 2,000MW 용량의 경수로, 동력 및 연료용 중유 50만톤을 매년 제공받도록 규정했다. 북한은 이런 수법으로 핵개발을 위한 시설들을 고스란히 유지할 수 있었으며, 비밀리에 고농축우라늄(HEU)을 이용한 핵개발을 추진하였다. 2005년 9.19 공동성명이 발표된 직후에는 '경수로 제공을 비롯한 평화적 핵이용의 보장'을 핵 포기의 선결 조건으로 내세우면서 후속조치 이행에 소극적인 자세를 나타냈다, 이후 미국이 김정일 정권의 정치자금 창구로 의심받고 있는 중국 마카오의 방코델타아시아(BDA) 은행의 북한 관련 계좌를 '위조지폐 유통과 불법 금융거래' 혐의로 동결시키자 6자회담의 참여 거부, 그리고 핵실험을 실시했다.

103) 이장훈, "2.13 합의는 미완성 작품…北의 핵포기 여부, 여전히 의문", 인터넷 신문 업코리아(http://www.upkorea.net), 2007년 2월 16일자.

104) 한 보기로 2.13 합의가 발표된 직후, 북한 관영 조선중앙통신은 '핵시설 불능화'가 아닌 '핵시설 가동 임시중지'라는 표현을 사용한 바 있다.

손에 넣기 전까지는 핵폐기를 위한 합의사항의 실천을 최대한 미루거나, 그 과정에서 미국과 외부세계에 책임을 전가하여 핵무장 능력을 유지 및 기정사실화하는 구실로 삼으려 할 가능성이 충분히 존재한다. 9.19 공동성명에서 나타난 평화적 해결의 기대가 북한의 미사일 시험발사, 그리고 핵실험이라는 충격으로 돌변하기까지는 불과 1년밖에 걸리지 않았다는 점을 명심해야 한다.

이처럼 한국 안보는 물론 한반도, 동북아시아의 평화 정착에 정면으로 어긋나는 북한 정권의 행태는 정권 유지를 위해 '군사적 위협능력과 정치 · 군사적인 대결구도'를 필요로 하는 그들의 태생적인 속성에서 비롯된 것이다. 다시 말해 '남조선 해방'과 '반외세 투쟁'이라는 명목으로 주민들에게 독재적 지배체제와 공포정치, 사회통제를 강요하기 위해서는 한국과 미국, 일본 등과의 군사적 대립이 필요하며, 이는 한국을 압도하면서 미국, 일본에 대해서도 섣불리 한국을 지원하는 것을 주저할 정도의 파괴, 살상을 가할 수 있는 수준의 위협적인 군사력을 요구한다.[105] 그리고 이미 경제, 사회적으로 파탄 상태를 면치 못하고 있는 북한이 한국 주도의 통일 가능성과 국제사회의 개방, 민주화, 그리고 인권개선 요구를 회피하고, 자칭 '강성대국'으로서 한국과 외부세계를 상대로 영향력을 행사할 수 있는 수단도 대량살상무기를 비롯한 대규모의 군사력밖에 없다.

북한 정권이 선군정치(先軍政治)라는 이름으로 사실상의 거의 모든 국정기능을 국방위원회와 인민군의 통제 아래에 두도록 한 것도 이와 결코 무관하지 않다.[106] 요컨대 김정일을 위시한 북한 정권이 그동안의 '한반

105) 남만권, 2004, pp.283~286.

106) 북한은 지난 1998년 9월 김정일의 국방위원장 추대와 함께 이루어진 헌법 개정을

도 장악' 노선과 독재체제 지속에 대한 미련을 버리지 않는 이상, 군사력에 대한 북한의 집착은 쉽게 해소되지 않을 전망이다.

지금까지 살펴보았듯이 동북아시아와 한반도는 구성국 사이의 공동위협 인식 부족, 소수 강대국의 압도적인 국력우위와 패권 지향성, 영유권을 비롯한 주권상의 분쟁요인 상존, 그리고 지역차원의 제도화된 안보장치 부재 등과 같은 현실에 직면해 있다. 이는 해외식민지와 영토 분쟁, 그리고 민족주의 감정 등의 충돌로 두 차례의 세계대전을 겪어야 했던 19세기 말에서 20세기 전반기 사이의 유럽과 매우 비슷한 양상을 나타내고 있다.[107] 때문에 공동안보나 군비통제와 같은 '협력에 의한 전략'을 실행하기 위한 기반이 매우 취약하며, 일부 존재하는 경우도 비교적 초보적인 단계에 머물러 있다. 당장 현 시점에서, 그리고 향후 상당기간 동안 지속될 북한과 주변 강대국에 의한 안보 위협에 맞서기 위한 우선적 수단으로서는 큰 역할을 기대하기 어려운 실정이다.

(2) 한미 동맹, 과연 만능인가?

한반도에 뿌리박힌 이념적 대립 구도와 동북아시아 지역질서의 분열

통해 국방위원회를 명목상의 최고 국가기관인 최고인민회의 상임위원회와 동격의 권력기구로 격상시켰고, 오로지 국방위원회만이 인민군과 인민무력부를 지휘, 통제할 수 있도록 규정했다. 이는 국방위원회를 중심으로 하는 군이 북한의 실권을 장악했음을 의미한다. 김구섭 · 차두현, 『북한의 권력구조와 권력엘리트』(한국국방연구원, 2004), pp.29~34.

107) Aron L. Friedberg, "Will Europe's Past Be Asia's Future?", *Survival*, Autumn 2000, Vol. 42, No. 3

성 그리고 세력 편중은 '협력에 의한 전략'이 한국의 국가안보에 기여할 수 있는 가능성에 매우 부정적인 여건이라고 할 수 있다. 그렇다면 한국을 위한 우선적인 선택은 '힘에 의한 전략'이라는 결론이 나오게 된다. 그 가운데서 자신과 같은 안보위협을 공유한 다른 나라와 힘을 합하는 '동맹' 전략은 얼마나 신뢰성이 있는 것일까?

힘만을 놓고 생각한다면 이 문제는 그리 어렵지 않게 보일지도 모른다. 중국이나 일본, 러시아 등 주변의 어느 한 강대국을 동맹으로 삼으면 되기 때문이다. 하지만 이 경우 국경을 맞대고 있는 나머지 국가들이 자동적으로 한국의 적이 될 것은 분명하며, 도리어 한반도를 둘러싼 이들 강대국들 사이의 분쟁 구실만 만들면서 국가 생존에 대한 위협을 악화시킬 위험이 높다. 이 점은 청일전쟁이나 러일전쟁 등 지난 19세기 말과 20세기 초 한반도를 둘러싼 이들 열강의 각축전에서 이미 증명된 바 있다. 게다가 앞에서 살펴본 바와 같이, 한국은 이들 주변 강대국들과 영유권에 대해 현재 갈등 중에 있거나 잠재적인 가능성을 안고 있으므로 동맹의 성립 여지를 더욱 어렵게 한다.

이와 같은 한국의 입장에서 매우 적합한 동맹 상대가 바로 미국이다. 우선 국력의 측면에서 미국은 명실상부한 초강대국이며, 오늘날 지구상에서 유일하게 전 세계를 대상으로 항공모함, 핵추진 잠수함, 장거리 폭격기, 순항미사일, 정찰위성 등을 비롯한 약 140여만 명에 달하는 병력을 움직일 수 있는 독보적인 군사강국이다. 이러한 미국의 막강한 군사력은 매년 투입되는 세계 최대규모의 군사비로 유지, 강화되고 있다. 스톡홀름 국제평화연구소(SIPRI)의 2006년도 연감에 따르면 2005년 기준으로 미국은 세계 전체의 무려 48%에 해당하는 규모의 군사비를 지출했다. 이는 중국이나 러시아 군사비의 10여 배를 넘으며, 세계의 나머지 상위 14개국이 지출한 군사비 총액을 합친 것보다도 훨씬 많은 액수다. 특히 미국은 지난 2001년 9.11 테러사태 이후 '테러와의 전쟁'을 위해 매년 군사부문 예산을 대규모로 증액시키고 있는데, 그 결과 2005년 한해 동안의 세계 군사비 지출 증가분 가운데 80%가 미국에 의한 것이었다.[108)]

또한 세계질서의 주도국으로서 자국의 국제적인 위상을 유지·강화시켜야 할 필요가 있는 미국 역시 동아시아에 큰 관심을 갖지 않을 수 없다. 세계 전체인구의 30%를 넘는 20억 이상의 인구가 거주하며, 세계경제 총생산의 20% 이상을 차지하는 이 지역의 정치·경제·군사적인 중요성은 갈수록 커지고 있다. 미국이 앞으로도 초강대국으로 남기 위해서는 반드시 동아시아에 대한 영향력을 확보해야 하며, 그 지름길은 동아시아 내에서 절대적인 강대국의 등장을 예방하는 것이다. 이 점에서 3대 지역 강대국들에게 동시에 영향력을 행사할 수 있는 한반도의 지정학적 위치는 미국의 관심을 끌기에 충분하다. 이것은 미국이 한국과 안보상의 이익을 공유할 수 있는 근거다. 게다가 미국은 태평양을 사이에 두고 멀리 떨어져 있는 국가이기 때문에 국경, 영토 문제로 한국과 갈등을 빚을 일도 없다. 동맹 상대로는 매우 이상적인 조건이라고 할 수 있다.

미국은 1950년 6.25전쟁이 발발하자 UN군을 주도하여 3년에 걸쳐 북한, 중국의 군대와 맞서 한국과 혈맹으로 싸웠으며, 이 전쟁에서 미국은 전사자 3만 6,000여 명을 비롯해서 무려 13만 7,250명의 사상자를 냈다. 이후 지금까지 한국에게 미국과의 동맹은 국가안보전략 그 자체나 마찬가지였다. 1953년 7월 휴전 이후 상호방위조약을 체결하여 공식적으로 군사동맹 당사국이 되었으며, 현재까지 3만여 명 규모의 주한미군

108) 강경희, "세계軍費 절반은 미국이 쓴다", 「조선일보」, 2006년 6월 14일자.

이 주둔하고 있다. 1978년에는 한국군과 주한미군을 총괄 지휘하는 상설 군 사령부, 즉 한미연합사령부(CFC: Combined Forces Command)가 창설되면서 양국의 군사동맹관계는 세계에서 유례를 찾기 어려운 높은 통합성을 띄게 되었다.[109] 심지어 한국은 주권국가의 고유권한에 해당하는 국군의 전시(戰時)작전통제권에까지 연합지휘라는 형식으로 미국이 관여하는 것을 용인하고 있다.[110] 지금도 한미 양국은 매년 독수리(Foal Eagle), 연합전시증원(RSOI) 그리고 을지 포커스 렌즈(UFL: Ulchi-Focus Lens) 등과 같은 연합 군사훈련을 통해 합동작전능력의 향상에 주력하고 있다. 요컨대 '미국과의 굳건한 동맹관계'를 빼놓고서는 국가안보에 대한 어떠한 전략이나 정책도 생각할 수 없었던 것이 지금까지 한국의 현실인 셈이다.

한반도에서 전면전쟁 혹은 이에 준하는 안보상의 위험이 닥쳤을 경우 미국이 한국을 위해 제공하게 되어 있는 군사동맹상의 공약은 흔히 '작전

---

109) 본래 한미 연합사령부는 지난 1975년의 제30차 UN총회에서 북한을 비롯한 공산주의 국가들과 제3세계의 신생 독립국가들이 주도한 한국의 UN군 사령부 해체결의안이 통과된 후, 주한미군의 지속적인 주둔을 유지하기 위한 대안으로서 창설된 것이다. 이후 현재까지 한미 연합사령부가 한국군에 대한 작전통제권을 행사하고 있으며, UN군 사령부는 한반도 정전체제의 관리만을 책임지도록 바뀌었다. 휴전 이후 한국군의 작전통제권을 위임받아 온 UN군 사령부가 미군 합동참모본부의 지휘만을 받는 것과는 달리 한미 연합사령부는 양국의 군 통수권자(즉, 대통령), 그리고 합동참모본부 의장으로 구성되는 한미 군사위원회(MC: Military Committee)의 전략지시를 받는다. 이 점에서 한미 연합사령부의 창설은 한국이 절반이나마 국군의 작전권 행사에 참여할 수 있는 기회를 제도적으로 보장받았다는 의미가 있다. 국방부 군사편찬연구소, 『韓美 軍事關係史 1871-2002』(국방부 군사편찬연구소, 2002), pp.594~600.

110) 한국군의 전시작전통제권과 한미동맹 사이의 상관관계, 당면과제에 대해서는 한용섭, "전시작전통제권 환수문제", 심지연 · 김일영 등, 『한미동맹 50년: 법적 쟁점과 미래의 전망』(백산서당, 2004), pp.65~97을 참고.

계획(OPLAN) 5027'로 알려져 있다.[111] 지난 1974년 주한 미 육군 제8군이 처음 수립한 이후 한미 연합사령부에 계승되어 2년마다 재검토와 수정이 이루어지고 있는 이 전략의 골자는 다음과 같다. 첫째, 북한의 전면 남침으로 한반도에 전쟁이 일어날 경우 우선 한국군과 주한미군으로 구성된 한미 연합군이 가능한 한 빨리 북한의 침략에 맞선다. 그리하여 휴전선 남쪽으로부터 40km 이내에 있는 수도 서울에 대한 방어선 유지에 총력을 기울인다. 둘째, 그 동안 미국은 한미 상호방위조약에 의거하여 대대적인 증원전력을 한반도에 파병한다. 셋째, 한반도에 도착한 이들 대규모 증원 미군이 한미 연합군과 합세하여 북한의 침공병력을 격멸한다. 그리고 넷째, 북한군을 휴전선 이북으로 격퇴한 후 대대적인 북진을 감행하여 한국 주도의 남북통일을 완성시킨다.

이 과정에서 미 본토와 세계 각지로부터 미군 병력이 증원되는 과정은 다음의 세 가지로 나뉜다. 먼저 전쟁 위험이 가시화될 경우 경제봉쇄나 외교적 압력과 더불어 감시, 정찰용 전력을 증강시키는 '신속억제방안

111) 미군은 각 사령부별로 유사시의 군사력 사용을 대비한 작전계획을 세우는데, 흔히 네 자리 수의 번호로 분류된다. 맨 앞의 번호는 사령부별로 다르며, 뒤의 나머지 세 자리는 해당 사령부의 책임 하에 있는 각각의 관할지역과 임무 내용에 따라 달라진다. 남아시아와 아랍 지역을 관할하는 중부사령부(CENTCOM)는 1, 합동사령부(JFCOM)가 2, 미국 본토의 방어를 담당하는 북부사령부(NORTHCOM)가 3, 유럽사령부(EUCOM)는 4, 태평양사령부(PACOM)는 5, 중남미를 담당하는 남부사령부(SOUTHCOM)가 6, 각종 특수전부대를 지휘하는 특수전사령부(SOCOM)는 7, 핵무기와 우주배치 군사력을 담당하는 전략사령부(STRATCOM)는 8, 그리고 수송사령부(TRANSCOM)와 예비전력, 미 해안경비대 등 나머지는 9로 시작된다. 미군 가운데 한반도를 책임영역으로 두는 곳은 태평양사령부이므로 유사시 한반도에 대한 군사 작전계획은 번호 5로 시작되는 5027이 붙는 것이다.
인터넷 웹사이트 http://www.globalsecurity.org/military/ops/oplan.htm (검색일자 2006년 12월 18일)

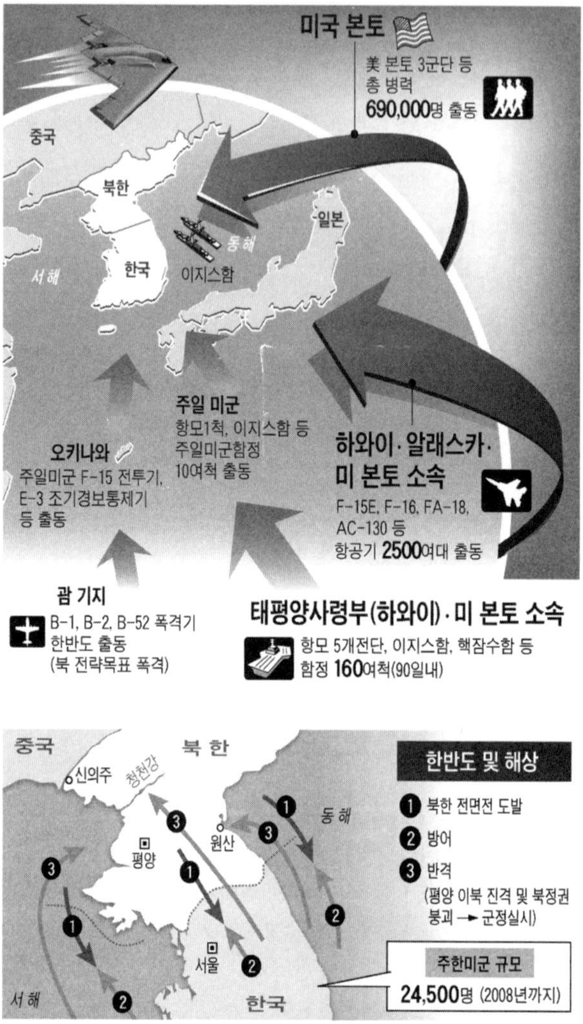

출처: 「조선일보」 2006년 8월 7일자

〈그림 2-14〉 작전계획 5027의 수행 개념도

(FDO: Flexible Deterrence Option)'이 실시된다. 이것이 실패하여 무력충돌이 불가피해질 경우 전쟁 초에 요구되는 수준의 전투 및 지원부대를 파

병하는 '전투력증강(FMP: Force Module Package)'이 뒤를 잇는다. 그리하여 전면전이 일어나면서 위의 두 조치를 포함하는 '시차별 부대 전개 제원(TPFDD: Time Phased Forces Deployment Data)'에 따라 대대적인 전력 증원이 이루어지는 것이다.[112] 이를 통해 유사시 미국이 한반도에 파견할 수 있는 전력의 수준은 아래와 같다.

- 육군 2개 군단(제1 군단, 제3 기갑군단)
- 해군 5~6개 전단(항공모함 5~6척, 순양함 및 구축함, 핵추진 잠수함 등 160여 척)
- 공군 8개 전투비행단(주일미군 소속 2개 포함) 및 4개 폭격비행단(전투기와 폭격기 등 2,000여 대)
- 해병대 2개 원정군

(※총 69만 병력. 미 해군의 40%, 공군의 50%, 해병대의 70% 전력에 해당함)[113]

미국의 이와 같은 유사시 대규모의 전력증원을 비롯하여 군사동맹에 대한 유효성을 보장하는 기능을 맡고 있는 존재가 바로 주한미군이다. 주한미군은 크게 제8군과 제7공군 그리고 평시 연락, 경계 임무를 맡은 소수의 해군 및 해병대 병력으로 구분된다. 총 병력규모가 약 2만 9000여 명에 달하는주한미군 전력의 현재 구성내용은 도표 2-16, 17와 같다.

---

112) 국방부 정책실 편, 『한미동맹과 주한미군』(국방부, 2002), p.58.

113) 한반도 유사시 미국의 전시 증원전력에 포함된 각종 무기체계 및 장비들은 약 2,000~2,500억 달러(200~250조 원)의 자산가치가 있는 것으로 평가된다. 백재옥·성채기 등, 『한미동맹의 경제적 역할 평가 및 정책방향』(한국국방연구원, 2005), pp.49~51.

〈도표 2-16〉 **주한 미 육군 전력현황**

구분	내용
규모	2만여 명
부대구성	사단: 1개(제2 보병사단) 여단: 7개 (보병, 포병, 항공, 방공, 정보, 통신, 헌병 등) 대대: 기갑 1개, 기계화보병 2개 포병 3개(자주포 1개, 다연장 로켓포 2개) 항공 4개(공격헬기 2개 포함), 방공 1개 등
보유무기	탱크: 116대(M1A1 에이브람스) 장갑차: 140대(M2 브래들리) 자주포: 24문(155mm 팔라딘) 다연장 로켓포: 36문(MLRS) 헬기: 110여대(공격 헬기 40여대 포함) 지대공 미사일: 40여기(패트리어트)

출처: IISS, *Military Balance 2006* ; 국방부,『국방백서 2006』 등을 바탕으로 지난 2005년 7월의 개편결과를 반영해 재구성함.

〈도표 2-17〉 **주한 미 공군 전력현황**

구분	내용
규모	9,000여명
부대구성	비행단: 2개(제8, 제51) 대대: 전투기 3개, 공격기 1개, 정찰기 1개
보유무기	전투기: 60~70여대(F-16) 대전차 공격기: 24대(A-10) 정찰기: 3대(U-2)

출처: IISS: *Military Balance 2006* ; 국방부,『국방백서 2006』.

그러나 이 대목에서 필자는 "과연 국가안보를 위한 가장 우선적인 전략으로서 미국과의 동맹을 얼마나 믿을 수 있는가?"라는 의문을 던지고자 한다. 이것은 주한미군 지위협정(SOFA: Status of Forces Agreement)의 불평등성이나 한국군의 전시작전통제권에 대한 미국의 관여, 자이툰 부대의 이라크 추가파병 과정과 북한 핵문제에서 나타났던 대미외교의 자율성 제약, 그리고 한국 사회 내부의 반미(反美) 감정 등과는 별개의 문제다. 문제는 미국의 막강한 군사력이 한국이 유사시 북한이나 주변 강대국들에 의한 '자기보존'과 '위험 예방'에 대한 국익을 보호, 관철시키기 위한 수단으로서 필요한 시점에, 필요한 수준만큼 제공될 것으로 항상 기대할 수 있느냐에 있다.

유감스럽게도 필자는 다음의 이유들을 근거로 위의 질문에 대해 부정적인 결론을 내릴 수밖에 없게 되었다.

첫째, 미국의 국가이익에서 한반도가 차지하는 비중의 근본적인 한계다. 세계전체를 범위로 자국의 생존과 번영을 추구해야 하는 초강대국의 입장에서 미국이 한반도에 부여하는 가치의 근거는 단지 그 지정학적 특징에서 나온다. 한반도에 쓸만한 자원이 생산되거나 거대한 시장이 있는 것도 아니고, 지역 전체에 대한 주도권을 다툴 만큼의 강대국이라고 할 수도 없다. 순전히 동북아시아의 주요 강대국들을 직접 통제할 수 있는 위치에 있기 때문에 주시하는 것이다. 다시 말해 그 부동산적 가치만 제외하면 한반도는 미국의 입장에서 굳이 필사적으로 지켜야 할 대상이 못된다. 한반도에 대해서 미국이 우려하는 것은 오직 '한반도 전체가 자신들의 적대, 경쟁세력의 편에 서거나, 그 통제 아래에 놓일 가능성'뿐이다.

따라서 만일 북한이나 한반도 주변의 강대국들 가운데 어느 하나라도 미국의 주요 이익에 찬동하거나 기여할 수 있다는 점이 분명해진다면, 미국이 해당국가가 한국의 국가안보와 어긋나는 입장을 취하는가의 여부와 관계없이 한반도에 대한 재량권을 용인해 줄 가능성은 충분히 있다. 작게는 4,800만 국민, 크게는 7,000만 민족의 안전과 그 생활 터전인 한반도를 어떤 대가를 치러서라도 방어해야 하는 한국으로서는 물론 용납할 수 없는 일이지만 말이다. 이 점은 이미 역사상으로 여러 차례 확인된 바 있다.

지난 20세기 초 미국은 일본이 러시아를 비롯한 유럽 대륙세력의 동북아시아 진출을 저지한다는 자신들의 국익에 도움이 되는 존재라고 여겼으며, 「가쓰라-태프트 밀약」을 통해 일본의 한반도 병합을 묵인했다. 1949년 6월 말, 미국은 한국 정부의 만류에도 불구하고 제2차 세계대전의 종전 직후 3년 동안 한반도 북위 38도선 이남에서의 군정(軍政) 실시를 위해 주둔해 왔던 미군 병력의 철수를 완료시켰다. 냉전이 막 시작되고 있던 당시 미국 대외정책의 최대과제는 서유럽에서 소련의 팽창을 막는 것이었으며,[114] 동북아시아의 공산주의 세력은 일본에 주둔 중이던 제8군과 제5공군으로 충분히 대응할 수 있다고 여겼다. 심지어 1950년 1월 12일에는 딘 애치슨 당시 미 국무장관이 '미국의 태평양 내 방어대상'에서 한국을 누락시키는 과오를 저지르기도 했다. 이후 미군이 한국에서 철수한지 1년만에 터진 6.25전쟁은 한국에 대한 미국의 과소평가가 얼마나 잘못된 것이었는지를 똑똑히 보여주었다.

6.25전쟁 이후 한미 동맹관계가 성립된 후에도, 미국의 국익과 세계전략에서 한국이 차지하는 가치는 여전히 저평가되고 있었다. 닉슨 행정부 시절이었던 1970년대 초, 미국은 소련과 사회주의 노선대립을 벌이던

114) 미국은 1947년 6월 서유럽의 전후 경제재건을 위한 대규모 원조계획, 즉 '마샬 플랜'(Marshal Plan)을 발표하여 이 지역에 대한 소련 공산주의의 팽창을 예방하려 했으며, 이보다 앞선 1947년 3월에는 반정부 공산주의 세력과 대치 중이던 그리스와 터키 정부에 대한 재정지원을 선언했다. 이것은 '트루먼 독트린'(Truman Doctrine)으로 알려진 대소련 봉쇄정책이 처음 적용된 사례였다. 이후 미국은 1948년 3월 소련이 서베를린을 봉쇄하자 항공수송을 통해 물자를 공급하여 1년 후 봉쇄 해제를 이끌어냈고, 얼마 뒤인 1949년 4월에 서유럽 국가들 대부분이 동참하는 집단방위기구, 즉 NATO를 창설하였다.

중국이 동북아시아에서 소련 견제를 위한 역할을 분담해 줄 것이라는 기대 아래 중국과의 관계개선에 적극 나섰으며, 그 과정에서 미 육군 제7사단을 비롯한 2만 명 이상의 주한미군 병력이 한국의 의사와는 관계없이 철수되었다. 심지어 카터 행정부가 집권했던 1970년대 말에는 당시 박정희 행정부의 반민주성, 인권 탄압만을 이유로 주한 미 육군의 완전철수를 추진하였을 정도로 한국의 국가안보를 함부로 여겼다.

뿐만 아니라 1993~1994년 사이의 제1차 북핵위기 과정에서 미국은 북한과의 양자 대화에 골몰했으며, 엄연한 당사국이었던 한국은 이 과정에서 철저히 소외되었다. 그리하여 1994년 10월에 체결된 「제네바 핵합의」에는 미국과 북한 사이의 '궁극적인 관계정상화 노력'까지 내용에 포함되었다. 이 시기에도 '한반도 장악'이라는 북한 정권의 지상목표에 변함이 없었음은 물론이다. 심지어 1996년 9월 18일 북한 잠수함의 동해안 침투사건 직후에는 워렌 크리스토퍼 미 국무장관이 "(한국을 비롯한) 모든 당사자들은 자제할 것을 촉구한다"라고 발언하여 동맹으로서의 본분을 망각했으며, 당시 미국이 문제의 북한 잠수함 항로까지 파악하고 있었으면서 한국에 제대로 전달하지 않았다는 것까지 드러났다.[115] 이 과정에서 한국측에 관련 정보를 제공했던 미 해군성 정보국(ONI) 소속의 한국계 미국인 로버트 김(한국이름 김채곤)은 간첩공모 혐의로 체포되었으며, 이후 8년 동안이나 투옥되었다.

오늘날 북한에 대한 미국의 시각은 다분히 핵무기와 장거리 탄도미사일을 비롯한 '대량살상무기 보유, 확산세력'이라는 측면에 국한되어 있다.[116] 북한 핵문제에 대한 미국 내부의 논쟁도 단순히 "북한의 자발적인

115) 이교관, "미국, 간첩침투 알고 있었다", 「시사저널」, 1996년 10월 17일.

116) 한 보기로 지난해 8월 27일, 도널드 럼스펠드 당시 미 국방장관은 기자회견에서 "가

핵 포기 가능성을 믿을 수 있는가?"의 여부에 대한 것일 뿐이며, 만약 북한의 핵 폐기가 실제로 확인된다면 외교관계 정상화를 비롯한 체제안전을 북한에 제공할 용의가 있다는 것이 미국의 일반적인 입장이다.[117) 2.13합의에서도 미국과 북한의 관계정상화를 논의하기 위한 실무그룹 설치, 양자대화의 재개가 명시되었으며, 2007년 3월 6~7일 사이에는 양측의 첫 실무그룹회담이 개최된 바 있다. 당시 회담에서는 북한에 대한 미국 정부의 '테러지원국' 지정 해제, 『대적성국 교역법』 적용의 종료, 연락사무소 설치 및 정식수교, 그리고 정전체제를 대체하는 평화체제 구축의 추진방안 등을 비롯한 의제들이 논의된 것으로 알려진다.[118)]

이 과정에서 미국이 '핵무기의 외부이전 및 확산 금지'를 조건으로 북한의 핵보유를 용인하거나, 자칫 주한미군의 철수를 비롯하여 그동안 유지되어 왔던 한미 동맹관계, 그리고 한국에 대한 미국 안보공약의 약화 내지 해체로 이어질 수 있는 조치들이 현실로 나타날 위험도 충분히 존재

까운 장래에 북한의 진정한 위협은 한국을 겨냥한 것보다는 대량살상무기의 확산에 의한 것이라고 생각한다. 나는 솔직히 북한을 한국에 대한 당면한 군사적 위협으로 보지 않는다"라고 언급한 바 있다. 또한 지난해 10월 북한이 지하 핵실험을 실시한 직후 부시 미 대통령도 "북한이 핵무기를 외부로 이전시키려 한다는 정보를 입수하면 미국은 핵무기가 실린 선박, 항공기의 이동을 막기 위해 모든 조치를 강구할 것"이라고 경고하였다. 이는 미국이 핵무기 자체의 군사적 위협보다 확산 여부를 더욱 경계하고 있음을 보여준다.

117) 지난 2005년의 9.19 공동성명과 최근의 2.13 합의에는 모두 "6자회담 당사국들은 적절한 별도의 포럼을 통하여 한반도에서의 항구적인 평화체제를 협상한다"는 내용을 포함하고 있다. 그리고 북한의 핵실험과 6자회담 복귀가 발표된 직후인 지난해 11월 18일에는 아시아 · 태평양 경제협력체(APEC) 정상회담 일정 중에 베트남 하노이에서 열린 한미 정상회담에서 부시 미 대통령이 "북한이 핵 폐기에 나선다면 한국 대통령, 김정일 북한 국방위원장과 함께 한국전쟁의 종전을 선언하는 문서에 공동 서명하겠다"는 뜻을 나타내기도 했다.

118) 고태성 · 장인철, "北美 '한반도 평화체제' 구축 합의", 「한국일보」, 2007년 3월 7일자.

한다. 다시 말해 미국이 북한에 의한 대량살상무기 개발, 확산문제를 근본적으로 해결한다는 명분으로 '한국의 국가안보'와 '한반도에서의 평화'를 북한과의 흥정 대상으로 삼을 가능성을 배제할 수 없는 것이다.[119] 미국은 지난 1973년 베트남전쟁으로부터 철수하는 과정에서 그러한 과오를 저지른 전례가 있었다.

북한이 지난 10여년 동안 이른바 '벼랑 끝 전술(Brinkmanship)'로 알려진 극단적인 위기 악화행위를 서슴지 않는 이유도 바로 여기에 있다. 핵무장과 장거리 탄도미사일을 비롯해서 미국이 심각하게 여길 수밖에 없는 특정 문제들을 직접 일으켜서 미국의 관심을 끌어내고서는, 문제해결이라는 구실 아래 북한과 미국 양측만을 당사자로 하는 불가침조약 혹은 평화협정을 요구하겠다는 것이다. 이를 통해서 북한은 한국에 대한 미국의 군사적 개입, 지원 가능성을 없애고, 마침내는 한국을 고립시켜 '한반도 장악'을 위한 결정적인 우위를 차지하려 들 것이 분명하다. 이미 북한은 그동안의 '벼랑 끝 전술' 수법으로 자신들의 핵과 탄도미사일 문제를 '한국 안보와 국제 대량살상무기 비확산 질서에 대한 위협'이 아닌 '미국의 적대시, 압살정책에 맞서기 위한 자기방어 조치'인양 왜곡하고, 동시에 스스로를 미국과 한반도의 평화, 통일을 논의할 수 있는 유일 당사자로 부각시켜 한국을 소외시키는 등의 소득(?)을 거두고 있다.

물론 미국과 북한 사이의 대화 자체는 나무랄 이유가 없다. 하지만 북한이 여전히 '한반도 장악' 노선을 고수하고 있는 상태에서 미국과의 관계정상화를 지향하는 것은 분명 한미동맹을 교란, 와해시키려는 의도 때문이다. 특히 한반도에서의 군사적 긴장완화, 평화체제 성립보다 미국과 북

---

119) 남만권, "핵 포기시 한국전 종료 선언'의 의미와 심각성", 「동북아 안보정세분석」, 2006년 12월 6일.

한의 관계개선이 먼저 이루어진다면, 이러한 우려는 더욱 커질 것이다. 요컨대 평양과 워싱턴만으로 국한되는 평화가 한반도의 진정한 평화, 통일로 이어진다는 보장은 없으며, 오히려 그 반대의 결과가 나올 수 있다는 점을 경계해야 한다.

최근 진전되고 있는 일본의 군사대국화 배경에 미국의 지지가 있다는 점 역시 같은 맥락이다. 비록 제2차 세계대전 당시 아시아와 태평양의 주도권을 놓고 전쟁을 벌인 적도 있었으나, 이후 일본 역시 미국의 대표적인 동맹이 되었으며, 현재 약 3만 8천여명(육군 1665명, 해군 4,445명, 해병대 17,850명, 공군 14,700명 등)의 미군이 일본에 주둔하고 있다. 냉전 이후 미국은 중국이 빠른 경제성장을 바탕으로 동북아시아의 절대강자로 떠오를 가능성을 경계하고 있으며, 중국이 팽창하는 것을 막는 데 일본을 참여시켜서 자신들의 부담을 덜고자 한다.

이에 따라 미국은 클린턴 행정부 시절인 지난 1996년 4월의『미일 안보공동선언』과 이듬해 9월 발표된『미일 방위협력지침』(일명 가이드라인)의 개정을 통해 일본이 '미국에 대한 군사적 지원 활동'이라는 형식으로 유사시 아시아 · 태평양 지역에 대한 무력 개입을 할 수 있는 근거를 마련해 주었다.[120] 지난 2001년 부시 행정부가 출범한 이후 미국은 더욱 적극적으로 일본의 군사적 역할 확대를 지지하고 나섰다.[121] 이는 자연스

120) 냉전 시절인 지난 1978년에 제정되었던 종전의『미일 방위협력지침』은 일본이 소련의 직접적인 군사적 침공을 받거나 '극동' 지역에서의 무력 분쟁이 일본 안보에 영향을 주는 경우를 전제로 하며, 협력내용도 자위대 기지에 대한 주일미군의 공동사용 및 편의제공 정도만이 언급되어 있었다. 하지만 개정된 방위협력지침에서는 미일 양국의 군사협력 대상에 해당하는 지리적 범위가 '일본 주변'으로 확대되었으며, 협력 항목도 15개 분야에 걸친 40개에 이르고 있다. 배정호,『일본의 국가전략과 안보전략』(나남출판, 2006), pp.219~224.

렵게 자위대의 아프가니스탄, 이라크 파병과 유사법제 통과, 집단적 자위권 인정 등을 비롯해서 일본의 군사력 동원에 대한 재량권과 영역을 확대시키는 최근 몇 년 동안의 현상을 가능하게 했다. 2005년 2월 20일 미국 워싱턴에서 열린 미일 안전보장 협의위원회(일명 2+2 회담. 미국과 일본 양측의 외교, 국방장관이 참가하는 협의체)에서는 두 나라의 '지역차원 공통 전략목표' 12개와 '세계차원 공통 전략목표' 6개를 채택하여 미일동맹의 영역이 아시아는 물론 세계 차원으로 확대되고 있음을 과시했다. 특히 12개의 지역차원 공통 전략목표에 '대만해협 분쟁의 평화적 해결', '중국의 군사적 투명성 촉구', '중국의 건설적인 지역 및 세계질서 참여 기대', '동남아시아 지역의 안정' 등을 포함시켜 중국의 세력 확대에 대한 미일 양국의 견제 의지를 보여주었다.[122)]

최근에는 주일미군(駐日美軍)과 일본 자위대 사이의 군사 협력태세도 점점 활발해지고 있다. 지난해 5월 미일 양국은 주일미군 기지의 재배치를 포함한 대대적인 전력개편에 합의했는데, 특히 주목되는 2개의 주요 내용은 다음과 같다. 첫째, 태평양지역 미 육군의 주력부대 가운데 하나인 제1군단의 사령부를 2008년까지 미국 워싱턴주에서 일본 가나가와

121) 미국 내부에서는 클린턴 행정부 시절인 지난 1990년대 중반부터 "미일동맹을 현재 미국의 최고 우방인 영국과의 동맹 수준으로 격상시켜야 한다"는 주장이 제기되어 왔다. 특히 부시 행정부의 초대 미 국무성 부장관을 역임했던 리처드 아미티지는 2001년 5월 일본을 방문했을 당시 막 취임했던 고이즈미 당시 수상을 만난 자리에서 "현재 일본의 헌법해석은 미일 협력관계에 장애가 된다"고 지적하여 일본『평화헌법』제9조의 개정을 간접적으로 요구했다. 아베 수상의 취임 직전인 지난해 9월 7일에는 주일 미 해군 사령관인 제임스 켈리 제독이 "집단적 자위권 행사가 가능하도록 일본 국내에서 헌법개정 논의가 깊어지기를 기대한다"는 발언을 하기도 했다. 정권현, "美, 日 헌법개정에 힘 실어 주나",「조선일보」, 2006년 9월 9일자.

122) 권태영 등, 2006, pp.136~139.

(神奈川)현 자마(座間) 기지로 옮겨서 주일미군의 통합 작전사령부 지위를 부여한다.[123] 이는 미국의 아시아 · 태평양 지역 군사력 운용에서 일본이 차지하는 중요도를 더욱 높일 것이다. 그리고 둘째, 일본 항공자위대의 핵심인 항공총대 사령부를 2010년까지 도쿄 요코다(橫田) 기지로 옮겨서 이곳에 위치한 주일 미 제5공군 사령부와의 연대를 강화한다.

여전히 일본과 '핵심적 이익'에 대해서 갈등 가능성을 안고 있는 한국의 입장에서는 이것 역시 유사시 미국의 동맹 공약에 대한 신뢰성을 의심하기에 충분한 문제다. 예를 들어서 만일 당장 일본이 군사력을 동원하여 독도에서의 영유권을 관철시키려 들거나, 해상교통로에서 한국 선박들에 대한 조직적인 적대행위를 시도할 경우에도 한국은 동맹으로서 미국의 군사적 지원을 기대할 수 있을 것인가?[124]지난 1982년 영국과 아르헨티나가 포클랜드 제도(諸島)를 놓고 전쟁을 치렀을 당시 양측 모두와 우방

---

123) 일각에서는 미 육군 제1군단 사령부의 일본 이전을 계기로 주일미군이 주한미군을 직접 지휘하는 상위부대로 격상될 것이라는 주장을 제기한다. 그러나 현재로서는 "주한미군과 주일미군은 여전히 대등한 위치의, 서로 독립된 관계로서 미 태평양사령부의 지휘통제를 받는 부대"라는 것이 미군측의 공식 입장이다. 정권현 · 유용원, "자마기지로 이전할 美 UEx부대 한반도 유사시 駐日미군 지휘권", 「조선일보」, 2005년 8월 2일자.

124) 독도 영유권 대립에 대한 미국의 공식입장은 "한국과 일본 양측의 주장에 대해 어떠한 입장도 취하지 않으며, 양국이 이 문제를 우호적으로 해결하기를 희망한다"는 것으로 알려져 있다. 하지만 지난 1951년 일본과 제2차 세계대전 승전국들 사이에 체결된 『샌프란시스코 강화조약』의 절충 과정에서 미국이 독도를 한국 영토로 명시하는 부분을 누락시킨 바 있으며, 지난 2002~2005년 사이에 미 중앙정보국(CIA)이 발간한 『국가별 정보보고서』(World Factbook)가 독도의 영문 명칭으로 Dokdo와 Takeshima를 병기하거나 제3의 명칭인 Liancourt Rocks를 사용한 점, 그리고 『국가별 정보보고서』의 독도 관련 소개에 "'미해결(Unresolved)', '조업권리(Fishing rights)'와 같이 독도를 국제분쟁 지역으로 부각시키려는 일본의 입장에 기울어진 내용이 포함된 것을 들어서 독도 대립에 대한 미국측의 입장에 의문을 제기하는 이들도 있다. 조계창, "독도 문제에 미국은 어떠한 입장인가", 「연합뉴스」, 2005년 3월 16일자.

출처: 「중앙일보」 2006년 9월 5일자

〈그림 2-15〉 주일미군 현황

주해: 그림에서 제시된 주일미군의 병력 규모는 미 해군 제7함대(사령부 소재지: 일본 요코스카(橫須賀)) 소속 병력(약 13,000명)까지 포함된 것임.

관계였던 미국이 결국에는 강대국인 영국의 손을 들어주었으며, 이것이 영국의 승리에 크게 작용했다는 점을 기억해야 한다.

둘째, 미국의 막강한 군사력 지원이 과연 한국이 필요로 하는 시점에 충분히 제공될 수 있는가에 대한 문제를 생각해볼 필요가 있다. 6개조로 이루어진 한미 상호방위조약의 제3조를 보면, 당사국이 다른 나라의 침략을 받을 경우 타 당사국은 '각자의 헌법상 수속에 따라(In accordance with its constitutional processes)' 대처에 나선다고 되어 있다. 다시 말해 한국이 당장 타국의 군사적 위협이나 침략에 놓인다고 해도 자동적으로 미국의 개입이 보장되는 것이 아니며, 일단 해외 파병 여부에 대한 승인 권한이 있는 미 의회의 논의과정을 거칠 수밖에 없게 된다. 설령 미 의회가 한국에 대한 군사지원을 승인한 후에도 작전계획 5027을 통해 약속된 유사시 총 69만 규모의 증원군이 미 본토에서 태평양을 건너 한반도에 도착하기에는 상당한 시일이 요구된다. 전투기와 폭격기 등 주력 공군전력의 경우는 10일, 육군 2~3개 사단이 3주일, 6개 사단은 1개월 후에나 도착할 수 있다. 여기에 이들 전력을 전투에 직접 투입하기 전에 구체적인 전투계획의 작성 및 정보 수집 그리고 다른 전투지원 부대들과의 임무 조정을 고려하면 더 많은 시일이 요구된다.[125)]

이러한 점들을 고려한다면 미군의 대규모 증원군이 한반도의 한미 연합군과 합세하여 본격적으로 북한의 침공을 격퇴하기 위해서는 무려 30~40일이나 시간이 요구되며, 가장 길 경우에는 90일 가량 걸릴 수도 있다.[126)] 이들 전력이 도착한 후에는 분명 북한을 비롯한 어떤 타국의 군

---

125) 김일영 · 조성렬, 『주한미군－역사, 쟁점, 전망』(한울아카데미, 2003), pp.296~297.
126) 미군의 유사시 전력증원에 요구되는 소요기간 내용, 그리고 이것이 한국 방어에서 갖는 시사점에 대해서는 김정익, 『지상전력과 한국 안보』(한국국방연구원, 2003),

사적 침략도 격퇴해낼 수 있을 것임에는 의문의 여지가 없다. 그러나 한국은 10만km^2에도 못 미칠 정도로 작은 영토면적과 3면으로 바다를 접하는 등 전 국토에 대한 동시전장화와 속전속결 시도에 매우 취약한 지리적 여건을 안고 있다. 그 결과 미군 전력의 대규모 증원이 도착할 때쯤이면 이미 한반도의 거의 전부가 전쟁으로 초토화된 후일 가능성이 매우 높으며, 전쟁 자체에서는 승리할 수 있을지 몰라도 인구 대부분의 살상과 경제력의 철저한 파괴만이 남게 된다. 한국의 입장에서는 모든 것을 잃는 것이나 마찬가지다.

미국의 군사력이 세계 전체를 범위로 운용되고 있다는 점도 유사시 한국에 대한 군사 지원의 충분성을 제약할 수 있다. 만일 한반도 이외의, 미국의 주요 국익과 직결되는 또 다른 지역에서 전면전 혹은 그에 준하는 무력 충돌이 발생한다면 상당 규모의 미군 전력이 해당 지역에 투입될 가능성이 높으며, 그만큼 한국을 지원하기 위해 동원할 수 있는 증원전력의 규모 및 수준도 약화되기 때문이다. 이 경우 한국의 현존 내지 잠재적인 위협세력들이 미국의 군사력 지원 여부를 걱정하지 않고서 한국을 겨냥한 군사적 적대행위를 시도할 가능성이 더욱 높아질 것이다. 미국은 냉전이 막을 내린 직후인 1990년대 들어서 "2개 지역에서의 대규모 전쟁(MTW: Major Theater War)을 동시에 수행, 승리한다"는 '윈-윈(Win-Win) 전략'을 채택했으나, 1999년 3월의 코소보 전쟁을 계기로 오히려 그 실효성에 문제가 있음을 노출시킨 바 있다.[127)]

pp.201~235를 참고.

127) 당시 미국은 사담 후세인 시절 이라크와의 분쟁으로 페르시아 만에서 작전 중이던 항공모함 '시어도어 루즈벨트'를 세르비아 공습작전에 투입했고, 그 공백을 메우기 위해 동북아시아 해역에 배치되어 있던 미 해군 제7함대 소속 항공모함 '키티호크'를 대신 페

결국 클린턴 행정부의 뒤를 이은 부시 행정부는 윈-윈 전략을 폐기하고, 대신 '윈-홀드(Win-Hold. 일명 원-플러스(One-Plus)) 전략'을 제시했다. 이는 2개의 지역에서 동시에 발생하는 대규모 전쟁 가운데 한 지역에서는 적의 침공을 저지하면서, 다른 지역에서는 결정적인 승리(침공 세력의 정권 제거, 영토점령 포함)를 거둔다는 개념이다. 미 국방성의 2001년도판 『4개년 국방검토보고서』(QDR: Quadrennial Defense Review)를 통해 처음 등장한 '윈-홀드 전략'은 미 합동참모본부의 2004년도판 『국가군사전략』(National Military Strategy)에서 '1-4-2-1 전략'으로 보다 구체화되었다. 여기서 '1'은 미국 본토의 방어이며, '4'는 미국의 핵심적인 국익이 걸려있는 지역들(즉 동아시아와 아랍, 유럽, 그리고 서남아시아)에서의 전쟁 예방을 뜻한다. 또한 '2'는 위의 4개 핵심지역 가운데 2개 지역에서 동시에 발생하는 군사적 분쟁에 동시 대응하여 적을 막아내는 것이고, '1'은 그 가운데 한 곳에서 결정적 승리를 거둔다는 뜻을 담고 있다.[128)]

이처럼 미국은 '2개 지역에서의 동시 전쟁수행' 원칙을 유지하되 '윈-윈 전략'이 표방했던 '동시 승리'라는 목적은 포기하였으며, 그 결과 미군 전력이 증원된다고 해도 결정적 승리가 아닌 적 침공의 저지 및 격퇴를 수행할 수 있는 수준만으로 이루어질 가능성이 높아졌다. 특히 미국이 현재 14만 명 이상의 병력을 제2차 걸프전쟁 이후 이라크의 치안 및 재건지원에 투입 중이며, 그 외에도 아프가니스탄에서의 탈레반 잔당 세력 소

르시아 만으로 이동시켰다. 그 결과 약 3개월 동안이나 한반도 주변에 미 해군의 항공모함이 존재하지 않는 상태가 계속되었고, 바로 이 기간에 북한의 해군 함정들이 서해상 NLL을 침범하면서 제1차 연평해전이 발생했던 것이다. 김일영 · 조성렬, 2003, p.138.

128) U.S Joint Chief of Staff, *The National Military Strategy of the United States of America* (Office of the Chairman Joint Chief of Staff, 2004), p.21.

탕, 이란 핵개발 문제 등의 대응에 주력하고 있다는 점은 당분간 미국의 해외 군사력이 아랍 지역을 중심으로 운용될 것임을 보여준다. 따라서 미군이 자랑하는 주력 부대와 첨단 무기체계들이 유사시 한국을 지원하기 위해 투입되는 것이 한정되고,129) 작전계획 5027이 지향하는 '결정적 승리'를 뒷받침하기 어려워질 수밖에 없다.

여기에 최근 수년 동안 진행되고 있는 미군 병력의 전세계적인 재배치, 주한미군의 재편 및 감축도 한국 안보에 큰 도전 요인으로 작용할 수 있다. 초강대국 소련을 상대로 한 냉전이 끝난 이후 미국은 더 이상 국가 차원에서 자신들에 맞설 상대가 없다고 평가하고 있다. 이에 따라 전면전을 위한 기존의 대규모 육군 위주 편성에서 세계 전체를 대상으로 즉각 투입할 수 있으며, 보다 민첩하고 전방위(Full Spectrum) 교전능력을 갖춘 첨단화된 '목표군(Objective Forces)'으로의 전환을 추진하고 있다.

지난 1999년 당시 미 육군참모총장 에릭 신세키 대장의 주창으로 시작된 이 과업은 2001년 출범한 부시 행정부의 첫 국방장관 도널드 럼스펠드가 의욕적으로 추진하면서 본격적인 실행에 들어갔다. 2004년 기준으로 10개 사단, 33개 여단을 주축으로 하는 약 48만 명 규모의 미 육군 병력을 43~48개의 여단급 전투부대로 재편성한다는 것이 계획의 골자다. 이들은 18~21개의 보병위주 여단, 20~22개의 중무장 여단, 그리고 5

129) 피터 페이스 미 합동참모본부 의장은 지난해 10월 24일의 미 국방성 기자회견에서 "미군은 이라크와 아프가니스탄 이외의 무력 분쟁에 대비한 충분한 병력을 보유하고 있다"고 하면서도, "미군의 첨단 정보체계와 정밀유도무기, 발사수단들은 주로 이라크와 아프가니스탄에 투입 중이며, 추가 분쟁지역에서는 정확성이 떨어지는 '보다 거칠고 잔인한 무력(More brute force)'이 주로 사용되어 제2차 세계대전이나 한국전쟁에서와 같은 대규모의 민간인 피해발생이 불가피해질 것"이라고 밝혔다. 이기창, "美 합참의장 "추가 전쟁 수행능력 충분"", 「연합뉴스」, 2006년 10월 25일자.

개의 신속배치 기동여단(일명 스트라이커(Stryker) 여단)으로 세분화되며,[130] 각종 무인화 장비와 경량화된 다목적 육상 기동차량, 실시간 정보 · 지휘통제 체계, 첨단 개인화기 등으로 구성된 미래형 전투체계(FCS: Future Combat System)로 무장한다. 이를 통해 세계 어느 지역이든 1개 여단을 4일(96시간) 이내에, 1개 사단은 5일(120시간) 안으로, 그리고 5개 사단을 30일만에 투입할 수 있는 능력을 확보하겠다는 것이 미국의 구상이다. 해군의 경우 기존의 12개 항공모함 전단(CVBG: Carrier Battle Group)과 더불어 상륙함, 순항미사일을 탑재한 대형 수상전투함, 그리고 핵추진 잠수함 등으로 구성되는 37개의 독립전단 편성을 계획 중이며, 공군도 전투기와 폭격기, 정찰기, 공중급유기 등을 함께 보유하는 항공원

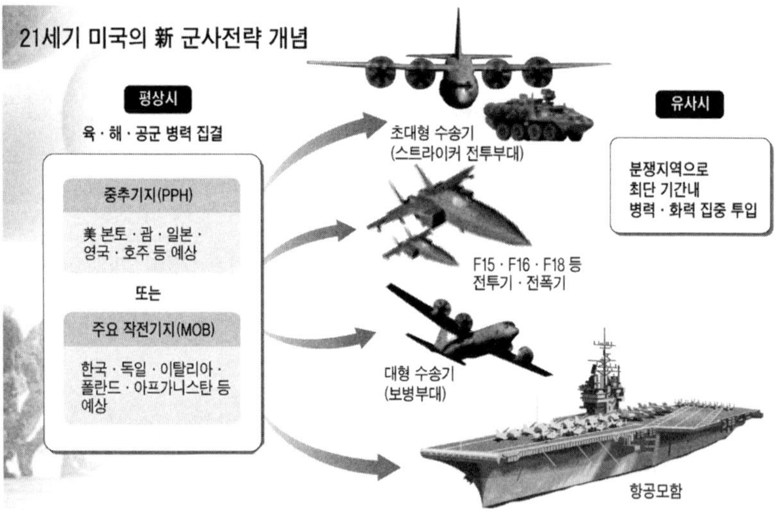

출처: 「중앙일보」 2004년 5월 21일자

〈그림 2-16〉 미국의 새로운 군사전략 개념

130) 김병륜, "미군 군구조 개편", 「국방일보」, 2005년 5월 26일자.

정부대(AEF: Air Expeditionary Force) 10개를 구성하였다.

이미 지난 2001년의 아프가니스탄 대테러 전쟁과 2003년 제2차 걸프 전쟁에서 미국은 적은 규모의 병력으로 보다 향상된 전쟁수행 능력을 과시한 바 있다. 이러한 성공에 고무된 미국은 2003년 11월 27일 조지 워커 부시 대통령이 직접 발표한 '해외주둔 병력 재검토(GPR: Global Posture Review)'를 통해 이를 구체적으로 실천하려 들고 있다. 이것은 세계 전역의 미군 주둔기지를 다음의 4가지 종류로 재편한다는 내용을 골자로 하고 있다.

① 중추기지(PPH): 대규모 병력전개의 근거지
② 주요 작전기지(MOB): 대규모 병력이 장기 주둔하는 상설기지
③ 전진 작전지역(FOS): 소규모 상주 간부와 상당수 교체 근무병력을 포함
④ 안보협력 대상지역(CSL): 소규모 연락요원과 훈련장만 유지하고 상황에 따라 필요한 지원을 외부에서 확보

현재 진행되고 있는 주한미군의 재편 및 감축도 바로 GPR의 연장선상에서 이루어지고 있는 것이다. 이를 위해 미국은 먼저 2003년 4월부터 이듬해 10월까지의 총 18개월 동안, 12차례의 '미래 한미동맹 정책구상회의(FOTA)'에서 향후 4년 동안의 주한미군 병력 감축, 재배치, 임무 이양 등을 한국과 논의하였다. 또한 2005년 2월부터는 FOTA를 계승한 한미 안보정책구상회의(SPI)가 시작되어 지난 2월까지 총 11회 개최되었다. 여기서는 FOTA에서 도출된 각종 합의사항의 후속조치뿐만 아니라 주한미군의 감축, 재배치 문제에 밀려서 미처 논의되지 못했던 사항들, 즉 한미 지휘관계의 수정이나 주한미군의 역할 변화, 동맹의 미래 공동목

표 · 비전과 같은 보다 심도있는 현안이 다루어졌다.

그 결과 지난 4년 동안 한미 양국은 크게 다음과 같은 사항들에 합의를 이루었다. 첫째, 오는 2008년 말까지 주한미군 병력을 총 12,500명 감축하며, 전체 75%를 차지하는 탱크, 장갑차, 야포 등의 중무장 육군 병력을 주요 감축대상으로 한다. 둘째, 서울, 의정부, 동두천, 파주를 비롯한 한강 이북에 집중 배치되어온 주한미군의 주요 기지 및 사령부는 한강 이남의 오산, 평택 등지로 옮겨 통폐합한다. 셋째, 주한미군의 역할과 활동영역을 '동아시아와 기타 지역에서의 안정 유지를 위한 기동전력'으로 확대시키고, '한반도 방어'는 보조 · 지원 역할로 삼는다. 그리고 넷째, 한국군의 전시작전통제권을 한국에 완전히 이양하고, 기존의 한미연합방위체제는 한국군과 주한미군의 독자 사령부가 대등한 지위에서 참여하는 공동방위체제로 전환한다.

주한미군은 1990년대 초부터 3만 7천여 명 규모를 유지해 왔는데, 2004년 8월 주한 미 육군 제2사단 소속 제2여단의 병력 3,600여 명이 이

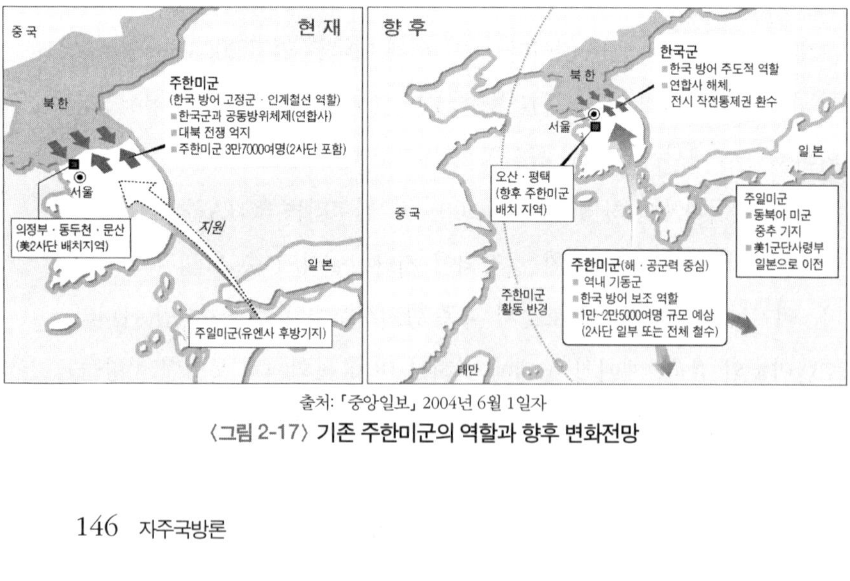

출처: 「중앙일보」 2004년 6월 1일자

〈그림 2-17〉 기존 주한미군의 역할과 향후 변화전망

라크로 차출된 것을 계기로 육군 중심의 병력 감축을 시작했다. 한미 양국은 2004년 9월의 제12차 FOTA 회의에서 합의된 바에 따라 총 3단계에 걸쳐 주한미군 병력을 줄이기로 했으며, 그 1단계로 2004년에 미군 5,000명(실제 감축병력은 4,400명 수준)이 한국을 떠난 것이다. 2단계에서는 2005년과 2006년에 각각 3,000명, 2,000명을 감축했으며, 나머지 2,500명은 2007~2008년 사이에 감축할 예정이다.[131] 그 결과 2008년 말까지 주한미군의 전체 병력은 총 25,000명 내외로 축소될 것이다. 감축되는 미군 병력이 담당해오던 10개 군사 임무들은 한국군에게 이양되며, 현재까지 9개 임무의 이양이 완료된 상태다.

- 2004년: 후방지역에서의 생물 · 화학무기 오염제거(8월), 판문점 공동경비구역(JSA) 경비 및 지원(10월)
- 2005년: 공대지 사격훈련장 관리, 신속 지뢰설치(이상 8월), 대포병 작전수행 지휘 및 통제, 주요보급로 통제(이상 10월)
- 2006년: 적 특수부대의 해상침투 저지(1월), 중부지역에서의 공군 근접항공지원(CAS) 임무(8월), 군사 기상예보(12월)

(※주야간 수색 · 구조임무는 오는 2008년 12월에 이양될 예정임)

주한미군의 지리적 재배치는 병력 규모의 감축 이상으로 큰 의미를 갖는다. 그동안 주한미군, 특히 주한 미 육군의 병력 대다수는 휴전선과 가까운 한강 이북지역에 집중적으로 배치되어 왔으며, 그 결과 북한이 한국을 침략할 경우 주한미군은 필연적으로 공격을 받을 수밖에 없는 위치

131) 권태영 등, 2006, pp.329~330.

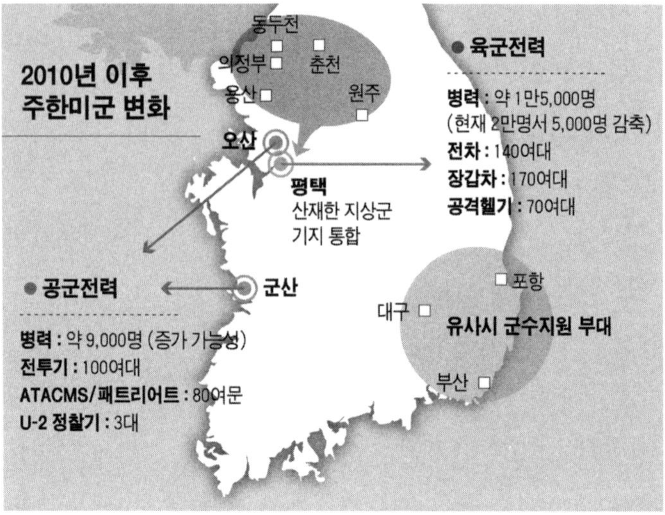

출처: 「한국일보」 2006년 7월 27일자

〈그림 2-18〉 주한미군의 재배치 계획도

에 놓였다. 이는 미국이 위기에 처한 주한미군을 구하기 위해서라도 반드시 한국에 대대적인 군사력을 지원해 준다는 공약을 유지하는 근거가 되었다. 이와 같은 '인계철선' 기능은 주한미군의 역할이 한국 방어와 유사시 미국의 안보공약 보장에 있음을 단적으로 증명해 왔다. 따라서 주한미군 병력을 휴전선에서 떨어진 한강 이남으로 재배치한다는 것은 이들의 역할이 더 이상 기존의 한국 방어에만 고정되지 않고, 한반도 이외의 분쟁 지역에도 투입될 수 있는 '신속 기동부대'로 바뀔 것임을 보여준다.

주한미군 병력의 새로운 주둔 근거지가 될 오산, 평택의 입지 기능을 생각한다면, 이는 더욱 분명해진다. 오산은 주한 미 제7공군의 사령부와 1개 전투비행단의 기지가 있는 항공 거점이며, 평택은 한국 제2함대의 사령부가 위치한 군사 항구도시다. 때문에 주한미군 병력이 이곳의 공군기지와 항구에서 수송선, 중 · 대형 수송기를 통해 한반도 밖으로 이동하

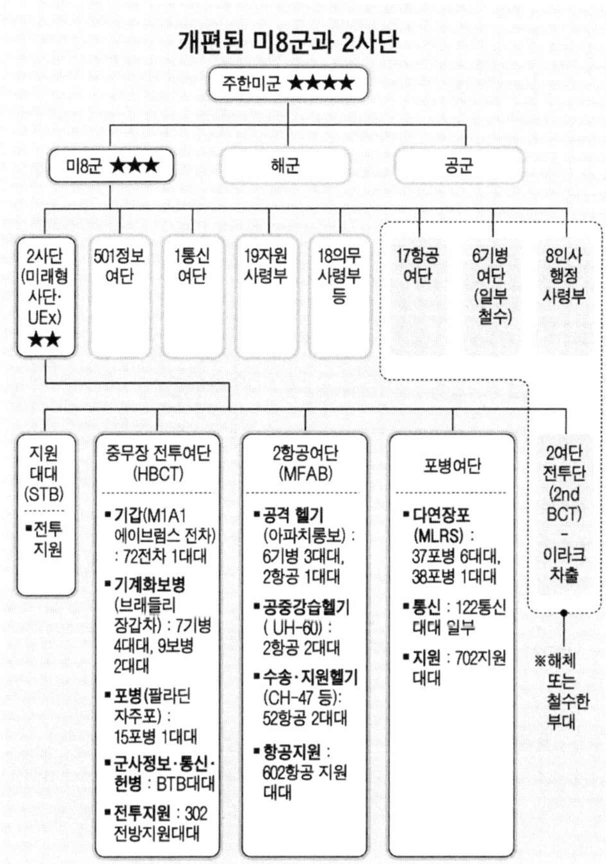

출처: 「중앙일보」 2005년 7월 6일자

〈그림 2-19〉 **개편된 주한 미 육군의 부대구조**

기에 매우 편리한 조건을 제공할 수 있다.

이미 주한미군은 '중무장 육군 위주의 고정배치 병력'에서 '경량화된 신속기동부대'로 탈바꿈하고 있다. 지난 2005년 7월 주한 미 육군은 기존의 제2사단을 '작전사령부(UEx: Unit of Employment X)'로, 그 예하 부대들을 여단급 '작전부대(UA: Unit of Actions)'로 재편하는 구조개편작업을 완료했다.[132] 이러한 부대재편성은 미군 전체를 통틀어서도 가장 일찍 이루어진 것이다. 제2사단과 함께 주한미군의 대표적 부대로 알려져 왔던 미 육군 제8군은 사실상 해체될 예정이다. 한때 제8군이 직접 지휘통제를 담당했던 다수의 전투부대들이 차례로 제2사단의 예하부대로 전환되고, 유사시 미 증원전력의 지원임무도 제19 지원사령부로 대부분 옮겨지면서 사실상 존재이유를 상실했기 때문이다. 이에 따라 제8군은 '작전지원사령부(UEy: Unit of Employment Y)'로 개편되어 한국뿐만 아니라 태평양 전체를 범위로 하는 미 육군의 작전지원을 담당할 것으로 전망된다. 이는 제8군을 승계할 후속 UEy가 한국 밖으로 이전될 수 있음을 뜻한다.[133]

지난해 1월 19일에는 한미 양국의 사상 첫 외교장관급 전략대화에서 채택된 공동성명에 주한미군의 '전략적 유연성(Strategic Flexibility)'을 인정한다는 내용이 포함되기에 이른다.[134] 이로써 '신속 기동부대로서의

132) 미 육군은 지금까지 여단, 사단, 군단, 야전군으로 편성되어 온 부대구조를 '작전지원사령부(UEy)'와 '작전사령부(UEx)', 그리고 '작전부대(UA)'로 개편하고 있다. UEy는 야전군과 군단의 중간형태로 특정 작전지역에서의 실전부대 지원을 책임지며, 군단과 사단의 중간형인 UEx는 실전에서 주요 전투부대를 지휘한다. 그리고 사단과 여단의 중간에 해당하는 UA가 직접적인 교전, 전투임무를 수행하게 된다. 채병건, "주한미군 2사단 미래형 사단 개편…'몸집' 줄였지만 전력은 그대로", 「중앙일보」 2005년 7월 6일자.

133) 김귀근, "美 8군사령부 '위상' 어떻게 변화되나", 「연합뉴스」 2006년 9월 29일자.

134) 주한미군의 '전략적 유연성' 개념이 부각되면서 한국 내에서는 "주한미군 병력의 차출에 따른 안보공백 가능성"을 우려하는 시각 못지않게 "미국 주도의 무력분쟁 개입으로 인한 한국의 연루 위험"을 경계하는 주장들도 많이 나타났다. 노무현 대통령도 2005년 3월 8일 공군사관학교 졸업식 축사에서 "우리의 의지와 관계없이 우리 국민이 동북아시아의 분쟁에 휘말리는 일은 없을 것"이라고 천명하여 경계의식을 표시했다. 결국 2006년 1월 19일에 채택된 한미 외교장관급 전략대화의 공동성명에서는 "주한미군의 전략적 유연성 이행에 있어서, 미국은 한국이 한국민의 의지와 관계없이 동북아 지역 분쟁에 개입되는 일은 없을 것이라는 한국의 입장을 존중한다"는 내용이 함께 포함되었다.

주한미군' 기능이 한미 양국의 공인을 받게 된 것이다. 한국군의 전시작전통제권 전환이 마무리되는 오는 2012년 이후에는 '외부 지역으로의 신속배치' 기능이 주한미군의 최우선 임무로 확실히 정착될 전망이다.

위와 같은 주한미군의 변화들이 모두 한국 안보에 부정적인 것은 아니다. 앞으로 북한 핵문제가 어렵게나마 실질적인 해결단계로 들어선다면 북한의 군사적 위협 해소, 한국과 미국, 북한의 관계정상화를 포함하는 한반도 평화체제 정착이 뒤따를 것이며, 그동안 북한 군사력에 의한 위협만을 대비하였던 기존의 한미 동맹관계와 주한미군은 존재 근거가 크게 약화될 우려가 있다. 따라서 한반도 평화체제의 진행과 통일 과정에서의 안정성을 유지하고, 통일 이후에도 한국이 주변 강대국의 잠재적 위협에 맞설 수 있는 유효한 전략으로서 한미동맹 자체를 지속하려면 반드시 그 핵심 기능을 담당하는 주한미군에 새로운 임무와 기능을 부여해야 할 필요가 있는 것이다. 현재 진행 중인 '주한미군의 신속 기동부대 전환'과 '전략적 유연성'은 바로 그러한 노력의 산물이라고 할 수 있다.

하지만 이러한 주한미군의 개편, 감축이 결과적으로 한국 안보에서 주한미군이 차지하는 비중을 축소시킬 것이라는 점만큼은 의심할 여지가 없다. 이는 한국이 미국의 입장에서 '우선적인 방어책임 대상'보다는 '타 지역으로의 병력 투입을 위한 순환 배치지점' 정도의 가치만을 갖는다는 의미이며, 미국이 한국의 국가안보에서 주도적인 역할을 담당할 의지가 약하다는 점을 시사한다. 세계적인 군사 강대국들에 둘러싸여 있는 한국의 입장에서는 결코 반가울 리 없는 일이다.

미국과의 동맹은 지난 반세기 동안 한국의 국가안보에서 없어서는 안 되는 존재였으며, 한미 양국의 동맹만큼 제도적으로 통합성이 높으며 성공적인 군사동맹은 세계 역사를 통틀어서도 흔치 않다. 그러나 세계 전역에 자국의 높은 수준의 이익이 걸려있는 초강대국 미국과 반세기 동안 이념적 적대세력 및 세계적 강대국들에 둘러싸여 있는 상대적 약소국인 한국의 이익이 반드시 일치될 수는 없으며, 특히 국가의 '자기보존'과 '위험예방'과 직결되는 부분에서도 이러한 이해관계의 상충 가능성은 분명 존재한다. 무엇보다 '약소국에 대한 초강대국의 일방적 보호'로 시작된 한미 동맹관계는 태생적으로 미국의 의지에 의해 좌우될 수밖에 없는 특징을 보여왔다. 6.25전쟁 직전의 미군 완전철수에서부터 1971년 주한 미 제7사단의 철수, 1970년대 말 카터 행정부의 주한 미 육군 전면철수 계획, 『넌-워너 수정안』(Nunn-Warner Amendment)에 의한 1990년대 초 주한미군의 대규모 감축계획,[135] 그리고 주한 미 육군 제2여단의 이라크 차출을 비롯한 2004년 이후의 주한미군 감축 진행에 이르기까지 미국이 먼저 통보하고, 한국이 마지못해 동의하는 '무늬만 합의'가 계속되어 온 것만 봐도 알 수 있다. 그리고 전략적 유연성에 의한 '주한미군의 신속 기동부대 전환'은 주한미군이 한국의 안전만을 위해서 존재했던 시대가 끝나가고 있음을 보여준다.

지금까지 살펴본 것처럼 한반도에 대해서 미국이 부여할 수 있는 가치 비중에는 한계가 있을 수밖에 없으며, 실제로 안보상의 지원이 결정된다고 해도 한국의 국가생존에 필요로 하는 시점에 충분히 이루어질 수 있는지의 여부는 문제의 여지가 많다. 약 3만 명의 주한미군과 69만 명의

---

135) 냉전이 막바지에 이르고 있던 1989년 7월 샘 넌, 존 워너 미 상원의원이 공동발의한 것으로 1990년 회계연도 예산수정안 일부로 포함되었다. 당시 미국 정부는 이를 근거로 주한미군을 비롯한 동북아시아 주둔 미군 병력을 3단계에 걸쳐 전면 감축한다는 동아시아 전략구상(EASI: East Asia Strategic Initiative)을 발표했다. 그러나 이 계획은 북한의 핵개발 문제, 그리고 클린턴 행정부의 '10만 명 규모의 동북아시아 미군 주둔 유지' 방침에 따라 일시 중단되었다.

미군 증원병력도 기본적으로는 미국의 힘일 뿐, 한국 마음대로 움직일 수 있는 힘이 아닌 것이다. 이처럼 막강한 위력에도 불구하고 근본적인 제약 요인이 상존하며, 한국의 뜻과 무관하게 언제든지 현금 내지 보증수표에서 부도수표로 바뀔 수도 있는 미국과의 동맹 전략에 한국의 국가생존을 전적으로 맡길 수는 없는 일이다. 만약 미국이 항상 한국의 '구세주'이자 '유일한 희망'으로 남아주리라고 기대한다면, 과거 제2차 세계대전 초반에 마지노선(Maginot Line)을 난공불락의 방패인양 착각했다가 독일 제3제국의 전격전(電擊戰: Blitzkrieg)에 무릎을 꿇어야 했던 프랑스의 과오를 되풀이하는 비극으로 귀결될 것이다.

일찍이 샤를 드골 前 프랑스 대통령도 지적했듯이 어떤 나라든지 다른 나라를 '도와줄' 수는 있어도, '운명을 같이 해줄' 수는 없는 법이다. 아무리 한국 혼자서 용미(用美)를 하고 싶다고 해도 미국이 늘 한국의 뜻에 호응해 줄 것이라고는 어느 누구도 장담하지 못한다. 미국은 한국에게 지금은 물론 앞으로도 상당기간 동안 중요한 존재가 될 것임에 분명하지만, 결코 전부일 수는 없다. 미국 역시 한국의 전부가 되어 줄 생각이 없기는 마찬가지다. 지금 당장 한국인들 모두가 성조기를 들고 한목소리로 "We Love U.S.A(사랑해요, 미국)", "God Bless America(신이여, 미국을 축복하소서)"를 합창한다고 해도, 미국이 당장 주한미군의 감축이나 한국군의 전시작전통제권 이양을 완전히 취소한다거나 한국을 자신들의 일부처럼 배려해주는 일은 벌어지지 않는다. **결국 한국에게 국가안보전략의 하나로서 '자주국방'은 선택이 아닌 필수일 수밖에 없는 것이다.**

III

한국의 자주국방: 전략과 요구능력

- 결정 요인들
- 자주국방을 위한 군사전략
- 자주국방을 위한 군사적 능력
- 결론

앞의 2개 장에서 한국의 사활적·핵심적 이익에 해당하는 국익의 내용과 영역을 설명하면서 이들이 북한과 주변 강대국들의 현존 내지 잠재적인 위협에 놓여있다는 점에 대해서도 언급했다. 또한 공동안보, 군비통제를 비롯한 '협력에 의한 전략'이 한국의 국가안보에 있어서 상당기간 동안 우선순위를 갖기 어려운 근거를 확인할 수 있었다. 그리고 지난 반세기 동안 한국의 국가안보전략 그 자체나 마찬가지였던 미국과의 '동맹' 전략 역시 그 막강한 위력에도 불구하고 한반도에 대한 미국의 가치부여 한계, 그리고 유사시 군사적 지원의 시점과 실효성 등을 비롯한 근본적인 제약 요인들이 있음을 보았다.

이러한 점들로 미루어 볼 때, 만일 한국이 국가안보에 대한 정책적 수단을 관련 이해당사국들과의 협력 가능성이나 외부 동맹세력의 지원 여부에만 선적으로 맡긴다면 '자기보존'과 '위협 예방'이라는 가장 기본적인 국익에 대한 불확실성은 계속될 수밖에 없다는 결론에 도달하게 된다. 4,800만 국민의 안전과 미래를 오로지 외세와 평양의 독재자들의 처분에 맡기는 식으로는 결코 대한민국의 생존과 자유 그리고 번영을 약속할 수 없다.

따라서 이제 한국은 스스로의 힘으로 안전보장을 달성하는 '자주국방' 전략을 국가안보전략의 하나로서 반드시 포함시켜야 하며, 이를 실행하기 위한 구체적인 방법과 능력을 마련할 필요성이 절실한 것이다. 이번 장에서는 한국이 '자주국방'을 위해서 선택해야 할 전략과 그것을 뒷받침하는 능력을 주로 군사적 측면에서 파악해 보고자 한다. 본 연구에 있어서 가장 중요한 내용이라고 할 수 있다.

1. 결정 요인들

군사전략(軍事戰略: Military Strategy)은 "국가가 스스로의 이익을 추구하고 정책상의 목표를 달성하기 위한 수단으로서 무력(武力)을 사용하는 방책"으로 정의될 수 있다. 군사력은 주권국가가 행사할 수 있는 가장 강제성 있는 정책수단이며, 자주국방과 동맹을 비롯한 '힘에 의한 전략'에서 차지하는 비중은 그야말로 결정적이라고 할 수 있다. 그러나 군사력 역시 외교나 경제력 등과 마찬가지로 여러 정책수단의 하나로서 존재할 뿐이며, 결코 그 자체가 독립된 목적으로 군림할 수는 없다. 말하자면 국내외의 여러 안보환경에 의해 그 용도와 사용 방식, 그리고 수준이 규정되어야 하는 일종의 종속변수라고 할 수 있겠다. 이 점에서 우리는 먼저 한국이 자주국방을 달성하기 위해 필요한 군사전략과 그 요구 능력의 구체적인 내용을 결정하는 데 직접적인 영향을 주는 제반 요인들을 살펴볼 필요가 있는 것이다. 이들은 도표 3-1과 같이 정리될 수 있다.

〈도표 3-1〉 군사전략과 능력에 대한 결정요인

	전략	능력
내부 결정요인	국가의 정책목적	총량적인 국력
외부 결정요인	지리적 환경	국가안보에 대한 위협 수준

(1) 국가의 정책목적

널리 인용되는 카알 폰 클라우제비츠의 격언처럼 "전쟁은 다른 수단에 의해서 수행되는 정치의 연장"일 뿐이다. 따라서 군사전략의 존재 이유와 용도는 마땅히 그보다 상위 원칙이라고 할 수 있는 국가 차원의 방침을 근거로 규정되어야 한다. 여기에 해당하는 것이 바로 해당국가가 정책 전반에 있어서 기본적으로 지향하는 방향, 즉 '정책목적'인 것이다.

제1장에서도 설명했듯이 각국의 국가전략은 크게 '현상유지'와 '현상타파' 두 가지로 나뉘며, 이것은 해당 국가가 지향하는 정책목적을 반영한다. 단순히 스스로의 주권과 영토 및 국민들의 안전을 지키면서 원활한 경제활동을 영위하고, 주변국가들과의 우호관계를 지속하는 등 현존 지역 · 국제질서에 만족하며 보다 발전, 안정시키는 것은 현상유지적인 정책목적에 해당된다. 반면 현상타파적인 정책목적에서는 이보다 더 나아가서 자원의 강제적인 확보나 영토의 팽창, 자국의 정치 · 사상적 가치관과 제도를 상대측에 전파 및 강요하는 것, 그리고 자국의 지배와 주도를 전제로 하는 새로운 지역 · 국제질서를 세우려 한다. 현상유지를 추구하는 국가는 '방어전략(防禦戰略: Defensive Strategy)'을, 그리고 현상타파를 지향하는 국가는 반대로 '공격전략(攻擊戰略: Offensive Strategy)'을 각각 군사력 사용의 기본 지침으로 삼게 된다.

그렇다면 한국의 경우는 어떠한가? 이는 한국 정부의 정책목적을 반영한다고 평가할 수 있는 몇몇 정부 공식문서를 근거로 알아볼 수 있을 것이다. 아래의 내용은 이들을 인용한 것들이다.

> 제4조. 대한민국은 통일을 지향하며, 자유민주적 기본질서에 입각한 평화적 통일정책을 수립하고 이를 추진한다.
>
> 제5조. ① 대한민국은 국제평화의 유지에 노력하고 침략적 전쟁을 부인한다.
>
> (이상 대한민국 헌법)

"국가이익은 국가의 생존, 번영과 발전 등 어떠한 안보환경 하에서도 지향해야 할 가치를 의미한다. 또한 모든 국가는 국가이익을 보호하고 증진하기 위해 노력하므로 국가이익은 내용상 국가목표와 동일하다. 참여정부는 대한민국 헌법에 근거해 국가이익을 다음의 다섯 가지로 정의했다."

- 국가안전보장: 국민, 영토, 주권 수호를 위한 국가존립 보장
- 자유민주주의와 인권 신장: 자유, 평등, 인간의 존엄성 등 기본적인 가치와 민주주의 유지 · 발전
- 경제발전과 복리증진: 국민경제의 번영과 국민의 복지향상
- 한반도의 평화적 통일: 평화공존의 남북관계 정립과 통일국가 건설
- 세계평화와 인류공영에 기여: 국제역할 확대와 인류 보편적 가치 추구

"참여정부는 대내외 도전 속에서 대한민국의 국가이익을 증진하기 위해 '한반도의 평화와 안정', '남북한과 동북아의 공동번영', '국민생활의 안전 확보' 등 세 가지를 국가안보 목표로 설정했다"[136] (이상 『평화번영과 국가안보: 참여정부의 안보정책 구상』)

"평화번영정책은 '한반도 평화 증진'과 '남북한 공동번영 실현 및 동북아 공동번영 추구'라는 두 가지 목표를 설정하고 있다."

"'한반도 평화 증진'은 북한 핵문제를 비롯한 안보현안을 해결하는 토대 위에서, 남북간 실질협력을 증진시키면서 군사적 신뢰구축을 통해 불안정한 정전체제를 항구적인 평화체제로 전환하려는 것이다. …(중략)… '남북 공동번영 실현 및 동북아 공동번영 추구'는 남북 모두의 이익을 창출 확대할 수

136) 국가안전보장회의 상임위원회, 『평화번영과 국가안보: 참여정부의 안보정책 구상』 (국가안전보장회의 사무처, 2004), pp.20~21.

있도록 경제협력을 활성화시켜 나감으로써 중장기적으로 남북경제공동체를 건설하고, 이를 통해 동북아 이웃국가들의 번영에도 기여하고자 하는 것이다."[137] (이상 통일부, 『통일백서 2004』)

"국방목표를 '외부의 군사적 위협과 침략으로부터 국가를 보위하고, 평화통일을 뒷받침하며, 지역의 안정과 세계평화에 기여한다'로 설정하였다. 그 의미를 구체적으로 살펴보면, 첫째, '외부의 군사적 위협과 침략으로부터 국가를 보위'한다는 것은 현존하는 북한의 군사적 위협에 최우선적으로 대비함은 물론 미래의 모든 잠재적 위협에도 동시에 대비해야 함을 의미한다. 특히 북한의 재래식 군사력, 핵실험, 대량살상무기, 군사력의 전방배치 등은 우리 안보에 대한 심각한 위협이다. 둘째, '평화통일을 뒷받침'한다 함은 한반도에서 전쟁을 억제하고 군사적 긴장완화와 평화정착을 이룩하여 평화적 통일에 이바지함을 의미한다. 셋째, '지역의 안정과 세계평화에 기여'한다 함은 우리의 국가위상과 안보역량을 바탕으로 인접국가들과 군사적 우호협력관계를 더욱 증진함으로써 동북아 지역의 안정과 평화에 이바지함은 물론, 유엔의 평화 유지활동 등 국제사회의 세계평화유지 노력에 적극 참여하겠다는 의지를 나타내는 것이다."[138] (이상 『국방백서 2006』)

이상의 내용들을 근거로 할 때, 한국의 정책목적은 다음과 같이 정리될 수 있을 것이다.

- 국민, 영토, 주권에 대한 안전보장
- 자유민주주의 체제의 수호

137) 통일부, 『통일백서 2004』(통일부, 2004), pp.27~28.
138) 국방부, 『국방백서 2006』(국방부, 2006), pp.30~31.

• 북한과의 평화적인 공존, 통일

• 동북아시아 주변국들과의 우호관계 유지, 발전

• 지역질서의 안정, 세계평화에 기여

앞에서 살펴보았듯이 북한과 주변 강대국은 한국의 국가안보에 대한 현존 내지 잠재적인 위협세력이다. 그러나 한편으로 한국은 이들과의 우호, 협력관계 정립과 발전을 위해 많은 정책적 노력을 기울이고 있다. 우선 북한과는 전임 김대중 행정부에서 현재의 노무현 행정부로 이어지는 지난 10년 동안 민간 경제, 사회, 문화 분야뿐만 아니라 정부 당국간의 상호의존관계 강화에도 주력하는 중이다. 한국은 2000년대에 들어 중국과 더불어 북한의 2대 대외 무역대상으로 자리잡았으며, 지난 2005년에는 북한 전체 대외교역의 26%(무역 39.8%, 직접투자 25.6%, 지원 34.6% 포함)를 점유했다.[139] 궁극적으로는 지난 반세기가 넘도록 계속되어온 휴전상태를 보다 안정적인 평화공존 단계로 전환하면서, 평화적인 통일의 완성을 지향하는 입장이다.

한국이 한반도의 평화정착과 통일을 달성해야 하는 이유는 분명하다. 첫째, 한반도의 분단 자체가 제2차 세계대전의 승전국이었던 미국, 소련의 일방적인 점령과 분할에 의해 이루어진 것으로서 한민족의 뜻과는 어긋난다. 둘째, 분단 지속으로 인한 정치, 경제, 군사적인 경쟁과 대립 그리고 민족 내부의 증오, 불신이 계속될수록 한민족 전체 역량을 무의미하게 소모시킬 뿐이다. 그리고 셋째, 대륙과 해양세력 사이의 경쟁대상이 되기 쉬운 한반도의 지정학적 특성을 고려할 때, 분단 상태일수록 주변

139) 이영훈, "남북경협의 현황 및 평가", 한국은행, 2006년 12월, pp.3~5.

강대국들의 정치, 군사적 개입에 더욱 취약해질 수밖에 없다. 따라서 한국에게 한반도의 평화정착과 통일은 위와 같은 비정상적 상황을 바로 잡고, 스스로의 사활적 · 핵심적 이익을 가장 효과적으로 보장받을 수 있는 조건을 확보하기 위해서 필수적인 과제인 것이다.

뿐만 아니라 한국은 주변 강대국들과도 정치, 경제 부문의 '중요 이익'에서 높은 상호의존 관계를 나타내고 있다. 우선 경제적 측면에서 중국은 한국의 최대 수출시장이자 해외직접투자 대상국이다. 일본은 미국과 더불어 한국의 전통적인 주요투자국이며, 무역 규모에서도 3위의 수출대상국이자 최대 수입대상국이다. 러시아와는 경의선(京義線)을 기점으로 하는 한반도 종단철도(TKR: Trans-Korea Railway)를 유라시아 대륙으로 확장하기 위한 시베리아 횡단철도(TSR: Trans-Siberian Railroad)와의 연결, 그리고 극동지역에서 개발되는 석유, 천연가스 등의 에너지자원 공동개발 및 수급을 위한 협력을 추진하고 있다.[140)]

정치적인 측면에서 한국은 북한의 전통적 우방국인 중국, 러시아가 북한을 긍정적인 변화(예: 핵문제의 평화적 해결, 정치 · 경제적인 개혁과 개방 등)의 길로 유도하기 위한 외교적 영향력을 발휘할 것을 기대하는 입장이다. 특히 북한의 최대 교역대상국이자 유일한 군사동맹국인 중국이 행사할 수 있는 막대한 영향력에 큰 기대를 걸고 있다. 일본 역시 미국의 동맹국으로서 한반도 유사시 가장 먼저 한국에 증원될 수 있는 해 · 공군 중심의 주일미군 3만 8,000여 명이 주둔 중이며, 자위대도 이들에 대한 후방지원임무를 통해 간접적으로 한국을 지원할 것으로 기대된다. 자유민주주의와 시장경제를 채택하고 있다는 체제 동질성도 안보 측면에서 한국

140) 김덕주, 2006년 4월 3일, pp.8~10.

과의 국익 공유를 가능하게 한다.[141] 이들 3개국은 모두 북한 핵문제 해결을 위한 6자회담 참가국이기도 하다. 중국은 6자회담 의장국에 이어서 최근 2.13합의에 따라 구성될 5개 실무그룹 가운데 '한반도 비핵화' 실무그룹에서도 의장국을 맡을 예정이며, 러시아는 '동북아시아 평화 · 안보체제' 실무그룹의 의장국 역할을 담당한다.

이와 같이 우리는 한국의 정책목적이 기본적으로 자국의 생존 유지와 주변국과의 우호관계 정립 및 발전, 그리고 안정적인 지역 · 국제질서의 지향 등에 초점을 두고 있음을 확인할 수 있다. 지난해 북한이 탄도미사일 시험발사와 핵실험 등을 강행하면서 교류, 협력 위주의 대북정책은 그 실효성 여부에 대한 논란의 여지가 남아있지만(이 점에 대해서는 다음 장에서 보다 자세히 논의하도록 함), 일단 현재로서는 "북한과의 화해, 협력과 평화적 공존"이라는 한국의 대북정책 지향점은 여전히 유효한 것으로 나타난다. 이는 한국이 숙원과제인 한반도의 통일을 제외하면 기본적으로 '현상유지'를 추구하는 입장에 변화가 없음을 뜻한다. 따라서 한국의 군사력은 이와 같은 정책목적을 지원하는 목적으로 사용되어야 하며, 이는 방어를 골자로 하는 군사전략의 수립을 요구할 수밖에 없다.

다시 말해서 한국은 무력에 의한 북진 · 흡수통일이나 헌법에 명시된 영토인 '한반도와 그 부속도서'를 넘어서는 타국의 영토를 정복, 병합하려는 의도로 군사력을 사용해서는 안 되는 것이다. 이 점에서 한미 양국

---

141) 이러한 점에서 한국과 일본이 동맹 수준까지는 아니더라도, 대미 양자동맹의 연장선상에서 간접적인 안보협력 및 공조관계를 발전시켜야 할 필요성이 제기되고 있다. 보다 자세한 논의는 김태효, "『韓 · 美 · 日 安保協力의 可能性과 限界』(외교안보연구원, 2003); 송화섭, "한일 안보협력의 장애요인과 극복방안", 「동북아 안보정세분석」, 2005년 9월 9일 등을 참고.

의 연합 군사전략인 작전계획 5027이 유사시 '북한 정권의 제거'와 '무력을 통한 한국 주도의 통일 완성'을 목표로 두고 있는 것은 비록 북한의 무력 침략에 대한 응전을 전제로 한다고 해도 한국의 정책목적과 크게 모순된다고 할 수 있다.

(2) 지리적 환경

국가의 정책목적이 군사전략의 '존재근거와 목적'을 결정하는 요인이라면, 해당 국가의 지리적인 환경은 군사전략의 '실행 방식'에 직접적인 영향을 주는 결정요인이라고 할 수 있다. 지리적 환경이란 병력과 무기체계가 실제로 활동하게 되어있는 상수 성격의 요소이며, 그 어떤 군사전략도 이를 제대로 고려하지 않고서는 소기의 목적을 이룰 수 없다.

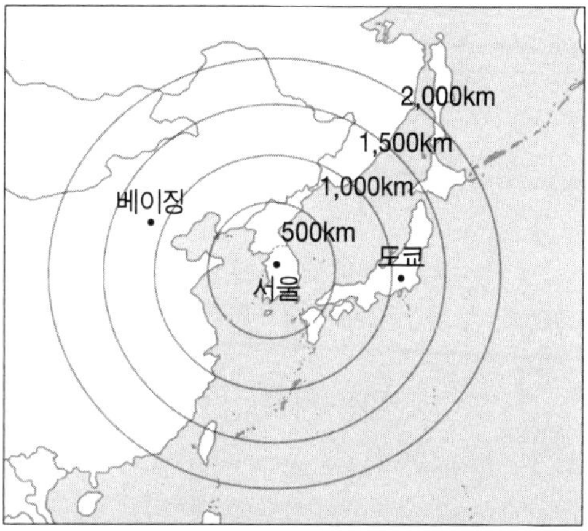

〈그림 3-1〉 한반도를 중심으로 본 주변 강대국들과의 지리적 거리

지리적 환경은 다시 물리적 환경과 인문적 환경으로 나뉜다. 전자가 평야와 산악, 하천, 바다 등 거의 영구적인 자연 요소인 반면에, 후자는 주택이나 교통로, 항구, 공장처럼 인간활동에 의해서 조성된 인공적인 요소에 해당한다. 군사력의 운용 측면에 있어서 지리적 환경이 영향을 주는 사항은 아래와 같다.

- 공격, 방어의 대상은 어디에 위치하는가?
- 공간의 특성상 이루어질 수 있는 작전의 형태는 무엇이 있는가? 이에 필요한 군사력의 종류는?
- 군사력의 사용과 대응을 위한 시간여유는 얼마나 확보할 수 있는가?

한국은 총 면적 9만 9,461km^2 정도의 작은 영토를 차지하며, 북한과는 남북으로 각각 2km라는 좁은 간격의 휴전선을 기준으로 떨어져 있다. 또한 중국, 일본, 러시아 등의 주변 강대국과도 반경 1,000km 이내의 거리에 들어간다. 비행속도 마하 1 내외의 항공기로 서울까지 1시간 ~ 1시간 30분 안으로 도달할 수 있을 만큼의 짧은 거리다.[142)]

물리적 환경에서 한반도는 산악지형이 우세를 보이고 있다. 이들 가운데 휴전선 이남의 대한민국에 자리잡고 있는 산맥들은 한반도 전체를 기준으로 볼 때 20% 수준인 5개 정도이며, 그 가운데서도 1,000m 내외의 고산지는 태백, 소백산맥 정도다. 주로 중부와 동부에 위치한 이러한 산악지형들은 대규모의 육상 병력, 특히 기갑, 기계화보병 부대의 작전수행에 매우 큰 장애요인이 된다. 대신 소규모의 특수전 부대가 침투하기에는 좋은 여건을 제공할 수 있다.

한국의 평야지대는 대부분 서부와 남부에 집중되어 있으며, 이들 지역이 바로 대규모 육상 병력의 원활한 이동, 작전수행에 적합하다. 그러나 동시에 인근에 여러 강과 하천, 구릉 등과 같은 여러 종류의 지형들이 산재되어 일종의 천연 장애물 역할을 하게 된다. 소위 '소구획성 지형'의 특징을 갖고 있는 셈이다.[143)] 중국이나 러시아와 국경을 맞대고 있는 한

---

142) 마하 1은 시속 약 1,200km의 비행속도에 해당한다.

143) 여기서 '소구획성 지형'이란 일정한 공간 안에 서로 다른 지형들이 조밀하게 배치되

반도 북쪽의 지형 역시 압록강과 두만강이 자연적인 장애물을 형성하며, 후방으로는 개마고원을 비롯한 고산지대가 자리잡고 있다. 한반도를 흐르는 주요 강들은 대부분 동서 방향으로 흐르며, 자연스럽게 남북 방향으로 이루어지는 육상 병력의 이동에 제동을 거는 기능을 하게 된다.

해양 환경에서 한국은 휴전선을 바라보는 북쪽 방향을 제외한 3면이 바다로 둘러싸여 있다. 해안선의 길이는 5,702km로 한반도 전체 해안선의 65% 이상을 차지한다. 155마일 길이의 휴전선보다 무려 23배나 긴 광대한 영역에 걸쳐 있는 것이다. 이처럼 긴 해안선은 한국에 대한 적대 세력이 바다를 통해 침투, 상륙을 시도할 경우 방어에 아주 불리한 조건으로 작용할 수밖에 없다. 다만 상륙을 시도할 경우 각 방향마다 장·단점이 서로 뚜렷하다. 동해안의 경우 해안선이 단순하여 상륙 자체는 쉽지만, 태백산맥을 비롯한 산악지형과 만나기 때문에 소규모의 특수전 부대 위주로 상륙, 침투를 시도할 가능성이 높다. 반면 서해안과 남해안은 훨씬 해안선의 형태가 복잡하고 조수간만의 차이가 커 상륙을 실시하는 데 어려움이 많다. 대신 한국 서부와 남부에 집중된 대부분의 평야 및 구릉지대가 인근 내륙에 위치하고 있으므로 침투, 상륙에 의한 효과는 훨씬 크다. 지난 6.25전쟁 당시 단번에 전세를 역전시켰던 인천상륙작전이 가장 대표적인 사례다.

해양 자체의 환경에서 한국을 둘러싼 세 바다 가운데 가장 면적이 넓은 바다는 동해이며, 남해와 서해가 그 뒤를 잇는다. 바다의 깊이 역시 동

어 있는 복잡성이 큰 형태의 지형을 뜻한다. 이와 대조적인 개념인 '대구획성 지형'은 일정 공간 내부가 같은 성격의 지형으로만 이루어진 단조로운 형태를 띈다. 때문에 소구획성보다 대구획성의 지형에서 대규모의 부대가 작전을 수행하기에 유리한 것이다. 김상태 등, 『자연현상과 전장환경』(양서각, 2003), p.435.

해가 가장 깊으며, 그 다음의 순위 또한 남해와 서해다. 뿐만 아니라 동해는 해류(海流)의 영향이 거의 없고 해안선도 단조로운 반면, 서해와 남해는 조수(潮水) 간만의 차이와 해류의 흐름, 해안선의 형태가 상당히 복잡하다. 따라서 해군이 주요 작전을 수행하기에 유리한 바다는 단연 동해이며, 특히 잠수함을 사용하는 수중작전에서 동해의 깊은 수심은 매우 이상적인 활동 조건을 제공한다.

인문적 환경에 해당하는 지리 요소에는 인구 밀집지역과 주요 교통시설 및 운송로, 그리고 기간산업단지 등을 꼽을 수 있다. 말하자면 한국의 입장에서 반드시 지켜야 할 '전략' 차원의 방어대상들을 상당수 포함하는 셈이다. 우선 한국 인구의 거의 절반이 몰려 있으며 정치, 경제, 문화 등을 위시한 국가기능의 심장부인 수도 서울과 수도권은 휴전선에서 불과 40km 정도의 가까운 거리에 놓여있다. 휴전, 즉 '잠정적인 전쟁 중지' 상태의 당사자인 북한과의 경계로부터 일국의 수도가 이처럼 가깝다는 점은 방어에 큰 부담으로 작용할 수밖에 없다.

서울을 비롯하여 한국에서 인구 백만 이상의 대도시들은 주로 서부 지역에 집중되어 있다. 수원, 인천, 대전, 광주가 대표적인데, 이들 지역이 대부분의 평야 지형에 포함되어 좋은 생활 여건에 있음을 반영한다. 이러한 대도시의 건물들은 콘크리트로 축조된 대형 고층빌딩으로 구성되어 있는 경우가 대부분이다. 그 결과 대규모 육상 병력의 이동과 작전을 어렵게 할 수 있으며, 유사시 시가전의 무대로 사용될 가능성이 충분하다.

도로와 철로를 비롯한 한국의 중요 육상 교통 · 운송로 역시 이들 지역을 따라서 주로 남북 방향으로 발달되어 있으며, 남동부에 위치한 대도시 부산과 대구도 이들 교통 · 운송로를 통해 연결된다. 항구는 28개의 무역항(동해 8개, 서해 8개, 남해 12개)과 24개의 연안항(동해 5개, 서해 8개,

남해 11개)이 있는데, 해운화물의 취급 규모는 부산이 최대이며, 광양과 울산, 인천, 그리고 포항 등이 그 뒤를 잇는다. 무역의존도가 높은 경제 특성을 반영하듯 한국의 주요 공업지대 또한 울산(자동차, 중공업, 조선, 석유화학 등)과 포항(철강) 그리고 광양(철강, 석유화학)과 같은 항구지역과 그 인근을 중심으로 형성되어 있다.

지금까지 살펴본 한국의 지리적 환경과 군사전략적 측면에서 갖는 함의는 다음과 같이 요약될 수 있다. 첫째, 국토의 면적 자체가 매우 작고, 3면에 걸쳐 해안선이 길게 분포한다. 그 결과 육지, 해양, 공중 전방위에 걸쳐서 동시에 국토 전체를 전장화할 수 있다. 둘째, 현존 내지 잠재적인 위협대상인 북한과 주변 강대국들과의 거리가 상당히 짧으며, 특히 '전략' 차원의 방어 대상이 사실상의 전선(戰線)인 휴전선이나 해안선과 매우 가깝다. 위와 같은 두 가지 특징으로 인해 실제 무력 충돌이 발생할 경우 대응에 필요한 여유 시간이 아주 짧다. 셋째, 평야 지형이 서부와 남부에 편중되며, 주요 육상교통로들은 주로 남북 방향으로 발전했다. 여기에 강과 하천을 비롯한 자연적 장애요인들이 동서 방향에 걸쳐 형성되어 있다. 이에 따라 사막이나 전형적인 평야에서와는 달리 육지에서의 전력운용은 형태와 방향 그리고 장소 등에 있어서 적지 않은 제약을 받게 된다.

(3) 국가안보에 대한 위협 수준

국가의 안전보장, 즉 '자기보존'과 '위험 예방'을 위협할 수 있는 수준의 군사력이란 어느 정도를 뜻하는 것일까? 한마디로 '해당 국가가 소중히 여기는 것을 해칠 능력'이라고 할 수 있다. 다음과 같은 경우가 이에 해당될 것이다.

- 자국의 영토 전체, 또는 '전략'수준의 방어대상을 점령 및 파괴할 수 있는 능력
- 자국의 생존과 직결되는 주요 정치, 경제, 사회활동을 마비시키고, 이에 필요한 소요자원의 확보를 방해하는 능력

구체적으로 대규모의 육군 부대와 대량살상무기, 항구와 해상교통로를 봉쇄, 차단할 수 있는 해군의 원거리 수상·수중·기뢰 함정, 바다와 하늘에서 직접 지상의 중요 지점에 대한 타격이 가능한 상륙 및 공습전력, 그리고 독립적으로 침투, 습격 임무를 수행할 수 있는 특수전(特殊戰: Special Warfare) 부대 등이 여기에 해당될 것이다. 흔히 '공격용 전력'으로 분류되는 것들이다.

1) 북한

전체 규모가 약 117만 명에 달하는 북한 인민군 중 육군은 85.5%인 100만 명이나 된다. 이들은 170여 개의 사단 및 여단급 부대로 구성되는데, 그 가운데 47%만이 보병이며 나머지는 기갑 및 기계화보병(22%), 포병과 탄도미사일(18%), 특수전(15%) 부대들이다. 이와 같은 대규모의 육군부대를, 그것도 기동과 파괴력 위주로 편성한 것은 북한의 궁극적인 군사력 사용 동기가 영토점령, 즉 '한반도 장악'에 있음을 반증한다.[144] 북한 육군을 구성하는 4개 집단군(集團軍: Group Army) 소속 19개 군단(軍團: Corps) 가운데 약 30만 명 규모의 4개 정규군단(1, 2, 4, 5)이 휴전선 인근의 동부-서부 전선에 걸쳐 배치되어 있다. 또한 1개 기갑군단(820)과 2개 기계화보병 군단(806, 815)도 휴전선으로부터 불과 20~50km 이내에

144) 이민룡, 『김정일 체제의 북한군대 해부』(황금알, 2004), p.111.

위치한다. 1개의 포병군단(620)도 이들과 멀지 않은 황해북도에서 평양 사이에 자리잡은 상태다.[145] 이처럼 무려 10개에 육박하는 군단급 부대들이 휴전선에서 150km 이내의 평양~원산 이남에 배치되어 있으며, 그 규모는 북한 육군전력의 전체 70%(병력 70만 명, 야포 8,000문, 탱크 2,000대 포함)나 된다. 이와 같은 전진배치 양상은 해군과 공군도 마찬가지여서 북한 전투함정의 60%와 전투기의 약 40%가 평양~원산 이남에 위치한다. 이들 가운데 전투기는 10여분 이내에 한국의 주요도시 상공에 도달할 수 있다.

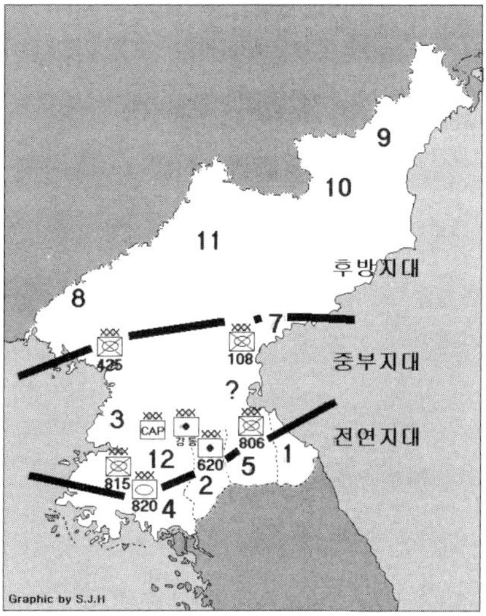

출처: http://war.defence.co.kr

〈그림 3-2〉 1999년 기준 북한 육상 전력의 배치도

주목할만한 점은 전방에 집중배치되어 있는 이들 전력이 매우 기동화되어 있다는 사실이다. 우선 북한의 단 하나뿐인 기갑군단과 4개 기계화보병 군단의 절반인 2개가 평양 이남에 자리잡고 있다. 포병군단 역시 자

145) 지난 2004년 이전까지 알려진 북한 육군의 편제는 보병부대가 군단 12개(전방과 중부, 후방지역에 각 4개) 예하의 사단 67개, 기갑부대는 1개 군단 예하 15개 여단, 기계화보병 부대는 4개 군단 예하 24개 여단, 포병부대가 2개 군단 예하 30개 여단, 그리고 평양방어사령부 등으로 구성된 것이었다. 영국 국제전략문제연구소(IISS)의 『밀리터리 밸런스』 연감은 지금도 이 통계를 근거로 북한 군사력을 평가하고 있다. 그러나 한국 국방부는 『국방백서 2004』부터 보병부대의 경우 중국과의 국경지대에 배치되었던 후방군단 2개를 포함한 3개 군단이 폐지되었고, 포병군단도 1개로 통폐합한 것으로 평가한다. 대신 국경경비사령부, 미사일지도국, 경보병 교도지도국 등이 새로 추가되어 북한의 군단급 부대는 총 19개로 분류되고 있다.

체기동이 가능한 자주포와 방사포(다연장로켓포의 북한식 명칭)로만 구성되어 있으며, 보병이 일일이 움직여야 하는 견인포는 북한이 보유한 전체 야포 가운데 절반 이하에 불과하다. 북한은 대부분의 기갑, 기계화보병, 포병 부대를 사단(師團: Division)보다 규모가 작은 여단(旅團: Brigade)들로 편성하여 보다 빠른 작전수행이 가능하도록 하고 있다. 여기에 북한은 수륙양용 경전차 PT-76을 약 560대 보유하고 있으며, 전방에 배치된 군단마다 하천도하를 위한 공병연대(聯隊: Regiment)가 있다. 최근에는 전방의 2개 기계화보병 군단 소속 여단들을 '도하 기계화보병 여단'으로 재편하고 있으며, 이들은 210대의 도하장비를 갖춘 것으로 알려진다.[146] 현재 북한이 보유한 도하용 장비는 수륙양용차량 970대, 부교(浮橋) 2,200여 대에 이르고 있다.[147]

수도 평양이 서울보다 휴전선으로부터 3~4배나 떨어져 있기 때문에 북한은 방어에 있어서 훨씬 여유가 있는 입장이다. 그럼에도 휴전선 인근에 이처럼 육상 전력의 대다수를, 그것도 매우 기동성이 높은 전력을 위주로 집중시킨 것은 이들의 군사력 사용 의도가 방어가 아닌 공격에 있다는 점을 다시 한번 보여준다. 즉, 전방 정규군단의 기습으로 남침을 개시하면 기갑, 기계화군단이 그 뒤를 이어 본격적으로 한국의 방어태세를 단기간에 무너뜨리는 강력한 후속 추진력의 역할을 하는 셈이다. 게다가 평양 이북에 배치된 2개의 기계화보병 군단(198, 425)은 경의선이나 평양~

146) 신인호, "북핵 한반도 안보에 심각한 위협", 「국방저널」, 2007년 2월호.

147) 1950년 6.25전쟁 당시 북한은 개전 3일만에 서울을 점령했지만 도하능력의 부족으로 이후 3일 동안이나 진격을 멈추었으며, 그동안에 한국군은 전열을 재정비하면서 미군을 중심으로 하는 UN군과 함께 방어태세를 갖출 시간여유를 얻었다. 북한이 도하능력 확보에 상당한 비중을 두는 것은 이러한 역사상의 배경에서 유래하고 있다.

희천 고속도로를 통해서 인근 이남으로의 이동이 용이하기 때문에, 유사시에는 이들 역시 한국 침략을 위한 증원전력으로 활용될 수 있다. 이처럼 전진배치된 북한의 대규모 육상 전력들은 현재의 배치지점에서도 부대조정 없이 바로 남침이 가능한 태세를 갖추고 있다.

북한은 정규전력 이외에도 9~12만 명에 달하는 세계 최대규모의 특수전 병력을 보유하고 있다. 이들은 인민군 총참모부 직속의 경보병 교도지도국에 소속된 총 6개의 경보병 및 저격여단과 2~3개의 항공육전(공수)여단, 육군소속의 9~11개 경보병여단, 해군 소속의 2개 해상저격여단, 그리고 공군 소속의 3개 공군저격여단 등 총 22~25개 여단으로 구성된다.[148] 북한은 정규 제대별로도 특수전 병력을 편성하고 있는데, 연대에 정찰소대, 사단에 경보병대대, 그리고 군단에 경보병여단이 배속되어 있다. 특히 휴전선 전방의 4개 군단은 각각 하나씩의 정찰대대를 보유하고 있다. 이들은 휴전선 일대의 땅굴[149]과 300여 대의 AN-2 '콜트(Colt)' 경수송기, 헬기, 소형 잠수정, 상륙정 등을 사용해 전방위로 한국 영토에 침투하여 중요 기간시설 파괴, 군사기지 습격, 민간인에 대한 테러리즘, 요인 암살 등의 비정규전 수행능력을 갖추고 있다.

해군의 경우 북한의 수상전투함 가운데 호위함 3척(나진급 2척, 소호급 1척)만이 배수량 1,500톤 이상이며, 배수량 600톤 내외의 초계함도 5척(사리원급 4척, 트랄급 1척)에 불과하다. 대신 북한은 항해속도가 시속

---

148) 이민룡, 2004, p.151.

149) 지난 1974년 11월 첫 번째 땅굴이 발견된 이래 현재까지 휴전선 일대에서 그 존재가 확인된 북한 땅굴의 수는 4개다. 모두 전방지역의 주요 접근로에 위치하고 있으며, 크기도 차량이나 야포 등이 들어갈 수 있을 정도로 크다. 이들 외에 아직 발견되지 않은 20개 가량의 땅굴이 존재하는 것으로 추정되고 있다.

35~40노트를 넘는 어뢰정, 미사일 고속정을 다수 보유하고 있다.[150] 특히 북한의 미사일 고속정은 탄두중량이 무려 513kg이나 되는 사거리 46km의 러시아제 SS-N-2 스틱스(Styx) 대함미사일을 탑재한다.[151] 북한이 이들 고속 어뢰 · 미사일정을 집단으로 기습공격에 사용할 경우 한국의 해양활동은 큰 위협에 직면하게 된다. 여기에 22척의 러시아제 로미오(Romeo)급 잠수함과 40~50여 척에 달하는 유고, 상어급 소형잠수정도 한국의 주요 항구와 해상교통로를 교란시킬 능력을 갖추고 있다.[152]

3면에 걸친 한국의 긴 해안선을 고려할 때, 상륙병력 역시 북한 해군전력에 의한 주요위협이 될 수 있다. 특히 주목되는 것은 항해속도가 36노트인 남포급 고속상륙정(LCP) 90여 척, 그리고 50노트로 항해할 수 있는 공방급 공기부양정(LCPA) 130여 척이다. 이들을 총동원할 경우 한 번에 최대 1만 400명을 기습상륙시킬 수 있다.[153]

북한의 군사적 위협에서 각별히 주목해야 할 점은 바로 비대칭 전력

---

150) 최근 북한은 공기부양 항해능력을 갖춘 배수량 170톤 규모의 소형 경비정을 자체 개발하여 일부 실전배치하였다. 이 경비정은 시속 90km(약 50노트)의 속도로, 반잠수 상태에서도 항해가 가능해서 기습 공격능력이 우수한 것으로 평가된다. 김귀근, "북한군, '공기부양 전투함' 실전배치", 「연합뉴스」, 2007년 4월 1일자.

151) 북한 해군은 동 · 서해안의 6개 지상기지에 사거리 95km의 중국제 HY-2 실크웜(Silkworm) 지대함미사일을 2개 연대 수량으로 배치하고 있으며, 가장 전방에 배치된 것은 동해에서 속초, 서해에서 인천까지도 공격이 가능하다. 한편으로는 실크웜 지대함미사일의 사거리를 100km 이상으로 연장시켜 한국과 미국 해군의 수상전투함을 보다 먼 거리에서도 공격할 수 있도록 하고 있다.

152) 『국방백서 2006』은 북한 해군이 보유중인 수중전력의 규모를 로미오급 잠수함과 상어 · 유고급 소형잠수정 40여 척을 합해서 총 60여 척으로 평가하고 있다. 반면 영국 IISS의 『밀리터리 밸런스 2006』 연감은 상어급 잠수정 약 21척과 유고급 잠수정 40여 척을 포함해서 북한의 수중전력이 총 88척 규모라는 평가를 내놓은 바 있다.

153) 강영오 · 이석희, 『均衡海軍戰略論』(한국해양전략연구소, 1999), p.58.

에 의한 대량살상 능력이다. 그 가운데서 가장 먼저 손꼽히는 것이 바로 대규모의 포병부대다. 현재 북한이 보유 중인 야포는 총 1만 3천여문을 넘으며, 지난 1970년대 중반부터 휴전선 인근으로 전진배치가 이루어지기 시작했다. 그 결과 현재 북한 야포전력의 45%가 휴전선 전방지대에 배치되어 있다. 특히 240mm 방사포와 일명 '곡산포'로 불리는 170mm 자주포의 파괴, 살상능력은 아무리 강조해도 지나치지 않다. 전체 규모는 북한 포병전력의 10%에도 못 미치는 1천여문에 불과하지만, 한국 인구의 대부분과 국력이 밀집된 수도권을 직접 공격할 수 있을 정도로 사거리가 길기 때문이다. 이들 두 종류의 야포전력만으로도 시간당 최대 2만 5천여발의 포격이 가능한 것으로 평가된다. 이는 서울 지역의 1/3을 초토화할 정도의 수준이다. 탄도미사일이나 항공기와는 달리 포탄은 일단 발사되면 현재의 기술로는 도중에 막을 방법이 없으며, 때문에 한국의 심장부를 겨냥한 전략 차원의 위협능력으로 사용될 수 있는 것이다.

최대사거리 60km에 폭 350m, 길이 950m의 범위를 초토화할 수 있는 240mm 방사포는 1990년 초반부터 북한이 처음 배치하여 현재 무려 460여문으로 급증했다. 35초 동안 22발을 사격할 수 있으며, 병력의 주요 접근로와 부대 밀집지역, 군 지휘시설, 대규모 인구 분포지대 등을 겨냥하여 운용될 것으로 평가된다.[154] 현재 11개 대대 규모인 약 200문이 서울 등 수도권을 겨냥할 수 있는 지점에 배치된 것으로 알려져 있다. 분당 2발을 발사하는 최대사거리 54km의 170mm 자주포도 1990년대 초

154) 북한군은 포병군단 예하의 방사포 여단, 포병여단 소속 방사포 대대, 그리고 보병연대 소속 방사포 중대 등에서 방사포를 운용하고 있다. 최근에는 사거리 20km의 단거리 방사포 약 200문을 추가로 전력화해서 전방지대의 '도하 기계화보병 여단' 예하에 배치한 것으로 알려진다. 고성윤, 2006, p.216.

반의 200문에서 현재 600문 이상으로 크게 늘었는데, 한국의 수도권을 직접 노릴 수 있는 규모는 6개 대대, 즉 100여 문 정도다.[155] 이들을 비롯한 전방의 북한 포병부대들은 대부분 방어와 위치은폐를 목적으로 지하갱도에 배치되어 있다.

여기에 북한은 생물·화학무기와 같은 대량살상무기를 잔뜩 제조, 비축하고 있다. 북한은 지난 1961년 12월 개최된 조선로동당 제2기 2차 전체회의에서 김일성의 '화학화 선언'을 계기로 본격적인 화학무기의 개발, 생산에 착수했으며, 현재 2,500~5,000톤 정도의 화학무기를 보유중인 것으로 평가된다.[156] 이는 러시아와 미국의 뒤를 이어 세계 제3위에 해당하는 수준이다. 여기에는 영화 「더 록」(원제: The Rock)에서도 등장했던 VX 신경가스, 지난 1995년 3월 일본 지하철 테러에 사용되었던 사린가스(GB), 질식작용제인 포스겐(CG), 그리고 수포·혈액 작용제 등 16종이 포함되어 있다. 만

출처: 「조선일보」 2002년 11월 6일자

〈그림 3-3〉 북한의 생물·화학무기 관련시설 현황

155) 한편으로 이들 두 야포는 무시할 수 없는 약점도 갖고 있다. 우선 북한의 240mm 방사포는 막대한 파괴력에 비해서 정확도가 떨어지고, 재장전 과정에 22분이나 걸린다. 또한 170mm 자주포는 사거리를 증대시키는 과정에서 포탄의 파괴력이 크게 약화되었을 것이라는 평가가 지배적이다. 게다가 북한의 야포들은 구경 122mm에서 240mm까지 너무 종류가 많아서 실전에서의 운용에 비효율적일 수 있다. 고성윤 등, 『2003-2004 동북아군사력』(한국국방연구원, 2004), pp.490~491.

156) 국방부, 2006, p.25.

일 북한이 염소(Cl), 암모니아(NH3)를 비롯한 유독성 공업용 화학물질(TIC: Toxic Industrial Chemical)을 직접 무기로 사용한다면 기존의 보호용 장비로 탐지, 방어할 수 없다는 지적도 있다.[157)]

북한의 화학무기 생산능력은 평시에는 연간 5,000톤이며, 전시의 경우 연간 12,000톤 규모까지 확대할 수 있는 것으로 평가된다.[158)] 특히 생산시설이 평양 이북에 위치한 반면, 저장시설의 경우 휴전선 전방과 가까운 사리원 등에 넓게 분포되어 있어서 화학무기를 실전에서 사용할 계획이 있음을 보여준다. 실제로 북한은 연대급 이상의 부대마다 화학전 부대를 배속시키고 있다.

생물무기 확보에 대한 노력도 계속되어 1980년대에는 바이러스균 배양과 생체실험을 완료하게 되었다. 평안북도 정주를 비롯하여 3개 시설에 걸쳐 탄저균, 페스트, 천연두, 황열병 등 13종의 병원체를 무기화하고 있는 것으로 알려진다. 북한의 생물 · 화학무기는 유사시 야포와 탄도미사일, 항공기, 특수전 부대 등을 통해 살포되어 막대한 인명피해를 유발할 뿐만 아니라 전쟁 초반에 한국의 대응능력을 없애고, 건물과 장비들을 무용지물로 만들며, 전역을 공황상태에 빠뜨려 저항의지를 꺾으려는 목적으로 쓰일 수 있다. 뿐만 아니라 항구와 공항을 심각하게 오염시켜 미군 전력의 대규모 증원을 상당기간 지연시킬 수 있으며, 미국에 엄청난 사상자의 발생을 강요하여 아예 한국을 포기하게끔 압박할 수도 있다.[159)]

북한의 대량살상무기 가운데서도 가장 심각한 문제는 단연 핵무장 능

---

157) Bruce Bennet, "Weapons of Mass Destruction: The North Korean Threat", *The Korean Journal of Defense Analysis*, Vol. 16, No. 2, Fall 2004.

158) 이민룡, 2004, p.139.

159) 장명순, 1999, p.295.

력이다. 북한의 핵문제는 1980년대 말에 처음 본격화되었으며, 2005년 2월 10일 북한은 외무성 대변인 성명을 통해서 핵보유를 공식 선언했다. 그리고 지난해 10월 9일의 지하 핵실험을 계기로 북한의 핵무장은 마침내 실체화된 위협으로 등장했다. 북한의 핵개발 관련 시설들을 정리하면 그림 3-4와 같다.

북한의 핵무장 능력은 크게 2가지 기준에서 평가할 수 있다. 첫째는 핵탄두의 원료가 되는 '핵분열 물질의 확보 및 양산능력'이고, 둘째는 실전배치를 위한 '핵탄두의 소형화능력'이다. 먼저 핵분열 물질의 경우, 그동안 북한은 플루토늄의 확보에 주력해 왔다. 현재 북한이 생산한 플루토늄의 분량은 지난 1992년 이전에 추출된 폐연료봉으로부터 확보한

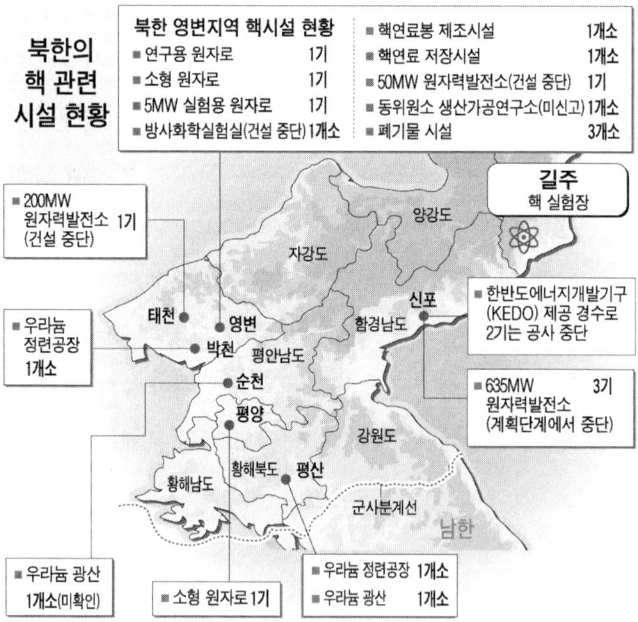

출처: 「중앙일보」 2007년 2월 14일자

〈그림 3-4〉 북한의 주요 핵시설 현황

10~14kg, 2003년 이후에 추출된 8,000개의 폐연료봉을 재처리하여 얻은 30kg, 그리고 2005년 5월 이후에 추가적으로 재처리한 것으로 알려진 10kg 이상에 이르는 것으로 추정된다.[160] 요컨대 북한은 현재까지 40~50kg 이상의 플루토늄을 손에 넣었으며, 핵탄두 1개당 4~6kg의 플루토늄이 필요하다는 점을 고려하면 적어도 6~7개, 많게는 10개 이상의 핵탄두를 제조할 수 있다는 결론이 나온다.

현재까지 북한이 확보한 플루토늄은 모두 영변의 5MW 흑연감속형 실험용 원자로에서 생성된 것으로 이곳에서는 매년 핵탄두 1개 분량인 6~7kg의 플루토늄을 생산한다. 이 외에도 북한은 발전용량이 훨씬 큰 50 MW, 200MW 원자로를 건설중인데, 이들의 연간 플루토늄 생산량은 각각 55kg(핵탄두 약 10개)과 220kg(핵탄두 약 40개)이나 된다.[161] 이들 두 원자로는 아직 완성되지 않았지만 공사가 재개될 경우 수 년 이내에 완공되어 정상가동이 가능하며, 이후 북한이 매년 수십 개의 핵탄두를 제조할 수 있는 능력을 갖게 될 것이다.

플루토늄 외에도 북한은 1990년대 후반부터 고농축 우라늄(HEU: Highly Enriched Uranium)을 이용한 핵개발에 나서기 시작했다. 이는 1994년의『제네바 핵합의』체결로 플루토늄이 사용되는 핵개발에 제동이 걸리면서 추진된 것인데, 이를 위해 1997년부터 고농축 우라늄을 사용한 핵탄두 개발에 성공한 파키스탄과 적극적으로 제휴를 추진한 것으

160) Siegfried S. Hecker, "Report on North Korean Nuclear Program", 인터넷 웹사이트 http://www.nautilus.org/fora/security/0697Hecker.html (게재일 2006년 11월 15일)

161) IISS, *North Korea's Weapons Programmes: A Net Assessment* (New York: Palgrave Macmillan, 2004), pp.34~35.

로 알려져 있다. 즉, 파키스탄에 장거리 탄도미사일의 수출 및 관련기술을 제공하고, 그 대가로 파키스탄으로부터 우라늄 농축에 필요한 원심분리기의 부품과 제조기술, 그리고 핵탄두의 설계기술 등을 제공받았다는 것이다.[162] 이후 북한은 원심분리기 2,600개를 제조할 수 있는 고강도 알루미늄관을 입수하려 했으며,[163] 미국은 지난 2002년 10월 제임스 켈리 당시 미 국무성 동아시아·태평양 담당 차관보의 북한 방문을 계기로 이 문제를 북한에 강력히 제기했다. 제2차 북핵위기의 막이 열리는 순간이었다.

고농축 우라늄으로 핵탄두를 만들기 위해서는 플루토늄보다 더 무거운 1개당 약 20~50kg이 필요하고, 고속으로 1,200~1,700대 이상의 원심분리기를 1년 내내 가동해야 한다는 점에서 제조 자체는 훨씬 어렵다. 하지만 북한에는 약 2,600만 톤(가채량 400만 톤 포함)이나 되는 대규모의 우라늄이 매장되어 있으며, 고농축 우라늄을 사용한 핵탄두는 핵실험을 거치지 않고서도 실전에 즉시 사용이 가능하다. 그리고 원자로를 비롯하여 수십만 평이 넘는 대형설비가 요구되는 플루토늄 생산방식과는 달리, 고농축 우라늄은 수백~수천 평 정도의 소규모 시설에서도 충분히 생산할 수 있다. 때문에 북한이 원심분리기 등 관련장비들을 전국 각지의 지하시설에 분산시켜 설치한다면, 찾아내기가 매우 힘들 것으로 평가된다.[164]

---

162) 이러한 북한과 파키스탄의 핵개발 제휴에서 핵심적인 역할을 했던 인물이 바로 파키스탄 핵개발의 최대 공로자 압둘 카디르 칸 박사다. 그는 지난 25년 동안 이란, 리비아, 시리아 등지에 우라늄 농축기술을 팔아넘겨 국제적인 대량살상무기 확산의 주범으로 지목된 바 있으며, 북한을 10차례 이상 방문한 것으로 전해진다. 최원기, "리비아-파키스탄-북한 핵 개발 3角 커넥션", 「월간중앙」, 2004년 3월호.

163) 김현기, "북한 우라늄 원심분리기 2600개 만들 부품 입수", 「중앙일보」, 2005년 6월 5일자.

북한이 지난해 10월 9일 핵실험을 강행한 직후 많은 이들은 북한 핵무기의 군사적 실용성, 특히 핵탄두의 소형화 여부에 주목했다. 북한은 이미 지난 1990년대 초에 무게가 2~3톤에 달하는 초보적인 플루토늄 핵폭발 장치를 개발한 것으로 알려지며, 이는 1997년에 한국으로 망명한 황장엽 전 조선로동당 비서의 최근 증언에서도 확인된 바 있다.[165] 현재 한국 국방당국은 북한의 핵개발 수준이 여전히 그러한 단계를 벗어나지 못한 것으로 평가한다. 그러나 북한이 파키스탄으로부터 우라늄 농축기술과 더불어 보다 소형화된 핵탄두의 설계기술을 입수하기 시작한 것이 1990년대 후반이라는 점을 감안한다면, 북한의 핵탄두 소형화 가능성은 결코 과소평가될 수 없다. 북한이 1983년 이후 140차례 이상의 고폭실험을 실시한 것도 핵탄두를 소형화하기 위한 시도가 계속되고 있음을 보여준다.[166]

무게 2~3톤의 초보적인 핵탄두는 투하 수단이 IL-28 '비글(Beagle)'

164) 이와는 대조적으로 북한의 고농축 우라늄 개발능력을 낮게 평가하는 지적들도 존재한다. 우선 북한의 기술수준으로는 원심분리기를 비롯한 우라늄 농축용 정밀기계장비를 제작할 수 없으며, 고질적인 전력(電力) 부족문제 때문에 북한이 실제로 우라늄 농축시설을 가동시키기 어려울 것이라는 주장이다. 지난 2월 22일에는 미국측 6자회담 수석대표인 크리스토퍼 힐 미 국무성 동아시아 · 태평양 담당 차관보도 "고농축 우라늄 개발은 매우 복잡한 것이어서 북한이 구입한 것보다 더 많은 장비와 다양한 기술이 필요하다"라는 견해를 나타냈다. 고태성, "北 고농축우라늄 美 평가 엇갈려", 「한국일보」, 2007년 2월 25일자.

165) 황장엽 씨는 지난 1993년 북한 핵개발의 핵심 책임자인 전병호 조선로동당 군수공업담당 비서가 "지하 핵실험을 위한 준비가 완료되었다"는 내용의 보고를 했으며, 이후 1996년에는 북한이 고농축 우라늄을 이용한 핵탄두를 개발하기 위해 파키스탄과 협력하고 있다는 것을 역시 전병호로부터 들었다고 증언했다.

166) 북한이 실시한 고폭실험은 1983~1990년대 초 사이에 영변지역에서 실시한 70여 차례, 그리고 1997년 이후 평안북도 구성시 용덕동의 실험장에서 실시한 70여 차례로 각각 구분된다. 이춘근, 『과학기술로 읽는 북한 핵』(생각의 나무, 2005), p.155.

폭격기만으로 제한되지만, 핵탄두를 1톤 이하로 소형화할 경우에는 중·소형 항공기와 야포, 탄도미사일을 비롯한 다양한 무기에 탑재가 가능하다. 뿐만 아니라 핵탄두를 소형화할 수 있다면 같은 분량의 플루토늄으로 더욱 많은 수량의 핵탄두를 제조할 수도 있다. 이는 북한이 훨씬 다양한 목적으로, 보다 많은 종류의 목표물에 핵무기를 사용할 수 있게 만들 것이다.[167)]

지난해 10월 9일 실시된 지하 핵실험에서 발생한 핵폭발은 진도 3.5~4 이내의 인공지진파를 일으켰는데, 이것은 1KT 미만에 해당하는 파괴력이다. 일반적인 핵실험에서 발생하는 핵탄두의 파괴력이 5~10KT 내외에 달하는 것을 감안한다면 당시 북한이 실험했던 핵탄두는 기술적으로 완벽하지 못했다는 결론이 나올 수 있다.[168)] 기폭(起爆) 장치의 결함, 혹은 플루토늄의 순도(純度) 문제 등을 비롯한 여러 가지 원인이 가능하겠지만, 북한의 핵실험은 엄밀히 말해서 '실패'했던 셈이다. 하지만 이 정도의 폭발력만으로도 기존의 어떠한 화약무기보다 훨씬 강력한 파괴, 살상을 일으킬 수 있고, 당시 실험을 통해서 보다 실질적인 기술자료를 확보하는 효과를 가져왔다. 이는 북한이 향후 성능이 개선된 핵탄두를 개

167) 지난 1990년대 초 북한군 총참모부의 핵·화학방위국이 수립한 전시 핵무기 운용교리에 따르면 북한은 한국의 포병진지와 공군기지, 미사일기지를 겨냥하여 우선적으로 핵무기를 사용하며, 이어서 군단급 이상 지휘소와 주요 탄약 저장시설, 주력 부대의 집결지역 등의 순위로 핵무기 사용을 계획하는 것으로 나타난다. 또한 핵탑재 수단으로는 170mm 자주포(10KT)와 단거리 로켓(25KT), 탄도미사일(수백KT~1MT), 그리고 공군 소속 항공기들을 명시하고 있다. 김귀근, "핵무기 추가 제조 가능성", 「연합뉴스」, 2006년 10월 9일자.

168) 북한은 지하 핵실험 직전 중국에 "4KT 규모의 핵실험을 실시할 것"이라고 통보했지만, 실제 폭발규모는 목표치의 10~20% 수준인 0.5~0.8KT에 머무른 것으로 드러났다. 이것만 봐도 당시 북한의 핵실험이 기술적으로 완전하지 못했음을 알 수 있다.

발할 수 있는 가능성이 높아졌음을 뜻한다. 요컨대 북한은 적어도 '핵물질 분열에 필요한 고폭(高爆)능력'의 입증에는 성공했으며, 현재 그 어느 때보다 핵무장에 가까워진 상태라고 할 수 있다.

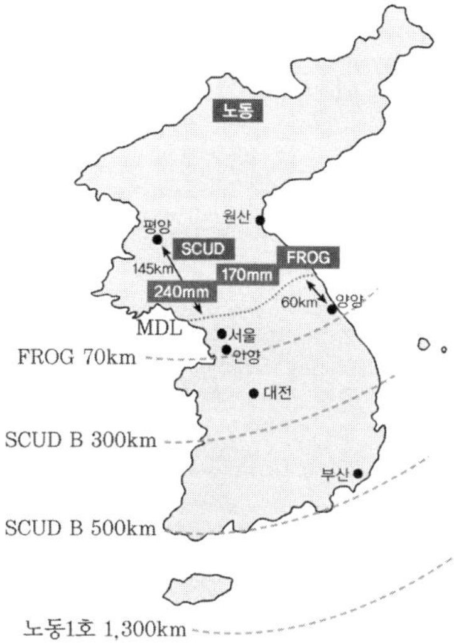

출처: 국방부, 『미래를 대비하는 한국의 국방비 2004』(국방부, 2004), p.15

〈그림 3-5〉 **북한의 장거리 포병전력과 탄도미사일의 위협수준**

이처럼 가공할만한 북한의 대량살상무기를 더욱 위협적으로 만드는 것이 바로 탄도미사일 전력이다. 북한은 지난 2004년 육군 예하에 군단급의 미사일지도국을 신설하여 탄도미사일 부대들을 총괄적으로 지휘, 통제하고 있다. 지난해 7월 5일 동해상을 겨냥해서 실시되었던 7발의 탄도미사일 시험발사가 서로 다른 지역에서, 다수의 미사일을 동시 다발적으로 동원했다는 점은 이것이 미사일지도국의 지휘, 통제능력을 시험하기 위한 목적도 있었음을 보여준다.169)

현재 북한은 수개 연대/여단 규모인 발사대 24대(로켓탄 수십 기)의 러시아제 프로그(FROG) 단거리 로켓과 더불어 2개 사단 규모의 탄도미사일 전력을 보유하고 있다. 이 가운데 1개 사단 소속의 2~3개 연대는 한반도 이내를 공격권으로 하는 SS-1 '스커드(Scud)' B/C(북한식 제식명칭은 화성 5호/6호)로 구성된 이동식 발사대 36대(미사일 600여 기)를 운용한다. 나머지 1개 사단 예하의 2~3개 연대는 제주도와 일본 주요도시까지 공격할 수 있는 '로동1호(북한식 제식명칭은 목성 1호)'의 지하발사대 27대로 구

169) 조성렬, "북한의 핵 · 미사일 전력과 미사일지도국", 전현준 등, 『10.9 한반도와 핵』(이룸, 2006), p.41.

성된다.[170] 스커드 탄도미사일은 대부분 평양~원산 이남에 배치 중이며, 사거리가 1,000km를 넘는 로동 탄도미사일은 주로 평양 이북지역을 중심으로 배치되어 있다.[171] 이들은 일반 화약탄두뿐만 아니라 생물 · 화학탄두, 그리고 핵탄두까지 장착 가능하다.[172]

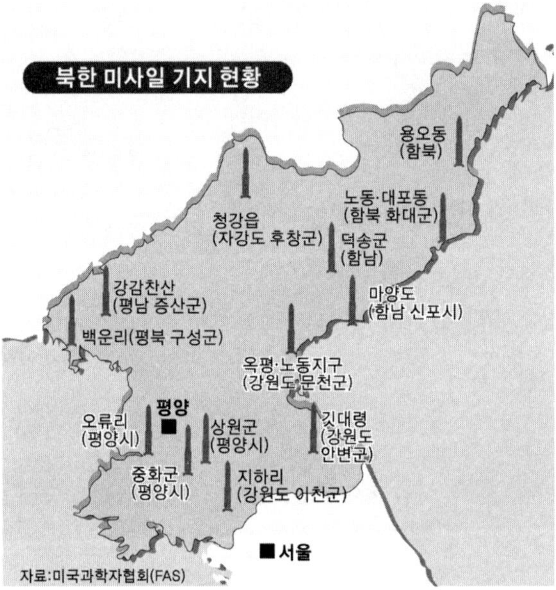

출처: 「국민일보」 2006년 7월 6일자

〈그림 3-6〉 **북한의 탄도미사일 배치현황**

---

170) 권태영 등, 2006, p.307.

171) 윤덕민, "북한의 탄도미사일 프로그램 평가", 『주요국제문제분석』(외교안보연구원, 2006년 7월 26일), pp.12~13.

172) 북한의 스커드, 로동 탄도미사일은 일반 화약탄두를 장착할 경우 일반 건물 한 채 정도를 무너뜨릴 만큼의 파괴력만을 발휘할 수 있다. 목표물에 대한 정확도를 나타내는 원형공산오차(CEP: Circular Error Probable)에서도 스커드가 800~1,000m 이상, 로동은 2,000~4,000m나 될 정도로 매우 정확성이 떨어진다. 때문에 이들이 군사적으로 가치를 갖기 위해서는 대량살상무기를 장착할 수 있어야 한다는 결론이 나올 수밖에 없다.

이들 외에 북한 해군의 실크웜 지대함미사일 가운데 사거리가 100km 이상에 달하는 일부 개량형이 지상공격용 순항미사일로 사용될 수 있다. 휴전선~평양 사이에 전진배치된 북한 전투기들을 가미가제식 자살공격에 투입하여 9.11테러사태에서와 같은 '인간 순항미사일'로 동원할 가능성도 있는 것으로 평가된다.

북한은 1990년대 후반부터 한반도뿐만 아니라 일본, 태평양 지역까지 공격할 수 있을 정도의 장거리 탄도미사일까지 속속 개발하여 세계를 긴장시키고 있다. 그 첫 단계로 지난 1998년 8월 31일 사거리 1,500~2,000km의 '대포동 1호(북한식 제식명칭은 백두산 1호)'를 일명 '광명성 1호'라는 인공위성 발사로 포장하여 쏘아 올렸으며, 이후 미국을 직접 공격할 수 있을 정도로 사거리가 연장된 '대포동 2호'의 개발에 나섰다. 대포동 2호는 지난해 7월 5일 북한이 시험발사했던 7발의 미사일 가운데 3번째로 발사되었지만, 추진로켓의 분리 과정에서 문제가 생겨 발사 42초만에 공중분해되었다. 하지만 북한은 실패한 대포동 2호 이외에도 일본과 태평양 일대를 겨냥할 수 있는 신형 장거리 탄도미사일들을 속속 개발하고 있으며, 그 가운데 2개 종류가 확인된 상태다. 하나는 러시아제 SS-N-6 '서브(Serb)' 잠수함발사 탄도미사일(SLBM)을 지상발사형으로 개조한 것인데, 사거리가 2,500~4,000km에 이른다.[173] 일명 '로동 2호'로 알려져 있는 이 미사일은 지난 2003년에 그 존재가 처음 확인된 바 있다. 나머지

173) 북한은 지난 1993년에 탄도미사일을 탑재할 수 있는 러시아제 구형 골프(Golf)급 디젤추진 잠수함 10여 척을 고철용으로 구입한 바 있다. 일부 학자들은 북한이 관련 기술을 활용하여 민간화물선을 개조, 로동 2호 탄도미사일의 발사기지로 사용할 가능성이 있다고 주장한다. Steven A. Hildreth, "North Korean Ballistic Missile Threat to the United States", *CRS Report for Congress*, January 3rd, 2007, pp.5~6.

하나는 역시 러시아제인 SS-22 '스케일보드(Scaleboard)' 탄도미사일에서 유래한 '개량형 스커드'로 사거리는 약 900km이며, 지난 2005년에 확인되었다.[174] 현재 대포동 1호와 로동 2호는 각 1~2개 대대 규모로, 개량형 스커드는 기존의 스커드 탄도미사일 부대와 함께 편성되어 있는 것으로 알려진다.[175]

외견상 사거리가 한반도를 훨씬 넘어서는 종류의 북한 탄도미사일(대포동 1/2호, 로동 2호, 개량형 스커드 등)은 한국에 직접적인 안보 위협이 아닌 것처럼 여겨질지도 모른다. 하지만 이들은 유사시 일본과 태평양 지역의 미군 기지를 공격하여 한반도에 대한 대규모 미군 병력의 증원을 방해하고, 미국의 군사적 지원의지를 약화시키는 협박 수단으로 사용될 수 있다. 다시 말해서 북한의 한국 침략이 성공할 가능성을 더욱 높여주는 역할을 하기 때문에 한국의 입장에서도 매우 위험한 무기일 수밖에 없는 것이다. 이처럼 장거리 탄도미사일과 결합된 북한의 대량살상무기는 기존의 양적 우세와 더불어 한국에 대한 군사적 우위를 굳히는 동시에, 미국과 국제사회의 개입을 좌절시키기 위한 최소한의 압력수단이라는 2중 효과를 발휘하는 셈이다.

그러나 이처럼 어마어마한 북한의 군사력도 매우 치명적인 약점들을 안고 있다. 첫째는 대부분의 무기들이 형편없이 낡은 구식이라는 점이다. 남침을 시도할 경우 주력무기가 될 3,200여 대의 탱크 가운데 절대다수

---

174) 이들 두 종류의 신형 탄도미사일은 지난해 7월 5일에 강행된 북한의 탄도미사일 시험발사에서도 동원되었을 가능성이 제기되고 있다. 유용원, "北이 지난 5일 쏜 미사일 7발 중 2발은 '최대사정 4000㎞ 新型'일수도", 「조선일보」, 2006년 7월 18일자.

175) Joseph S. Bermudez, "Moving Missiles", *Jane's Defense Weekly*, August 3rd, 2005.

를 차지하는 T-54/55, T-62 탱크는 1950~1970년대 중반 사이에 생산된 소위 제1 · 2세대 병기들이다. 그나마 신형으로 평가되는 것으로는 1970년대 말 이후 생산된 수백여 대의 개량형 T-62, 즉 '천마호' 탱크 정도가 있을 뿐이다.[176] 북한 해군의 주요 전투함들도 대다수가 노후화되어 있으며, 배수량 1,000톤 미만의 소형함 위주로 구성되어서 전방의 연안해역을 벗어난 원해(遠海)에서의 임무수행에 불리하다. 특히 약 160척의 연안경비정은 해상 작전능력이 거의 불가능해진 나머지 아예 육군 소속으로 전환되었을 정도다. 잠수함을 비롯한 수중전력은 수상전투함보다 장거리에 걸친 침투에 유리하지만, 이들 역시 구형함이 대부분으로 항해속도가 떨어질 뿐만 아니라 하루에 최소 3시간 이상 축전지 충전을 위해 수면 위로 올라가야 하므로 한국군과 미군의 공격에 노출될 가능성이 크다. 북한 공군이 보유한 600여 대의 전투기와 폭격기들도 대다수가 MIG-15, MIG-17, MIG-19, MIG-21, SU-7 등 도입된 지 30~40년이나 된 낡은 기종들이다. 때문에 전투 행동반경이나 무장탑재량이 제한된다. 비교적 신형이라고 할 수 있는 기종은 1980년대 이후 도입된 46대의 MIG-23과 20~30여 대의 MIG-29 '풀크럼(Fulcrum)' 그리고 34대의 SU-25 '프로그풋(Frogfoot)' 대전차공격기 정도다. MIG-29 역시 남침전력이 아닌 평양방어를 위한 요격임무에 주로 사용되고 있다. 북한이 지난 1990년대 들어서 핵이나 장거리 탄도미사일 등 대량살상무기 개발에 열을 올리는 배경에는 이러한 기존 무기체계들의 노후화를 만회하겠다는 의도가 크게 작용하고 있다.

---

176) 북한이 지난 1990년대 초에 러시아제 T-72 신형탱크를 200~300여 대 도입하여 평양방어사령부에 배치하고 있다는 평가도 있으나, 확인된 바는 없다. 金元奉 · 光藤修[共]編著, 『最新 朝鮮半島 軍事情報の 全貌』(講談社, 2000), pp.62~63.

북한 군사력의 두 번째 약점은 장기전의 수행이 사실상 불가능한 국력의 한계에 있다. 오늘날 북한의 경제규모는 2004년 기준으로 GNI 208억 달러로 한국 최대기업인 삼성그룹 총자산의 10%에도 못 미치는 수준이다. 특히 1990년대 이후 극심한 경제난이 계속되면서 군사력의 질적 개선은 고사하고 기존의 전력수준 유지마저도 차질을 빚고 있다. 그 가운데서도 전쟁수행을 위한 가장 기본적인 물자인 군용 연료는 극히 부족한 것으로 평가된다. 미국 노틸러스 연구소의 데이빗 폰 히펠 연구원이 지난해 6월 27일 미국 스탠포드 대학교에서 열린 '북한 에너지 전문가 그룹회의'에서 발표한 자료에 따르면 전쟁 발발시 북한 해군 전투함의 90%가 5일 정도 작전을 수행할 수 있는 연료만을 확보하고 있으며, 공군은 개전 24시간만에 작전수행이 불가능해질 것이라는 평가가 나왔다. 북한 육군이 보유한 무기체계와 각종 군용장비들도 50% 이상이 개전 30일 이내에 작동불능 상태가 될 것으로 나타났다.[177] 이와 같은 물자 부족문제는 인민군의 식량 및 연료수급뿐만 아니라 훈련에도 큰 차질을 가져왔으며, 자연스럽게 전투력의 질적 저하를 초래하는 결과를 낳고 있다. 한 보기로 영국 국제전략문제연구소(IISS)의 『밀리터리 밸런스 2006』 연감에 따르면 북한 공군기 조종사들의 연간 비행시간은 고작 20시간 내외에 불과한데, 이 정도로는 제대로 된 실전 대비가 어려울 수밖에 없다.

결국 북한의 거대한 군사력은 전쟁 초반에 나타날 수 있는 막대한 파괴력에도 불구하고 무기체계의 성능이나 병력의 숙련도와 같은 질적 부문에서 매우 뒤떨어지는 특징을 보이고 있다. 또한 전반적인 국력 상 전쟁의 지속능력이 오래가지 못하는 것도 북한 군사력의 결정적인 약점이

177) 강정민 · 황일도, "美 노틸러스연구소의 '북한군 戰時 연료수급능력 시뮬레이션", 「신동아」, 2006년 8월호.

다. 이와 같은 측면에서 볼 때 지난해 10월 9일에 실시되었던 지하 핵실험은 북한의 군사적 위협능력을 사상 최고 수준으로 격상시켰으나, 동시에 북한 군사력이 안고 있는 한계를 적나라하게 보여주는 증거이기도 했다. 다시 말해서 한국과의 전쟁에서 더 이상 승리를 기대하기 어려워진 만큼, 핵을 비롯한 대량살상무기의 위력을 최대한 앞세워 한국과 외부세계의 공포심을 자극하는 방식에 의존하는 길을 선택했음을 뜻하기 때문이다. 극단적으로 표현하자면 북한 인민군은 핵실험을 계기로 정상적인 군대의 기능을 포기한 채, '거대한 테러리스트 집단'으로 업종을 변경했다고 평가할 수 있다.[178)]

따라서 한국이 지난 6.25전쟁에서처럼 국내외적으로 완전히 무방비 상태에서 기습을 당하지 않는 이상 북한이 전면전을 통해 한반도 전체를 장악하기는 매우 어려울 것이다. 하지만 적어도 북한은 이미 '한국을 철저히 파멸시킬 능력'을 갖추고 있다. 한국을 상대로 전쟁에 따르는 공포를 조성하고, 자신들에 대한 굴복을 강요하기 위해서는 그 정도의 군사력만으로도 충분하다. 이러한 북한의 군사적 위협능력을 애써 부정하려는 것은 마치 뇌염모기나 바이러스의 크기가 작다고 해서 사람에게 전혀 해가 되지 않는다는 생각만큼이나 위험한 착각이 아닐 수 없다.

---

178) 이러한 점에서 북한의 군사적 우위를 부각시켜 온 기존의 연구에 대한 문제점을 지적하는 학자들도 적지 않다. 보다 자세한 논의는 함택영 · 서재정, "북한의 군사력 및 남북한 군사력균형", 함택영 등, 『북한군사문제의 재조명』(한울아카데미, 2006), pp.339~410을 참고.

2) 주변 강대국

① 중국

중국 인민해방군의 전체 군사력에서 한국의 국가안보에 직접적인 위협이 될 수 있는 전력은 지리적으로 한반도와 바로 만나는 만주의 선양(瀋陽)군구 소속 3개 집단군, 한국의 서해를 작전 영역으로 두는 북해함대(지난(濟南)군구 소속), 그리고 역시 선양군구에 소속되어 있는 4개 비행사단과 지난군구 소속 공군부대 일부를 꼽을 수 있다.[179)]

선양군구 소속 3개 집단군(16, 39, 40)의 병력규모는 총 25만 명에 달한다. 구체적으로는 7개 사단(기갑 2개, 기계화보병 2개, 차량화보병 2개, 포병 1개)과 12개 여단(기갑 1개, 차량화보병 2개, 기계화보병 3개 포병 2개, 기타 4개)으로 구성되어 있다.[180)] 특히 39 집단군은 베이징(北京)군구 소속의 38 집단군과 함께 중국 육군의 최정예로 꼽히는 대표적인 신속대응군으로 2~7일 이내에 작전투입이 가능하도록 1개 기갑사단과 2개 기계화보병 사단, 1개 기계화보병 여단, 그리고 각 1개씩의 헬기 연대와 특수전부대 등을 보유한다. 한반도와 대만의 긴급상황 대비를 임무로 하는 지난군구 54 집단군의 127 기계화보병 사단도 수 시간에서 3일 이내에 투입될 수 있는 '쾌속반응부대(快速反應部隊)' 가운데 하나다.

7,500여 대의 중국 탱크 가운데 절대다수인 약 5,000대는 1950년대에 개발된 제1세대 구식 Type-59(러시아제 T-54/55에 해당)로 90mm 주포를 탑재하여 공격력이 떨어질 뿐만 아니라 기동성과 방호력도 매우 낮다.

179) 중국 인민해방군의 해군과 공군은 지휘계통상으로 독립된 군종이 아니라 각각 1개 대군구와 동급의 지위를 차지한다. 때문에 각 지역의 해군 및 공군부대는 배치지점의 해당 대군구에 소속되어 그 지휘아래에 놓이는 것이다.

180) 인터넷 웹사이트 http://www.sinodefence.com (검색일자 2007년 1월 18일)

1980년대 이후 생산된 신형 탱크로는 300대 가량의 Type-79, 약 1,000여 대의 Type-88, 1,200대 정도의 Type-96, 그리고 80대의 Type-98(러시아제 T-72 탱크에 해당) 정도다. 구경 105~125mm 주포를 보유한 이들 탱크는 공격력을 비롯한 다른 기능들도 크게 개선된 형태로 평가된다. 야포의 약 80%는 자체기동이 어려운 견인포들이다.

중국 북해함대는 구축함 8척(루다(旅大)급 6척, 루후(旅滬)급 2척)과 호위함 4척(모두 장후(江滬)급), 디젤추진 잠수함 14척(밍(明)급 11척, 송(宋)급 3척, 로미오급 소수) 그리고 핵추진 5척(시아(夏)급 탄도미사일 탑재용 1척, 한(漢)급 공격용 4척) 등을 보유 중이다. 북해함대에 소속된 8척의 구축함들은 모두 만재배수량 3,600톤 이상의 대형함으로 기본적인 대함(對艦), 대공(對空), 대잠(對潛) 교전능력을 갖추고 있다. 그러나 탑재무기들이 단거리일 뿐만 아니라 상대의 대함 공격에 대한 방어수단이 없다는 약점이 있으며, 이는 장후급 호위함도 마찬가지다. 한급 핵추진 잠수함은 수중발사 능력이 부족해서 대함미사일을 발사하기 위해 수면에 올라올 때 공격에 노출되는 취약성을 나타낸다.

중국 해군의 주력은 동해함대(난징(南京)군구 소속)와 남해함대(광저우(廣州)군구 소속)에 집중되어 있다. 중국이 영유권을 주장하는 대만, 센카쿠 열도, 남사군도 등에 대한 통제권이 걸려있기 때문이다. 동중국해를 작전 영역으로 하는 동해함대는 구축함 8척(루다급 4척, 러시아제 소브레메니(Sovremenny)급 4척), 호위함 27척(장후급 15척, 장웨이(江衛) I급 4척, 장웨이 II급 6척, 장카이(江凱)급 2척), 그리고 디젤추진 잠수함 10척(송급 6척, 러시아제 킬로(Kilo)급 4척) 등으로 구성된다. 남중국해를 관할하는 남해함대는 구축함 11척(루다급 6척, 루하이(旅海)급 1척, 루양(旅洋) I/II급 각 2척), 호위함 16척(장후급 12척, 장웨이 II급 4척), 그리고 10여 척의 디젤추진 잠수함(밍급 8척, 로미오급 소수 추정) 등이 있다.

이들 가운데 러시아에서 도입한 소브레메니급 구축함과 킬로급 디젤 추진 잠수함, 루하이급 구축함, 그리고 최근 건조된 일부 최신 전투함들을 제외한 나머지 대다수의 전투함정들은 공격력과 작전범위, 방어력 등에서 그다지 좋은 평가를 받지 못하고 있다. 운용기간이 30년을 넘는 러시아제 구형 로미오급과 그 모방형인 밍급 잠수함은 원거리 작전수행에 부적합해서 대부분이 머지않은 시기에 도태될 전망이다.

공군력의 경우 중국 선양군구의 4개 비행사단(전투기 3개, 공격기 1개)은 다시 12개의 전투기연대(J-7 5개, J-8 6개, SU-27 1개)와 3개의 공격기연대(Q-5)로 분류될 수 있다. 중국 공군의 1개 비행연대는 전투기 36~45대 이내로 구성되므로 선양군구에 소속된 작전기의 총규모는 약 540~670여 대 정도로 추산된다. 이들은 총 56개소의 비행기지에 배치되어 있으며, 대부분이 1960~1970년대 기술로 제작된 구식 기종이다.[181] 신형기종으로는 러시아제 SU-27 '플랭커(Flanker)'가 1개 연대 규모로 배치되어 있을 뿐이다. SU-27은 마하 2.35의 비행속도에 공대공미사일 10발을 장착할 수 있으며, 전투행동반경이 1,500km에 최대 4,000km까지 비행할 수 있는 우수한 제공전투기다.

한편 중국은 '제2포병'으로 알려진 수백 기의 탄도미사일 전력을 운용 중인데, 대부분 대만이나 미국, 인도 등을 겨냥하고 있다. 지상발사부대는 베이징군구를 제외한 6개 군구마다 1개씩 배치된 군단급 미사일군이 지휘하며, 각 미사일군 예하에는 2~3개의 미사일여단이 편성되어 있다. 그리고 미사일여단은 각각 5~12대의 발사대를 보유한다.[182] 한반도와 가까운

181) J-7은 러시아의 MIG-21, J-8은 MIG-23을 기본형으로 중국이 생산한 전투기이며, Q-5 공격기는 그보다 더 구형인 MIG-19를 변형시킨 것이다.

선양군구에 배치된 미사일군은 2개 미사일여단으로 구성되며, 특히 북한 국경에서 불과 80km 떨어진 지린성의 퉁화(通化)에 탄도미사일 24기의 발사기지가 집중배치되어 있다. 이 가운데 16기는 사거리 1,800km의 '둥펑(東風)' 21호이며, 나머지 8기는 사거리 2,500km의 둥펑 3호다. 모두 한반도 전체와 일본을 비롯한 동아시아 대부분을 사거리 안에 둘 수 있다.

종합하자면 중국의 군사력은 육군의 경우 한반도가 통일되어 다시 양국의 국경이 직접 만나기 전까지는 한국의 안보에 직접적인 영향을 미칠 여지가 적으며, 병력의 규모나 질적 측면에서도 한국 영토를 점령할 만큼은 되지 못하는 것으로 평가된다. 또한 해군과 공군 또한 한반도와 인근의 바다 및 하늘에서의 통제력을 행사할 만한 힘을 확보하지는 못하고 있다.

그러나 중국은 1990년대 이후 이러한 자신들의 약점을 보완하기 위해 노력하고 있으며, 지난 수년 동안 최신 무기체계를 확보하면서 보다 먼 거리로의 전투력 확장능력을 향상시키고 있다. 우선 해군전력의 경우 사거리가 최대 200km를 넘는 SS-N-22 '모스키트(Moskit)' 초음속 대함미사일을 탑재한 러시아제 소브레메니급(만재배수량 7,940톤) 구축함 4척을 확보했으며, 2척의 추가도입이 추진되고 있다. 뿐만 아니라 중국은 최근 수년에 걸쳐 소브레메니급과 필적할 정도의 우수한 대함, 대공 교전능력을 갖춘 만재배수량 7,000톤급의 개량형 루하이급 구축함 2종류를 차례로 건조했다. '루양 Ⅰ/Ⅱ'급으로 명명된 이들 신형 구축함 4척은 현재 남해함대에 배치되어 있다. 현재 중국은 루양급보다 대공 교전능력이 우수한 '루저우(旅州)'급 신형 구축함을 건조 중인데, 이 구축함은 북해함대에 배치될 예정이다.

---

182) 공군본부, 2005, p.117.

또한 기존의 중국 잠수함들보다 항해 정숙성과 잠항능력이 뛰어나며 SS-N-27 '클럽(Club)' 장거리 대함미사일로 무장한 러시아제 킬로급 디젤 추진 잠수함을 4척 도입했으며, 8척의 추가도입이 예정되어 있다. 2004년 7월에는 후베이(湖北)성 우한(武漢) 조선소에서 건조된 중국제 신형 디젤추진 잠수함 1척의 존재가 확인되기도 했다. '유안(元)'급으로 명명된 이 신형 잠수함은 송급 잠수함의 개량형으로 알려져 있는데, 킬로급과 필적할 정도의 작전능력을 갖춘 것으로 평가된다. 한편으로 중국은 기존의 한급, 시아급을 대체하기 위한 신형 핵추진 잠수함을 지난 수년 동안 개발, 건조해냈으며, 일부는 최근 실전배치된 것으로 알려진다. 한급의 후속함인 '상(商)'급 핵추진 잠수함은 러시아제 '빅터(Victor)급'과 유사한 형태로 지상공격용 순항미사일(LACM)을 탑재하며, '진(晋)'급 핵추진 잠수함은 시아급의 탄도미사일 탑재 · 발사임무를 이어받을 예정이다.183)

그동안 하나의 가능성으로만 여겨져 왔던 중국 해군의 항공모함 실전배치도 점점 현실로 드러나고 있다. 중국은 지난 1985년 호주로부터 15,000톤급 경항공모함을 고철용으로 도입하면서 처음으로 항공모함에 대한 관심을 나타냈으며, 이후에는 역시 경항공모함 보유국인 스페인과 이탈리아에 협력 가능성을 타진하기도 했다. 그러던 2002년 중국은 건조된 지 70% 상태에서 고철로 방치되다시피 했던 러시아제 미완성 항공모

183) 시아급 핵추진 잠수함은 사거리 1,500km의 단일 핵탄두를 장착한 '쥐랑(巨浪)' 1호 탄도미사일을 12기 탑재하는데, 이 정도로는 태평양 주변의 미군기지만을 공격할 수 있다. 하지만 그 후속함인 진급 핵추진 잠수함에 탑재될 예정인 쥐랑 2호는 사거리가 훨씬 긴 8,000km로 미국 영토까지 직접 공격할 수 있으며, 1기당 3개의 핵탄두를 장착하는 다탄두(MIRV: Multiple Independent Reentry Vehicles) 방식으로 잠수함 1척이 40여곳에 핵공격을 가할 수 있다. 요컨대 진급 핵추진 잠수함의 전력화는 중국이 미국에 대한 본격적인 핵보복 능력을 확보하기 시작했다는 의미를 갖는다.

함 '바리야그(Varyag. 배수량 65,000톤)'를 우크라이나에서 인수하여 다롄(大連)에 정박시켰는데, 이후 복원작업이 계속되면서 주변국들로부터 실제 항공모함으로의 사용 가능성을 의심받기 시작했다. 중국은 이르면 오는 2008년부터 바리야그함을 진수시킬 예정인데, 설령 실전에 배치하지 않더라도 향후 본격적인 항공모함 전력 운용을 위한 훈련용으로 사용하거나, 독자적인 항공모함 건조를 위한 연구에 활용될 가능성이 매우 높다. 실제로 중국은 20~30여 대의 전투기를 탑재하는 2척의 항공모함을 자체 설계, 건조중인 것으로 알려져 있으며,[184] 우선 2010년까지 바리야그 함과 유사한 배수량 48,000톤의 중형 항공모함 1척을 완성시킬 예정이다. 나머지 1척은 냉전 말에 제작이 중단된 구 소련의 울리야노프스크(Ulyanovsk)급을 바탕으로 개발된 배수량 93,000톤 수준의 초대형 핵추진 항공모함으로 오는 2020년까지 건조를 완료한다는 방침이다.[185]

최근에는 중국이 SU-27의 항공모함 탑재형인 SU-33 전투기 50대를 도입하기 위해 러시아와의 협의에 착수하면서 중국의 항공모함 확보는 이제 시간문제로 여겨지고 있다. 중국이 다수의 신형 수상전투함과 잠수함에 이어서 항공모함까지 확보한다면, 서태평양 일대로 세력을 확장하려는 중국 해군의 구상은 보다 가속화될 것이다.[186]

---

184) 지난 3월 16일 장원촨(張雲川) 중국 국방과학공업 기술위원회 주임은 전국인민대표회의 폐막 직후 기자들과의 회견에서 "자체 기술로 항공모함을 연구, 제작하고 있으며 준비작업이 순조롭게 진행되고 있다. 오는 2010년 이전에 항공모함을 완성할 수 있을 것"이라고 답변했다. 이는 중국 정부의 고위당국자가 중국의 독자적인 항공모함 계획의 존재를 처음으로 공식 확인한 것이다. 권영석, "중국 정부, 항공모함 건조 사실 공식 시인", 「연합뉴스」, 2007년 3월 18일자.

185) 중국의 중・대형 항공모함 개발계획은 각각 '085 공정', '089 공정'이라는 명칭으로 알려져 있다. 이상수・손원제, "중국 '슈퍼 핵항모' 은밀히 추진", 「한겨레」, 2007년 3월 28일자.

출처: http://www.varyagworld.com (검색일자 2006년 12월 22일)

〈그림 3-7〉 **복원작업이 진행중인 바리야그함. 중국 해군의 첫 항공모함이 될 가능성이 높다.**

공군력에서도 중국은 이미 러시아로부터 SU-27 116대, 그리고 전투행동반경 1,500km에 장거리 대함미사일을 탑재하는 다목적전투기 SU-30MKK 100여 대(해군 소속 30여 대 포함)를 손에 넣었다. 이들 기종은 10~11개 안팎의 비행연대를 이루어 대부분 연안지역에 배치된 상태다.[187] 중국은 한걸음 더 나아가 SU-27을 J-11이라는 자체 제식명칭으로

---

186) 중국 해군은 1980년대 중반에서 2000년까지 제1도련(200해리) 이내에서의 작전능력을 확보한 후 2020년까지 제2도련(600해리)까지를 작전범위로 확대하고, 2020년 이후에는 제2도련을 넘어서는 해역에서도 작전을 수행할 수 있도록 한다는 전력증대 계획을 세운 바 있다. 이 점에서 항공모함 전단 건설은 중국 해군의 활동범위를 서태평양 일대로 확장시키기 위한 숙원사업이나 다름없다. 김덕기, 2000, p.121.

187) SU-27은 중국의 7개 군구마다 각 1개 비행연대씩, 총 6~7개 비형연대 규모로 배치중이다. SU-30MKK는 동중국해의 난징군구에 3개 비행연대(동해함대 소속 1개 포함), 광저우군구에 1개 비행연대가 배치되어 있다.

면허생산하고 있다. 여기에 미국의 주력전투기 F-16 '파이팅 팰콘(Fighting Falcon)'과 유사한 성능의 신형 J-10 전투기도 본격적인 양산에 돌입하여 현재 62대가 난징군구의 1개 비행연대, 그리고 청두(成都. 중국과 동남아시아, 인도 국경지대)군구의 2개 비행연대 소속으로 배치되어 있다. J-10은 현재 숫자상으로 중국 공군의 주력인 J-6/7/8 구형 전투기들을 대체할 예정이며, 향후 중국 해군이 보유할 항공모함의 탑재기로 사용될 가능성도 높다.

이 외에도 중국은 탄도미사일 위주의 미사일 전력을 보다 강화하기 위해 순항미사일까지 개발하고 있다. 그 첫 단계로 1980년대 중반에 사거리 600km 수준인 '홍냐오(紅鳥)' 1호의 개발에 성공했고, 1990년대 후반에 개발된 홍냐오 2호는 사거리가 1,400~1,800km까지 늘어났다.[188] 이미 중국은 홍냐오 1/2호 순항미사일의 일부를 실전에 배치 중이며, 현재 최대사거리가 무려 2,500~3,000km에 이르는 홍냐오 3호와 '둥하이(東海)' 10호 등의 개발이 진행되고 있다.[189] 이들 순항미사일은 지상 발사대뿐만 아니라 수상전투함, 잠수함, 항공기 등에도 탑재할 수 있으며, 사거리의 범위를 고려할 때, 대만 영토뿐만 아니라 주한 · 주일미군을 비롯한 아시아 지역의 미군기지 공격용으로도 사용될 가능성을 배제할 수 없다.

중국은 지난 1989년 6월 천안문(天安門) 사태의 유혈진압 이후 부과

인터넷 웹사이트 http://www.sinodefence.com (검색일자 2006년 12월 22일)

188) 국방정보본부, 2004, pp.192~193.

189) 둥하이 10호 순항미사일은 그 외형과 사거리 등의 주요 성능이 러시아제 AS-15(일명 Kh-55) '그라나트(Granat)' 공대지 순항미사일과 비슷한 것으로 알려진다. 실제로 지난 1999~2001년 사이에 우크라이나가 보유 중이던 소수의 AS-15 순항미사일이 중국, 이란에 불법 수출된 것으로 확인된 바 있다. 최원기, "중 · 이란, 3000㎞ 미사일 구입", 「중앙일보」, 2005년 2월 5일자.

되어 왔던 유럽의 무기수출 금지조치 해제를 얻어내기 위해 최근 수년 동안에 걸쳐 노력해 왔으며, 유럽국가들도 이에 긍정적인 반응을 나타내고 있다.[190] 그 배경에는 우선 냉전 이후 유럽에서의 군사부문 수요가 대폭 축소되면서 새로운 시장을 확보하려는 상업적 동기가 꼽힐 수 있다. 그러나 한편으로는 제2차 걸프전쟁 이후 초강대국인 미국의 일방주의적 대외정책 노선을 견제하기 위해 '앞으로 미국에 맞설 수 있는 가장 유력한 후보'로서 중국을 제휴상대로 삼겠다는 의도까지 담긴 것으로 평가된다. 만일 중국이 러시아뿐만 아니라 유럽에서도 첨단 무기체계를 구매할 수 있게 된다면 전력강화 속도는 보다 가속화될 것이며, 완성된 형태의 무기체계가 아닌 주요 핵심장비에 대한 기술 습득만으로도 기존의 자체 개발능력 향상에 크게 기여하는 효과를 기대할 수 있다.

중국의 고질적인 전력 노후화구조를 비롯한 여러 변수가 남아있지만, 위와 같은 전력강화 계획이 순조롭게 진행된다면 중국의 해군 및 공군전력은 2010년대 중반을 기점으로 눈에 띄게 강화되어 동중국해와 남중국해에 대한 상당수준의 통제력을 행사할 수 있을 것으로 전망된다. 이들은 기본적으로 대만을 겨냥한 군사적 압력과 동원, 동중국해와 남중국해에서의 해양영유권 관철, 그리고 미 해군의 개입 차단에 초점을 맞추고 있는 것이 사실이다. 그러나 한국도 서해와 남해의 해양자원 관할권을 놓고 중국과 대립 중이며, 가장 중요한 해상교통로인 남방항로의 대부분이 중국 인근해역을 통과하고 있는 입장이다. 따라서 중국의 해군 및 공군력의 증대 추세는 한국 안보에도 잠재적인 위협이 될 수밖에 없다.

---

190) 국방정보본부, 2006, pp.177~178.

② 일본

일본의 군사력은 육상 · 해상 · 항공자위대를 모두 합쳐도 24만 명에 못 미치는 소규모다. 또한 전국토가 바다로 둘러싸여 있는 섬나라라는 점에서 일본은 국방의 마지막 보루로서 육상 전력을 영토 외부에 사용할 여유를 좀처럼 갖기 어려운 입장이다. 따라서 육상자위대(陸上自衛隊)로 대표되는 일본의 육상 전력은 기본적으로 한국의 국가안보에 대한 위협으로 평가될 근거가 희박하다. 하지만 해양 · 항공전력의 경우는 이야기가 다르다.

해상자위대(海上自衛隊)에서 가장 주목받는 세력은 바로 그 주축 역할을 하는 호위함대(護衛艦隊) 소속의 4개 수상전투함 전단, 즉 호위대군(護衛隊群)이다. 호위대군 1개는 기함(旗艦)인 1척의 헬기구축함(DDH. 대잠헬기 3대 탑재)과 2척의 방공구축함(DDG) 그리고 5척의 일반구축함(DD. 대잠헬기 1대 탑재) 등 총 8척의 함선으로 구성되며, 대잠헬기도 합계 8대다.[191] 이러한 특징 때문에 흔히 '8 · 8함대'라는 별칭이 붙어 있다. 요컨대 해상자위대 호위함대는 헬기구축함 4척에 방공구축함 9척, 그리고 일반구축함 19척 등 총 32척의 수상전투함을 보유한다. 일본 주변해역에서의 영해 방어를 담당하는 5개 지방대(地方隊)에 소속된 함정들까지 포함한다면, 해상자위대 소속 수상전투함의 규모는 구축함 44척에 호위함 10척이나 된다. 태평양을 작전영역으로 하는 미 해군 제7함대를 제외하면

---

191) 구축함들은 각각의 특화된 기능을 기준으로 분류되는데, 먼저 '헬기구축함'은 2~3척 이상의 헬기가 이착륙할 수 있는 공간을 마련하여 대잠능력 강화에 주안점을 둔다. '방공구축함'은 수십~100km 이상의 장거리 함대공미사일을 탑재하여 1개 전단에 속한 모든 전투함들에 대한 적 항공기의 공격을 요격한다. '일반구축함'은 기본적인 대함, 대공, 대잠 교전능력만을 갖추고 있다.

아시아에서 가장 강력한 해양세력이다. 이들 가운데 혼슈 마이즈루(舞鶴)의 제3 호위대군과 규슈(九州) 사세보(佐世保)의 제2 호위대군은 한국과 일본 사이에 해양 무력충돌이 발생할 경우 각각 동해와 남해로 가장 먼저 투입될 수 있다.[192]

호위대군 소속 수상전투함들은 모두 배수량 3,000톤급 이상의 대형함으로 대함, 대공, 대잠 교전능력은 물론 상대측 함선의 공격에 대한 방어수단까지 보유한다. 이들 전투함의 공통 탑재병기 가운데 하나인 미국제 ASROC(Anti-Submarine Rocket) 대잠로켓은 어뢰(魚雷)를 로켓으로 발사하여 28km 밖의 해역에 위치한 적 잠수함을 공격할 수 있다. 이는 과거 냉전 시절 일본의 최대 위협대상이자 북방 4개도서 영유권 분쟁의 당사국인 러시아의 태평양함대 소속 잠수함들에 맞서기 위한 선택이었는데, 그 결과 일본 호위대군의 대잠 작전능력은 세계적으로도 손꼽히는 수준이다.

호위대군의 전투함들 가운데 가장 우수한 것은 1993년 취역한 '공고(金剛)'급을 비롯해서 현재까지 4척이 배치되어 있는 이지스(Aegis) 방식의 고성능 방공구축함이다. 기존의 기계회전식 레이더와는 달리 사방을 동시에 감시할 수 있는 3차원 위상배열 방식의 SPY-1 레이더를 사용하여 수백km 이내의 항공, 수상, 수중표적을 최대 200개까지 동시탐지 · 추적할 수 있으며, 그 가운데 약 20개를 동시에 공격할 수 있다. 4개 호위대군에 한 척씩 포함되어 있는 이지스 방공구축함은 만재배수량이 9,000톤을

192) 지난해 4월 18~26일 일본 해상자위대 소속 전투함 20여 척이 연례 훈련을 위해 마이즈루에 집결한 적이 있었다. 그런데 같은 시기에 한국과 일본은 독도 주변해역에서의 수로 측량 문제를 놓고 마찰을 빚고 있었으며, 공교롭게도 마이즈루가 동해에 인접한 항구 지역이었기 때문에 일각에서 이를 '한국에 대한 무력시위'로 해석하기도 했다.

넘어서 사실상 순양함으로 분류해도 큰 무리가 없을 정도다. 이 정도의 해양 작전능력을 보유한 나라는 아시아에서 일본이 유일하며, 따라서 이들 4개 호위대군의 작전영역은 일본의 공식적인 방어대상으로 설정된 1,000해리 해상교통로를 넘어설 능력이 충분하다.

해상자위대가 보유한 잠수함은 총 18척(훈련용 2척 포함)으로 모두 디젤추진식이다. 그럼에도 일본은 핵추진 잠수함 보유국에 필적하는 잠수함 전력을 유지하고 있다. 우선 대부분의 잠수함이 취역한지 20년 미만의 신형으로 16년만 지나면 퇴역시키며, 이를 보충하기 위해 매년 1척씩 새로 건조하고 있다.[193] 또한 수중배수량 3,000톤의 '오야시오(親潮)'급 8척, 2,750톤의 '하루시오(春潮)'급 7척, 그리고 2,450톤의 '유시오(夕潮)'급 3척 등 실전에 배치된 잠수함들이 모두 주변국의 웬만한 디젤추진 잠수함들보다 대형이다. 현재 일본의 잠수함들은 2개 잠수대군(潛水隊群) 휘하의 6개 전대로 편성되어 쓰시마(對馬), 쓰가루, 그리고 소야(宗谷) 해협 등 3대 핵심해협에 배치 중이다.

공군에 해당하는 항공자위대(航空自衛隊)는 12개 비행대대(요격 9개, 지원(대함 임무) 3개)를 중심으로 하는 약 350여 대의 전투기들이 주축을 이루고 있다. 양적으로는 결코 많다고 할 수 없지만, 대다수가 아시아에서 최고 수준의 신형기종이라는 점에서 수적 열세를 무색하게 만든다. 그 가운데서도 가장 우수한 F-15J는 미 공군의 주력 제공전투기 F-15 '이글(Eagle)'을 일본에서 면허생산한 것으로 현재 7개 대대소속 150여 대가 실

---

193) 그러나 16년 후 퇴역하는 잠수함도 바로 폐기되는 것이 아니며, 훈련용으로 전환시키거나 밀봉하여 보관한다. 때문에 일본은 유사시에는 퇴역한 잠수함들까지 실전에 투입시켜 잠수함 전력을 짧은 시간만에 2배 가까이 확대할 수 있다. 이정훈, 『한국군의 비전-대양해군』(동아일보사, 2003), p.244.

전배치중이며, 비행교육단과 교도대(가상적기 역할), 비행개발실험단 등에서 보유한 40여 대까지 합치면 총 203대나 된다. F-15J의 성능은 비행속도 마하 2.5에 공대공미사일 8발을 장착할 수 있으며, 1,270km의 전투행동반경에 항속거리도 4,600km나 된다. 단연 아시아 최강의 전투기라고 할 수 있다. 7개의 F-15J 비행대대 가운데 혼슈 고마쓰(小松)에 배치된 2개 대대(제303, 306 비행대)와 규슈 쓰이기(築城)의 1개 대대(제304 비행대)는 각각 동해와 남해 상공에서 한국의 항공우세를 직접 위협할 수 있다.

이와 함께 70~80여 대의 F-4EJ [카이(改)] '팬텀(Phantom)' 개량형도 3개 대대로 편성되어 있는데, 공대공 요격 임무를 담당하는 2개 대대(50여 대)와 대함 작전을 수행하는 1개 대대(20여 대)로 나뉜다. 대함 작전을 전문으로 하는 F-2 지원전투기는 40대가 2개 비행대대에 실전배치중이며, 이 가운데 1개 대대(제6 비행대)는 역시 쓰이기 기지에 배치되어 유사시 남해의 대륙붕, EEZ를 겨냥한 해상차단에 투입될 수 있다. 훈련 및 시험개발 등의 용도로 쓰이는 기체까지 포함한다면 F-2의 전체 규모는 60여 대에 이른다. F-16을 기반으로 일본이 지난 1990년대 중반에 개발한 F-2는 전투행동반경이 약 830km이며, 짧은 선회비행거리와 우수한 위상배열레이더로 잘 알려져 있다.

전수방위 원칙에 따라 그동안 일본은 작전영역을 자국 영토 이내로만 한정하면서 상대국의 영토를 침공하는 데 쓰일 수 있는 공격용 전력의 보유를 금기시해 왔다. 그러나 '보통국가로의 복귀'와 '미일동맹의 강화' 그리고 '국제적인 기여 확대'라는 명분을 내세우면서 군사력의 활동범위와 위력을 증대시키려는 움직임은 갈수록 노골화되고 있다. 지난 2000년과 2004년 말에 각각 발표되었던 2차례의 5년 단위 『중기방위력 정비계획』에서 아래와 같은 무기체계의 도입이 포함된 것이 그 증거다.

출처: 「世界の艦船」 2005年(平成17年) 11月号

〈그림 3-8〉 일본의 차기 대형 헬기구축함 개념도. 항공모함으로의 개조 가능성을 의심받고 있다.

- 배수량 13,500톤급의 대형 헬기구축함 2척
- 개량형 이지스 방공구축함 4척
- 신형 다목적전투기 도입 착수
- KC-767 공중급유기 4대
- 장거리 수송기 개발

일본은 '16DDH'라는 별칭으로도 알려진 차기 대형 헬기구축함이 '노후화된 기존 헬기구축함의 후속함'일 뿐이라고 주장하지만, 탑재 헬기의 수량에 비해 이착륙 공간이 지나치게 넓다는 점에서 단거리 이착륙기 10~20여 대를 탑재하는 경항공모함으로 개조될 것이라는 의심을 받고 있다. 이미 일본은 지난 1990년대 중반부터 배수량 8,900톤 이상의 오스미(大隅)급 대형상륙함을 진수시키면서 항공모함 확보 가능성을 드러낸 바 있다. 기존의 공고급보다 우수한 함대공 교전능력을 갖춘 배수량 7,700톤의 '아타고(愛宕)'급 개량형 이지스 방공구축함도 현재까지 2척 건조되었으며, 총 4척을 실전배치할 예정이다. 한편 일본은 2009년 3월에 자국 최초로 '공기불요 추진장치(AIP: Air Independent Propulsion)'[194]를 탑재하는 디젤추진 잠수함을 실전배치할 예정인데, 핵추진 잠수함에 버금가는 장기간의 잠항이 가능하다.

일본 해상자위대는 위와 같은 고성능 전투함들의 확보와 함께 호위대군의 구조 개편, 동원능력 향상을 추구하고 있다. 우선 8 · 8함대 방식의 기존 호위대군을 4척 단위의 2개로 나누어서 대잠작전용 1개(차기 헬기구축함 1척, 이지스 방공구축함 1척, 일반구축함 2척)와 방공작전용 1개(이지스 방공구축함 1척, 일반구축함 3척)로 재편시킨다.[195] 즉, 호위함대의 구성을 '4개의 8 · 8함대'에서 '8개의 4 · 4함대'로 바꾸는 것이다. 이는 지금까지 8척 단위로 대잠작전에 초점을 맞춰왔던 그동안의 호위대군 운용방식에 비해서 다양한 상황, 임무에 효과적으로 대응하도록 할 수 있다. 하지만 8 · 8함대 형태의 호위대군 자체는 지속될 예정이며, 그 결과 해상자위대의 호위대군 구성은 1척의 경항공모함급 헬기구축함과 2척의 이지스 방공구축함, 그리고 5척의 일반구축함으로 재편되어 사실상 항공모함 전단에 해당하는 전력을 갖출 것이다. 뿐만 아니라 '즉시 투입할 수 있는 호위대군(8 · 8함대 기준)의 수'를 현재의 1개(8척)에서 2개(16척)로 증가시킬

194) 이 추진장치는 지난 1997년 스웨덴 해군의 고틀란트(Gotland)급 디젤추진 잠수함이 세계 최초로 사용했다. 기존의 디젤추진 잠수함은 충전지의 에너지가 소모되는 3일마다 수면으로 올라가서 공기를 보충해야 하므로 장기간의 수중 작전수행에 제약이 생기며, 상대측의 공격에 노출될 위험도 커진다. 하지만 AIP 추진장치를 사용하면 3~5배의 기간 동안에도 외부공기 보충 없이 수중에서 항해할 수 있다. AIP 추진장치의 종류에는 연료전지, 스털링 엔진, 폐쇄회로 터빈 등이 있다. 정의승, 『한국형 잠수함 KSX』((주)고려원북스, 2006), pp.128~136.

195) 日本 防衛廳, 2006, p.88.

예정이다.[196]

항공자위대는 앞으로 5~10년 사이에 F-4와 F-15J 전투기에 대한 개량 및 교체사업을 시작할 예정인데, 그 가운데서도 F-4를 대체할 후속기종 선정이 먼저 이루어질 것이다.[197] 당초 일본은 F-2 지원전투기를 130대 양산하여 F-4의 후계 기종으로 삼으려 했지만 지나치게 높은 도입비용 때문에 최종 양산규모가 98대로 축소되었고, 이에 따라 2009년의 7대 도입을 시작으로 총 80대의 신형 전투기를 도입한다는 계획이다. 후보 기종에는 미국제 F/A-18 '수퍼 호넷(Super Hornet)'과 F-15E '스트라이크 이글(Strike Eagle)', 그리고 유로파이터 '타이푼(Typhoon)' 등이 포함되어 있으며, 모두 공대공 및 공대지/함 교전능력이 우수한 다목적 전투기들이다. 또한 항공자위대는 그동안 전투기들을 요격, 지원 임무로 각각 구분했던 방식을 폐지하고, 완전 통합운용하기로 했다.[198] 이는 전수방위에 입각한 공대공 요격임무뿐만 아니라 다른 나라의 영토까지 직접 공격할 수 있는 다목적 전투기를 보다 적극적으로 전력화할 것임을 시사한다는 점에서 그 의미가 크다.

지난 2004년 12월에 발표된 일본의 새 『방위계획대강』은 앞으로 자위대가 보유 중인 주요 무기체계들의 수량을 축소할 것임을 명시하고 있다. 구체적으로는 육상자위대가 탱크 900대와 야포 900문을 각각 600대, 600문으로 줄이며, 해상자위대는 현재 50여 척에 달하는 호위함급

196) 국방정보본부, 2006, p.92.

197) 동시에 일본은 2015년까지 기존 F-15J 전투기의 절반 이상인 103대의 탑재 레이더와 공대공미사일을 개량하고, 이후 F-15J도 약 80여 대의 신형 기종으로 교체하기 시작할 예정이다. 후보 기종으로는 미국의 최신형 제공전투기인 F/A-22 '랩터(Raptor)'도 유력하게 거론되고 있다.

198) 日本 防衛廳, 2006, p.90.

이상 수상전투함을 47척으로 감축할 예정이다. 그리고 항공자위대도 400대의 항공기를 350대로 축소시킬 방침인데, 이 과정에서 300여 대의 실전배치 전투기도 260대로 줄어들 것이다.[199] 그러나 앞에서 설명한 고성능 수상전투함과 다목적 전투기들의 전력화를 고려한다면 결과적으로 해상, 항공자위대의 전투력은 오히려 강화될 것이며, 이는 한국을 겨냥한 일본의 잠재적 위협능력이 더욱 커질 수 있음을 뜻한다.

공중급유기의 도입은 일본 전투기들의 전투행동반경을 크게 확장시킬 것이며, 이 경우 한반도와 중국까지 일본 전투기들의 작전영역에 들어가게 된다. 또한 일본이 새로 개발중인 신형 장거리 수송기는 현재 사용되고 있는 C-1보다 3배나 긴 6,500km의 항속거리에 병력도 2배나 많은 100명을 수송할 수 있다. 평화유지활동에 참여하는 병력수송을 위해서라는 것이 일본측의 입장이지만, 센카쿠 열도나 독도를 비롯한 영유권 분쟁지역에 대한 신속한 점령을 위해 쓰일 가능성도 얼마든지 있다.

그리고 사실상 시간문제로 비춰지고 있는 일본의 군사대국 복귀 가능성을 고려할 때, 일본이 전형적인 '공격용 무기'를 공식 보유하는 시나리오도 결코 배제할 수 없다. '비핵 3원칙'에도 불구하고 일본은 54기의 원자로를 보유한 세계 3위의 원자력 선진국이며, 전력(電力) 생산용이라는 명목 아래 합법적으로 우라늄 농축, 플루토늄 생산용 시설을 운영하고 있다. 현재까지 확보한 플루토늄의 규모만 해도 무려 43.1톤(2004년 말 기준)이나 되는데, 이는 핵탄두 수천개를 만들 수 있는 분량이다.[200] 여기

199) 이 가운데 항공자위대 소속 전투기들의 향후 구성은 F-15J의 개량형 및 후계기종 80여 대, F-4를 대체할 신형 다목적 전투기 80대 그리고 F-2 지원전투기 98대 등이 될 전망이다. 임상민, "한반도 주변국 전투기의 전력과 전망-일본을 중심으로", 「軍事世界」, 2005년 11월호.

에 자체개발 로켓으로 인공위성을 발사하는 수준의 우주과학 기술까지 결합한다면, 일본은 언제든지 핵탄두를 장착한 장거리 탄도미사일 보유국이 될 수 있을 것이다. 지난해 7월 5일 북한의 탄도미사일 시험발사 이후 일본 내부에서 '적 기지공격론'이 제기된 것을 계기로 전투기, 수상전투함 등에서 발사되는 순항미사일의 개발, 도입이 이루어질 가능성도 있다.[201] 일본이 오스미급 대형상륙함을 통해 투입할 수 있는 상륙부대(일본식 명칭은 육전대(陸戰隊))까지 정식으로 창설할 경우에는 독도를 비롯한 한국과의 도서 영유권 분쟁에도 동원될 것이다.[202]

③ 러시아

러시아의 거대한 군사력 가운데서도 한국의 안보에 직접적인 영향을 가할 수 있는 세력은 연해주와 사할린 등 극동군관구에 소속된 육군 병력, 태평양함대, 그리고 1개 전선항공/방공군 규모의 공군 병력이다. 우선 극동 지역에 배치된 러시아 육군은 2개 집단군(5, 35)과 1개 군단(68) 소속의 총 73,500명 규모 병력으로 구성되어 있다. 주요 부대들은 10개 사단(차량화보병 5개, 기계화포병 4개, 포병 1개)과 17개 여단(차량화보병 1개, 포병 5개(다연장로켓포 2개 포함) 단거리 탄도미사일 3개, 특수전 1개, 공수 1개,

---

200) 이 가운데 일본 내부에 저장된 플루토늄은 5.7톤이며, 나머지 37.4톤은 영국이나 프랑스를 비롯한 외국에 재처리를 위탁한 것이다. 황유성, "日, 3~6개월 이내 핵무장 가능", 「동아일보」, 2006년 10월 13일자.

201) 일본 방위청은 지난 2004년 장거리 미사일의 개발계획을 세우기도 했으나 야당의 반발에 부딪혀 국회에서 관련 예산이 전액 삭감되었던 바 있다. 유용원, "日 혼자 北 공격? 불가능!", 「조선일보」, 2006년 7월 12일자.

202) 현재 3척이 건조된 오스미급 대형상륙함은 2척의 공기부양정과 대형헬기를 탑재하며, 일본의 최신예 탱크인 90식 전차 10여 대와 병력 330여명, 혹은 1,400톤 규모의 화물을 수송할 수 있다. 일본에는 해병대와 같은 정식 상륙부대가 아직 없으며, 대신 육상자위대 소속의 부대 일부를 대상으로 해상수송 및 상륙 훈련을 실시한다.

기타 6개), 그리고 8개 독립연대(포병 4개, 헬기 4개)가 있다. 이들 병력이 보유하는 무기체계로는 탱크 3,000대에 장갑차 3,800대, 야포 3,500문, SS-21 '스카라브(Scarab)' 단거리 탄도미사일(핵탄두 장착 가능) 54기, 그리고 85대의 공격헬기 등이 포함된다. 이 외에 태평양함대 소속 해군보병 2,500명(3개 보병대대, 1개 포병대대, 1개 기갑대대 포함)도 육상 병력에 해당한다.

블라디보스토크 등 5곳에 기지를 둔 러시아 태평양함대의 주력 전투함으로는 만재배수량이 11,490톤이나 되는 '슬라바(Slava)'급 핵추진 방공순양함 1척, 구축함 6척(우달로이(Udaloy)급 4척, 소브레메니급 2척), 호위함 2척을 비롯한 대형 수상전투함과 핵추진 잠수함 15척(델타(Delta) Ⅲ급 탄도미사일 탑재용 4척, 오스카(Oscar) Ⅱ급 공격용 4척 이상, 아쿨라(Akula)급 공격용 4척 이상 등), 그리고 킬로급 디젤추진 잠수함 소수가 있다. 공군 전력으로는 제11 전선항공/방공군 휘하의 SU-27 111대와 우수한 고고도 요격기 MIG-31 '폭스하운드(Foxhound)' 26대가 배치되어 있으며, 지상 공격용으로는 SU-24M 전폭기 97대와 SU-25 대전차공격기 60대를 배치 중이다. 20여 대의 TU-22M '백파이어(Backfire)' 초음속 폭격기도 태평양함대 소속으로 배치되어 있다.[203)]

구 소련의 해체 이후 러시아의 군사력은 규모 면에서 크게 위축되었으며, 이는 극동군관구 소속의 부대들도 예외일 수는 없었다. 현재 이 지역에 배치된 러시아군은 약 16만 명 대(육군 7만 3천여명, 해군 5만여명, 공군 4만 2천여명 포함) 정도로 주변에 위치한 동북아시아의 각국 정규군에 비해 훨씬 소수이며, 심지어 중국 선양군구 소속 병력보다도 적을 정도

203) 러시아 군사력의 배치 현황에 대한 보다 자세한 내용은 인터넷 웹사이트 http://www.warfare.ru 를 참고.

다. 대신 러시아는 자신들의 주력 무기체계 상당수를 극동군관구에 배치해서 양적 축소에 따른 전력 약화를 최소화시키려 하고 있다. 이는 냉전 직후 러시아의 병력감축이 대부분 유럽, 중앙아시아를 겨냥했던 서부 지대에서 이루어져 왔기 때문이다. 그 결과 1990년까지 극동 지역에 전혀 없었던 신형 탱크 T-80이 1994년 1,800대 규모로 처음 배치되었는데, 이는 당시 러시아 육군이 보유하던 총 4,000여 대의 1/3에 해당했다. 최신 보병전투용 장갑차 BMP-3이 극동에 배치되기 시작한 것도 같은 시기였다.[204)]

러시아가 극동군관구 소속 병력만으로 구 소련 시절과 같은 확장 지향적인 군사작전을 실시하기는 거의 불가능할 것이다. 동북아시아 지역에서 러시아의 군사력은 이제 소수세력이나 다름없기 때문이다. 그 가운데서 특히 육상 전력이 가까운 미래에 한국의 영토안전을 심각하게 위협할 가능성은 그다지 높지 않을 것으로 평가된다. 다만 러시아가 동북아시아 지역에서 강대국으로서의 영향력을 유지하기 위해 핵추진 잠수함과 대형 수상전투함, 고성능 제공전투기 그리고 초음속 폭격기 등을 지속적으로 배치하고 있다는 점은 주목할 만하다. 이들의 작전영역에는 한국의 주요 수출입 항로가 걸려있는 동해 북 · 중부와 한반도 상공까지 포함된다.

(4) 총량적인 국력

앞에서 살펴본 북한과 주변 강대국에 의한 군사적 위협능력은 한국의 자주국방에 필요한 요구능력에 대한 '수요'를 평가, 측정하는 근거라고

---

204) 하용출 · 심경욱, "러시아연방 극동 전략태세의 현황과 전망", 한국전략문제연구소, 『동북아 재래식군사력 평가』(홍문당, 1999), p.243.

할 수 있다. 그렇다면 이러한 수요를 자주국방 전략을 통하여 달성하기 위해 확보해야 할 '공급'은 무엇을 기준으로 판단해야 하는가? 바로 한국의 전반적인 국력 수준이다. 군사력도 결국에는 국력 전체에서 일부분이며, 그 특성상 여러 종류의 국력요소가 결합되기 때문에 반드시 해당국가의 국력에 대한 전반적인 이해가 선행되어야 한다.

한국의 자주국방 전략을 실현하기 위해 요구되는 제반 국력요소들은 다음과 같이 나열될 수 있을 것이다. 이들은 흔히 클라우스 노어가 '군사력의 삼위일체' 가운데 하나로 제시한 군사잠재력(軍事潛在力: Military Potential)에 해당한다.[205]

- 인적 요소: 인구
- 재정 요소: 경제규모
- 물적 요소: 제조업 수준

한국의 총인구(이하 통계수치는 모두 2005년 기준)는 약 4,813만 8,077명이다. 이들 가운데 실제 병력에 기여할 수 있는 연령대에 해당하는 20~39세 사이의 인구는 전체 33.5%에 해당하는 1,612만 1,080명이며, 그 가운데 남성이 828만 4,910명으로 전체 인구의 약 17.2%를 차지한다. 미래의 병력 충원대상인 19세 이하의 남성 유년층 인구는 650만 6,923명(15~19세 이내 164만 4,620명 포함)에 이른다. 이는 전체 인구의 약

---

205) 노어가 주장한 '군사력의 삼위일체'에 포함되는 나머지 두 가지 요소는 군대나 무기체계로 나타나는 실제 군사력, 그리고 이를 움직이는 해당국 정부와 국민의 의지 및 전략으로 구현되는 국가의지를 말한다. 이에 대한 보다 자세한 내용은 Klaus Knorr, *Military Power and Potential* (Lexington, Mass.: Heath Lexington Books, 1970)을 참고.

13.5%다.[206] 오늘날 한국의 인구규모는 세계 27위이며, 약 2,270만여명의 북한 인구까지 더한다면 7천만 이상으로 세계 19위에 오르게 된다.

한국은 경제력 총규모가 GDP 기준으로 7,875억 달러나 되는 세계 11대 경제대국이다. 군사력 건설에 필요한 외화(外貨)와 주요 자원의 확보능력을 반영하는 무역규모에서도 한국은 5,456억 달러로 세계 12위의 교역국이며, 지난해에는 세계에서 11번째로 연간수출 3,000억 달러를 돌파했다. 군사력의 건설에 직접적으로 기여하는 제조업의 능력을 살펴보자. 한국은 철강 생산량에서 4,780만톤(세계 5위), 선박 건조량 1,023만 7천CG/톤(세계 1위), 자동차 생산대수 369만 9천대(세계 5위), 전자제품 생산액 903억 달러(세계 4위. 2004년 기준), 산업용 로봇 보유대수 51,302대(세계 5위. 2004년 기준) 등을 기록하고 있다.[207] 항공우주 산업[208]을 제외하면 한국의 제조업은 적어도 생산능력에 관한 한 세계 정상급에 있는 셈이다. 이는 자주국방을 실현하기 위한 충분한 잠재능력이 될 수 있다.

그렇다면 이와 같은 한국의 총량적인 국력 수준을 현존 내지 잠재적인 안보 위협세력인 북한, 주변 강대국들과 비교하면 어떠한가? 우선 북한과 비교할 때 한국은 전체 인구규모에서 2.12배 이상이다. 경제력 규모면에서도 GNI 기준으로 북한의 32.8배나 되며, 무역량은 167배를 넘는다. 제조업의 경우도 자동차와 철강의 생산량에서 각각 북한보다 771

206) 인터넷 웹사이트 http://kosis.nso.go.kr (검색일자 2006년 12월 23일)

207) 한국무역협회 무역연구소, 2006, pp.2~4; pp.10~13.

208) 한국의 항공우주 산업은 2005년 기준으로 연간 생산액이 약 14억 달러 내외로 세계 10위권 밖이며, 세계시장에서 차지하는 비중은 0.35%에 불과하다. 또한 전반적인 산업 수준에서 미국, 러시아, 유럽, 일본 등의 선진국들은 물론 대만, 스페인, 브라질, 인도네시아, 이스라엘을 비롯한 중진국들보다도 뒤떨어져 있다.

배와 44.5배 앞선다.[209] 반면 한국의 국력 수준은 주변 강대국들과의 비교에서 큰 열세를 나타낸다. 먼저 인구규모에서는 중국(13억 2,089만 명)의 3.6%, 일본(1억 2,780만 명)의 약 37.7%, 그리고 러시아(1억 4,342만 명)의 약 33.6%에 불과하다. 경제규모에서도 GDP 기준으로 중국(2조 2,289억 달러)의 35.3%와 일본(4조 5,059억 달러)의 17.5%이며, 무역규모의 경우 중국(1조 4,221억 달러)의 38.4%와 일본(1조 1,118억 달러)의 49.1% 정도다.

위와 같은 내용들을 근거로 할 때 다음과 같은 결론을 얻을 수 있을 것이다. 첫째, 한국의 전반적인 국력은 북한을 크게 압도하고 있다. 따라서 북한에 대해서는 핵무기가 사용되지 않는 이상 전면전쟁(全面戰爭: Full-scale War)을 포함한 모든 형태의 국가안보상 위협에 독자적으로 맞설 잠재력이 충분히 있다. 둘째, 주변 강대국과 비교할 때, 한국은 국력의 총량에서 크게 뒤떨어진다. 이 점에서 한국은 중국, 일본, 러시아 등의 군사력 전체와 단독으로 전면전쟁을 수행할 능력은 거의 없다. 대신 이들 국가가 한정된 병력 규모로 일정한 시점이나 영역에서의 제한전쟁(制限戰爭: Limited War) 이하의 위협을 가할 경우에는 한국의 역량으로도 충분히 맞설 수 있다.[210]

---

209) 통계청 행정정보과, 『통계로 본 남북한의 모습』(통계청, 2005), p.26.

210) 여기서 유의할 점은 같은 군사적 대결이라도 한국과 주변 강대국의 입장에서는 서로 다른 차원으로 간주될 수 있다는 것이다. 한 보기로 지난 1950~1953년의 6.25전쟁의 경우 세계 전체를 영향권에 둔 초강대국 미국과 소련, 지역 강대국인 중국의 입장에서는 제한적인 국지전쟁이었겠지만, 실제 전 국토가 전장화되었던 한국에게는 국가생존 자체가 걸린 전면전쟁일 수밖에 없었던 것이다. 따라서 주변 강대국의 전력 수준에서는 제한전쟁에 해당되는 무력 충돌이 한국의 입장에서는 전면전쟁 차원의 위협으로 나타날 가능성은 충분하다.

2. 자주국방을 위한 군사전략

(1) 예상되는 무력충돌의 양상

군사력에 의한 국가 간의 충돌에는 여러 종류가 있을 수 있다. 소규모 단위부대 사이에서 짧은 시간 동안 계속되는 '교전(交戰)', 여러 교전이 연속되어 펼쳐지는 '전투(戰鬪)', 그리고 다수의 전투로 이루어지는 '전쟁(戰爭)'에 이르기까지 말이다. 그렇다면 국가의 안전보장, 즉 '자기보존'과 '위험예방'의 보호와 달성이라는 측면에서 한국이 경계, 대비해야 할 군사적 충돌이란 무엇을 뜻하는가? 바로 '전략' 차원의 가치를 위협할 수 있는 의도와 능력 그리고 규모가 수반되는 무력대결이라고 정의할 수 있다. 그것은 영토 전체를 대상으로 한국과 해당국가 사이의 모든 국력을 총동원하는 전면전쟁, 또는 그보다 규모와 대상은 작더라도 역시 한국의 사활적·핵심적 이익을 직접 위협하는 제한전쟁 내지 국지적 침범일 수도 있다.

한국의 입장에서 가장 유력한 전면전쟁의 상대는 단연 '현존하는 위협'인 북한이다. 지난 1948년 9월 9일 정권수립부터 북한 정권은 줄곧 한국의 주권과 존엄성을 부정해 왔으며, 이미 반세기 전에 6.25전쟁이라는 3년에 걸친 전면 침략전쟁을 일으켜 한반도를 전대미문의 재난으로 몰아넣었다. 휴전 이후에도 한국을 상대로 숱한 납치와 테러리즘 그리고 국지적 침범을 일삼아 왔으며, 선의와 민족애를 전제로 한 한국의 대북 화해협력 정책까지 '한반도 장악'이라는 자신들의 이기적인 지상목적 달성에 악용하려 들고 있다. 그리고 북한은 한국을 침략, 파괴하기 위해 사용될 수 있는 가공할 정도의 군사력을 지난 수십년에 걸쳐 준비하여 휴전선 인근에 집중적으로 전진배치해 놓은 상태다.

전면전쟁을 감행할 경우 북한은 최대한 빨리 한국의 방어태세를 와해시켜 한반도에 대한 미국의 군사적 지원이 이루어지기 전에 한국 영토 전체를 점령하는 것을 목표로 하고 있다. 앞에서도 설명했듯이 북한은 국력상으로 장기간에 걸쳐 전쟁을 수행할 능력이 거의 없으며, 여기에 미국의 대규모 증원전력이 도착한 후에는 패배가 자명하기 때문에 가능한 한 초반에 전세를 결정지어야 하는 입장이다. 이를 위해 한국에 대한 북한의 전면침략은 다음과 같은 양상을 보일 것으로 예상된다. 첫째, 휴전선 인근에 전진배치된 장거리 야포 전력을 비롯한 4개 전방군단이 중심이 되어 대규모 집중공격이 수반되는 기습으로 전쟁을 시작한다. 이들의 임무는 한국 국력의 심장부인 수도권과 한국군 및 주한미군의 주력을 전쟁 초기에 파괴하고, 행동의 자유를 빼앗는 것이다.

한편 북한 해군의 미사일정과 어뢰정들은 집단적으로 서해 NLL을 비롯한 전방 해역을 향해 고속침투를 시도하고, 이어서 다수의 대함미사일과 어뢰를 한국 군함들에 퍼부어 단기간 내에 한국의 해상 방어태세를 깨뜨리려 할 것이다. 북한 공군의 전투기들도 개전 초기에 기습적인 대규모 출격을 감행하여 한국의 주요 전방기지와 비행장에 대한 습격, 휴전선 이남에서의 제공권(制空權) 장악을 노린다. 이 과정에서 북한이 한국의 방어태세를 보다 빨리 무너뜨리기 위해 대량살상무기를 사용할 가능성도 배제할 수 없다.

둘째, 기갑, 기계화보병 군단을 비롯한 기동전력이 그 뒤를 이어 수도권 서쪽의 개성-문산이나 김포반도, 동쪽의 철원 및 동해안 방향의 접근로 등을 통해서 휴전선을 돌파한다. 이들은 개전 초반의 대규모 기습공격으로 초토화된 수도권과 전방에 고착되어 있는 한국군과 주한미군을 우회, 견제하면서 신속히 진격하여 한국 영토를 점령하려 할 것이다. 경우에 따라서는 고립된 한미 연합전력을 포위해서 궤멸시키는 역할을 맡을 수도 있다. 셋째, 한국 영토에 대한 동시 전장화를 시도한다. 이를 위해 본격적으로 전쟁을 개시하기 직전부터 북한의 특수전 부대가 한국 후방으로의 침투를 시도하여 대처 능력을 제거하거나 민심 교란을 획책하고, 한국군 병력의 분산을 강요하여 효과적인 방어를 방해하려 할 것이다. 한국의 주요 교통로를 사전에 점거하여 북한의 기동전력이 보다 빨리 한국 영토 전체를 점령할 수 있도록 지원하는 것도 이들 특수전 부대의 몫이다. 한국의 해군기지와 항구, 해상교통로 주변에서는 북한 잠수함들이 어뢰 사격이나 기뢰(機雷) 부설을 실시하여 바다를 통한 중요물자 공급과 미군의 병력증원을 차단시키려 할 것으로 예상된다. 스커드, 로동과 같은 장거리 탄도미사일로 한국 영토 전역을 공격하여 공황심리를 조장하면서 전의를 꺾으려는 시도 또한 병행될 것이다.211)

출처: 「중앙일보」 2003년 3월 4일자

〈그림 3-9〉 북한의 전면침략 예상도

북한의 국력을 고려할 때 한반도 장악을 목적으로 하는 전면전쟁은 그야말로 "죽기 아니면 살기"와도 같은 한번뿐인 기회라고 할 수 있다. 때문에 북한은 자신들에게 결정적으로 유리한 대내외적 여건이 조성될 때 비로소 전쟁을 통한

211) 북한의 남침 계획과 관련된 연구와 평가에 대한 보다 자세한 내용은 하대덕 著, 『軍事戰略學: 전략이론의 과학화와 체계화』(을지서적 출판부, 1998), pp.376~392와 장명순, 1999, pp.253~278 등을 참고.

출처: 「중앙일보」 2005년 3월 7일자

〈그림 3-10〉 **북한의 국지도발 예상도**

한반도 장악을 결심할 수 있을 것이다. 다시 말해 미국이 주한미군의 주둔을 비롯해서 한국에 대한 유사시 안보공약을 포기하거나, 지난 1975년 4월 남베트남이 패망할 때처럼 한국 내부가 극도의 혼란에 빠지고 북한 정권 추종세력이 실권을 장악하는 경우 등을 들 수 있다. 혹은 그 반대로 김정일을 위시한 기존 지배세력들의 권력독점에 대한 외부세계의 압력과 북한 내부의 저항이 강화되어 체제붕괴가 불가피해지는 등, 북한 정권이 최악의 위기에 직면할 경우 자포자기한 나머지 '마지막 돌파구'로서 동반자살 성격이 짙은 전면전쟁을 감행할 가능성도 배제할 수 없다.[212)]

전면전쟁에 비해서는 무력충돌의 강도(强度)가 낮지만, 정치적 효과를 겨냥한 활용도가 크다는 특징 때문에 실제로 일어날 가능성은 훨씬 높은 것이 바로 북한에 의한 국지적 침범과 제한전쟁이다. 즉, 서해5도나 판문점, DMZ 등과 같이 범위는 제한적이지만 대외적 선전효과를 노리기 쉽고, 한국과 국제사회의 반응 여부에 따라서 보다 확대된 도발을 시도할 수 있는 지역을 겨냥해서 이루어지는 경우에 해당한다. 또한 대규모

212) 지난 1993년 제1차 북핵위기 당시 북한 인민군 최고수뇌부 회의에서 김일성이 "만일 전쟁이 일어날 경우 지면 어떻게 하겠는가?"라고 묻자 김정일이 "수령님, 지구를 폭파해버리고 말겠습니다"라고 대답했다는 일화가 있다. 이야기 자체의 진위 여부는 확인된 바 없지만, 지금도 평양의 '3대혁명 전시관'에는 "조선이 없는 지구는 필요 없습니다"라는 김정일의 대형문구가 적혀있다. 손광주, 『김정일 리포트』(바다출판사, 2003), p.308.

의 무력시위, 특히 장거리 탄도미사일의 시험발사 및 핵실험과 같은 대량 살상 능력의 공개적인 과시도 한국과 외부세계의 심리적 충격을 극대화하기 위해 선택될 수 있는 방법이다. 이를 통해서 내부적으로는 스스로를 '외세에 맞서는 민족해방세력'으로 미화하면서 권력독점을 정당화시키고, 한국과 외부세계에 대해서는 자신들이 7,000만 한민족의 생사여탈권을 쥐고 있음을 과시하여 건재함을 인정받으면서 '한반도 장악'을 비롯한 자신들의 일방적 이익을 보장하는 요구를 강요할 수도 있다.

북한이 지난해 10월 9일의 핵실험을 통해 자신들의 핵무장 능력이 입증된 것을 계기로 한국과 외부세계의 대응, 보복의지가 위축되었을 것이라는 판단 아래 이전보다 국지적 침범의 빈도를 높여나가고, 이에 맞설 경우에는 핵무기 사용을 위협할 가능성도 배제할 수 없다.[213] 뿐만 아니라 한국과의 국력 격차를 만회하기 위해 '수도권 일대를 겨냥한 단기 제한전쟁'을 감행, 한국의 국력에 치명적인 손실을 강요할 수 있다.[214] 이 경우 미국을 비롯한 국제사회의 개입이 있기 전에 일방적으로 휴전을 선언하면서 보복 위험에서 벗어날 구실을 만들 수 있기 때문이다.

다음으로 한국 안보에 대한 '잠재적인 위협'에 해당하는 주변 강대국들을 상대로 일어날 수 있는 군사적 분쟁위협에 대해서 살펴보자. 이미 설명했듯이 한반도는 동북아시아에서 대륙세력과 해양세력 사이의 세력균형을 좌우하는 매우 중요한 지정학적 위치를 점하고 있다. 이 점에서 중국과 일본, 러시아 등 3개 강대국은 자신들의 국경과 인접하고 있는 한반도 전체가 어느 특정 세력의 점유 내지 통제 아래 놓이면서 자국을 겨

213) 동아시아연구원 국가안보패널, "북, 제재국면 전환 노려 국지도발할 가능성", 「조선일보」, 2007년 1월 4일자.

214) 김태우, 『미사일 안보와 미사일 주권』(세종연구소, 1999), pp.33~34.

냥한 팽창의 전진기지로 쓰이는 것을 원치 않는 입장이다. 따라서 이들 강대국들이 어떻게든 한반도에 대해서 일부나마 스스로의 영향력을 행사할 수 있는 장치를 확보하려는 동기는 충분히 예상할 수 있다.[215)]

현재와 가까운 미래에 중국, 일본, 러시아가 한국의 영토를 점령하기 위해 전면전쟁을 시도할 가능성은 북한의 경우에 비하면 매우 낮은 편이다. 우선 대륙의 중국과 러시아가 한국보다 비교할 수 없을 정도의 대국임에는 분명하지만, 이들 두 나라는 공히 광활한 영토 주변의 긴 국경선(중국 22,117km, 러시아 20,096km)에 걸쳐서 사방으로 여러 국가들(중국 14개국, 러시아 14개국)과 인접하고 있다. 따라서 나머지 국경지대에 대한 방어상의 취약성을 노출시키면서까지 자국의 모든 군사적 역량을 한국 영토의 점령을 위해 투입할 여유가 거의 없는 입장이다. 게다가 중국과 일본, 러시아는 공통적으로 육상 병력의 규모를 축소하고, 부대 구조를 보다 경량화시켜 신속대응에 적합한 군사력 재편성을 진행하는 중이다. 이는 영토 점령을 위해 대규모의 육군 병력을 필요로 하는 전면전쟁이 일어날 가능성을 더욱 낮추게 된다. 무엇보다 한반도의 분단 체제가 지속되는 이상, 한국이 북한의 존재로 인해 지리적으로 분리되어 있는 중국이나 러시아 육군의 직접적인 위협권에 들어갈 가능성은 적다.

---

215) 유사 이래 주변 강대국들이 한반도의 분할점령을 자주 거론해 온 사실은 이러한 동기를 잘 반영한다. 임진왜란 당시 일본의 도요토미 히데요시는 중국 명(明) 황조와의 강화회담에서 '조선의 8도 중 4도를 일본에 할양할 것'을 포함하는 4개항의 조건을 요구한 바 있다. 1896년 6월에는 일본이 러시아에 '북위 38도선을 경계로 하는 한반도의 분할점령'을 제의했고, 러일전쟁 직전인 1903년 10월에 이르러서는 반대로 러시아가 '한반도 북위 39도선 이북지역의 중립지대화'를 일본에 제시한 바 있다. 그리고 제2차 세계대전에서 일본이 항복한 직후 미국과 소련은 38선을 경계로 한반도를 실제 분할점령했으며, 이것이 오늘날까지 한국과 북한의 분단으로 이어지고 있는 것이다.

〈도표 3-2〉 주변 강대국의 육상병력 감축, 재편 현황

	개편 내용
중국	1985년에 집단군 70개를 24개로 감축. 이후 70만 명 규모의 추가 감군으로 6개 집단군 해체(선양군구 소속 2개(23, 64) 포함)
일본	1995년 이후 12개 보병사단 가운데 3개를 여단으로 개편. 향후 1개 사단과 2개 혼성단도 여단으로 개편할 예정임(현재의 '9개 사단/3개 여단'(혼성단 2개 제외)에서 '8개 사단/6개 여단' 구조로 재편) • 방위성 직속의 여단급 '중앙즉응집단' 창설(4,000~5,000명 규모. 대테러, 국제파병 임무 담당)
러시아	1996년 이후 분쟁 지역에 상시적으로 투입이 가능한 '신속기동군'과 그 후속 증원부대로 '긴급전개군'을 편성 • 신속기동군: 5개 공수사단과 6개의 차량화소총 여단을 주축으로 하는 경무장 위주 • 긴급전개군: 3개 군단과 1개 기갑사단 그리고 5개 포병여단으로 구성된 중무장 전력

다만 앞으로 전망되는 한반도의 통일 과정에서 이들 강대국이 군사력을 앞세워 개입하면서 한국에 압력을 행사할 가능성은 예상할 수 있다. 특히 한국과 북한 사이의 합의보다 전면전쟁의 결과 혹은 내부적으로 붕괴한 북한을 한국이 흡수하는 방식으로 한반도가 통일될 경우, 이에 저항하는 북한군 출신 병력 가운데 일부가 중국과 러시아의 군사적 지원을 요청하거나, 이들 두 나라가 북한 내 자국민의 보호 등을 명분으로 내세우며 직접 무력 개입을 시도한다면 그 우려는 더욱 커질 것이다.[216] 이들

216) 군 당국은 한반도에서 전쟁 혹은 그에 준하는 무력분쟁이 발생할 경우 중국이 지난 1961년 북한과 체결한 상호원조조약에 의거하여 제한적인 수준의 군사력 개입을 시도할 가능성이 있다는 평가를 내놓은 바 있다. 구체적으로는 선양군구 전력의 60%, 지난군구 전력 50%, 그리고 북해함대의 30% 정도로 총 18개 사단 소속 40여만 명 규모의 병력에 해당한다. 김귀근, "中, 한반도 유사시 北에 제한적 군사력 지원", 「연합뉴스」, 2004년 10월 5일자.

두 대륙국가의 입장에서는 한반도가 미국의 동맹국인 한국 주도하에 통일된 이후 미국으로부터 직접적인 압력에 직면할 수 있다는 점을 경계할 수밖에 없기 때문이다. 이와 같은 일들이 현실화될 경우 분명 한국 주도의 통일 완성에 심각한 장애가 될 것이다.

이러한 측면에서 2005년 8월 18~25일 사이에 실시되었던 중국과 러시아의 사상 첫 합동 군사훈련도 유사시 한반도에 대한 군사적인 개입 가능성을 염두에 둔 것으로 해석될 수 있다. 먼저 훈련의 진행이 동해와 남해를 경유하여 한반도에서 불과 수백km 떨어진 산둥반도에서 이루어졌으며, 훈련 내용도 상륙과 공수부대 침투, 해상봉쇄, 순항미사일 공격과 같은 다분히 공세적인 작전을 포함하고 있었다. 그리고 양국의 주력 전투부대와 무기체계가 당시 훈련에 대거 동원되었던 점도 이를 뒷받침한다.[217] 지난해 9월 5~14일에는 중국 선양군구의 제39 집단군 소속 제190 기계화보병 여단이 1,000km에 달하는 4단계(준비 → 이동 → 배치 → 전투실시)의 역대 최장거리 기동훈련에 참가했다. 이 훈련을 두고 선양군구와 한반도의 지리적 인접성, 사상 유례없는 수준의 장거리 기동, 그리고 중국 육군의 대표적인 신속대응군으로서 제39 집단군의 비중 등을 들어 '중국의 한반도 무력개입 준비'라는 평가가 제기되었다.[218]

---

217) 중국에서는 대표적인 신속대응 부대인 제15 공수군단, 3개 해군함대에서 파견된 소브레메니급, 루양급 등의 최신 구축함, 장웨이 II급 호위함, 송급 디젤추진 잠수함, 그리고 J-8과 SU-27 전투기가 훈련에 참가했다. 러시아도 각 1개의 공수사단과 상륙부대, 우달로이급 구축함, 배수량 4,000톤급의 대형 상륙함, TU-22M 초음속폭격기, SU-24 전폭기, IL-76 대형수송기, 장거리 공대지 순항미사일 등을 훈련에 동원시켰다. 유용원 · 정병선, "첨단무기 전시장 빰친 중 · 러 연합훈련", 「조선일보」, 2005년 8월 29일자.

218) 제39 집단군은 6.25전쟁에서도 중국군의 주력으로 참전했던 바 있다. 홍인표, "중국軍 사상 첫 1,000km 장거리 기동훈련 '한반도 참전' 겨냥했다", 「경향신문」, 2006년 9월 11일자.

한국이 주변 강대국들로부터 직면할 수 있는 가장 실재적이며 심각한 군사적 분쟁은 바로 바다와 하늘에서의 충돌이다. 말하자면 '동북아시아판 포클랜드 전쟁'의 가능성인 것이다. 중국, 일본, 러시아는 육군 병력에 대해서와는 대조적으로 해군과 공군을 적극 강화하고 있으며, 이미 상당한 수준의 전력을 확보한 상태다. 국가경제의 2/3를 무역에, 그 가운데서도 99% 이상을 해상운송에 의존하고 있는 한국에게 이들 강대국에 의한 바다와 하늘에서의 군사적 압력은 영토 침범과 맞먹는 치명적인 안보상의 위협이 될 수밖에 없다. 또한 한국이 주변 강대국들과 직접적인 이해갈등 관계에 있는 현안도 대륙붕, EEZ, 독도 등 해양 관할권에 대해서라는 점 또한 그 심각성을 보여준다.

북한과 주변 강대국을 상대로 직면할 수 있는 군사적 충돌의 유형과 한국 안보에 대한 위협의 크기, 그리고 실제적인 발생 가능성에 대해서는 도표 3-3과 같이 정리될 수 있을 것이다.

(2) 억지 전략

국가의 안전보장을 이루기 위한 가장 좋은 방법은 바로 처음부터 적대국가를 만들지 않고 가능한 한 많은 수의, 특히 강대국들과 우호적인 관계를 맺는 것이다. 이것은 외교의 역할에 해당한다. 그러나 이러한 외교적인 노력과 의지에도 불구하고 해당국가의 사활적·핵심적 이익과 어긋나는 정책을 지향하려는 국가가 존재한다면, 이에 맞서기 위한 차선책이 필요해질 수밖에 없다. 그 첫 번째가 바로 '억지(抑止: Deterrence)' 전략이다.

흔히 '억제(抑制)'라는 용어와 혼용되기도 하는 억지는 사전적으로 "상

〈도표 3-3〉 한국에 대한 군사적 위협양상의 평가

	유형	한국안보 위협수준 순위	실제 가능성 순위
북한	전면전쟁	1	3
	제한전쟁 및 국지도발	4	1
주변 강대국	전면전쟁	2	4
	제한전쟁 및 국지도발	3	2

대방이 취하려는 행위의 비용이나 위험부담이 기대되는 이득보다 크다는 것을 상대방에게 설득하는 것(The persuasion of one's opponent that the costs and/or risk of given course of action he might take outweigh its benefits.)"으로 정의될 수 있다.[219] 쉽게 말해서 국가안보에 대한 현존 내지 잠재적인 위협세력들에게 '전쟁을 비롯한 어떤 무력침범도 성공할 수 없으며, 도리어 감당하기 어려운 손해만 입게 될 뿐'임을 확신시켜 처음부터 자국을 상대로 군사적인 위해(危害)를 가할 엄두조차 내지 못하도록 만드는 행위라고 할 수 있다. 일찍이 손자(孫子)는 "싸우지 않고서도 적을 굴복시키는 것이 전쟁에서의 최선책"[220]이라는 부전승(不戰勝)을 강조하였는데, '전쟁 억지의 달성'이야말로 바로 손자의 부전승이 실현된 결과라고 할 수 있다.

이처럼 억지는 "타국에 의한 전쟁 및 군사적 위협 예방"이라는 점에서 외교와 같은 목적을 지향한다. 다만 외교가 안보관련 이해 당사국과의 대

---

219) James E. Dougherty & Robert L. Pfaltzgraff, Jr., *Contending Theories of International Relations: A Comprehensive Survey*, 2nd edition, (New York: Harper & Row, 1981) p.368.

220) 이것은 『손자병법』(孫子兵法)의 제3편 '모공(謀攻)'에 나오는 구절에서 유래한 것이다.(不戰而屈人之兵 善之善者也)

화와 협상, 국제법 등 평화적인 수단을 사용하는 반면, 억지는 군사력의 '실제 사용'은 아니지만 그 '존재 및 사용 가능성'을 타국에 보여주는 방식을 쓴다는 점에서 분명한 차이가 있다. 무기의 위력이 인류 역사를 통틀어 어느 때보다 커진 오늘날에는 어떤 형태의 전쟁이든 당사국에게 막대한 인적 · 물적 피해를 가져올 수밖에 없다. 이에 따라 많은 나라들이 '전쟁에서의 승리'보다 '전쟁 자체의 예방'을 국방정책의 우선적인 목표로 삼는 추세이며, 그만큼 억지 전략의 중요성은 더욱 커지고 있다.

주의해야 할 점은 억지란 단순히 '전쟁을 피하는 것'에만 의의를 두지 않는다는 사실이다. 전쟁을 피하기에만 급급한 나머지 자국의 사활적 · 핵심적 이익을 위태롭게 하는 타국의 요구를 수용하는 것까지 감수해야 한다면, 그것은 굴복에 불과하다. 억지는 자국의 국가생존을 위협하는 부당한 압력에 힘의 '존재 및 사용 가능성'으로 맞서 스스로의 국익에 부합하는 평화를 관철시킬 때 비로소 소기의 성과를 달성하게 된다. 요컨대 억지 전략의 궁극적인 목적은 '주권과 자유가 보장되는 평화'라고 할 수 있다.

억지 전략의 핵심은 자국에 적대적인 외부 세력의 침략 의지를 반감시키는 데 있으며, 이는 상대방에게 군사적 침범을 통해 달성하려는 목적을 무의미하게 할 정도의 피해를 가할 수 있을 때 실현된다. 쉽게 말해서 현존 내지 잠재적인 위협세력들이 '소중히 여기는 것'을 겨냥해야 하는 것이다. 이러한 기준에 따라 억지 전략은 크게 다음의 두 가지로 분류된다. 첫째는 '거부(拒否: Denial)에 의한 억지'이며, 둘째는 '보복(報復: Retaliation)에 의한 억지'다. 전자는 침략해온 상대방의 군사력을 효과적으로 방어, 흡수하면서 군사력과 국력의 고갈을 강요하는 것을 뜻한다. 반면 후자는 침략을 감행한 상대방의 영토에 직접 그에 상응하거나 수준 이상의 인적, 물적 피해를 가하는 방식이다. 동물의 경우에 비유하자면 거북의 등딱지는 '거부에 의한 억지'에 해당하며, 고슴도치의 가시와 벌의 침은 '보복에 의한 억지'라고 할 수 있다. 둘의 차이를 정리하자면 아래의 도표 3-4와 같다.

억지 전략이 실효성을 갖기 위해서는 해당 국가의 능력뿐만 아니라 실제 전쟁을 비롯한 무력 충돌이 발생할 경우의 군사력 사용방침과 연결성을 갖고 있어야 한다. 다시 말해서 전쟁 억지를 위한 모든 노력에도 불구하고 타국이 군사력으로 도발을 시도한다면, 실제 군사력의 사용은 억지 전략에서 규정된 바에 따라 실천되어야 하는 것이다. 그렇지 않으면 해당국가의 억지 전략은 현존 내지 잠재적인 위협세력에게 단지 허세(虛勢: Bluffing)로만 간주되어 전쟁 예방에 아무런 효과를 내지 못할 것이다.

자국의 국가생존 소멸을 정책목표로 삼는 외부 위협세력에게는 '거부에 의한 억지'만으로는 불충분하다. 그들에게 군사적인 정복은 단순한 비용의 문제가 아니라 일종의 지상과제와 같은 성격을 갖기 때문이다. 지난 반세기 동안 줄곧 '한반도 장악'을 궁극적 목적으로 공언하면서 막대한 군사력을 보유하고 있는 북한이 바로 이러한 경우에 해당된다. 이러한 상대의 군사적인 위협 의지를 꺾기 위해서는 단순한 침략의 격퇴를 넘어서 보다 중요하게 여기는 대상을 파괴할 수 있음을 보여줄 필요가 있다. 그러

〈도표 3-4〉 **억지 전략의 종류와 내용**

	방식	주요 수단	상대
거부에 의한 억지	힘의 소모 유도	침략에 대한 방어, 흡수	강대국/ 잠재적 위협세력
보복에 의한 억지	상응하는 응징	상대방에 대한 파괴, 살상	동일국력 이하/ 현존하는 위협세력

므로 한국은 북한에 대해서는 전면전쟁까지 확대될 경우 '보복에 의한 억지'를 채택해야 한다.

이에 비해서 주변 강대국에 의한 안보상의 위협은 북한의 경우보다 제한적인 성격을 띄고 있다. 뿐만 아니라 중국, 일본, 러시아는 저마다 한국 이외에도 많은 안보관련 이해당사국들을 상대해야 하는 입장이다. 이들에게는 여타 강대국에 대한 역내 세력균형 상실로 이어질 만큼의 군사력 손실이나 장기간에 걸친 국력의 소모 가능성만으로도 침략 의지를 충분히 좌절시킬 수 있다. 반대로 이러한 국가들을 상대로 '보복에 의한 억지'를 채택한다면 해당 강대국이 대대적인 반격을 가할 동기를 제공할 수 있으며, 이 경우 한국은 보다 확대된 군사적 충돌과 직면하게 되어 안보상 더욱 불리한 상황에 놓이게 될 것이다. 따라서 중국, 일본, 러시아 등 주변 강대국에 대해서는 '거부에 의한 억지'를 선택하는 것이 한국에게 바람직하다.

억지 전략은 그 의사와 능력이 자국의 안보를 위태롭게 할 수 있는 세력들에게 제대로 전달되어야만 '타국에 의한 무력 위협 예방'이라는 소기의 목적을 달성할 수 있다. 기본적으로 억지 전략은 전쟁을 포함한 실제 무력 충돌이 있기 전의 위기(危機: Crisis) 상황 아래에서 적용되며, 따라서 군사력의 '사용'이 아닌 '과시'를 통해 구현되기 마련이다. 이를 위한 가장 기본적인 방법으로는 정부 차원의 의사전달을 들 수 있다. 정부의 공식 논평이나 성명, 『국방백서』를 비롯한 공공문서, 특사파견을 비롯하여 외교적 경로를 통한 입장 표명, 혹은 밀사를 통한 비공식적 의사 표시 등 여러 가지 방식이 가능하다.[221] 그러나 가장 효과적인 방식은 역시 일

221) 한국의 경우 지난 『국방백서 2006』의 내용 가운데 일부인 「제3장: 평화수호를 위한 국방태세 확립」의 제1절 "전방위 군사대비태세 유지"가 이에 해당된다. 내용을 보면 "우

정 수준의 군사력을 직접 움직여 유사시 군사적 대응에 대한 능력과 의지를 상대측에게 보여주는 것이다. 예를 들어 미국이 자국의 이해관계가 걸려있는 분쟁지역에 항공모함 전단을 보내 무력시위를 펼치는 경우처럼 말이다.

북한과 주변 강대국에 대한 한국의 억지 전략 실천은 평시의 일상적 군사활동과 군사력 배치태세에서 시작된다. 무력을 사용하여 스스로의 이익을 팽창시키려는 측은 상대적으로 경계와 준비가 미흡한 시기를 선택해서 기습을 시도할 것이 분명하기 때문이다. 이 점에서 한국은 평시에도 휴전선 일대를 비롯한 최전방은 물론 수도권으로의 접근로, 중요 기간 시설망, 바다에서의 잠재적 분쟁가능 지역(예컨대 독도나 서해 5도) 등 전략 수준의 방어 대상에 대해서, 적어도 무력충돌이 발생하는 초반에 독자적으로 전투 임무를 수행할 수 있는 '작전' 차원의 제대(육군 1개 여단~사단급, 해군 2개 이상의 전대(戰隊: Squadron)급, 공군 1개 비행대대급)를, 상시적으로 배치하거나, 해당 영역에 대한 일상적이고 지속성 있는 감시 · 경계를 실시해야 한다.[222] 특히 이들을 분산 운용하여 개별적으로 감시, 경계활동

리 군은 북한을 포함한 한반도 주변 해 · 공역에 대한 다양한 정찰 및 감시수단과 한미연합정보자산을 운용하여 24시간 감시 및 조기경보체제를 유지하고 있다. …(중략)… 이에 대해 우리 군은 언제, 어디서, 어떠한 상황이 발생하더라도 즉각 대응할 수 있는 대비태세를 유지하고 있으며, 북한군의 동향을 24시간 추적 · 감시함은 물론, 서북 5개도서와 마라도, 울릉도, 독도 등 우리 관할해역에 대한 초계활동을 강화하고 있다. 특히 서북해역에서 북한군의 도발에 대비하여 절대우위의 전력을 상시 현장에 배치함으로써 도발을 최대한 억제하고, 도발할 때 교전규칙에 따라 강력히 대응할 수 있는 작전태세를 유지하고 있다."라고 언급되어 있다. 국방부, 2006, pp.51~52.

222) 일부에서는 독도 영유권에 대한 일본의 도발 가능성에 대비하여 현재 경찰이 담당하고 있는 독도 경비임무를 국군(특히 해병대)에 맡겨야 한다는 주장이 제기된 바 있으나, 국방당국은 "독도를 국제분쟁 지역으로 부각시키려는 일본의 의도에 말려들 수 있다"는 이유로 부정적인 입장을 취하고 있다. 대신 해군 소속 전투함정과 항공기, 그리고 공군

에 임무를 한정하는 것보다는 평시에도 집단화된 부대 단위의 세력 시위(示威)에 중점을 두는 편이 상대측의 기습이 성공할 가능성을 줄여서 보다 효과적으로 전쟁 억지에 기여할 수 있다.[223)]

평시를 넘어서 '자기보존'과 '위험 예방'에 대한 위협이 더욱 구체화되는 위기 상황에 들어설 경우 한국은 전쟁 억지를 위해서 보다 격상된 조치를 실천해야 한다. 여기서 위기 상황이란 흔히 인용되는 전투준비태세, 즉 데프콘(DEFCON: Defense Readiness Condition) 5단계 가운데 데프콘 3(준비태세 강화)에서 데프콘 2(준비태세 더욱 강화)에 해당된다. 다시 말해 '중대하고 불리한 영향을 초래할 수 있는 긴장상태가 전개되거나 군사개입 가능성이 있을 때', 혹은 '상대방이 공격 준비태세를 강화하려는 움직임이 있을 때'의 경우를 뜻한다.[224)] 이러한 상황에서는 단순한 경계태세 강화[225)]뿐만 아니라 직접 분쟁관련 당사국을 향해 평시보다 확대된 규모

전투기들이 매일 독도에 대한 초계활동을 수행하며, 매년 2차례씩 '동방훈련'이라는 이름의 독도방어 훈련을 군 · 경 합동으로 실시하고 있다.

223) 강영오, 『安保 · 軍事戰略論』(한국해양전략연구소, 2003), pp.229~234.

224) 데프콘 3의 경우는 전군의 휴가 · 외출이 금지되며, 즉각 출동할 수 있는 준비태세에 들어간다. 데프콘 2가 발령되면 동원령 선포와 함께 전군에 탄약이 지급되고, 부대 편제인원이 100% 충원된다. 한국의 경우는 1953년 휴전 이후 상시적으로 데프콘 4(경계강화: 대립하고 있으나 군사개입 가능성이 없는 상태)가 발령되어 있다. 1976년 8월 판문점 도끼만행 사건 당시에는 데프콘 2까지 발령되었으며, 1999년 6월 제1차 연평해전에서는 데프콘 3에 준하는 전투경계태세 강화가 내려지기도 했다.

225) 데프콘과 별도로 '워치콘(WATCHCON)'이라는 정보감시태세가 있는데, 역시 5단계로 등급화되어 있다. 일상적 상황인 워치콘 5, 잠재적 위협이 존재하여 계속적인 감시가 요구되는 워치콘 4, 국가안보에 중대위협이 초래될 우려가 있을 경우 감시태세를 강화시키는 워치콘 3, 국가안보에 현저한 위험이 발생할 징후가 나타날 경우 보다 다양한 정보수집 및 감시, 분석이 이루어지는 워치콘 2, 그리고 상대방의 도발이 명백해질 경우의 워치콘 1로 나뉜다. 단계가 격상될 때마다 첩보수집 수단과 분석담당 요원도 보강된다. 한국의 경우 휴전 이후 북한에 대해 평상시 워치콘 4를 유지해 왔으나 지난 1999년

와 전투수행 능력을 갖춘 무력시위의 병행이 요구된다. 육군 2개 이상의 군단급, 해군 1개 전단(戰團: Flotilla)급, 그리고 공군 1개 비행전대급 등 전략 수준에 준하는 규모의 병력을 실제 군사적 대결이 예상되는 전·후방 영역으로 투입, 무력시위에 동원하는 것이다.

이 단계에서는 아직 군사력의 실제 사용이 아닌 '존재 및 사용 가능성'의 과시를 전제로 하므로 주로 북한이나 주변 강대국의 도발에 대한 거부, 격퇴(擊退: Defeat) 성격을 띠는 병력을 투입하게 된다. 다만 북한에 대해서는 '보복에 의한 억지' 원칙에 따라 전·후방에 투입되는 주요 무력시위 전력에 상륙, 폭격 등 공세적인 작전수행 능력을 갖춘 병력의 일부를 포함시켜 즉각적인 응징 능력의 존재까지 인식시킬 필요가 있다.

(3) 실전 전략

외교에 의한 평화적인 노력, 그리고 억지 전략을 통한 군사력의 시위에도 불구하고 끝내 전쟁을 비롯한 외부 세력과의 무력 분쟁을 막지 못했을 경우 한국의 선택은 군사력을 직접 사용하여 침략자의 의도를 분쇄시키는 것뿐이다. 실전(實戰: Real Warfare)전략은 바로 이를 위해서 존재한다. 억지 전략과 달리 실전 전략은 국지적이든, 전면적이든 무력 충돌에 이미 돌입한 상황을 전제로 한다. 군사력이란 기본적으로 전쟁의 가능성에 대비하는 것을 존재의 의의로 두기 때문에 어떤 국가든지 실제 전쟁을 수행하기 위한 군사전략을 준비, 실천할 수 있어야 한다.[226)]

제1차 연평해전에서 워치콘 3이 발령되었으며, 이후 정보수집의 필요성이 증대되면서 현재까지 유지되고 있다. 국방부 정책실 편, 2002, p.55.

226) 이 점에서 조선시대 후기의 실학자 다산(茶山) 정약용의 저서 『목민심서』(牧民心書)

실전 전략은 국가의 안전보장을 위한 최후 조치로서의 성격을 갖게 되며, 그 궁극적인 목적은 두말할 필요도 없이 '승리'에 있다. 더글라스 맥아더 원수도 말했듯이 "전쟁에서 승리를 대신해줄 수 있는 것은 아무것도 없다(In war, there is no substitute for victory)." 그렇다면 무엇이 승리인가? 단순히 상대방보다 많은 병사들을 살상하거나 무기, 건물을 파괴했다면 곧 승리했다고 할 수 있는 것일까? 그렇지 않다. 설령 전투에서 상대방을 압도했을지라도 자국의 인구 대부분과 국력의 기반을 상실한 후라면 패배한 것이나 마찬가지다. 자국이 소중히 여기는 것을 외부 세력의 무력 침공으로부터 온전히 지켜냈을 때 비로소 참된 승리로 인정받을 수 있다. 요컨대 실전 전략의 목적은 '생존과 번영이 보장되는 승리'로 정의된다.

실전 전략은 각국이 채택하는 국가전략에 따라 분류될 수 있다. 우선 크게는 현상유지와 현상타파 가운데 어느 쪽을 지향하는가에 따라 각각 '방어' 전략과 '공격' 전략으로 나뉘며, 방어와 공격 전략도 그 실천방식에 따라 세분화된다. 우선 방어 전략의 경우, 가장 전형적인 유형은 '수동방어(受動防禦: Passive Defense)' 전략이다. 이것은 외부 세력이 먼저 자국에 군사적인 적대행위를 가한 이후에 비로소 대응 태세에 들어가는 전략으로, 전쟁 수행의 공간적 범위 또한 국내 영토에 국한된다. 주로 광활한 영토나 험준한 지형, 극도의 더위 혹은 추위처럼 외부 침입세력의 신속한 전쟁수행을 어렵게 하는 자연, 환경적 배경을 갖춘 국가들에게 적합한 전략으로, 장기간의 저항을 통해 침략해온 외적들의 전력을 소모시켜 스스로 물러나도록 하는 방식이다. 대표적인 사례로는 고구려의 청야입보(淸

중에 나온 다음의 문구는 시사하는 바가 크다. "군대는 백 년 동안 사용하지 않을지라도 단 하루도 전쟁에 대비하는 것을 소홀히 해서는 안된다(兵可百年不用 不可一日無備)"

野入保: 마을을 비우고 성안에서 싸우는 것) 전법, 나폴레옹 보나파르트와 아돌프 히틀러의 침략을 좌절시킨 러시아의 혹한, 베트남전쟁 당시 밀림을 근거지로 미국과 싸운 북베트남, 일본의 전수방위 원칙 그리고 마지노선이라는 거대한 방어요새를 구축한 제2차 세계대전 초반의 프랑스를 들 수 있다.

방어 전략의 또 다른 유형으로는 '능동방어(能動防禦: Active Defense)' 전략이 있다. 외부 세력의 침략을 저지하는 것으로 목적이 한정된다는 점에서는 수동방어와 같지만, 자국의 영토와 국민이 상대측의 공격을 받을 때까지 마냥 기다리지 않는다는 점에서 근본적인 차이가 있다. 이 전략에서는 상대방의 군사적 침범과 거의 동시 혹은 직후에 즉각 군사적인 대응에 돌입하며, 상대방이 의심의 여지없는 공격태세를 보일 경우 먼저 자국 영토밖에 배치된, 상대측의 공격용 전력을 공격하는 '선제조치(先制措置: Preemptive Measures)'도 배제하지 않는다.[227] 영토의 크기가 작아서 단기간의 침공만으로도 안보에 치명타를 입을 수 있는 국가들에게 적합한 전략이라고 할 수 있다. 이스라엘이 1967년 6월 아랍 제국을 상대로 감행한 '6일전쟁'과 1981년 6월 7일 완공 직전이었던 이라크의 오시라크 원자로를 공습, 파괴한 것이 가장 대표적인 사례다. 근래에 대만이 중국의 침공 가능성에 맞서 계획 중인 '제헌건국(制憲建國) 전쟁', 일명 '독전갈(毒蝎)' 전략도 여기에 해당된다. 이 계획에는 중국이 무력침공을 시도할 경

227) 여기서 '선제조치'란 위협의 조성이 가시적으로 확인될 수 있는 특정 상황을 전제로 한 것이다. 따라서 구체적인 징후 없이 단순히 상대측의 군사적 능력이 자국의 안전에 불리하게 사용될 수 있다는 추측에 기반을 둔 '예방전쟁(豫防戰爭: Preventive War)'을 포함한 '사전조치(事前措置: Proactive Measures)'와는 구분되어야 한다. 선제조치와 사전조치의 차이점에 대한 보다 자세한 논의는 김재엽, "예방적 군사행동이 정당화되기 위한 조건들에 관한 고찰", 「軍事世界」, 2004년 1월호를 참고.

우 대만은 공군의 전투기와 각종 미사일을 동원하여 중국의 10대 주요도시, 그리고 세계 최대의 수력발전소인 싼샤(三峽)댐 등을 선제공격한다는 내용이 포함된 것으로 알려져 있다.[228)]

방어 전략이 현상유지를 선호하는 국가들의 군사력 사용 방책이라면, 공격 전략은 현상타파를 지향하는 국가들이 군사력을 운용하는 방식이라고 할 수 있다. 공격 전략의 한 유형으로는 '한정공격(限定攻擊: Limited Offense)' 전략이 있다. 이것은 특정 국가로 하여금 자국의 의도에 따르도록 강요하는 것에 군사력 사용의 목적이 국한된다. 따라서 공격의 대상과 범위 또한 상대국의 의지에 타격을 줄 수 있는 일부분에 그치며, 장기간에 걸친 봉쇄(封鎖: Blockade)가 병행될 수도 있다. 사담 후세인 정권 시절 이라크의 쿠웨이트 침략 격퇴를 목적으로 일어난 지난 1991년의 제1차 걸프전쟁이나 신유고연방의 코소보 난민학살 중단을 관철시키기 위해 지난 1999년 3월 미국 주도로 NATO가 단행한 코소보 전쟁(일명 Operation Allied Force)이 대표적인 경우에 해당된다.

한정공격 전략이 점진적 현상타파를 지향하는 국가의 실전 전략인데 비해서 급진적 현상타파를 국가전략으로 삼는 나라들은 '총력공격(總力攻擊: Total Offense)' 전략에 따라 군사력을 사용한다. 이 전략에서는 자국의 주요 국익에서 갈등관계에 있는 국가를 아예 정복하거나 적대적인 정권을 제거하는 것을 목적으로 하며, 따라서 군사력 사용의 범위 역시 상

---

228) 대만은 지난 1995~1996년 중국의 탄도미사일 무력시위를 계기로 독자적인 미사일 개발을 추진해 왔으며, 특히 자체개발한 '슝펑(雄風)' 대함미사일을 발전시킨 사거리 600~1,000km의 지상공격용 순항미사일 슝펑-2/3이 최근 1~2년 사이에 시험발사에 성공하면서 실전배치를 눈앞에 두고 있다. 황유성, "대만, 中대륙 선제공격案 수립", 「동아일보」, 2004년 6월 11일자.

대 국가의 영토 전체를 대상으로 둔다. 알렉산더 대왕, 칭기즈칸, 나폴레옹, 히틀러 처럼 영토의 팽창을 국가의 첫째목표로 삼는 지도자와 정부, 혹은 19세기 미국 남북전쟁이나 제2차 세계대전 후반 미국 · 영국 · 소련 연합국처럼 쌍방간에 총력전을 펼칠 경우 주로 채택하는 전략이라고 할 수 있다. 후세인 정권의 타도를 목적으로 미국 부시 행정부가 일으킨 2003년의 제2차 걸프전쟁은 총력공격 전략이 실천된 가장 최근의 사례에 해당될 것이다.

방어 전략이란 기본적으로 자국의 영토 이내에서 침공하는 상대측의 군사력과 맞서는 것이며, 이는 '육지 · 해양 · 공중에서의 전쟁(War AT Land-Sea-Air)'에 근간을 두고 있다. 구체적으로는 육군의 지역 · 기동방어, 해군의 해양통제 · 해양거부, 공군의 방공(초계 · 요격 · 지대공 교전 등)이 여기에 해당한다. 반면 공격 전략은 여기서 더 나아가 군사력을 상대측의 영역에 행사하여 자국의 의지를 강제하는 것이므로 '육지 · 해양 · 공중으로부터의 전쟁(War FROM Land-Sea-Air)'이 주류를 이룬다. 즉, 육군의 포격(砲擊) · 고속 기동진격 · 점령, 해군의 함대지 타격 · 상륙, 공군의 폭격 · 항공차단 등을 뜻한다.

여러 차례 설명했듯이 한국은 국토면적이 협소하여 전방위에 걸친 동시 전장화가 가능하며, 인구와 국력의 상당부분이 집중되어 있는 수도권은 불과 40km 북쪽의 휴전선 근처에 전진배치된 북한 공격용 전력의 위협에 노출되어 있다. 주변 강대국들과도 바다를 통해 접근이 가능할 뿐만 아니라 항공 전력으로는 1시간 이내에 도달할 정도의 위치에 있다. 통일 이후에는 중국, 러시아라는 대륙의 두 강대국과 다시금 직접 국경을 맞대게 된다. 그만큼 군사적인 충돌이 발생할 경우 대응에 필요한 여유시간이 짧으며, 전쟁의 승패와 인적 · 물적 기반의 안전 여부가 개전 후 불과 몇

〈도표 3-5〉 실전 전략의 종류와 내용

종류	시간	범위	대상	목적
수동 방어	외부침공 이후/ 장기 저항	자국 영토 내부	침공한 외부 군사력	격퇴
능동 방어	외부침공과 동시 혹은 직후/ 단기 결전	자국 영토 내부와 상대국 일부	침공하거나 침공할 수 있는 외부 군사력	무력화
한정 공격	상관없음	상대국 영토 일부	상대국의 군사력과 국력 일부	강요
총력 공격	상관없음	상대국 영토 전체	상대방의 군사력과 국력 전체	정복

시간에서 며칠 이내에 좌우될 수밖에 없는 여건에 놓인 것이다.

따라서 한국의 국가안보를 위한 최선의 실전 전략은 '능동방어'라는 결론이 자연스럽게 나오게 된다. 즉, 북한과 주변 강대국의 군사적 침범으로부터 거의 동시에, 최대한 빨리 응전태세로 돌입하여 전쟁 초반에 결정적으로 외부 세력의 침공을 좌절시키는 것이다.

전략의 기본은 자신의 강점을 극대화하는 동시에 약점을 보완 · 극복하고, 상대측에 대해서는 그 반대가 되도록 강요하는 것이다. 흔히 군사력 운용의 원칙으로 여러 가지가 인용되지만,[229] 특히 핵심적인 비중을 차지하는 것은 '목표'와 '집중' 그리고 '주도권'이다. 다시 말해 자국을 침공하거나 침공할 수 있는 상대측의 군사력을 그 위협능력의 비중에 따라 체계화 및 서열화하고, 그 가운데서 가장 큰 위협이 되는 적 능력을 보다

229) 이는 흔히 '전쟁의 원칙'이라고 알려진 것으로 "전쟁에서 승리하기 위해서 군사력 사용에 적용되어야 하는 공통적이며 보편적인 요소"를 뜻한다. 각국의 군마다 채택하고 있는 내용들은 약간의 차이가 있지만, 일반적으로 공세, 기습, 기동, 집중, 기만, 보안, 지휘통일 등이 포함된다. 박휘락, 『전쟁, 전략, 군사입문』(법문사, 2005), pp.44~66.

신속하고 효과적으로 제압하기 위한 임무에 중요 군사력을 집중시켜야 하는 것이다. 그리하여 전쟁 자체를 아군(我軍)이 의도한대로 이끌어 나가는 행동의 자유를 확보할 수 있게 된다. 한국의 실전 전략은 한국군이 '목표', '집중', '주도권'의 원칙을 최대한 발휘할 수 있도록 기여하는 한편으로, 북한과 주변 강대국의 전력은 이를 제대로 수행하지 못하게끔 강요하는 것에 주안점을 맞추어야 한다. 이제부터 위와 같은 목적들을 '능동방어' 전략에 입각하여 어떻게 달성할 것인지를 구체적으로 살펴보자.

1) 목적

실전 전략을 세우는 과정에서 가장 먼저 제기되는 기본적인 문제는 "무엇을 위해서 군사력을 사용해야 하는가?"일 것이다. 만일 외부 세력의 침범이 핵심적 이익, 즉 '위험 예방' 이하에 해당하는 일부 영역을 상대로 하는 제한된 국지전 성격을 띤다면, 한국의 실전 전략은 단순히 해당 침공전력을 '육지 · 해양 · 공중에서의 전쟁'을 통해 격파하면서 한국의 주권적 관할영역(영토와 영해, 영공, 그리고 EEZ 및 대륙붕, KADIZ 이내의 공역(空域) 포함) 밖으로 몰아내는 것에서 그쳐야 할 것이다. 그러나 만일 북한과 주변 강대국들이 한국의 사활적 이익, 즉 '자기보존' 이상을 침해하려는 의도를 갖고 침략을 가한다면 이야기는 달라질 수밖에 없다. 다음과 같은 경우들이 이에 해당된다.

- 육군 1개 야전군(野戰軍: Field Army), 해군 1개 함대(艦隊: Fleet), 공군 1개 비행단(飛行團: Flight Division) 이상의 병력동원
- 2개 이상의 방향에 걸친 작전 수준 병력의 동시 침공
- 대량살상 능력을 보유한 전력의 실전 준비태세 돌입

• 핵심적 이익 영역에 대한 작전 수준 병력의 반복된 침범

타국으로부터 위와 같은 사항 가운데 어느 하나라도 포함되는 군사적 침공 태세가 나타나거나 실행된다면, 한국은 이를 전면전쟁에 해당하는 위협으로 규정하여 보다 강도높은 실전 전략을 실행에 옮겨야 한다. 즉, 단순히 침공해온 상대측의 탱크, 야포, 군함, 전투기 등에 대한 '육지 · 해양 · 공중에서의 전쟁'을 넘어서, 남아있는 북한과 주변 강대국의 가용한 전략 수준의 위협전력들에 대한 '육지 · 해양 · 공중으로부터의 전쟁'으로까지 확대하여 이들이 한국을 위협할 수 있는 능력을 제거하는 '무력화(無力化: Neutralization)'가 궁극적인 목적이 되어야 한다.

한국이 '북한과의 평화적 공존 및 통일' 그리고 '동북아시아의 공동번영'을 정책 목적으로 삼는 이상 북한과 주변 강대국의 정권을 타도하거나 그 영토를 영구히 점령, 병합하기 위한 작전은 실전 전략에 포함될 수 없다. 대신 이들이 한국의 영토와 국민들을 대규모로 파괴 · 살상하거나 정상적인 국가 운영에 필수적인 활동을 방해하는데 쓰일 수 있는 군사력을 동원하려 할 때, 한국이 이를 선별적으로 파괴하는 것은 한국의 정책 목적에 어긋나지 않으며, 오히려 기여할 수 있다. 북한이 한국과 외부세계를 상대로 소위 '벼랑 끝 전술'을 지속할 수 있도록 하는 위협능력들을 상실한 후에는 이제까지 '한반도 장악' 노선을 대내적인 독재체제 유지의 근거로 삼아왔던 북한 정권의 존립 기반은 결정적으로 약화될 것이며, 이는 한국의 화해 · 협력정책에 대한 안정성과 정당성을 높이기 때문이다. 또한 합의에 의한 평화적인 통일의 가능성을 더욱 높이는 여건을 조성하여 북진 · 흡수통일에 비해 내부적인 갈등이나 주변 강대국의 개입 우려도 낮아질 수 있다.

2) 대상

실전 전략을 통해 달성하고자 하는 군사적인 목적이 정해졌다면, 그 다음의 질문은 "무엇을 군사력 사용의 대상으로 할 것인가?"라고 할 수 있다. 쉽게 말해서 표적(Target)의 설정에 관한 문제인 셈이다. 보통 군사 임무에서 표적은 4가지로 세분화되는데, 먼저 첫 번째는 전투부대와 이들이 보유한 무기체계를 비롯한 '유형 군사력'이다. 두 번째 표적으로는 주요 생산 및 비축, 연구개발 시설처럼 잠재적으로 군사력 증감과 직결되는 '잠재적 능력'을 들 수 있다. 다음으로 세 번째는 군용기지와 시설, 통신망, 병참(兵站)·교통로와 같이 군사력을 효과적이고 지속적으로 발휘하기 위해 필수적인 '지원·소통체계'다. 그리고 네 번째 표적인 '정치, 군사지도부'와 '불특정 다수의 민간인'은 상대측의 전쟁수행 의지와 심리를 직접 공격하는 효과를 발생시킨다.

능동방어 전략은 그 목적상 방어 지향적이기 때문에 상대측 국가의 사활적·핵심적인 이익에 직접적인 손실을 가할 수 있는 표적은 군사력 사용의 대상에서 원칙적으로 제외한다. 이러한 점에서 북한과 주변 강대국의 '정치, 군사지도부' 그리고 '불특정 다수의 민간인'을 겨냥한 군사작전은 우선순위를 낮출 수밖에 없다. 대신 이들의 '유형 군사력' 가운데 한국의 '전략' 차원 방어대상을 위협할 수 있는 전형적인 공격용 전력들을 1차적인 표적으로 설정해야 할 것이다. 클라우제비츠의 표현을 빌리자면 '무게중심(Center of Gravity)'이라고 할 수 있다. 구체적으로는 아래와 같다.

- 휴전선 인근에 전진배치되어 있는 북한의 장거리 야포, 대규모 육·해·공 기동병력
- 북한의 대량살상무기 및 발사수단

- 한국의 해양관할권과 해상교통로를 위협할 수 있는 주변 강대국의 주력 수상 전투함, 잠수함
- 한국 주변 상공으로의 장거리 침투가 가능한 주변 강대국의 다목적 전투기, 폭격기

특히 북한에 대해서는 '보복에 의한 억지' 전략의 연장선상에서 유사시 이들에 대한 철저한 파괴가 이루어져야 한다. 가장 우선적인 무력화 대상은 서울과 수도권을 직접 초토화할 수 있는 240mm 방사포 200문(11개 대대 규모)과 170mm 자주포 100문(6개 대대 규모), 한국 영토 전체를 사거리 안에 두고 있는 60여 대의 스커드, 로동 탄도미사일 발사대, 그리고 이들을 통해 발사될 수 있는 핵 · 생물 · 화학무기 등 대량살상무기의 비축시설과 생산공장들이다. 즉, 북한의 악명높은 '벼랑 끝 전술'을 가능하도록 만드는 대표적인 협박 수단들 말이다. 평시의 정치 · 군사적인 강압 효과는 물론 유사시 북한의 대남 기습침공이 성공하느냐의 여부를 좌우하게 될 이들 전력을 한국이 개전 초기에 제압할 수 있다면, 북한으로 하여금 침략의 실패를 인정시켜 단기간에 전쟁을 끝낼 수도 있다.

만일 이후에도 북한이 기갑, 기계화보병, 군함, 전투기를 비롯한 기동전력을 동원하여 남침을 계속해 나간다면 어떻게 해야 하는가? 이 경우는 북한의 군사적인 적대행위가 사실상 전면전쟁 차원으로 확대된 것을 의미하며, 때문에 한국은 최소한 평양~원산 이남에 배치되어 있는 북한 육 · 해 · 공 기동전력들 만큼은 모두 파괴, 격멸시키는 것을 목표로 삼아야 한다. 북한 군사력의 대다수가 포함되는 평양~원산 이남의 병력을 잃는다면 북한은 두 번 다시 한국 영토의 점령을 시도하지 못하게 될 것이기 때문이다. 특히 휴전선 전방지역에 침범한 적의 선두병력뿐만 아니라,

증원 과정에 있는 후속 기동부대와 기지를 함께 공격 대상에 포함시켜서 수도권을 겨냥한 이들의 압력이 집중되는 것을 막아야 할 것이다.

북한은 한국의 방어태세 붕괴를 노리는 전쟁 초반이나 전세가 역전되어 패색이 짙어진 후 최후 저항의 상황에서 대량살상무기를 사용할 가능성이 높다. 어떤 경우든지 이들이 사용된다면 한국이 막대한 인적 · 물적 피해를 입을 것은 불 보듯 훤한 일이다. 따라서 전쟁 초반부터 이들을 우선적으로 무력화시켜야 할 필요성이 절실하다. 하지만 이 가운데서도 '잠재적 능력'에 해당하는 대량살상무기의 생산, 비축, 연구개발 시설들은 대부분이 북한 전역에 흩어져 있으므로 이들을 짧은 시간 동안에 모두 제거하기는 매우 어렵다. 그러므로 그 발사수단이 되는 장거리 야포 전력과 탄도미사일 발사대, IL-28 폭격기, 그리고 상대적으로 전방과 가까운 비축시설 등부터 공격 대상으로 삼아야 할 것이다. 이후 북한의 조직적인 침공 능력이 약화되면 남아있는 북한의 대량살상무기 관련시설에 대해서도 철저한 보복을 단행해야 한다.

한국은 "북한의 대량살상무기, 특히 핵무기와 관련된 부대 및 시설을 겨냥하여 군사력을 동원할 것인가?"의 여부에 대해 다음의 3가지 선택을 고려할 수 있다. 첫 번째, '핵문제의 평화적 해결'이라는 명분 아래 군사력의 사용을 아예 배제하는 것이다. 그러나 이는 북한의 핵무장 포기를 유도하기 위해 영향력을 가할 수 있는 수단을 제한시키기 때문에 바람직하지 않다. 두 번째, '북한의 핵무기 확보를 막기 위해' 생산 및 개발, 저장 시설을 파괴하는 것이 있다. 지난 1981년 이스라엘의 오시라크 원자로 공습이 여기에 해당하며, 제1차 북핵위기가 최고조로 치달았던 1994년 6월 미국 정부도 그 가능성을 심각하게 검토하였다.[230] 하지만 영변 5MW 원자로를 비롯한 주요 핵관련 시설이 파괴될 경우 엄청난 양의 방사능이

유출되어 심각한 환경재난이 발생할 수 있으며,[231] 우라늄 농축시설을 비롯해서 영변을 제외한 지역에 이미 존재할 수도 있는 핵개발 관련 시설들은 제거하기 어렵다는 명백한 한계가 존재한다. 특히 2003년 이후 북한이 약 50kg 내외의 플루토늄을 손에 넣고 핵실험까지 실시한 지금 시점에서는 더더욱 그 실효성이 떨어진다. 그러므로 한국이 선택할 수 있는 세 번째 대안은 '북한의 실제 핵무기 사용을 막기 위해' 핵탄두와 발사수단을 먼저 제거하는 것밖에 없다.

주변 강대국에 대한 실전 전략의 경우, 한국은 이들의 거대한 군사력을 모두 상대하는 부담을 감수할 필요가 없다. 앞에서도 언급했듯이 중국과 일본, 러시아는 국경과 해양 영유권에 관하여 서로 분쟁당사국이며, 동북아시아 지역 질서의 주도권을 놓고서도 경쟁관계에 있다. 때문에 한반도의 지정학적 중요성에도 불구하고 이들 강대국은 자신들의 군사력 전체를 한국을 상대하는데 동원할 입장이 못 되는 것이다. 여기에 '동북아시아의 균형세력'을 자처하는 미국의 군사력을 염두에 둔다면 이는 더욱 분명해진다. 따라서 한국은 한반도와 그 주변해역 및 해상교통로, 그리고 KADIZ 이내의 공역을 위협할 수 있는 중국, 일본, 러시아의 해군과 공군전력 가운데 해당 국가가 동북아시아 패권경쟁에서 주도적인 영향력을 상실할 수 있는 정도의 손실, 즉 최소 1/3에서 최대 절반 이상만을 상대할 수 있다면 충분할 것이다. 특히 지리적으로 한국에 가장 먼저 투입

---

230) Ashton B. Carter and William J. Perry, *Preventive Defense: a New Security Strategy for America* (Washington D.C: Brookings Institution Press, 1999), pp.123~142.

231) 조선일보 특별취재반, "북 영변원자로 2개 가동 중 동시 파괴땐 중 · 일도 대규모 방사능 피해", 「조선일보」, 2007년 1월 4일자.

될 수 있는 기지에 배치 중인 군함, 전투기들을 우선적인 대상에 포함시켜야 함은 물론이다.

한국은 전반적인 국력에서 주변 강대국과 전면전쟁을 치르기에는 불리한 입장이다. 그러므로 전략 차원의 방어 대상을 둘러싼 주변 강대국과의 무력 충돌이 확대된다면 한국은 이들 국가의 병력 자체, 즉 '유형 군사력'뿐만 아니라 작전능력 지속을 뒷받침하는 '지원 · 소통체계'에 대한 무력화도 함께 실시해야 한다. 바다와 하늘에서의 전투가 시작되는 한편으로 주력 전투기와 폭격기가 배치된 공군기지, 인근 교통 · 지원시설을 겨냥한 공습 및 항공차단을 실시하고, 원거리 항해가 가능한 대형 수상전투함과 잠수함 등이 정박 중인 군용항구 주변에 대해서도 직접 공격 내지 기뢰부설을 수행해야 한다. 그리고 해군, 공군 전력을 이들 국가의 해상교통로에 대한 봉쇄 및 습격, 즉 통상파괴전(通商破壞戰: Commerce Raiding)에 투입하여 전쟁 지속능력을 전쟁 초반부터 소모시켜야 할 것이다.[232)]

능동방어 전략에 입각한 한국의 실전 전략은 주변 강대국의 경우에도 '거부에 의한 억지' 전략의 연장선상에서 이들의 군사력과 직 · 간접적으로 연결되는 요소, 즉 '유형 군사력'과 '지원 · 소통체계'가 우선적인 표적이라는 점을 원칙으로 해야 한다. 자칫 한국에 대한 대규모의 확전(擴戰)을 불러올 구실이 될 수 있는 비군사적 표적에 대한 보복은 기본적으로

232) 통상파괴전이란 "상대측의 전쟁지속능력, 의지를 약화시키기 위해 상선을 공격, 격침시키는 해군 작전"을 뜻한다. 주로 해군력이 강하지 않은 국가에서 해상운송에 대한 의존도가 높은, 강한 해군을 보유한 국가를 대상으로 실시하는데, 두 차례의 세계대전에서 독일 해군이 잠수함 U-보트를 동원하여 영국 등 연합국의 상선을 다수 격침시켰던 것이 가장 대표적인 사례다. 해군 전투발전단, 『해양전략용어 해설집』(해군본부, 2004), p.141.

한국의 선택사항이 되기 어렵다. 다시 말해서 사세보(佐世保: 일본 해상자위대 제2 호위대군 소재지)나 요코스카(横須賀: 해상자위대 호위함대 사령부 소재지), 고마쓰(小松: 항공자위대 제6항공단 소재지), 칭다오(青島: 중국 북해함대 사령부 소재지) 등에 대한 공격은 가능할지 몰라도, 도쿄(東京)와 오사카(大阪), 베이징(北京), 상하이(上海)같은 대규모 민간 지역이 대상에 포함되어서는 안 된다.

3) 공간

이것은 "어디서 군사력을 사용할 것인가?"라는 질문에 대한 답이라고 할 수 있다. 한국은 국가의 심장부인 수도권이 북쪽으로 불과 40km 떨어진 휴전선 인근에 배치된 수십만 규모의 북한군 병력과 맞서고 있으며, 영토 전체가 북한의 탄도미사일과 주변 강대국의 군함 및 전투기들의 작전범위 이내에 포함된다. 이러한 조건 속에서 만일 한국이 군사력 사용의 공간적 범위를 자국의 영토, 영해, 영공 이내만으로 한정시킨다면 어떻게 될까? 무력 충돌에 따른 대부분의 인적, 물적 손실은 휴전선 이남과 한반도 이내에서 일어날 것이며, 군사적인 승패 여부와는 무관하게 한국만이 일방적인 피해를 감수할 수밖에 없게 된다. 이것은 '생존과 번영이 보장되는 승리'라는 목적과 어긋나는, 결코 용납할 수 없는 일이다.

따라서 한국의 실전 전략은 능동방어 전략에 따라 영토와 영해, 영공으로부터 최대한 멀리 떨어진 한반도 주변공간에서 북한과 주변 강대국들의 군사적 침범을 막아내고, 영토 내에서의 무력충돌 가능성을 최소화시키는 것에 초점을 두어야 한다. 무력 충돌이 전면전쟁 혹은 그에 준하는 수준으로 악화된다면, 군사력 사용의 범위를 적의 '유형 군사력'과 '지원 · 소통체계' 등이 위치하는 상대측의 영토 일부 및 주변해역으로까지 확대하는 것도 가능하다. 이와 같은 '제2전선'의 구축은 해당 국가가 군사력을 분산시키도록 강요하며, 그 결과 한국을 겨냥한 군사적 침공에 역량을 집중시키는 것을 방해하여 한국이 전쟁에서의 주도권을 보다 빨리 회복하는 효과로 이어질 수 있다.

한국의 실전 전략은 한국군의 전장 공간을 다음의 3개 범위로 설정해야 한다.[233] 첫째, '확대된 전장'은 지리적으로 한국의 국가안보와 직결되는 범위를 최대한으로 확대시킨 것이며, 유사시에 한국군이 제2전선 형성을 시도할 수 있는 공간이기도 하다. 여기에는 ① 북방항로와 남방항로를 비롯한 주요 해상교통로, ② 북한과 주변 강대국 내부의 전략급 무기체계(탄도미사일, 대량살상무기, 대형 군함, 다목적 전투기, 폭격기 포함) 배치 지점 등을 포함한다.

둘째, '완충 전장'이란 영토와 영해, 그리고 영공에 대한 현존 내지 잠재적인 위협세력의 직접적인 침공을 막아내기 위해서 반드시 확보해야 하는 일종의 여유공간이다. 한국군은 바로 이 공간을 주요 전장이자 북한과 주변 강대국에 의한 군사적 침범을 저지하는 기준으로 삼아야 한다. 여기에는 ① 육지의 휴전선 전방지대, ② 통일 이후 중국 및 러시아와의 국경지대, ③ 서해 5도와 NLL을 비롯한 전방해역, ④ 대륙붕과 EEZ를 포함한 한반도 주변해역과 주요 도서, 그리고 ⑤ KADIZ 이내의 공역 등이 포함된다. 제2장에서 설명했던 '핵심적 이익'과 연관된 지리적 거점들이 대부분 여기에 해당한다.

그리고 셋째, '최종 전장'은 한국의 직접적인 주권 관할영역인 영토와

233) 군 당국은 이 개념을 각각 '감시권(관심영역)'과 '방위권(관할영역)' 그리고 '결전권(주권영역)'이라는 명칭으로 구분한다. 국방부 군사혁신단, 『한국적 군사혁신의 비전과 방책』(국방부, 2003), pp.69~70.

영해, 그리고 영공으로 구성된다. 국가 자체의 생존을 지키기 위해 더 이상 양보할 수 없는 마지막 방어 대상이라고 할 수 있다. 한국군은 북한과 주변 강대국들이 이들 영역을 직접 공격, 침범하지 못하도록 총력을 기울이는 한편으로, 일단 해당 공간 이내에서의 전투가 불가피해진다면 어떠한 대가를 치러서라도 적을 격퇴해낼 수 있어야 한다.

4) 시간

능동방어 전략의 수행에서 빼놓을 수 없는 또 다른 요소는 바로 시간이다. 이를 좀 더 구체화하면 다음의 2개 질문과 그에 대한 답으로 연결된다. 첫째는 "어느 시점에서(When) 군사력을 사용할 것인가?"이며, 그리고 둘째는 "얼마나 오래(How long) 군사작전을 지속할 수 있어야 하는가?"이다.

언뜻 생각하기에는 한국의 전반적인 국력이 북한을 압도하기 때문에 장기전을 선택하는 쪽이 유리하다고 판단할 수도 있다. 하지만 북한의 전진배치된 공격용 전력을 코앞에 두고 있는 수도권과 동시 전장화의 표적이 될 수 있는 협소한 국토면적을 생각할 때, 한국의 국력 우위는 전쟁 초반 북한의 기습으로 무용지물이 될 위험성이 높다. 한국보다 월등히 국력이 우세한 주변 강대국들과 상대할 경우에도 장기전은 그다지 유리한 선택이 되기 어렵다.

그러므로 한국은 기본적으로 단기간 이내의 결전에서 상대측의 침공능력을 무력화하고, 그 의도를 좌절시키도록 해야 한다.[234] 다시 말해 북한의 대규모 기습을 허용하지 말아야 하며, 주변 강대국에 대해서도 장기

234) 이것은 흔히 '거부적 적극방위 전략'이라는 개념으로 알려져 있다. 국방부 군사혁신단, 2003, pp.64~67.

간에 걸쳐 전쟁을 수행하기 어려운 상황을 적극적으로 조성할 필요가 있다. 이를 위해 데프콘 3에서 데프콘 2에 해당하는 위협 징후가 감지되는 시기부터 전략 수준의 위협전력들을 제거하기 위한 준비태세에 돌입해야 한다. 흔히 다음과 같은 내용들을 비롯한 여러 가지 동향이 전쟁준비의 징후로 인용된다.[235]

- 지속적인 해외 군수물자 조달 증가
- 외국공관과의 비정상적 접촉활동
- 국내 물자비축 강화
- 군사 훈련활동의 급격한 변화
- 군내 통신량의 급격한 증감

북한의 경우 이미 전체 병력의 절반 이상을 차지하는 공격용 전력이 언제든지 한국을 상대로 기습 공격을 가할 수 있는 위치에 배치되어 있다는 점을 생각할 때, 그 징후를 알아내는 것은 분명 쉽지 않은 일이다. 그러나 전면전을 위해서는 한국 영토의 신속한 점령임무를 수행하게 될 기갑, 기계화보병 등의 기동전력이 기존의 위치에서보다 전방으로 이동해야 할 필요성이 있으므로, 이들의 대규모 이동을 근거로 대비에 들어갈 수는 있다. 또한 북한의 대표적인 전략수준 위협으로 평가되는 장거리 야포 전력은 사격을 위해 지하 갱도에서 출구개방 → 포격준비 → 포격 → 이동 → 출구폐쇄 등의 과정이 걸리며, 소요시간은 170mm 자주포가 34분, 240mm 방사포는 19분 정도 걸린다. 포격 직전에 노출되는 시간은

235) 장명순, 1999, p.275

170mm 자주포의 경우 14분이며, 240mm 방사포가 7분이다.[236] 여기에 후속사격을 위한 준비시간도 적지 않게 요구된다. 한국 영토 전체를 겨냥할 수 있는 북한의 스커드, 로동 탄도미사일도 모두 액체연료를 사용하기 때문에 발사를 위해서는 상당한 시간이 걸린다.

한국은 이와 같은 북한의 취약점을 최대한 활용하여 북한이 전면적인 장거리 야포, 탄도미사일의 대규모 발사를 감행하기 전에 이들을 겨냥한 선제조치를 실시하여 노출되었을 때 제거하거나, 지하시설의 입구를 파괴하여 아예 나오지 못하도록 해야 한다. 설령 해당 전력의 일부에 의한 기습을 막지 못하는 경우에도 전체의 기습공격, 또는 후속 사격만큼은 허용해서는 안된다. 장거리 야포의 포탄과 탄도미사일은 대량살상무기를 장착할 수 있을 뿐만 아니라 탱크나 군함, 전투기와 같은 일반 기동전력보다 훨씬 이동속도가 빠르고, 일단 발사되면 도중에 막을 방법이 거의 없으므로 대응에 필요한 시간여유를 기대하기가 어렵다. 따라서 한국은 외부 위협세력들의 대량살상무기 관련 전력을 겨냥한 '선제조치'의 실시 가능성을 열어두어야 한다.

이와 더불어 한국은 방어와 반격 작전을 동시 · 통합적으로 실시할 수 있도록 해야 한다.[237] 다시 말해서 무력 충돌이 발생한 직후에 군사력을 방어 임무에만 집중시키지 않고, 다수의 전투부대가 '완충 전장'과 '최종 전장' 영역에서 방어 작전을 수행하는 동시에 보복능력을 갖춘 일부 전력이 상대측 영토 내에서의 '확대된 전장'을 겨냥한 반격을 실시하도록 하는 것이다. 그 결과 방어 작전에만 전체 군사력을 집중하는 경우보다 훨씬 빨리 전쟁에서의 주도권을 회복할 수 있으며, 단기간 이내에 적의 침공을

236) 황일도, "北 장사정포, 알려지지 않은 다섯 가지 진실", 「신동아」, 2004년 12월호.
237) 하대덕, 1998, pp.384~388.

좌절시키기 위한 노력에도 크게 기여할 것이다.

한국이 북한, 주변 강대국과 자력으로 전쟁수행을 지속할 수 있는 시간은 적어도 1~2주일 이상, 길게는 1개월 이상이 되어야 한다. 여기서 최소한의 지속시간이란 '육지 · 해양 · 공중에서의 전쟁'으로 상대측의 기습을 막아내고, 선제조치를 통해서 전략 수준의 위협능력을 신속히 제압하기 위해 요구되는 기간을 뜻한다. 사실상 전쟁에서의 승패, 즉 한국의 국가생존에 대한 방어의 성공 여부가 달려있는 때라고 할 수 있다. 최대한의 지속시간이란 특히 한국보다 국력이 월등하게 앞선 주변 강대국과의 무력 충돌을 전제로 하는 것으로, UN 안전보장이사회 등 국제사회의 개입이나 동맹 미국의 군사력 증원을 비롯한 외부세력의 지원이 도착할 때까지 스스로 전쟁을 지속해 나갈 수 있는 정도를 뜻한다.

3. 자주국방을 위한 군사적 능력

국가안보에 기여하기 위한 군사력의 사용방책, 즉 군사전략의 방향과 내용에 대해서 결정이 이루어졌다면, 그 다음의 과제는 이 전략을 뒷받침할 수 있는 군사적 능력(Military Capability)을 갖추는 것이다. 집 짓는 일에 비유하자면 전략은 설계도이며, 능력은 이에 필요한 자재와 도구인 셈이다. 아무리 훌륭하게 세워진 군사전략이라고 해도 해당 국가가 이를 제대로 실천해낼 군사상의 능력을 갖고 있지 못하다면, 그것은 단지 이루어질 수 없는 의욕만 잔뜩 늘어놓은 희망사항에 불과하다. 당면한 안보상의 문제 해결에 아무런 기여도 할 수 없는 것이다.

자주국방 전략이 한국의 국가안보전략 가운데 하나로서 실효성을 인정받고, 앞에서 설명한 '능동방어' 군사 전략을 구현하기 위해서는 다음의 두 가지 사항을 충족하는 군사력의 자립을 반드시 달성할 필요가 있다. 첫째, 외부 안보위협에 대한 '전략' 차원의 능력이어야 한다. 전술·작전 차원의 군사력으로는 단순히 주어진 전장 조건과 상황에 소극적으로 적응하거나 기껏해야 이용하는 수준을 벗어나지 못하지만, 전략 차원의 군사력은 전장에서의 조건, 상황 자체를 자신의 의도대로 조성 및 통제하는 힘을 갖는다. 이것은 평시의 전쟁 억지뿐만 아니라 유사시 외부세력의 군사적 침공을 제압하고, 승리하기 위해서 요구되는 '결정적 임무'를 주도적으로 수행할 수 있는 능력과 직결된다. 『손자병법』(孫子兵法)의 내용을 인용하자면 "전쟁 이전부터 승리를 보장받는(先勝而後求戰)" 능력이라고 정의할 수 있다. 한국이 스스로의 힘만으로도 '주권과 자유가 보장되는 평화'를 달성할 수 있다면, 실전에서 '생존과 번영이 보장되는 승리'를 위한 기반을 선점한 것이나 마찬가지다. 전쟁이 시작되기 전에 이미 절반은 이기고 들어가는 셈이다.

단순히 영토와 영해, 영공 이내의 일부 공간이나 한정된 기간 동안에만 저항할 수 있는 전술·작전 차원의 능력만으로는 이를 충족시킬 수 없다. 한국의 국가생존과 직결되는 모든 시·공간적 영역에 걸쳐서, 외부 침공세력의 가장 치명적인 위협능력을 쓸모없게 만들 뿐만 아니라, 그들이 중요하게 여기는 대상들을 겨냥하여 감당하기 어려운 손실을 강요할 수 있어야 하는 것이다. 이러한 전략 차원의 군사력은 전·평시를 막론하고 현존 내지 잠재적인 위협세력에게 일체의 군사적 적대행위를 단념시키는 견제, 압력효과를 발휘한다. 이른바 정치·군사적인 지렛대(Leverage)의 역할을 하는 것이다. 그 결과 한국의 입장에서는 전쟁의 억지 및 승리를 보장하고, 북한과 주변 강대국에게는 '한국에 대한 침공이 반드시 실패할 것'임을 확신시킬 수 있다.

둘째, 북한이나 주변 강대국을 압도할 정도의 군사력이어서는 안 된다. 한국은 기본적으로 북한과 주변 강대국들과의 평화적인 공존과 협력을 지향하는 현상유지 세력이다. 따라서 한국의 군사 전략은 단지 이와 어긋나는 외부세력의 군사적 침공 시도와 능력을 최단시간 이내에 좌절, 무력화시키는데 초점을 두어 정책 목적에 기여하는 역할에 머물러야 한다. 이를 위해 한국의 군사적 능력은 외부 세력에 대한 영토 점령 및 대량살상에 사용될 수 있는 대규모의 병력이나 압도적으로 강한 공격용 무기체계 위주로 구성되어서는 안 된다. 그렇지 않으면 방어로서의 기본 취지와 정면으로 어긋날 뿐만 아니라, 북한과 주변 강대국이 한국을 겨냥한 공격용 전력의 강화를 정당화시키는 구실을 제공하여 안보에 대한 부담을 더욱 가중시키는 부작용만 낳기 때문이다.

그러므로 한국의 군사력은 북한에 대해서는 전체 국력의 우위를 적극 활용하여 질적 측면에서 독자적인 우위를 극대화하고, 유사시 동맹 미국과의 공동 전력을 통해 양적 규모에서도 북한을 압도할 수 있도록 해야 한다. 또한 주변 강대국을 상대로는 평시의 전쟁 억지와 국지적 침범, 제한전쟁에서의 주도권을 보장받기 위하여 요구되는 최소 수준 이상을 확보할 필요가 있다. 다시 말해서 '북한에 대한 질적 최대억지(最大抑止: Maximum Deterrence)'와 '주변 강대국에 대한 최소억지(最小抑止: Minimum Deterrence)'를 달성할 수 있어야 할 것이다.[238)]

---

238) '최대억지'는 군사력 우위를 극대화시켜 외부 위협세력의 침공 가능성을 억지한다는 개념으로 국력이 우세한 강대국에서 주로 채택하고 있다. '대규모 미군 증원에 의한 반격, 북진통일'을 골자로 하는 현행 작전계획 5027도 최대억지 개념에 입각한 것이다. 반

요컨대 자주국방 전략을 위해서는 독자적인 전면전쟁의 수행이 가능할 뿐만 아니라 평시에도 북한 및 주변 강대국을 상대로 전쟁 억지 효과를 발휘할 수 있는, 그리고 타국에 대한 위협의 소지가 없는 방어 방침에 충실한 군사력 확보가 한국에게 요구된다고 할 수 있다. 이를 좀더 구체적으로 살펴보면 다음과 같다.

(1) 병력규모와 구조

1) 정규 및 예비전력

국방에 필요한 적정 수준의 병력 규모에 대한 권위있는 법칙이나 이론은 물론 없다. 다만 해당 국가와 유사한 국력, 안보환경에 놓여있는 국가들과의 비교를 통해 간접적으로 유추할 수는 있을 것이다.

우선 인접국가와 주권, 영토와 같은 '사활적 이익'에 관한 대립 · 분쟁 관계에 있는 국가들의 경우부터 살펴보자.[239] 대만, 이스라엘, 그리스를 비롯한 주요 분쟁당사국들이 여기에 해당할 것이다. 중국과 대립 중인 대만의 경우 정규군이 약 29만 명으로 인구 2,289만 4,384만 명 가운데 1.27%를 차지하며, 적대적인 아랍 국가들에 둘러싸여 있는 이스라엘은 전체 인구 627만 6,883명의 약 2.7%인 16만 8,300명이다. 지중해에서 터키와의 오랜 영토분쟁 관계에 놓여있는 그리스의 정규 병력은 16만

면 '최소억지'는 외부 위협세력의 침공 의지를 꺾기 위해서 필요한 최소한도의 거부, 보복능력만을 제한적으로 확보하는 것이며, 국력이 제한된 중소국가가 선택하기 쉽다. 김광석 편저, 『用兵術語硏究』(병학사, 1998), pp.321~322.

239) 각국의 인구, 병력규모에 대한 통계는 IISS의 『밀리터리 밸런스 2006』 연감을 기준으로 했음을 밝혀둔다.

3,850명으로 인구 1,066만 8,354명의 1.5% 이상을 차지한다.

한국과 마찬가지로 반도국가이며 강대국들과 지리적으로 가까운 나라들의 병력규모는 어떠한가? 유럽의 대표적인 반도국가로 한때 서구세계를 제패했던 로마 제국의 중심 이탈리아는 전체 인구 5,810만 3,033명의 0.33%를 차지하는 19만 1,152명의 정규군을 보유하고 있으며, 이베리아 반도에 자리잡은 스페인의 병력규모는 14만 7,255명으로 4,034만 1,462명에 달하는 인구의 0.37%에 해당한다. 유럽의 전통적인 중립국가인 스웨덴의 경우 정규군의 수가 2만 7,600명으로 900만 인구의 약 0.31% 정도다. 지중해에서 아랍과 유럽 사이를 연결하는 요충지에 해당하는 터키의 전체 인구규모는 6,966만여명인데, 그 가운데 약 0.74%에 달하는 51만 4,850명의 정규군을 보유한다.

위의 자료들을 통해서 자국의 '자기보존'에 대한 위협이 존재하는 국가의 경우 일반적으로 전체 인구의 1.5~3% 이내의 정규 병력을 보유하고 있음을 알 수 있다. 또한 반도국가로서 강대국과 인접하면서 '위험 예방'과 직결되는 민감한 지정학적 위치에 선 나라들이 보유한 정규 병력은 전체인구 대비 0.4~0.8%에 달한다.

따라서 북한이 국가안보에 대한 '현존하는 위협'으로 남아있는 이상, 한국은 약 4,813만 명의 전체 인구 가운데 1~1.5% 이내 규모의 상비군을 보유해야 한다는 결론에 도달할 수 있다. 이론상으로 48~70만 명 정도의 규모다. 비록 110만 명을 넘는 북한의 정규군 규모에 비해서는 적은 수준이지만, 한국이 북한보다 월등하게 우세한 총량적인 국력을 효과적으로 활용하여 병력 규모의 열세를 무기체계, 지원능력 등의 우수성으로 역전시킬 수 있다면 인구 전체의 1.2% 이내 규모의 병력으로도 충분히 자주국방을 실현할 수 있을 것이다. 이는 병력 약 60만 명 미만에 해당한다.

향후 북한과의 평화공존 체제가 정착되거나 통일이 완성된 후에는 주변 강대국과의 '잠재적 위협'에 맞서는 것이 한국 안보의 주요 과제가 될 것이다. 이 시기에는 영토 방어를 위한 정규군의 비중이 더욱 줄어들 여지가 생길 수 있다. 한국이 통일 이후에도 60~70만 명 이상의 정규 병력을 유지한다면 북쪽으로 국경을 접하게 될 중국 선양군구와 러시아 극동군관구는 물론 전체 병력이 30만 명에도 못 미치는 일본을 양적으로 압도하게 되며, 이들 국가들로부터 불필요하게 경계심을 부추기는 역효과를 가져올 수 있다. 그러므로 통일 이후의 정규병력 규모는 총 인구의 0.6~0.8% 정도가 적합할 것이다. 한반도 전체인구를 약 7천만 명으로 추산한다면 약 42~56만 명 내외가 된다. 장래에 주변 강대국들과의 군비통제가 더욱 진전되면서 오늘날의 서유럽과 같은 수준의 지역 평화질서가 정착된다면, 정규군의 규모를 인구 대비 0.3~0.4% 내외, 즉 30만 명 안팎으로 대폭 감축하는 것도 충분히 가능하다.

예비전력의 경우를 살펴보자. 상시적으로 군사상의 임무를 수행하며 이를 위해 훈련받고 있는 정규군과는 달리, 예비전력은 평상시에 다양한 생업에 종사하는 민간 국민들이 전쟁 등 국가안보상의 비상시에 동원되어 투입되는 전력이다. 그만큼 실전에서의 숙련도는 떨어질 수밖에 없지만, 전투 이외의 분야에서 정규군을 보완하여 보다 경제적으로 전반적인 군사력을 유지하도록 기여할 수 있다. 또한 전쟁에서의 전력손실을 신속히 보충하거나 무력충돌이 장기화될 경우 효율적인 대응에도 큰 역할을 하게 된다. 특히 정규군의 손길이 닿기 힘든 후방지역에 침투한 소수의 특수전 부대를 맞아 양적으로 압도하여 보다 원활하게 전쟁을 수행할 수 있도록 한다.

이러한 점에서 많은 국가들이 정규군과 대등하거나 큰 규모의 예비전력을 보유하고 있다. 위에서 언급한 바 있는 한국과 유사한 안보환경 및 지정학적 위치에 놓인 국가들의 사례를 다시 살펴보도록 하자. 대만의 예비전력 규모는 165만 7,000명으로 정규군의 약 5.7배이며, 이스라엘은 정규군의 약 2.4배인 40만 8,000명의 예비전력을 보유하고 있다. 그리스의 경우 32만 5,000명의 예비전력을 보유하여 정규군의 1.9배를 넘는다. 스웨덴은 26만 2,000명을 전시에 동원 가능한 예비전력으로 설정하고 있는데, 이는 정규군의 무려 9.5배에 달한다.

이처럼 예비전력은 비전투 분야와 후방에서의 방어를 통해 유사시 정규군의 전쟁 수행을 지원할 뿐만 아니라, 정규군의 손실을 보충하기 위해 동원될 수 있는 양적, 보완적 성격의 역할을 맡는다. 따라서 예비전력의 규모는 한국이 외부의 군사 지원을 전혀 기대할 수 없는 최악의 상황에서도 단독으로 저항하면서 타국의 침략을 격퇴할 수 있는 수준으로 책정되어야 할 것이다. 한국이 상대해야 할 안보상의 위협세력이 북한, 중국, 일본, 러시아 등 세계적으로 손꼽히는 군사대국인 만큼 이들 국가들의 잠재적인 침공 병력을 양적으로 압도할 수 있을 만큼의 예비전력이 필요하며, 그 규모는 앞에서 살펴본 주요 분쟁당사국의 사례를 참고할 때 3~5배 내외, 즉 200~300만 명 수준이 적절하다고 판단된다.

2) 병력구조

육군(陸軍: Army)은 육지 위에서 활동을 수행하는 군사력으로 국민의 생활터전인 영토를 방어하는 임무를 맡는다. 이러한 배경으로 인해 육군은 인류가 치러온 모든 전쟁에서 항상 중심역할을 맡아왔으며, 전쟁의 승패는 육군 병력이 궁극적인 목표 지점을 점령 혹은 수복했는가의 여부에 따라 결정되었다. 어패류와 각종 자원의 보고이자 무역을 비롯한 외부 세계와의 교역 및 운송의 통로인 바다를 활동 영역으로 두는 해군(海軍: Navy)은 가장 지속능력이 크고, 대외적인 힘의 과시효과가 높은 군사력이다. 지난 20세기에 처음 등장한 공군(空軍: Air Force)은 하늘을 무대로 활동한다는 점에서 공간의 제약으로부터 가장 자유롭고 신속하게 움직일 수 있는 군사력이다.

요약하자면 육군의 기능은 국가와 국민의 존재기반인 영토에 대한 가장 직접적인 위협에 맞서고, 군사적 대결에서의 승패 여부를 결정짓는 데 있다. 해군은 외부 세력이 자국 영토로 접근할 수 있는 경로이자 국가기능의 생명줄과도 같은 주요 운송로가 놓인 바다에서의 안전을 확보하여 전쟁의 원활한 수행과 지속에 결정적으로 기여하는 중요한 역할을 맡는다. 그리고 공군은 가장 자유로운 활동공간인 하늘에 대한 통제를 달성하여 자국이 보다 유리하게 군사력을 사용할 수 있는 여건을 조성하게 된다. 이름 그대로 전쟁에서의 공기(空氣: Air)와도 같은 '행동의 자유'를 제공하는 역할을 하는 셈이다. 이는 해군과 공군이 강할수록 더욱 유리한 조건을 보장받으면서 보다 일찍, 최소한의 노력으로 승리할 수 있으며, 전쟁 과정에서의 국가 생존과 최종적인 승리 그리고 종전(終戰)은 육군의 손에 달려있음을 뜻한다.

한국은 동쪽과 서쪽 그리고 남쪽으로 각각 바다와 만나는 반도국가다. 육상 국경이 존재하는 북쪽으로는 휴전선을 사이에 두고 북한과, 그리고 통일된 후에는 압록강과 두만강을 경계로 각각 군사대국인 중국, 러시아와 접하게 된다. 한편으로는 대외 교역의 99% 이상이 걸려있는 바다에서 아시아 제일의 해양 전력을 보유한 일본 해상자위대, 가파르게 성장하고 있는 중국 해군, 그리고 러시아의 태평양함대를 상대해야 하는 입장이다. 이 점에서 한국은 병력의 구조상으로 육군의 양적 우세를 인정하면서도 해군 · 공군의 비율 또한 육군에 비해 지나치게 위축되지 않을 정도로 설정해야 한다.

한국이 지리적으로 멀지 않은 북한과 주변 강대국의 군사적 위협을 영토 밖에서 가능한 한 조기에 격퇴, 제거한다는 '능동방어' 전략을 구현하기 위해서는 한반도 밖에서의 임무수행까지 가능할 정도의 군사력이 필수적이다. 그리고 이를 수행할 수 있는 군종은 바로 해군과 공군이다. 따라서 한국이 외부 위협세력들과의 대결에서 자력으로 전쟁의 억지, 승리를 달성할 수 있는 전략 차원의 능력 자립을 달성하기 위해서는 무엇보다 해군과 공군이 주도적인 역할을 맡게 될 수밖에 없다.

육군 병력구조에서도 활동 공간과 임무수행 범위가 가장 좁은 일반 보병부대보다는 포병이나 기갑, 기계화보병, 항공, 탄도미사일, 특수전 등 나머지 전투부대들의 비중을 중점적으로 강화시켜야 한다. 이는 육군이 보다 넓은 범위에 걸쳐 신속하게 전투력을 발휘할 수 있게끔 만들어 전략급 세력으로서의 기능 수행이 가능하도록 할 것이다. 물론 경제적 부담을 고려할 때, 육군 전체를 보병 이외의 부대로 편성할 수는 없다. 대신 보병부대의 비중을 최소한으로 억제시켜야 할 필요가 있다. 다시 말해 기본적으로 보병부대가 육군 전체에서 60%를 넘지 못하게 해야 하며, 가능하다면 50~55% 이내로 두도록 해야 한다.

다른 반도국가들의 사례를 살펴보자면 이탈리아의 경우 육군과 해군, 공군의 비율이 59 : 18 : 23, 스페인은 69 : 14 : 17, 그리스가 72 : 13 : 15, 그리고 스웨덴이 50 : 29 : 21 정도로 구성되어 있다.[240] 이를 근거로 판단할 때, 한국은 현재와 같이 북한과의 '사활적 이익'에 관한 대립관계

240) 이 가운데 스페인, 그리스의 병력구성 비율은 합동부대 소속 병력(스페인 9,450명, 그리스 11,600명)을 제외한 총병력 규모를 기준으로 계산한 것이다.

가 지속되는 이상 육군의 비율을 전체 병력 가운데 70~75% 이내로 설정해야 할 것이다. 해군과 공군의 경우 3면에 걸쳐 바다와 인접하는 반도국가의 특성, 한반도 주변해역의 해양관할권 대립 가능성, 그리고 해상교통로가 차지하는 경제적 가치 등을 고려하여 해군에 좀 더 비중을 두는 것이 바람직하다. 다시 말해 (70~75) : (13~16) : (12~14) 이내가 적정 수준이라고 할 수 있다.

한반도에서의 평화체제 정착과 통일 이후에는 주변 강대국과의 '핵심적 이익'에 관한 대립이 한국의 주요 안보위협으로 등장할 가능성이 크며, 군사적 분쟁도 육지보다는 대부분 바다와 하늘에서 일어날 것으로 평가된다. 따라서 이 시기에 이르면 한국은 직접적인 영토 방어를 담당하는 육군의 비율을 60% 내외 수준으로 낮추고, 해군과 공군의 비중은 30~40%로 끌어올려야 한다. 구체적으로는 (55~65) : (15~25) : (15~20) 내외의 범위에 해당할 것이다. 그리고 훗날 동북아시아에서 현재의 서유럽과 같은 수준으로 지역 차원의 군축과 무력분쟁 위협 해소가 실현된다면, 전체 병력에서 육군의 비중을 50% 이하로 축소하는 것도 가능하다.

(2) 정보

국가안보, 특히 군사부문에 있어서 정보(情報: Intelligence)란 '군사력의 사용과 결과에 직접적으로 영향을 주는 상대방과 아방의 의도, 능력, 행동에 관한 일체의 수집, 선별, 가공된 지식'으로 정의될 수 있다. 한마디로 모든 군사활동을 위한 전제조건인 셈이다. 보다 구체적으로는 아래와 같은 내용들이 포함된다.

- 병력의 규모와 구성
- 무기체계의 성능
- 병력의 지리적 위치, 이동현황
- 군사활동 수행의 지속능력
- 구체적인 군사력 사용방책

쉽게 말해 군사전략에서 정보능력은 인체의 감각기관과 신경, 사고(思考) 중추기관 등의 기능을 담당하는 것이다. "아는 것이 힘이다"라는 격언처럼, 상대측의 의도와 능력, 행동에 관하여 필요한 시점에서 한발 앞서서 정확하게 인지하거나 판단할 수 있다면, 보다 효과적으로 위협에 대처할 수 있기 때문이다. 요컨대 전쟁에서의 불확실성을 최소화시키고, 전략의 성공과 궁극적인 목적의 달성을 지원하는 것이 바로 정보능력의 역할이다. 아무리 펀치력이 강한 권투선수도 눈과 귀를 가리고서는 어떤 상대에게서든 속수무책으로 일방적인 공격을 받을 수밖에 없는 것과 같은 이치다.

특히 한국이 '능동방어' 원칙에 입각한 군사전략을 성공적으로 수행하기 위해서도 우수한 정보능력은 없어서는 안 될 기능이다. 국력의 대부분이 집중되어 있는 서울과 수도권이 불과 40km 이북의 휴전선에 집중배치된 북한 공격용 전력의 위협에 놓여 있으며, 한반도는 주변 강대국들과도 항공기로 1시간 정도 이내에 도달할 만큼의 가까운 거리에 위치한다. 이와 같은 지리적 조건에서 만일 한국이 자체적으로 북한과 주변 강대국의 군사력에 대한 정보능력을 갖지 못한다면, 유사시 이들의 기습을 허용할 수밖에 없는 매우 불리한 여건을 강요받게 된다. 이 경우 전쟁 초반부터 한국에 대한 대규모의 파괴와 살상이 불가피해질 것이며, 이미 전쟁이 시작되기 전에 패배는 확정된 것이나 마찬가지다.

그 반대로 만약 한국이 독자적인 정보능력을 확보한다면 훨씬 신속하게 북한과 주변 강대국의 군사적 침범에 대처할 수 있는 기회를 얻게 되며, 이는 한국에 대한 기습 공격이 성공할 가능성을 크게 낮출 수 있다. 그 결과 외부 위협세력은 한국을 군사적으로 점령 내지 굴복시키려는 시도가 실패할 가능성이 높다는 것을 깨닫고 침공을 자제할 수밖에 없게 된다. 이처럼 정보능력은 실전에서의 효과적인 대응은 물론, 전쟁 자체를 억지하는 데 있어서도 핵심적인 비중을 차지한다.

정보는 출처를 기준으로 첩보원 등 인적수단을 통해 수집되는 인간정보(人間情報: HUMINT)와 정찰기, 인공위성을 비롯한 각종 기계장비로 수집되는 기술정보(技術情報: TECHINT)로도 분류된다.[241] 본 연구에서는 기술정보를 주요 대상으로 다루고자 한다. 기술정보는 그 형태에 따라서 다시 두 가지로 나뉘는데, 바로 신호정보(信號情報: SIGINT)와 영상정보(映像情報: IMINT)다. 전자는 상대측의 군사력 수준과 활동 여부를 반영하는 통신상의 음성이나 암호, 전파, 음파, 열, 적외선, 방사능 등의 각종 신호를 뜻한다. 반면 후자는 사진, 동영상과 같이 시각화된 내용을 담고 있다.

군사력 운용에서의 정보 기능은 크게 3가지로 구분될 수 있다. 첫째는 정보 자체를 획득하기 위한 '정보수집' 기능으로 시각과 청각, 촉각을 비롯한 인체의 감각기관에 해당한다. 둘째는 수집된 정보를 군 지휘부와 주요 전투부대에 제공하는 '통신 · 지휘통제(이하 C^4I)' 기능인데, 인체의 신경망과 뇌(腦)를 비롯한 사고 중추기관 역할을 한다. 그리고 셋째는 이

241) 문정인 편저, 『국가정보론』(박영사, 2002), pp.88~89.

와 같은 정보수집 및 유통, 통제기능을 직접적인 표적으로 하는 '전자전(電子戰: Electronic Warfare)' 기능이다.

1) 정보수집

정보수집과 관련된 활동은 크게 다음의 세 가지로 분류될 수 있다. 첫째는 감시(監視: Surveillance) 및 감청(監聽: Monitoring)으로, 상대측에 대한 일반적이고 일상화된 정보를 획득하기 위한 체계적인 관측 활동을 뜻한다. 주로 자국의 안보와 직결되는 위협이 나타나는지의 여부에 대한 징후를 파악하는 데 기여한다. 둘째가 정찰(偵察: Reconnaissance)인데, 이것은 자국의 안전보장에 보다 심각한 위협을 가할 수 있는 상대측의 구체적인 능력과 동향에 대한 정보의 파악을 목적으로 한다. 그만큼 감시와 감청에 비해서 관측대상의 범위와 숫자가 적은 대신, 훨씬 자세한 내용의 정보가 요구된다. 그리고 셋째는 조기경보(早期警報: Early Warning)다. 상대측이 자국의 안전보장을 침해하려는 목적으로 군사력의 사용을 개시할 경우 이를 재빨리 포착해서 그 진로와 속도를 알아내고, 관련 정보를 즉각 전달하여 자국민과 영토 그리고 국력 기반이 직접적인 피해를 입기 전에 필요한 군사대응을 취할 수 있도록 보장하는 것이다. 가장 동적(動的)이고 진행 중인 국가안보에 대한 위협이 정보의 대상이며, 무력 충돌 직전의 위기나 실전 상황을 전제로 한다.

한국의 협소한 영토 면적 그리고 타국의 군사적 위협으로부터 멀지 않은 전략 차원 방어대상들의 위치를 감안할 때, 한국이 자주국방을 위해 우선적으로 발전시켜야 할 정보수집 능력은 조기경보 기능이다. 한국군의 조기경보 대상 범위는 수도권을 겨냥한 북한의 전진배치 병력과 장거리 야포, 탄도미사일, 그리고 주변 강대국들의 대형 수상전투함과 잠수함, 다목적 전투기 및 폭격기 등이 배치되어 있거나 한국으로 접근할 수 있는 공간 이내로 설정되어야 할 것이다. 이는 앞에서 언급했던 '완충 전장' 전체와 '확대된 전장'의 일부에 해당하며, 구체적으로는 ① 평양~원산 이남의 휴전선 전방지대를 비롯한 한반도 이북지역, ② 중국 동남부 및 동중국해 연안, 동해와 남해 방면의 일본 연안지대, 러시아 극동부 연안, ③ 대륙붕과 EEZ, KADIZ를 포함하는 한반도 주변의 해역과 공역, 그리고 ④ 통일 이후 압록강과 두만강 이북의 중국 · 러시아 국경지대와 중국 선양군구가 관할하는 동북 3성 등이다. 필요할 경우 유사시 이들에 대한 실시간(Real Time) 관측이 요구될 수도 있다.

감시 및 감청, 정찰 기능은 평시부터 장기간의 지속적인 노력을 요구한다. 조기경보에 비해서 긴박성은 떨어지지만, 국가생존에 대한 위협이 구체화되기 전에 그 징후를 알아내고 상대측의 의도와 능력을 보다 자세히 파악하여 효율적인 대응이 가능하게끔 기여한다. 감시와 감청, 정찰 기능이 지나치게 미약할 경우에는 전반적인 정보능력의 발휘에 큰 공백을 만들 위험성이 높다.

감시와 감청, 그리고 정찰의 경우는 조기경보보다 넓은 범위에서 관측, 탐지할 수 있는 능력이 필요하다. 이 점에서 한국의 감시 및 정찰범위는 북한과 주변 강대국 이내의 '확대된 전장'보다 깊숙한 내륙 범위까지 포함하여 병력의 이동상황과 증원, 투입 여부 등을 파악할 수 있도록 해야 한다. 관건은 이들 수단을 통해서 제공되는 영상정보의 구체성 수준, 즉 해상도(解像度)에 있다. 감시 활동에서는 일반적인 성격의 정보를 요구하므로 대규모 병력의 이동 여부와 특정 지역, 대규모 복합시설(공장, 공항, 기지 등)과 같은 넓은 범위를 확인할 수 있는 10~20m 내외의 해상도면 충분하다. 하지만 원자로를 비롯한 핵개발 시설이나 생물 · 화학무기의 생산, 비축시설, 그리고 탄도미사일 발사대처럼 특정 건물이나 목표물에 대한 지속적이고 구체적인 관측이 필요한 정찰 활동이라면 5m 이하의 보다 높은 해상도가 요구된다. 1m 미만의 고해상도에서는 자동차와 항공기, 탱크를 비롯한 인공물체와 지형의 외부변화까지도 포착할 수 있다.[242] 이들 영상정보의 확보에는 전자광학(EO: Electro-Optic), 적외선(IR: Infra-Red) 그리고 합성개구 레이더(SAR: Synthetic Aperture Radar) 등이 쓰인다.[243]

위에서 설명한 각각의 정보수집 능력을 구현하기 위한 기본적인 수단으로는 지상 관측기지와 감시용 레이더를 들 수 있다.[244] 지난 제2차 세계대전 초반에 영국 공군이 수적으로 우세한 독일 제3제국의 공습을 물리칠 수 있었던 것도 레이더를 통한 정보능력의 힘이었다. 그러나 둥근 형태의 지표면과 직진만을 하는 전파의 특징으로 인해서 지상에 설치된 레이더는 지평선 및 수평선 밖의 목표를 탐지할 수 없다는 약점이 있다. 이는 특히 저공으로 비행하는 항공기의 위협에 높은 취약성을 갖게 된다. 국토 대부분이 산악 지형으로 되어 있으며, 10분 이내에 주요도시에 도

---

242) 여기서 해상도는 '하나의 점으로 포착할 수 있는 최소한의 크기'를 뜻하는 것으로 해당 물체의 종류, 형태까지 완벽하게 식별한다는 의미가 아니다. 예를 들어 해상도 1m 수준이라면 서로 크기가 다른 트럭과 승용차의 차이를 구분할 수는 있지만, 번호표를 읽을 수는 없다.

243) 전자광학 센서의 경우 낮에만 촬영이 가능하다는 한계가 있으며, 적외선 방식은 밤에도 촬영이 가능한 반면에 짙은 구름이나 안개가 낄 경우 제약을 받는 것이 약점이다. 그리고 합성개구 레이더는 어떤 날씨에서도 촬영이 가능하지만, 앞의 두 방식에 비해서 상대적으로 해상도가 떨어진다는 점이 문제다. 때문에 이들 세 방식을 함께 영상정보 탐지에 사용하는 것이 일반적이다. 윤영노, "세계 주요국가의 정찰위성 개발동향", 「週刊國防論壇」 2003년 6월 30일.

244) 레이더의 탐지거리는 단거리의 경우는 40~50km, 중거리가 200~300km, 그리고 400~500km 이상까지 이르면 장거리에 해당한다.

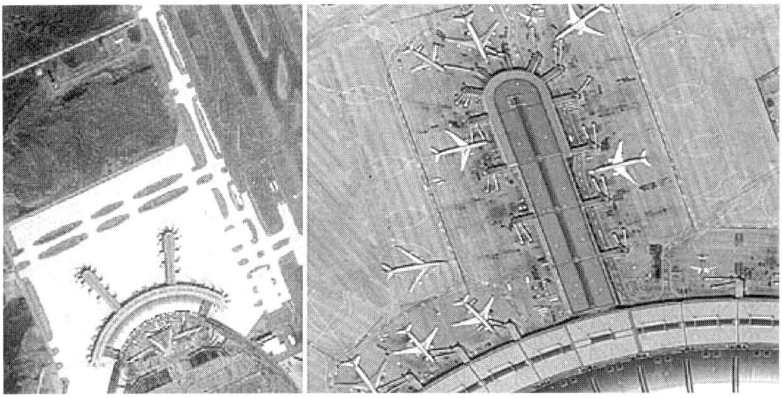

〈그림 3-11〉 해상도 6m(왼쪽)와 1m(오른쪽)로 각각 촬영된 인천국제공항의 모습

달할 수 있을 만큼 전진배치된 북한 전투기들과 AN-2 경수송기를 이용한 북한 특수전 부대의 후방 저공침투 가능성을 경계해야 하는 한국의 입장에서는 보통 심각한 문제가 아닐 수 없다.

따라서 한국은 지상에 고정되어 있지 않으면서 정보수집 능력을 발휘할 수 있는 이동식 자산을 보유할 필요가 있다. 정찰기를 비롯한 항공수단이 가장 적합한 경우가 될 것이다. 필요한 시간과 장소에서, 필요로 하는 정보를 습득하는 데 있어서 정찰기와 견줄 만한 도구는 찾기 힘들다. 오늘날 정찰기의 기능은 영상정보는 물론 전파와 통신내용을 비롯한 신호정보의 수집까지 포함되고 있다.[245] 하지만 정찰기 역시 일반적인 항공기들과 마찬가지로 체공시간이 제한된다는 약점을 안고 있다.

중점적인 감시와 정찰이 요구되는 특정 대상에 관한 보다 지속적인 정보수집 활동을 위해서 사용되는 수단은 정찰용 인공위성이다. 어느 국가의 영공에도 포함되지 않는 대기권 밖 200~1,000km 이내의 고도에

245) 임상민 著, 『병기지식의 ABC: 항공병기편』(군사정보, 1999), p.100.

서,[246] 항공기보다 20배 빠른 초속 6~7km의 이동속도로, 수개월 내지 수년 동안이나 운용될 수 있다는 것이 정찰위성의 장점이다. 하지만 10년 정도의 오랜 개발 · 제작기간이 요구되며, 그 자체의 운용에 고액의 비용이 든다는 점, 그리고 일정 궤도 이내에서 활동해야 하므로 관측지점과 시간 및 촬영각도가 고정될 수밖에 없다는 한계를 안고 있다. 이처럼 정찰기와 정찰위성은 저마다 일정한 한계를 안고 있으므로 상호보완적으로 활용되어야 한다.

한국군이 인공위성을 사용하여 특정 대상을 효과적으로 감시, 정찰하려면 해당 지점의 상공을 하루에 최소 1차례 이상 통과할 수 있을 만큼 충분한 수량의 위성을 보유해야 한다. 이는 서로 다른 궤도에서 움직이는 최소 2~3개 이상의 정찰위성이 필요하다는 뜻이며, 각 위성의 영상획득장치는 광학, 적외선, 그리고 SAR 방식으로 나누어서 보완적인 활용이 가능하도록 해야 할 것이다. 정찰위성과는 다소 성격이 다르지만, 포탄이나 미사일 등을 정확하게 목표지점으로 유도하는 항법위성도 정보수집 기능의 연장선상에서 중 · 장기적으로 전력화를 추진할 필요가 있다. 아울러 고성능 광학망원경과 레이더, 레이저 위성추적(SLR: Satellite Laser Ranging) 등을 통해 한반도 상공에서 활동하는 주변 강대국의 각종 인공위성들에 대한 지상 추적, 감시체계를 구축하여 외부 위협세력의 정보수

246) 군사용 인공위성은 임무 특징에 따라 활동고도가 다르다. 우선 정찰위성은 보다 자세한 영상정보를 획득하기 위해 지구 대기권과 상대적으로 가까운 고도 200~1,000km 이내의 궤도를 사용하며, GPS(Global Positioning System)를 비롯한 항법위성은 고도 10,000km 이상의 중궤도에서 활동한다. 그리고 미사일발사 탐지위성(예: 미국의 DSP(Defense Supporting Program) 위성)은 특정지점을 24시간 고정적으로 감시하기 위해 지구의 자전주기와 속도를 맞출 수 있는 고도 35,800km 이상의 궤도에서 움직이는데, 이 때문에 흔히 '정지위성'이라고도 불린다. 통신위성도 이 고도를 사용한다.

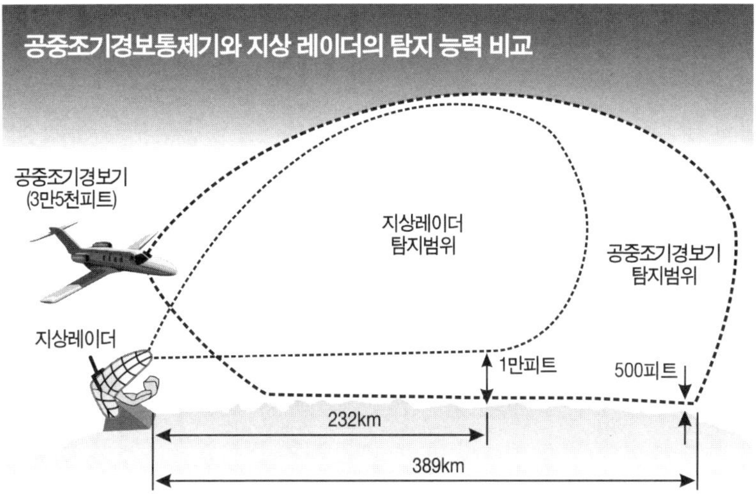

출처: 「밀리터리 리뷰」 2005년 1월호

〈그림 3-12〉 지상 레이더와 공중 조기경보통제기의 탐지능력 비교

집 시도에 대응할 수 있도록 해야 한다.[247]

조기경보 기능의 수행을 위해서 한국은 항공수단에 의한 이동형 자산, 즉 공중 조기경보통제기(AEW&C: Airborne Early Warning & Control)[248]를 확보해야 한다. 항공기 자체에 지상기지의 것에 해당하는 레이더를 장착한 조기경보통제기는 지상기지의 레이더보다 훨씬 높은 고도에서 활동을 수행할 수 있으므로 저공으로 침투해오는 상대측의 항공기까지 효과적으로 포착할 수 있다. 조기경보기(AEW: Airborne Early Warning)의 경우

247) 현재 한반도 상공을 경유하는 인공위성은 하루에 760여 개를 넘는 것으로 알려져 있다. 유용원, "위성 추적감시 시스템 구축 시급", 「국방일보」 2007년 2월 15일자.

248) 흔히 AWACS(Airborne Warning And Control System), 즉 공중 경보 · 통제시스템으로도 알려져 있다. 하지만 엄밀한 의미에서 AWACS는 미 공군의 조기경보통제기인 E-3 '센트리(Sentry)'의 고유 제식명칭이다. 따라서 이 점에 대해 혼동하는 일이 없어야 할 것이다.

단순히 포착된 정보를 지상의 지휘 · 관제시설에 보내는 것으로 기능이 제한되므로, 한국은 스스로의 조기경보 관련 정보를 기반으로 전투기 등 실제 대응전력에 대한 직접 지휘 · 통제까지 할 수 있는 '하늘의 관제탑' 조기경보통제기를 도입하는 편이 바람직할 것이다.

이 외에도 한국은 북한의 주요 전략급 위협전력, 특히 장거리 야포와 탄도미사일 등에 대한 실시간 조기경보 기능을 수행할 수 있는 정보수집 능력을 발전시킬 필요성이 절실하다. 가장 유력한 수단으로는 지난 2001년 아프가니스탄 대테러전쟁과 2003년의 제2차 걸프전쟁에서 크게 활약한 바 있는 무인항공기(UAV: Unmanned Aerial Vehicle) 형태의 정찰기가 적합할 것이다. 유인 정찰기보다 훨씬 오랜 시간동안, 높은 고도에서 체공할 수 있다는 점에서 조기경보 목적의 지속적인 비행이 가능하기 때문이다. 그리고 부산을 비롯한 후방 지역의 주요 항만과 인근 산업시설들을 방어하기 위한 해양 조기경보 기능의 중요성도 빼 놓을 수 없다. 이를 위해 수평선 너머의 거리에서 접근하는 적 수상전투함을 탐지할 수 있는 장거리 레이더를 남해안 일대에 집중적으로 설치하고, 수심이 깊어서 잠수함의 항해에 유리한 동해안에는 미국의 SOSUS(Sound Surveillance System)와 같은 수중음향 탐지체계가 구축되어야 한다.

정보수집 기능은 군사 부문에 있어서 가장 기본적인 정보능력이며, 해당 국가의 유형 군사력을 효과적으로 발휘하기 위해서는 필수 불가결한 존재다. 특히 잠재적 위협세력인 주변 강대국들이 정보수집 능력에서도 이미 세계적인 수준이라는 점을 고려할 때, 한국은 이들과의 군사적 대결에서 일방적인 열세를 강요받는 것을 막기 위해서라도 정보수집 능력의 자립을 반드시 이루어야 한다.

〈도표 3-6〉 주변 강대국들의 정보수집 전력 현황

	감시 · 정찰	조기경보
중국	• 정찰기(JZ-6/7/8) 53대 • 80여개의 인공위성 가운데 영상 · 신호정보 수집용 다수 포함	• 지상 레이더기지(7개 연대소속) • 공중 조기경보통제기(쿵징(空警)-2000) 난징군구에 배치중
일본	• 정찰기(RF-4) 20대 • 정찰위성 4개(광학(해상도 1m), SAR(해상도 3m) 각 2개)	• 지상 레이더기지 28개소 • 공중 조기경보통제기(E-767) 4대 • 조기경보기(E-2) 10여대
러시아	• 정찰기(SU-24MR) 51대 극동배치 • 61개 군사위성 가운데 정찰용 5개 (광학 및 적외선 방식. 해상도 0.5m)	• 지상 레이더기지 21개소(탄도미사일 추적용) • 공중 조기경보통제기(A-50) 20대

2) 통신 · 지휘통제(C^4I)[249]

레이더와 정찰기, 인공위성 등을 통한 정보수집 활동만이 군사정보기능의 전부는 아니다. 일단 획득해 낸 정보는 다시 그것을 필요로 하는 군 지휘부와 육지, 바다 그리고 하늘에서 임무를 수행하는 각 실전 부대에 전달되어야 제대로 활용될 수 있다. 과거 봉화(烽火)나 전령을 통해 이루어졌던 C^4I 기능은 19세기에 등장한 유선 전신(電信)과 20세기의 무선통신 개발을 계기로 획기적인 발전을 이루었으며, 오늘날에는 더욱 진일보된 데이터링크(Data Link)의 형태로 확대되었다. 2003년 제2차 걸프전쟁에서 미국이 구현해낸 '네트워크 중심전(NCW: Network-Centric Warfare)'과 '신속결정작전(RDO: Rapid Decisive Operation)' 등은 C^4I 기능이 군사력의 우열과 승패 여부를 결정짓는 열쇠로 떠오르고 있음을 잘 보여준 사

249) Command, Control, Communication, Computer & Intelligence. 즉 지휘, 통제, 통신, 컴퓨터에 의한 자동화, 그리고 정보를 뜻하는 각 영어단어의 머리글자에서 따온 용어다.

레다.

C^4I 기능의 수준은 다음의 3가지 기준을 근거로 평가될 수 있다. 첫째는 '제공되는 정보 형태의 다양성과 유용성'이며, 둘째가 '정보 전달의 적시성'이다. 그리고 셋째는 '정보 공유와 지휘통제의 광범위성'에 있다. 다시 말해 정보수집 기능을 통해서 얻은 정보를 ① 보다 다양한 형태의, 의미있는 내용으로 융합 · 가공하고, ② 지휘관들과 일선 부대에서 필요로 하는 시점에 사용할 수 있도록 신속히 배분해서, ③ 전략급 최고 지휘제대뿐만 아니라 전술 차원의 소부대 병력에 이르기까지 동일한 전장상황 인식의 공유, 그리고 지휘통제를 받는다면 해당 C^4I 기능은 우수하다고 평가할 수 있는 것이다. 그 결과 '식별 → 판단 → 결정 → 행동'[250]으로 이어지는 의사결정 시간을 단축시켜서 보다 빠른 임무수행이 가능해지며, 각 무기체계와 부대들을 하나의 체계로 연결하여 집중화된 군사력의 운용을 달성할 수 있다. 한국군이 "단기간 이내의 결정적인 작전으로 외부 위협세력의 침공을 제압한다"는 능동방어 전략을 실현하기 위해서는 꼭 필요한 기능임에 틀림없다.

그렇다면 효과적인 C^4I 기능을 위해서 요구되는 능력은 무엇인가? 먼저 각종 정보, 지시사항을 다양한 형태로 지휘부와 실전부대 등에 전달할 수 있는 우수한 소프트웨어 프로그램이 필요하다. 여기서 전달되는 정보의 형태는 음성, 문자, 신호, 영상을 비롯한 여러 가지가 있는데, 지휘부와 각 실전부대들이 필요에 따라 사용하기 쉽도록 여러 형태의 정보제공을 지원할 수 있어야 할 것이다. 특히 전달 측면에서 음성, 신호보다 명확한 문자 및 영상정보까지 제공하는 데이터링크 형식의 소프트웨어가 큰

250) 이러한 과정을 'OODA(Observe, Orient, Decide, Act) 순환주기'라고 부르는데, 6.25전쟁에서 미 공군 조종사로 참전했던 존 보이드가 제시한 것이다.

가치를 발휘하며, 적어도 작전 차원 이상의 비중을 차지하는 각 지휘부와 실전부대에서 이를 활용할 수 있도록 해야 한다.

다음으로 필요한 것은 정보의 가공과 융합, 배분, 그리고 관련 지시사항을 하달할 수 있는 고성능 지휘통제 체계다. 정보수집 활동으로 얻은 여러 개별적인 정보들은 대부분 주요부대의 지휘부로 전달되며, 이들은 다시 융합, 평가 과정을 거쳐 실제 임무수행에 기여할 수 있는 형태로 가공된 후 이를 필요로 하는 각 부대에 배분된다. 필요한 경우에는 지휘부가 확보된 정보를 근거로 관련 부대에 직접 명령을 내리는 기능을 수행할 수도 있다. 이러한 일련의 과정은 방대한 규모의 정보처리를 수반하기 마련이며, 따라서 자동화된 대용량 컴퓨터가 사용될 수밖에 없다. 한국군이 독자적으로 전쟁 억지와 승리를 위해 요구되는 각종 지휘통제 임무를 수행하려면 각 군의 전술 · 작전급 지휘부는 물론, 궁극적으로는 합동참모본부(合同參謀本部: 이하 합참)와 같은 전략 차원의 지휘부에서 해당 기능을 지원할 수 있는 유무형적 자산을 갖추어야 한다.

그리고 이들 정보와 관련 지시사항들을 가능한 한 많은 용량으로, 보다 넓은 공간에 걸쳐 전송할 수 있는 고성능의 중계장치가 요구된다. 한국은 협소한 국토의 전장화를 방지하고, 대륙붕과 EEZ를 비롯한 해양관할권을 보호하기 위해 한반도를 넘어서는 전장 확대를 실행할 수 있는 능력을 필요로 한다. 따라서 한국군의 C⁴I 기능도 한반도 전체뿐만 아니라 그 주변해역 및 공역, 더 나아가서는 수백해리 이상의 해상교통로에 이르는 '완충 전장'과 '확대된 전장'을 포괄할 수 있도록 해야 한다. 지상에 설치되는 중계기지국 방식은 산악지형이 많은 한반도의 지리적 특성이나 기상 변화를 비롯한 제약요소가 많으므로 전략 수준에서 활용되기에는 한계가 많다. 따라서 한국은 C⁴I에서도 가장 물리적 제약이 적은 공간인

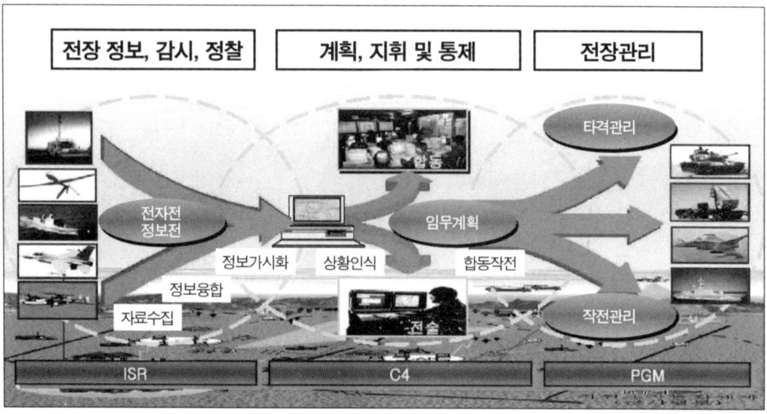

출처: 「국방저널」 2005년 11월호

〈그림 3-13〉 C^4ISR과 전투력의 복합체계 개념도

우주를 활용하는 수단을 선택해야 한다. 바로 대용량의 광역 중계장치를 탑재한 통신위성이다.

궁극적으로 C^4I 기능은 앞에서 언급한 바 있는 정보수집, 즉 감시 및 정찰, 조기경보 기능뿐만 아니라 탱크, 야포, 군함, 전투기를 비롯한 실전부대의 주요 무기체계들과도 결합될 수 있어야 한다. 이것을 C^4ISR(Command, Control, Communication, Computer, Intelligence, Surveillance, Reconnaissance)이라고도 하는데, 정보수집이 이루어지는 즉시 관련 부대와 무기체계가 이를 바탕으로 임무를 수행할 수 있도록 하는 '선탐(先探: 먼저 발견하다) → 선결(先決: 먼저 결정하다) → 선행(先行: 먼저 움직이다)' 능력을 보장한다. 이와 같은 '탐지 직후 임무수행(Sensor-to-Shooter)' 기능의 현실화는 신속한 전쟁 수행을 가능토록 하여 능동방어 전략의 구현에 필수적인 역할을 할 것이다.[251]

251) 1991년 제1차 걸프전쟁에서 미군은 표적을 탐지한 후 공격하기까지 24시간이나 걸렸지만 2001년 아프가니스탄 대테러전쟁에서는 이를 45분으로 크게 단축시켰으며,

3) 전자전

20세기 이후 비약적으로 발전된 전자기술은 군사 분야에도 큰 비중을 차지하고 있으며, 특히 정보수집과 C^4I에서의 비중은 가히 절대적이다. 이와 같은 정보의 수집, 처리, 배분기능은 대다수가 전자파(전파(電波))를 매개로 이루어지며, 때문에 전파의 사용과 통제방법에 따라서 임무수행에 큰 영향을 받는다. 다시 말하자면 전파를 이용한 인위적인 교란, 방해만으로도 상대측의 전장상황 인식과 지휘통제 기능을 마비시킬 수 있으며, 이를 통해서 적의 전쟁수행 능력에 총체적인 타격을 가하는 성과를 거둘 수 있는 것이다.

전자전은 크게 3가지의 활동으로 구분된다. 첫 번째는 전파의 형태로 된 정보를 탐지 · 식별하는 '전자지원(ES: Electronic Support)'이며, 두 번째는 적의 전파사용을 교란 및 방해하는 '전자공격(EA: Electronic Attack)'다. 그리고 세 번째가 적의 전파교란 및 방해로부터 각종 전자관련 자산과 수행능력을 방어하기 위한 '전자보호(EP: Electronic Protection)'이다.[252] 이 가운데 전자지원은 그 성격상 정보수집 기능에 더 가까우므로 "전파에 의한 정보기능의 교란, 마비"란 전자전의 본래 의미와 부합하는 활동은 전자공격, 전자보호라고 할 수 있다. 여기서 전자공격은 실행방식에 따라 ① 고출력 잡음전파를 방사하는 전자방해(Electronic Jamming)와 ② 다수의 허위 신호를 보내어 적의 정보기능에 혼란을 일으키는 전자기

2003년의 제2차 걸프전쟁에서는 단 11분만에 실시했다. 강진석, 『한국의 안보전략과 국방개혁』(평단문화사, 2005), p.528.

252) 전자공격과 전자보호는 각각 '전파방해(ECM: Electronic Counter Measures)'와 '전파방해대응(ECCM: Electronic Counter-Counter Measures)'이라는 명칭으로도 알려져 있다. 육군사관학교 편저, 『무기체계학』(청문각, 2001), pp.218~231.

만(Electronic Deception)으로 분류된다. 전자전 장비는 군함, 전투기를 비롯한 개별 무기체계에 탑재되거나, 지상 기지에 설치할 수도 있다. 하지만 보다 넓은 지역에서의 적 방해 · 교란을 실시하려면 대용량의 고성능 교란장비를 싣고서 이동할 수 있는 원격지원 능력이 요구된다. 미국의 EC-130을 비롯한 전자전 전용항공기가 그 대표적 수단이다.

한국은 북한과 주변 강대국에 의한 군사적 충돌이 불가피할 것으로 예상되는 시점(예: 데프콘 2 이상 수준의 비상상황)에서 전자전, 특히 전자공격 기능을 적극 사용할 수 있어야 한다. 이를 통해서 상대측의 C^4I 수행능력을 떨어뜨려 기습적인 무력 침공을 위한 각종 의사결정, 임무 수행을 지연시키도록 강요할 수 있으며, 한국군에게는 신속하고 결정적인 방어를 실시하는 과정에서의 주도권을 보장하기 때문이다. 따라서 한국군은 개별 무기체계와 지상 기지에 탑재된 장비를 사용한 전술 · 작전 차원의 전자전을 넘어 전쟁의 억지, 승리와 직결될 수 있는 전략 차원의 전자전을 수행할 수 있어야 한다. 이를 위해서는 대형 전자전기와 같은 이동식 대형 원격지원 수단에 의한 '확대된 전장'과 '완충 전장'에서의 광역 전자

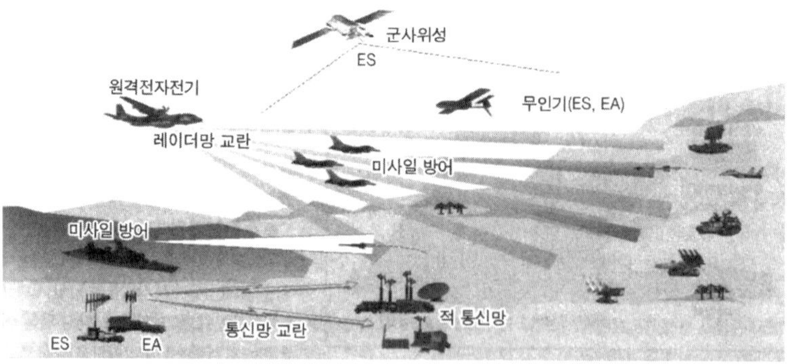

출처: 「국방과 기술」 2006년 12월호

〈그림 3-14〉 전자전 수행개념도

전능력이 요구된다.

(3) 전력투사[253)]

군사상으로 전력투사(戰力投射: Power Projection)란 '상대방의 인적, 물적 자산에 직접 물리적인 힘을 가하여 저지 및 제압하는 능력'이라고 정의할 수 있다. 태고 시절 창과 칼 그리고 활로 시작된 전력투사 기능은 9세기 무렵 중국이 처음 화약을 군사용으로 사용하면서 더욱 위력이 막강해졌으며, 전쟁에서의 비중도 점차 증가했다. 18세기 중반까지 소총과 대포는 전쟁에서의 부대 사상자 20%를 유발시켰지만 포병장교 출신인 나폴레옹이 유럽을 정복하던 시대에는 40%로 높아졌으며, 19세기 후반 철혈재상 오토 폰 비스마르크의 영도 하에 있던 프로이센이 육군의 무기를 소총으로 완전 대체하면서 90%로 치솟았다. 그리하여 20세기 전반의 제1, 2차 세계대전부터는 거의 모든 파괴와 살상이 소총과 대포를 통해 이루어지게 되었다. 오늘날에는 기존의 소총이나 대포보다 훨씬 먼 거리까지 날아갈 수 있는 미사일, 그리고 기존의 화약병기보다 훨씬 막대한 파괴와 살상을 가할 수 있는 핵 · 생물 · 화학무기까지 개발되었다.

전력투사 기능의 위력은 다음의 세 가지를 기준으로 평가될 수 있다. 첫째는 타격목표를 향해 도달할 수 있는 능력, 즉 사거리(射距離)와 도달 속도다. 둘째는 정확하게 의도하는 목표를 타격할 수 있는 능력, 즉 명중률(命中率)인데, 일반적으로 겨냥한 대상을 정확히 맞출 수 있는 확률이

---

253) 이것은 흔히 '화력(火力: Fire Power)'라는 용어로 알려진 개념이다. 그러나 이 경우 화약무기가 등장하기 이전에 사용되었던 창이나 활과 같은 소위 근력(筋力) 병기를 포함시킬 수 없다. 때문에 보다 포괄적인 '전력투사'라는 용어가 적절할 것이다.

50%가 넘으면 정밀유도무기(精密誘導武器: Precision Guided Munition)로 분류된다. 그리고 셋째가 명중된 목표에 물리적 손실을 가할 수 있는 능력, 즉 파괴력(破壞力)이다.

전력투사는 포격, 함대지 타격, 폭격, 후방 항공차단 등 '육지 · 해양 · 공중으로부터의 전쟁'을 구성하는 다분히 공세적인 기능이다. 자주국방 실현을 위해 한국은 북한과 주변 강대국의 전략 차원 위협능력을 필요할 경우 선제조치를 통해 제거할 수 있을 정도의 전력투사 능력을 확보해야 한다. 그만큼은 되어야 전쟁 초반에 가능한 한 빨리 외부 세력의 침공이 실패하게끔 보장할 것이며, 결과적으로 전쟁 억지효과를 발휘할 수 있기 때문이다.

지상에 배치되는 야포와 지대지 탄도미사일부터 살펴보자. 이들은 가장 기본적인 전력투사 수단으로서 외부 세력, 특히 휴전선 전방에 집중배치되어 있는 북한 공격용 병력과 대량살상무기의 명백한 위협 징후가 포착될 경우 재빨리 해당 대상들을 겨냥하여 선제조치를 가하는 역할을 맡아야 한다. 북한의 야포 전력은 수적으로는 1만여문 이상의 대규모를 자랑하지만, 절반 이상이 대전차포 수준의 짧은 사거리와 파괴력을 가진 구경 120mm 이하다. 실제 전투에서 의미있는 파괴와 살상을 가할 수 있는 구경 150mm 이상의 대구경 장거리포는 약 40%인 4,500문 정도로, 이들이 서울과 수도권을 겨누고 있는 휴전선 전방의 북한 야포전력 대부분을 차지하는 것으로 평가된다.

따라서 이에 맞설 한국의 야포 전력은 북한의 양적 우세를 질적으로 압도하기 위해서 150mm 이상의 대구경 장거리포를 다수 확보해야 한다. 또한 '능동방어' 원칙에 입각한 한국의 실전 전략에 따라 같은 시간 이내에 보다 많이, 정확하게 포격할 수 있도록 자동사격 능력과 위성 등으로 정밀유도되는 지능형 탄두의 확보가 요구된다. 북한의 공격으로부터 생존성을 높이기 위해 이들 대구경 장거리포의 대다수를 차량 형태로 자주화(自走化)시킬 필요도 있다. 포탄 가운데서 파괴력 측면에서는 고폭탄(HE: High Explosive)이 유리하고, 집속탄(集束彈: Cluster Bomb Unit)은 넓은 범위에 걸친 적 병력 살상에 강점이 있겠지만, 이들을 적시에 제압하지 못할 가능성에 대비하여 살포지뢰(地雷)를 포탄에 탑재하는 것도 좋은 선택이 될 것이다. 이 경우 갱도를 통해 출입하는 북한 포병부대의 활동을 방해하여 상당시간 동안 포격을 실시하지 못하도록 할 수 있기 때문이다.[254)]

아울러 한국은 이러한 구경 150mm 이상의 대구경 장거리포만으로 이루어지는 독립된 여단급 포병부대를 다수 편성하여 유사시 북한의 장거리 야포전력에 대한 선제조치를 담당할 핵심전력으로 유용할 필요가 있다. 이들 포병여단은 자주포와 다연장 로켓포를 중심으로 견인포 일부가 포함될 수 있으며, 적어도 포병여단 10여 개에 해당하는 1,500~2,000문 이상이 확보되어야 한다. 다만 이와 같은 포병 전력의 전략 차원 운용은 '수도권이 북한 야포의 사거리 이내에 놓여있는' 현재의 특수상황을 전제로 한 것이며, 따라서 통일 이후에는 그 역할과 비중이 하향조정될 수밖에 없다. 여기서 자주포와 다연장로켓포를 비롯한 대부분의 장거리 야포들은 기갑, 기계화보병 부대를 비롯한 주요 기동부대와 함께 움직이면서 지원임무에 전념하는 작전급 전력으로 운용되며, 주요 타격대상은 적 전방부대와 후방 지대의 증원병력으로 바뀔 것이다.

지대지 탄도미사일의 경우 북한의 스커드, 로동 탄도미사일 발사대나

---

254) 하광희, "야전포병의 대화력전 수행 능력 발전을 위한 제언", 「週刊國防論壇」, 2005년 2월 14일.

이들을 통해 발사될 수 있는 대량살상무기 관련 시설, 그리고 주요 공군 기지를 공격하여 전쟁 초기에 이들 전력을 무력화하는 데 사용될 수 있다. 문제는 해당 타격대상들이 북한 전역에 넓게 산재되어 있다는 점이다. 따라서 한국은 북한 전체를 공격권 안에 둘 수 있는 사거리 300~500km 이상의 탄도미사일을 보유해야 한다. 그리고 발사 준비에 상당한 시간이 걸리는 액체연료를 사용하는 북한의 탄도미사일에 대한 우위를 점하기 위해서 한국은 훨씬 빨리 발사될 수 있는 고체연료를 탄도미사일의 추진제로 사용하는 것이 바람직하다.

그러나 이처럼 지상에 배치된 고정형 전력투사 수단은 북한의 입장에서도 역시 가장 우선적인 공격대상 가운데 하나이며, 만일 기습을 당할 경우 초반에 대부분을 상실할 수 있다는 부담이 있다. 설령 이들 전력을 충분히 사용할 수 있다고 해도 북한에 대해서만 전쟁 억지효과를 낼 수 있을 뿐, 주변 강대국에까지 사용하기에는 미약하다.

이러한 두 가지 문제점을 극복하기 위해 한국은 일종의 이동기지에 해당하는 수상전투함, 잠수함, 전투기 등에 탑재가능한 지상공격용 장거리 순항미사일까지 전력화할 필요가 있다. 북한에 대해서는 '보복에 의한 억지' 전략에 따라 지상배치 전력투사 수단 외에도 대규모 공격용 전력 및 대량살상무기를 무력화할 수 있는 소위 '제2격 능력(Second-Strike Capability)'으로서, 그리고 주변 강대국에 대해서도 전쟁 억지효과를 낼 수 있는 전략차원 능력으로서의 기능을 갖는다. 특히 순항미사일이나 전투기로 발사되는 공대지 유도폭탄 가운데 상당수는 지하에 건설된 북한의 핵심 군사시설[255]들을 직접 공격할 수 있도록 지하 관통능력을 갖춘

255) 북한은 4대 군사노선의 주요 내용 가운데 하나인 '전국토의 요새화'의 일환으로 다수의 지하 군사시설을 구축해 왔으며, 총 8,000개 이상의 군사시설을 지하에 건설한 것으

고성능 탄두를 장착해야 한다. 이들 순항미사일의 사거리는 북한과 주변 강대국의 방공망 및 해군 전력의 활동범위 밖에서 안전하게 발사될 수 있는 원거리 사격(일명 스탠드오프(Stand-Off)) 기능이 가능하도록 수상전투함 및 잠수함 발사형은 300~500km 이상, 그리고 전투기 발사형의 경우는 100~300km 이상이 되어야 한다.

지상발사 탄도미사일과 해양 · 공중발사 순항미사일 등의 규모는 각 1~2개 연대/여단급으로 하며, 한국군은 최소 사단급 이상의 독자 사령부에서 이들 미사일 전력을 통합 지휘통제하도록 해야 할 것이다. 구체적으로는 30대 이상의 지상발사대를 통해 발사될 수 있는 탄도미사일 150~200여기, 그리고 수상전투함과 잠수함, 전투기에 탑재하는 순항미사일 각 30~40여기를 합해서 적어도 총 300기 이상의 미사일전력을 실전용으로 상시 준비할 수 있어야 한다. 이들 가운데 탄도미사일은 북한의 육군 기동부대 배치지점, 주요 해군 및 공군기지, 발사 준비단계의 탄도미사일 발사대, 생물 · 화학무기 저장 및 비축시설 등과 같은 넓은 범위 이내의 고정된 표적을 대상으로 운용할 수 있다. 그리고 순항미사일은 이동 중인 탄도미사일 발사대, 북한의 지하 군사시설처럼 보다 높은 정확도를 요구하는 표적과 주변 강대국의 주요 해양 · 항공전력 배치지점을 겨냥하여 사용하도록 한다.[256)]

로 알려져 있다. 이 가운데 1,800여 개는 휴전선 전방지대에 위치한다. 정병호, "북한의 군사능력 평가 및 전망", 차영구 · 황병무 편저, 『국방정책의 이론과 실제』(오름, 2004), p.207.

256) 탄도미사일은 로켓방식의 추진기관을 사용하여 비행속도가 빠르지만, 높은 고도를 통한 포물선 형태의 특정 궤도를 따라 움직이므로 정확성이 요구되는 표적을 공격하기에는 불리하다. 이에 비해서 순항미사일은 항공기와 유사한 공기흡입식 추진기관으로 비행하여 탄도미사일보다는 비행속도가 느린 편이다. 대신 궤도를 자유롭게 수정하면

지난해 10월 9일의 핵실험 사태로 북한의 핵무장 능력은 가능성 차원을 넘어선 현실적인 위협으로 입증되었다. 일반 화약무기의 수천만개(TNT 수만톤) 이상에 해당하는 폭발력과 더불어 폭풍, 고열, 잔류 방사선, 낙진(落塵: 방사능재) 등으로 수많은 인명을 살상할 수 있는 핵무기는 탱크, 군함, 전투기와 같은 재래식 무기체계를 아무리 많이 보유하고 있더라도 맞설 수 없다. 따라서 북한의 핵무장에 대한 한국의 선택은 '대응적 핵무장'일 수밖에 없는 것이다. 대응적 핵무장은 다시 2가지의 종류로 나뉠 수 있다. 첫째, 한국 스스로 자체적인 핵무기를 개발 및 생산, 배치하는 방식인데, 지난 1970년대 박정희 행정부가 시도한 전례가 있다.[257] 둘째, 세계 최강의 핵보유국인 동맹 미국으로부터 유사시 핵보복 능력을 보장받는 방식, 즉 핵우산(核雨傘: Nuclear Umbrella)이 가능하다.

위의 2개 대안 가운데 당장 한국이 현실적으로 선택할 수 있는 것은 '미국의 핵우산 확보'다. 비록 북한의 핵실험으로 '한반도 비핵화'가 명백히 무산된 상황이지만, 최근 제5차 6자회담에서 채택된 2.13 합의를 비롯해서 9.19 공동성명에 입각한 북한 핵문제의 평화적 해결노력은 아직 유효하다. 이런 시점에서 만일 한국이 당장 자체 핵무장에 나선다면 한반도는 곧바로 핵 군비경쟁에 돌입하여 기존의 군사적 긴장이 훨씬 악화될 것이며, 이미 북한 핵실험을 계기로 나타난 일본의 핵무장 가능성을 더욱 높일 수 있다. 북한보다 훨씬 많은 플루토늄 보유량을 비롯하여 미국, 러

서 비행할 수 있기 때문에 훨씬 정확한 타격이 가능하다. 국방부 군비통제관실, 『대량살상무기(WMD) 문답백과』(국방부, 2004), p.163.

257) 당시 박정희 행정부는 닉슨, 카터 행정부의 주한 미 육군의 철수방침을 계기로 미국의 안보공약에 대한 강한 불신을 품었으며, 그 대응책으로 적극적인 자주국방 정책을 추진했다. 이 가운데 하나가 바로 자체 핵개발 계획이었던 것이다. 보다 자세한 내용은 중앙일보 특별취재팀, 『실록 박정희』(중앙M&B, 1998), pp.251~275를 참고.

시아에 이어 세계 3위 수준을 자랑하는 일본의 핵무장 잠재력을 생각한다면, 한국에게는 득보다 실이 훨씬 큰 선택인 것이다. 반면 미국의 핵우산을 제공받는 경우에는 역시 미국의 동맹국인 일본이 핵무장에 나서는 구실을 차단할 수 있다. 요컨대 북한의 핵무장으로 심각하게 훼손된 군사력 균형을 조기에 회복하면서 정치, 외교적인 부작용을 최소화하기 위해서는 핵우산을 통한 미국의 유사시 핵보복능력 확보가 현실적인 대안일 수밖에 없다.

현 시점에서 한국이 북한의 핵무장에 맞서기 위해 실천해야 할 자주국방 차원의 노력은 ① 비핵 억지, 승리능력의 확보 및 발전과 ② 잠재적 핵능력의 회복으로 요약될 수 있다. 핵무기에 의한 보복능력은 분명 외부위협세력이 핵무기를 사용하려는 의지를 좌절시키기 위해 필수적인 억지수단이지만, 그것이 전부는 아니다. 앞에서 언급한 고도의 정찰, 조기경보, C^4I 기능이 포함된 정보능력을 동원하여 상대측의 핵무기 사용 가능성을 사전에 간파하고, 이어서 탄도 · 순항미사일과 같은 장거리 전력투사 수단으로 재빨리 파괴할 수 있는 능력도 충분히 핵공격 시도를 무력화하는 기능을 하기 때문이다.[258] 이는 유사시 핵무기의 사용이 실패하게끔 만드는 가능성을 높인다는 점에서 핵보복 못지않은 억지력을 발휘할 수 있다.

잠재적 핵능력이란 기존 원자력발전소의 핵연료 생산을 위한 우라늄의 농축과 가공, 사용후 핵연료를 재처리하여 플루토늄을 추출, 재활용할 수 있는 능력을 뜻한다. 이를 '핵연료주기(Nuclear Fuel Cycle)의 구축'이라고도 하는데, 필요에 따라서는 핵탄두 생산을 비롯한 군사 목적의 전용

258) 김태우 · 신성택 등, 『북한핵문제 종합적 대처방안』(한국국방연구원, 2003), pp.95~104.

도 가능하다. 오늘날 한국은 20기의 상업용 원자력발전소를 운영하는 세계 6위의 원자력 대국이며,[259] 원자력 발전시설은 한국의 전체 전력(電力) 설비의 28%를 넘는다. 뿐만 아니라 한국의 전력생산 40% 이상을 차지하는 것도 원자력이다. 그러나 지난 1956년 2월 3일 미국으로부터 원자력 기술을 제공받는 조건으로 체결된 『한미 원자력협정』에 따라 핵연료의 생산 및 재처리활동은 미국의 제약 아래에 놓여 있다.[260] 심지어 한국은 북한의 핵개발 문제가 처음 부각된 지난 1991년에는 『한반도 비핵화선언』으로 사용 후 핵연료의 재처리, 우라늄 농축시설의 보유 자체를 스스로 포기하기까지 했다. 그 결과 매년 850톤의 사용후 핵연료가 재활용되지 못한 상태로 비축되고 있으며, 전체 누적량은 무려 8,000톤에 달할 정도다.[261] 이에 따라 원자력발전소의 핵연료에 쓰이는 농축 우라늄은 전량 외국에 의존하며, 매년 3억 달러(약 3,510억원)의 외화가 핵연료 수입을 위해 쓰이고 있다. 군사적인 전용 가능성은 둘째 치고, 경제적 관점에서도 매우 불합리한 일이다.[262]

『핵확산금지조약』(NPT: Nuclear non-Proliferation Treaty)에서도 평화

---

259) 한국이 운영하고 있는 20기의 원자력발전소 가운데 경상북도 월성에 있는 4기는 중수로(重水爐)를 사용하는데, 중수로는 핵탄두로 사용될 수 있을 정도의 순도가 높은 플루토늄을 생산한다.

260) 1973년에 개정된 현재의 『한미 원자력협정』은 한국이 미국에서 농축우라늄을 원자로용 핵연료로 제공받는 대신, 사용 후 핵연료의 변환, 핵물질의 이전, 재처리 기술 및 장비의 이전 등에 대해 미국의 사전동의를 거치도록 규정하고 있다. 이로 인해 한국의 독자적인 우라늄 농축, 사용 후 핵연료 재처리는 사실상 불가능한 실정이다.

261) 김태우, "비핵화공동선언 재고해야 한다", 「세계일보」 2006년 12월 30일자.

262) 『한반도 비핵화선언』 이후 독자적인 핵잠재력의 부재로 인한 한국의 외교, 군사, 경제적인 문제에 관한 보다 자세한 논의는 김태우, 『한국핵은 왜 안되는가』(지식산업사, 1994), pp.177~343을 참고.

적 목적을 위한 사용후 핵연료의 재처리와 우라늄 농축을 인정하고 있으며, 북한의 핵실험으로 한반도 비핵화 상태가 깨어진 이상 『한반도 비핵화선언』의 '핵 재처리 및 우라늄 농축시설의 보유 포기'는 더 이상 유지되어야 할 근거가 없다. 따라서 한국은 북한의 핵실험을 계기로 『한반도 비핵화선언』 가운데 한국 영토 이내에서의 핵무기 제조, 보유, 저장, 배치 등을 제외한 나머지 조항의 '효력정지'를 선언하고, 동시에 기존 『한미 원자력협정』을 개정하여 자체적인 핵연료의 생산 및 재처리를 합법화시켜야 한다. 물론 이러한 노력은 국제사회의 동의를 얻을 수 있도록 기본적으로 '평화적 핵사용'의 차원에서 추진해야 하며, 관련 활동들은 반드시 현재의 국제 비확산규범에 의거한 투명성을 인정받을 수 있어야 할 것이다. 그러므로 외교안보 부처보다는 원자력에 대한 직접적인 관할부처, 즉 과학기술부와 산업자원부가 주도해야 한다.[263] 오늘날 일본이 보유한 세계 최고 수준의 잠재적 핵능력도 과거 수십년 동안의 핵투명성 인정을 기반으로 달성한 성과였다.[264]

'핵연료주기의 구축' 완성은 이미 한국 경제의 핵심으로 자리잡은 원자력발전의 안정적인 운영뿐만 아니라, 북한의 핵위협이 과거 어느 때보다 현실화된 오늘날 한국의 사활적 · 핵심적 이익에도 큰 기여를 할 것이다. 특히 미국의 안보공약 약화 가능성, 혹은 일본의 핵무장을 비롯한 최악의 안보상황이 현실화될 경우, 한국이 독자적인 핵무장으로 대처할 수

263) 현재 과학기술부는 오는 2014년에 협정시안이 만료되는 기존 『한미 원자력협정』의 개정을 위한 준비에 착수하였으며, 금년 말까지 미국과의 협상을 위한 개정초안을 마련할 예정인 것으로 알려진다. 강민석, "원자력 주권 회복 한 · 미협정 바꾼다", 「중앙 SUNDAY」, 2007년 3월 25일자.

264) 전진호, "일본의 원자력 정책", 『한국의 核주권』(「신동아」 2006년 12월호 특별부록).

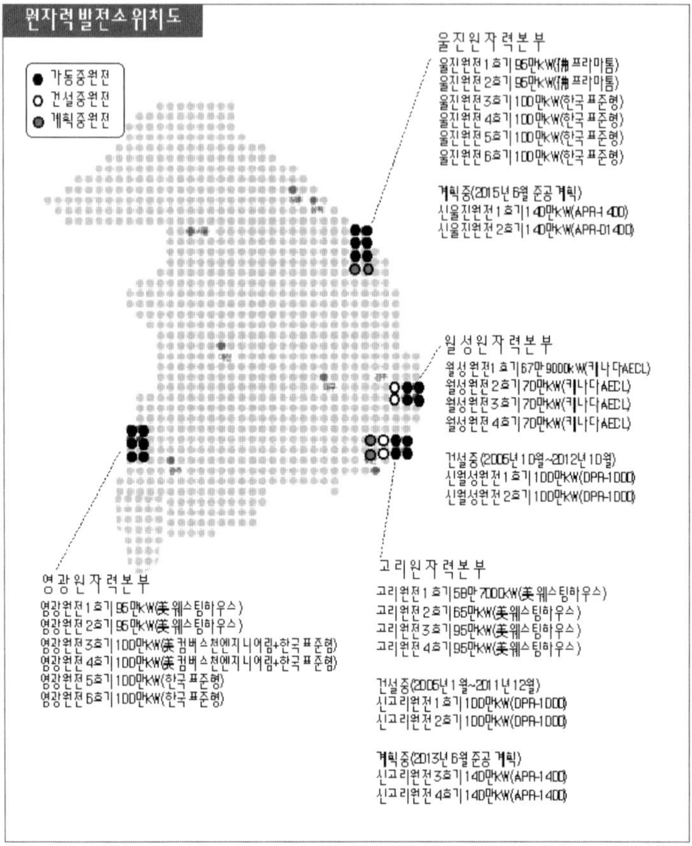

출처: 『한국의 核주권』(「신동아」 2006년 12월호 특별부록), p.83

〈그림 3-15〉 한국의 원자력발전소 현황

있는 가능성을 열어준다.265) 뿐만 아니라 한국이 충분한 잠재적 핵능력

---

265) 이미 한국은 핵분열을 발생시킬 정도의 고성능 기폭장치를 설계, 개발할 수 있는 정밀 전자기술을 갖춘 것으로 알려져 있다. 뿐만 아니라 현재 비축되어 있는 사용후 핵연료의 규모도 총 8,000톤을 넘으며, 지난 1982년과 2000년에는 연구 실험과정에서 소량의 플루토늄 추출 및 우라늄 분리를 성공시키기도 했다. 이러한 점들을 고려한다면 한국의 잠재적 핵능력은 북한보다 훨씬 우수하며, 국가 차원의 의지 여하에 따라 수개

을 확보한다면, 그렇지 못한 경우보다 미국의 핵우산 공약을 더욱 안정적으로 제공받을 수 있을 것이다. 전세계적인 핵확산을 경계하는 미국이 한국의 자체 핵무장 동기를 해소하기 위해서 더욱 확실하게 유사시 핵우산 보장을 약속할 수밖에 없기 때문이다. 같은 맥락에서는 일본의 독단적인 핵무장 가능성을 견제하는 효과도 기대할 수 있다.

그렇다면 유사시 한반도에서 핵무기 위협을 억지, 제압하기 위한 군사전략은 어떠한 방향이어야 하는가? 먼저 한국과 미국이 동원할 수 있는 핵무기는 반드시 북한을 비롯한 '외부 위협세력의 핵공격에 대한 보복'을 위해서만 사용되어야 할 것이다. 다시 말해서 한미 양국이 핵무기를 선제공격에 사용하거나, 비핵 무기를 사용한 적의 공격에 핵보복으로 대응하는 일은 없어야 한다. 대신에 만일 상대측이 한국을 겨냥하여 단 1개의 핵무기라도 사용한다면, 그것이 한국의 군사력이나 민간인 가운데 어느 쪽을 대상으로 했는지의 여부와 상관없이 즉각 핵무기에 의한 압도적인 보복을 실시해야 한다. 여기서 한국의 핵보복 전략은 '외부 침공세력의 공세능력 완전 제거'를 목적으로 하며, 핵보복의 대상은 ① 아직 남아있는 적의 핵 발사수단(야포, 탄도미사일, 항공기 등)과 핵탄두 저장시설, 그리고 ② 한국을 상대로 동원할 수 있는 적 증원병력의 주요기지 및 집결지점으로 해야 한다. 물론 핵보복은 '완충 전장'과 '확대된 전장'을 대상으로 실시해야 하며, 한국 영토 이내에 해당하는 '최종 전장'까지 침범한 적 병력은 반드시 비핵 전력만으로 격퇴할 수 있어야 할 것이다.

유사시 핵보복에 사용하기 위한 핵무기의 종류로는 우선 한국 영토에 직접 배치할 수 있는 야포, 탄도미사일, 항공기 탑재용 폭탄 등이 고려될

월~1년 이내에 신뢰성이 높은 핵무기를 개발할 수 있다고 평가된다. 이근영 · 강태호, "핵무기 개발능력 어느 정도? 한국도 3달이면 만든다", 「한겨레」, 2006년 10월 20일자.

출처: 『조선일보』 2006년 10월 20일자

〈그림 3-16〉 미국의 한반도 핵우산 전력운용

수 있다. 과거 주한미군이 보유했던 소위 '전술핵무기'가 여기에 해당할 것이다.[266] 이와 같은 지상배치 방식은 유사시 핵보복의 실행 의지를 과시한다는 장점도 있으나, 실전에서 북한의 가장 우선적인 공격대상이 될 가능성이 높기 때문에 생존성 측면에서는 매우 불리하다. 뿐만 아니라 한

---

266) 주한미군은 지난 1957년에 일본 오키나와(沖繩)에서 옮겨온 전술핵무기를 제공받으면서 처음으로 핵무장 능력을 갖추었으며, 이들은 대구경 야포와 단거리 탄도미사일, 지뢰, 항공기 탑재폭탄 등에 장착될 수 있었다. 주한미군의 전술핵무기 보유 규모는 1970년대 중반에 700여기로 최대 수준이었으나 카터 행정부의 집권 시절 250기로 급감했으며, 1985년에는 150기까지 줄었다. 이후 1991년의 『한반도 비핵화선언』을 계기로 남아있던 약 100기의 전술핵무기도 완전 철수되었다. 지난해 10월 9일의 북한 핵실험 사태 직후 한국 내부에서는 미군의 전술핵무기 재배치를 요구하는 주장이 제기된 바 있다. 김일영 · 조성렬, 2003, pp.107~114.

국 사회 내부의 반핵(反核), 반미 여론을 부추기는 역효과도 무시할 수 없다. 따라서 한미 양국은 보다 생존성이 높은 이동식 발사수단, 즉 수상전투함과 잠수함, 전투기, 폭격기를 중심으로 핵보복 전력을 운용하는 것이 바람직하다. 다만 여기서 사용되는 핵탄두의 파괴력은 최대 200~300KT을 넘지 말아야 할 것이다. 왜냐하면 한반도의 공간면적이 협소하므로 지나치게 파괴력이 큰 핵탄두를 사용하면 휴전선 이남의 한국 영토까지 낙진, 잔류방사선 등에 의한 인명 피해를 입기 때문이다. 요컨대 실전에서 핵보복을 실시하는 경우에도 '소수의 대형 핵탄두'보다는 '다수의 중·소형 핵탄두'가 나은 선택이며, 특히 대상 지역이 휴전선과 가까울수록 파괴력이 작은 핵탄두가 쓰여야 한다.

한 가지 분명한 것은 위와 같은 '대응적 핵무장'과 '핵보복 전략'이 결코 현재의 핵위기를 해결하기 위한 최선의, 근본적인 해결책일 수는 없다는 점이다. 국토공간이 작고, 인구밀도가 높은 한반도에서는 아무리 작은 파괴력의 핵무기로도 막대한 파괴와 살상이 일어날 수밖에 없으며, 특히 그것이 전면적인 핵전쟁으로 확대된다면 한민족의 공멸로 귀결될 것이 분명하다.[267] 따라서 한국의 '대응적 핵무장'과 '핵보복 전략'은 북한 정권에게 핵공격이 곧 자신들의 파멸로 이어질 것이라는 확신을 심어주어 실제 사용의지를 약화시키고, 궁극적으로는 6자회담 등 외교적 수단에 의한 핵위기의 근본적 해결이 보다 빨리 이루어질 수 있도록 지원하는 한시적 보완조치가 되어야 한다. 역설적으로 들리겠지만, 이는 "북한 정권에 핵보복을 통한 파멸 가능성을 보장하여 '북한에 의한 핵전쟁' 위험을 억지, 제거하는 것"이라고 요약할 수 있다.

---

267) 한반도에서의 핵무기 사용에 따른 피해 수준에 관해서는 강정민·황일도, "美 NRDC의 한반도 핵폭격 시뮬레이션", 「신동아」, 2004년 12월호를 참고.

그리고 한국은 통일 이후를 비롯한 장기적 차원에서도 『핵확산금지조약』(NPT)과 『생물무기금지협약』(BWC: Biological Weapons Convention), 『화학무기금지협약』(CWC: Chemical Weapons Convention) 그리고 『미사일기술통제체제』(MTCR: Missile Technology Control Regime) 등을 비롯한 국제적인 대량살상무기 비확산질서의 일원으로서 대량살상무기의 개발 · 보유는 기본적으로 배제한다는 정책을 유지해 나가야 한다.[268] 특히 통일 과정에서는 그동안 북한이 보유한(물론 그 전에 북한 스스로 없애는 것이 바람직하겠지만) 핵물질과 생물 · 화학무기, MTCR 규정을 넘어서는 장거리 탄도미사일[269] 그리고 관련시설들을 모두 자발적으로 폐기해야 할 것이다. '통일한국의 대규모 대량살상무기 보유'라는 가능성은 주변 강대국들이 한반도의 통일과정에 직접 개입하여 통일 자체를 견제 · 방해하려는 동기를 제공할 수 있기 때문이다.[270] 한국은 지난 1990년 독일이 "통일 이후 핵무기를 비롯한 대량살상무기의 제조 · 보유 포기"를 약속하여 영

268) 한국은 지난 1975년에 NPT를 비준했으며, BWC와 CWC는 각각 1987년과 1997년에 비준하였다. 그리고 정식 조약이 아닌 다자간 국제협의체 형식으로 운영되는 MTCR에는 2001년 3월에 33번째 회원국으로 가입했다.

269) MTCR은 지난 1987년 4월 16일 미국 등 선진 7개국(G7. 현재의 G8)의 주도로 설립되었으며, 현재 34개국이 가입하고 있다. 목적은 500kg 이상의 물체를 싣고 300km 이상 비행할 수 있는 미사일과 무인비행체, 그리고 이와 관련된 기술의 확산과 장치의 수출을 막는 것인데, 이들 발사체가 대량살상무기 확산의 근간이 될 수 있기 때문이다.

270) "북한 핵무기도 통일되면 한민족 전체의 것이 되니까 문제될 것 없다"는 주장의 오류도 바로 여기에 있다. 핵무기를 비롯한 북한의 대량살상무기는 남북한 관계에서 한국의 발언권과 영향력을 심각하게 약화시키며, 이는 한국이 지향하는 정치, 경제, 사회적 가치를 반영한 통일을 더욱 어렵게 만들 수밖에 없다. 그리고 주변 강대국들도 한반도가 핵보유 상태에서 통일될 경우 자신들에 대한 직접적인 위협이 될 것을 우려하여 더욱 적극적으로 통일을 견제, 방해하려 할 것이다. 요컨대 북한의 핵무장은 대내외적으로 한반도 통일을 가로막는 가장 큰 걸림돌로 작용하고 있으며, 따라서 "통일되면…."이라는 식의 전제 자체가 성립할 수 없는 것이다.

국, 프랑스 등 주변국으로부터 통일에 대한 동의를 얻어냈던 선례를 명심해야 한다.

앞으로 한국의 전력투사 능력은 대량살상무기가 아니라, 그 반대 개념이라고 할 수 있는 '비살상 무기체계(Non-Lethal Weapons)'를 중심으로 발전해 나가야 한다. '인간에게 치명상을 입히거나 무기, 장비를 파괴하지 않고서 상대측의 전투능력을 마비 · 소멸시키는 무기의 총칭'으로 정의될 수 있는 이들 무기체계에는 지향성 에너지무기(레이저), 고출력 마이크로파(HPM: High Power Microwave), 초저주파 음향무기, 전자기파(EMP: Electro-Magnetic Pulse) 폭탄, 초강력 부식제, 특수 점착발포제, 동력마비 화학물질, 흑연폭탄 등이 있다.[271] 이와 같은 비살상 무기체계는 상대측에게 직접적인 인적, 물적 피해를 가하지 않으면서도 침공능력을 실질적으로 무력화할 수 있으며, 직접적인 침공전력뿐만 아니라 확전 문제 때문에 한국이 선불리 공격하기 곤란한 적의 정치, 군사지휘부 및 수도, 대규모 민간시설까지 표적으로 포함시킬 수 있는 가능성을 열어준다. 한국이 총량적인 국력과 군사력에서 훨씬 우세한 주변 강대국을 상대로 한 잠재적 억지 효과를 증대시키고, '능동방어' 전략을 수행하기에는 매우 적합한 전력투사 수단이라고 할 수 있다.

---

271) 비살상 무기체계는 공격대상에 따라 정보수집 장치용(저출력 레이저), 기동수단용(동력마비 화학물질, 특수 점착발포제), 병사용(초저주파 음향무기), 전력투사 수단용(초강력 부식제), 군사 및 국가 중추시설용(HPM, EMP 폭탄, 흑연폭탄 등) 등으로 분류된다. 신성택, "비살상 무기체계의 등장과 아국의 대응방향", 「合參」, 통권 제20호, 2003년 1월호.

(4) 기동

군사력의 사용에서 기동(機動: Maneuver)이란 '전장에서의 다양한 자연적, 인공적인 시 · 공간적 장애요소를 극복하고 필요한 시간과 장소에서 전투력을 발휘할 수 있는 능력'이라고 정의할 수 있다. 공격과 방어 어느 쪽이든지 군사력을 통해 특정 목적을 달성하려면 병력을 움직여서 상대측과 맞서야 하며, 보다 신속하게 이동할 수 있는 쪽에게 승리가 돌아갈 것임은 분명하다. 기동 능력이 우수할수록 유리한 시간과 장소에서 적 병력을 상대할 수 있으며, 그만큼 전쟁 자체의 판도를 유리하게 이끌어 나갈 수 있기 때문이다. 세계를 제패한 칭기즈칸의 기마병과 독일 제3제국의 전격전은 기동 전력의 위력을 가장 잘 보여준 사례였다.

기동 능력의 평가 기준은 다음과 같다. 첫째, 가장 기본적인 병력의 이동 속도(速度: Velocity)다. 둘째, 날씨와 시간대의 차이와 상관없이 움직일 수 있는 전천후(全天候: All-weather) 능력이다. 그리고 셋째, 처음 주입된 연료 이내로 움직일 수 있는 최대한의 거리, 즉 활동범위(活動範圍: Range of Activity)[272)]이다.

기동전력은 전선에서 거의 대부분의 군사행동을 수행하는 세력이며, 전쟁의 승패여부는 그들에게 달려있다고 해도 과언은 아니다. 때문에 일반적으로 군사력 전체에서 차지하는 비중도 기동전력이 가장 크다. 이 점에서 기동전력이 보유하는 능력의 성격은 해당국가의 군사전략을 반영한다고 볼 수 있다. 공격 본위의 군사전략을 채택한 국가의 기동전력은 타국보다 큰 규모와 더불어 '육지 · 해양 · 공중으로부터의 전쟁'을 수행할

272) 활동범위는 기갑, 기계화차량의 '주행거리'와 군함 및 항공기의 '항속거리', 그리고 항공기의 '전투행동반경' 등으로 구분될 수 있다.

수 있는 능력을 갖추고 있다. 반면 군사전략의 성격이 방어 위주인 국가의 경우는 기동전력이 상대적으로 타국의 전체 군사력 규모를 넘지 않으면서 '육지 · 해양 · 공중에서의 전쟁' 능력에 중점을 두는 특징을 보인다.

외부 세력의 군사적 침범이 발생할 경우 최대한 빨리 대응에 나서 위협능력을 제거함으로써 조기에 침략 의도를 좌절시키는 '능동방어' 전략에 따르면, 한국은 타국의 영토를 점령할 수준보다는 작은 규모의 기동전력을 갖추어야 할 것이다. 대신 성능에서는 '현존하는 위협'인 북한을 압도하며 '잠재적 위협'인 주변 강대국들에 대해서 적어도 일방적인 우세를 허용하지 않는 대등한 수준이어야 한다.

유형 전투력의 적정규모를 평가하기 위한 기준으로 잘 알려진 '란체스터 법칙(Lanchester's Laws)'은 "병력규모가 작은 쪽이 큰 쪽과 대등하거나 유리한 전투를 펼치려면 큰 쪽의 병력을 분산시켰을 때 우위를 차지할 수 있는 최소한의 규모를 확보해야 한다"는 점을 강조하고 있다.[273] 이는 상대측 병력의 3/4, 즉 70~75% 이상에 해당한다. 다만 이 공식은 '무장 수준의 효율성이나 지휘관의 자질, 전술의 우수성'과 같은 전투력의 질적 측면은 양측이 대등하다는 것을 전제로 한다. 따라서 한국은 무기체계 성능을 비롯한 전력의 질적 측면에서 북한보다 우세하고, 주변 강대국과는 대등한 수준을 유지한다는 전제 아래 북한의 60~70% 이상, 그리고 주변 강대국의 최소 70% 규모의 육 · 해 · 공군 소속 기동전력을 보유해야 한다.

---

273) '란체스터 법칙'은 영국의 기술자 프레드릭 란체스터가 제1차 세계대전 기간 중이던 1916년에 고안해낸 것으로 "전투력은 전투를 수행하는 단위수의 제곱에 비례한다"는 내용이 그 핵심이다. 이것은 군사력 운용의 주요원칙들 가운데 '집중'의 원칙을 강조한 것으로 흔히 '전투력 제곱의 법칙'이라고도 불린다. 보다 자세한 내용은 James G. Taylor, *Lanchester Models of Warfare* (Monterey: Naval Postgraduate School, 1983)을 참고.

1) 육군

지상을 무대로 활동하는 육군의 기동전력은 말이 이끄는 전차(戰車: Chariot)와 기마병(騎馬兵: Cavalry)을 기원으로 시작되었으며, 동력기관이 실용화된 근대 이후에는 탱크를 주축으로 하는 기갑(機甲: Armored) 부대, 보병전투용 장갑차(IFV)나 병력수송용 장갑차(APC), 대형트럭 등으로 신속하게 보병들을 이동시키는 기계화보병(機械化步兵: Mechanized Infantry) 및 차량화보병(車輛化步兵: Motorized Infantry) 부대, 그리고 육군 소속 항공부대(고정익, 회전익기 보유) 등으로 분류된다. 이들 기동부대는 도보에 의존하는 보병을 압도할 수 있는 빠른 이동속도를 앞세워 상대측의 가장 취약한 지점을 기습적으로 돌파하고, 신속하게 적 군사력의 유·무형적 핵심을 제압하는 기능을 수행한다. 이러한 기동부대의 힘은 상대측의 전열(戰列)을 단기간 내에 무너뜨려 병력을 분산시키도록 강요하며, 우세한 속도에 압도된 적의 전투력 전반을 물리적·심리적으로 와해시키는 결과를 가져온다.[274] 요컨대 육상 기동전의 초점은 '속도의 우세를 통한 노력과 시간의 절약, 그리고 결정적인 승리'에 있는 것이다.

도표 3-7은 한국 주변의 육군 기동전력 현황을 정리한 것인데, 일본은 한국과 지상으로 국경을 접하지 않는 섬나라이므로 육상자위대는 대

274) 지난 1940년 5월 프랑스를 겨냥한 독일 제3제국의 전격전은 가장 대표적인 육군 기동부대 운용으로 잘 알려져 있다. 7개 기갑사단을 중심으로 구성된 독일 육군의 1개 집단군(45개 사단 포함)은 아르덴느의 삼림지대를 3일만에 돌파하여 네덜란드 등지에서 또 다른 독일 1개 집단군과 전투중이던 영국·프랑스 연합군 주력을 배후에서 성공적으로 공격, 제압하였다. 이 공격으로 130여 개 사단으로 이루어진 연합군의 병력은 남북방향으로 쪼개져 덩케르크 해안과 마지노선 인근에서 각각 고립되었고, 기갑 전력을 앞세운 독일군의 공세 앞에서 무너졌다. 인터넷 웹사이트 http://en.wikipedia.org/wiki/Order_of_Battle_for_the_Battle_of_France (검색일자 2007년 1월 2일)

상에서 제외하였다. 이에 따르면 북한과 주변 강대국은 숫자상으로 2,000~3,000대가 넘는 탱크와 장갑차를 비롯한 대규모의 육상 기동전력을 보유한 것으로 나타난다. 그러나 북한, 중국 육군이 보유 중인 기동 무기체계들은 절대다수가 1960~70년대 기술로 생산된 구형이며, 1980년대 이후의 기술력으로 개발된 소위 제3세대 병기는 아직 소수를 차지하고 있다. 이 점에서 북한과 중국, 러시아의 육상 기동전력은 그 거대한 규모에도 불구하고 주행, 전천후 임무수행, 무장능력 등을 비롯한 각종 성능이 상당히 낙후된 것으로 평가된다.

〈도표 3-7〉 북한과 강대국의 육군 기동전력

	규모	주력병기	성능제원
북한	• 기갑: 군단 1개 여단 10여개 (탱크 3,200여대) • 기계화: 군단 4개 여단 20여개 (장갑차 2,100대) (공격헬기: 24대)	T-54/55 탱크	속도: 시속 50km 수행거리: 510km 장애물통과 높이: 0.8m 무장: 100mm 주포
		T-62 탱크	속도: 시속 50km 주행거리: 450km 장애물통과 높이: 0.8m 무장: 115mm 주포
		BTR-50 수륙양용 장갑차	속도: 시속 44km 주행거리: 400km 탑승인원: 20명 무장: 7.62mm 기관총
		VTT-323 병력수송용 장갑차	속도: 시속 80km 주행거리: 450km 탑승인원: 13명 무장: 14.5mm 기관총 대공 · 대전차 미사일
		MI-2/4 다목적 헬기	비행속도: 시속 220km 행동반경: 340km 전천후능력: 없음

<table>
<tr><td rowspan="4">중국
(선양군구)</td><td rowspan="4">• 기갑: 사단 2개
여단 1개
(탱크 2,000여대)
• 기계화: 사단 2개
여단 3개
(장갑차 1,800여대)
• 차량화: 사단 2개
여단 2개
• 항공: 1개 연대
(공격헬기 소수)</td><td>Type-69 탱크</td><td>속도: 시속 50km
주행거리: 420~440km
장애물통과 높이: 0.8m
무장: 100mm 주포</td></tr>
<tr><td>Type-88 탱크</td><td>속도: 시속 60km
주행거리: 430km
장애물통과 높이: 0.8m
무장: 105mm 주포</td></tr>
<tr><td>Type-96 탱크</td><td>속도: 시속 57km
주행거리: 500km
장애물통과 높이: 0.8m
무장: 125mm 주포</td></tr>
<tr><td>YW-531
병력수송용 장갑차</td><td>속도: 시속 65km
주행거리: 500km
탑승인원: 13명
무장: 12.7mm 기관총</td></tr>
<tr><td rowspan="3">러시아
(극동군관구)</td><td rowspan="3">• 차량화: 5개 사단
1개 여단
(탱크 3,000대)
(장갑차 3,800대)
• 항공: 4개 연대
(공격헬기 85대)</td><td>T-80 탱크</td><td>속도: 시속 70km
주행거리: 450km
장애물통과 높이: 1m
무장: 125mm 주포</td></tr>
<tr><td>BMP-3
보병전투용 장갑차</td><td>속도: 시속 70km
주행거리: 600km
탑승인원: 7명
무장: 30mm 기관총
100mm 곡사포</td></tr>
<tr><td>Mi-24 공격헬기</td><td>비행속도: 시속 335km
행동반경: 450km
전천후능력: 제한적</td></tr>
</table>

출처: IISS, *Military Balance 2006; Jane's Tank & Combat Vehicle Recognition Guide* (HarperCollins, 2002).

따라서 한국 육군은 이들의 최소 60~70% 규모에 해당하면서, 전력의 질에서는 북한을 압도하고 중국, 러시아와 대등한 수준인 제3세대 이상 성능의 탱크, 장갑차를 갖추어야 한다. 구체적으로는 탱크 2,000~2,300대와 장갑차 2,200~2,600대 내외라고 할 수 있다. 우선 탱크의 경우 파괴력이 우수한 구경 120mm 이상의 주포, 이동 중에도 표적을 정확히 명중시킬 수 있는 우수한 사격통제능력, 시속 60~65km 이상의 주행속도, 한반도의 산악지대와 소구획성 지대에서도 효과적인 기동이 가능한 폭 3m 내외의 참호와 높이 1m 이상의 수직장애물 통과, 그리고 주야간에 구애받지 않는 전천후 임무수행 능력 등이 요구된다. 장갑차는 공통적으로 10명 내외의 분대(分隊: Squad)급 병력이 탑승하는 공간을 보유하며, 이들은 기동 과정에서도 전투수행이 가능한 보병전투용과 부대원의 신속하고 안전한 이동에 주안점을 둔 병력수송용으로 각각 구분된다. 전자는 '다수 병력의 고속 진격에 의한 점령'을 위해 사용될 수 있는 북한과 중국, 러시아의 장갑차를 제압하기 위해 기관포 및 대전차미사일을 비롯한 경전차 수준의 무장을 갖추고, 병사들이 탑승 상태에서도 교전을 할 수 있는 공간을 마련해야 할 것이다. 반면 후자는 무장의 규모보다는 차체의 경량화, 주행능력, 그리고 보다 다양한 종류의 무장(대전차포, 대공포, 기관총, 박격포 등) 탑재능력에 초점을 맞추어서 여러 가지의 임무, 상황, 장소에 병력을 신속히 동원할 수 있도록 해야 한다.

그렇다면 한국 육군은 이들 육상 기동전력을 어떻게 편성, 운용해야 할 것인가? 탱크 및 장갑차의 최대 강점인 '속도와 지형 돌파능력의 우세'에 의한 효과를 극대화하려면 당연히 이들을 주축으로 하는 다수의 독립된 기갑, 기계화보병 부대가 필요하다. 이 부대들은 모두 제3세대 이상의 성능을 보유한 주력 탱크, 보병전투용 장갑차로 구성되어야 하며, 휴전선 전방지대보다는 수도권 주변의 육상 거점이나 그 접근로에 해당하는 지역을 중심으로 배치하여 주로 반격 임무를 위해 운용하는 것이 바람직하다. 이것은 북한이 휴전선 인근에 전진배치해 놓은 대규모 병력의 기습으로 발생할 수 있는 방어 취약성을 줄이고, 기동전력의 전방배치가 자칫 북한과 주변 강대국의 경계감을 불필요하게 야기할 수 있기 때문이다. 그리고 산악지대와 하천을 비롯한 천연 장애물이 많은 한반도의 지형적 특징을 고려할 때, 육군은 주요 기갑, 기계화보병 부대들을 여단 단위로 편성하여 부대단위별 기동능력을 보다 원활하게 해주어야 한다.

이들 외에 다소 성능이 떨어지는 현용 세대 이전의 탱크(여기서는 1970년대에 개발된 제2세대)[275]들은 일반 보병사단 소속의 예하부대와 후방 예비전력에서 운용하도록 하며, 그 규모는 전체 탱크 가운데 1/3을 넘지 않도록 해야 한다. 병력수송용 장갑차도 기계화보병 부대가 아닌 전방지대에서의 경계 및 정찰, 보병부대와 후방 예비전력의 이동 지원, 그리고 도심지역에서의 시가전을 위한 병력 투입 등에 주로 사용하는 것이 바람직하다.

그러나 한국 육군이 아무리 질적으로 잘 구성된 기갑, 기계화보병 전력을 확보한다고 해도 북한이나 중국, 러시아에 대한 양적 열세를 극복하기에는 분명 한계가 있다. 따라서 한국 육군은 이와 같은 약점을 보완하기 위한 전력수단이 필요하며, 그 가운데 하나가 바로 육군 소속 항공기다. 특히 고정익기보다는 회전익기, 즉 헬기가 더욱 효과적이다. 헬기는 탱크나 장갑차를 비롯한 육상 기동수단에 비해 20배나 빠른 속도로 이동하며, 활주로 없이 어떤 공간에서도 수직으로 이착륙이 가능하고, 고정익기와는 달리 속도를 마음대로 조절하면서 다양한 방향과 형태로 움직일 수 있다.[276] 때문에 고정익기보다 육상 기동부대와 합동작전을 수행하기에 유

275) 여기서 제2세대 탱크는 1960년대에서 1970년대 중반 사이에 생산된 것으로 구경 105mm 이상의 주포, 주행속도 시속 50km 이상 등의 성능을 갖는다. 미국의 M60, 러시아의 T-62/72, 일본의 74식 전차 등이 대표적이다.

276) 장명순 등, 『회전익 혁명』(한국국방연구원, 1999), pp.36~37.

리하다는 장점을 갖는다. 이처럼 헬기는 땅 위에 존재하는 자연 · 인공적인 장애물을 뛰어넘어, 지상에서 움직이는 어떠한 기동수단보다 빨리, 자유자재로 움직일 수 있는 '하늘을 나는 보병/포병(Flying Infantry/Artillery)'인 것이다.

한국 육군이 확보해야 할 대전차 공격헬기의 규모는 북한과 중국, 러시아에 대한 육상 기동전력의 격차를 상쇄할 만큼은 되어야 한다. 공격헬기 1대당 5~10대의 탱크, 장갑차를 파괴할 수 있다고 전제한다면, 실전배치 규모는 약 100~150대 가량이 적정 수준일 것이다. 그리하여 이들 공격헬기를 2~3개 여단급 항공부대로 편성, 개별 항공사령부가 지휘통제를 담당하여 기갑, 기계화보병 수준의 독립된 기동전력으로 운용될 수 있도록 한다. 각 공격헬기는 전천후 비행이 가능하면서 '사격 후 자동유도(Fire & Forget)' 방식의 대선차미시일을 다수 탑재해야 함은 물론, 적 헬기를 상대로 공대공 교전을 수행할 수 있도록 공대공미사일까지 보유할 필요가 있다. 공격헬기 부대는 육상 기동부대보다 먼저 투입되어 침공해온 적 기갑, 기계화보병 부대의 선두를 제압하고, 그들의 전반적인 이동속도 및 태세를 약화시켜 아군의 육상 기동부대가 더욱 유리한 조건에서 반격 임무를 수행할 수 있도록 해주어야 한다.

휴대용 대전차미사일, 로켓포, 그리고 살포지뢰를 비롯한 대기동(對機動: Counter-Mobility) 전력도 북한과 중국, 러시아의 육상 기동전력에 대한 대응, 견제임무를 수행할 수 있다. 특히 소수의 도로망으로 국한되어 있는 한반도 남북 방향의 교통로 주변과 요새화된 전방 방어진지에서 이들을 집중 동원한다면 외부 침공세력의 기동부대에게 전쟁 초반부터 상당 시간에 걸친 기동 지연, 그리고 병력의 손실과 소모를 강요하는 효과를 거둘 것이다.

2) 해군

바다는 해군력이 강한 나라에게 튼튼한 방파제를 제공하지만, 그 반대로 허약한 해군을 보유한 나라에게는 외부 세력의 침략을 위한 직행통로가 될 뿐이다. 이는 3면으로 바다와 접하는 반도국가 한국에게도 마찬가지이며, 실제로 지난 반만년의 역사를 통틀어 한민족이 겪었던 930차례 이상의 외부 침략 가운데 절반을 넘는 490여 차례가 바다를 통한 것이었다. 오늘날에는 이러한 영토 방위의 측면을 넘어서 바다 그 자체가 중요한 방어 대상으로 인정받고 있다. 풍부한 해저자원이 잠들어 있는 약 30~40만km^2 면적의 대륙붕과 EEZ, 그리고 경제의 생명선이나 다름없는 해상교통로가 바로 그것이다. 한국 해군은 이처럼 넓은 범위에 걸쳐있는 해양주권을 지키기 위해서 한반도의 주변해역 전체, 그리고 주요 해상교통로가 태평양으로 연결되는 범위까지 활동할 수 있는 능력을 갖추어야 한다. 이는 해안지역 이내로 활동범위가 제한되는 중·소형함정 위주의 '연안해군(沿岸海軍: Yellow Water Navy)'을 넘어서 육지에서 멀리 떨어진 바다에서도, 파도를 견디며 일정기간 이상을 활동할 수 있도록 구축함 수준 이상의 대형 군함들로 구성된 '대양해군(大洋海軍: Blue Water Navy)'을 필요로 하는 것이다.

도표 3-8의 내용을 보면, 우선 북한 해군은 배수량 1,000톤 미만의 소형 함정이 절대다수를 차지하는 전형적인 연안해군임을 알 수 있다. 따라서 이들의 작전 범위는 주로 서해 NLL을 비롯한 휴전선 전방의 연안수역이나 영해 이내로 제한될 가능성이 높다. 하지만 중량급의 대함미사일과 어뢰를 보유한 다수의 미사일정, 어뢰정은 모두 고속항해가 가능하므로 짧은 시간 이내에 한국의 해양방어 태세를 심각하게 위협할 수 있다. 그리고 무엇보다도 22척의 로미오급 잠수함과 약 40~50척의 소형 잠수정

을 비롯한 북한 수중전력은 한국 영해의 전체, 특히 부산을 비롯해서 주요 항구 및 산업시설이 다수 분포하는 동해안과 남해안을 유린할 능력을 갖추고 있다.

〈도표 3-8〉 북한과 주변 강대국의 해군 기동전력

	규모	주력함정(배수량)	성능제원
북한	• 잠수함 22척 • 잠수정 50~60여척 • 경비정 158척 • 어뢰정 100척 • 미사일정 34척 • 초계 · 호위함 8척	로미오급 잠수함 (1,700톤)	항해속도: 13노트 항속거리: 9,000해리 어뢰발사관: 8문
		청진급 경비정 (80톤)	항해속도: 36노트 항속거리: 450해리 85mm 함포, 14.5mm 기관포 탑재
		신홍급 어뢰정 (42톤)	항해속도 40~50노트 항속거리: 500해리 어뢰발사관: 2문
		소주급 미사일정 (265톤)	항해속도: 34노트 항속거리: 600해리 스틱스 대함미사일 탑재
중국	• 잠수함 59척 (핵추진 5 디젤추진 54) • 호위함 47척 • 구축함 27척	송급 디젤추진 잠수함 (2,250톤)	항해속도: 22노트 어뢰발사관: 8문 단거리 대함미사일 탑재
		한급 핵추진 잠수함 (5,500톤)	항해속도: 25노트 어뢰발사관: 6문 단거리 대함미사일 탑재
		장후급 호위함 (1,420톤)	항해속도: 26노트 항속거리: 4,000해리 단거리 대함미사일 탑재
		루다급 구축함 (3,250톤)	항해속도: 32노트 항속거리: 2,970해리 단거리 함대공, 대함미사일 탑재
		소브레메니급 구축함 (6,500톤)	항해속도: 32노트 항속거리: 6,500해리 중거리 함대공, 장거리 대함미사일 탑재

<table>
<tr><th></th><th>규모</th><th>주력함정(배수량)</th><th>성능제원</th></tr>
<tr><td rowspan="3">일본</td><td rowspan="3">• 잠수함 18척
• 호위함 9척
• 구축함 45척</td><td>하루시오급
잠수함
(2,750톤)</td><td>항해속도: 20노트
어뢰발사관: 6문
장거리 대함미사일 탑재</td></tr>
<tr><td>무라사메급
구축함
(4,550톤)</td><td>항해속도: 30노트
단거리 함대공, 장거리 대함미사일 탑재</td></tr>
<tr><td>공고급
이지스구축함
(7,250톤)</td><td>항해속도: 30노트
항속거리: 4,500해리
장거리 함대공, 대함미사일 탑재</td></tr>
<tr><td rowspan="2">러시아
(태평양
함대)</td><td rowspan="2">• 핵잠수함 15척
• 호위함 2척
• 구축함 6척
• 순양함 1척</td><td>아쿨라급
핵추진 잠수함
(9,100톤)</td><td>항해속도: 28노트
어뢰발사관: 4문
장거리 순항미사일 탑재</td></tr>
<tr><td>우달로이급
구축함
(6,700톤)</td><td>항해속도: 32노트
항속거리: 2,970해리
단거리 함대공, 대함미사일 탑재</td></tr>
</table>

출처: IISS, *Military Balance 2006*, *Jane's Fighting Ships 2006-2007* (Jane's Information Group, 2000).

한편 주변 강대국은 이미 상당 수준의 대양해군력을 보유 중이거나, 발전시키고 있다. 일본 해상자위대는 4척의 이지스 방공구축함을 중심으로 하는 4개의 호위대군, 즉 8 · 8함대와 취역한지 20년 이내의 신식 중 · 대형 디젤추진 잠수함 18척을 중심으로 동북아시아의 바다 전체를 활동범위로 두는 명실상부한 대양해군이다. 러시아 태평양함대는 비록 숫자상으로는 20여 척의 군함만을 보유하고 있지만, 대부분이 6,000~7,000톤을 넘는 대형 전투함들로 세계 최고수준의 항해능력과 무장을 갖추고 있다. 그리고 중국 해군은 아직 1970년대 기술로 건조된 구식 수상 전투함과 잠수함들이 대다수를 차지하고 있지만, 지난 10여 년 동안 대함, 대공 교전능력이 크게 개선된 신형 군함들을 차례로 건조하면서 본격적인 대양해군의 면모를 갖춰가는 중이다.

한국 해군이 위와 같은 북한과 주변 강대국의 해군력으로부터 최우선적으로 방어해낼 수 있어야 하는 해양 영역은 '최종 전장'인 12해리 이내의 영해다. 다시 말해 한반도로부터 12해리 이내의 해역에서는 바다를 통해 침범한 외부 해군력이 주요 항구의 봉쇄, 혹은 영토에 대한 직접적인 공격을 시도하지 못할 정도의 압도적인 통제력을 항상 확보해야 한다. '완충 전장'에 해당하는 한반도 주변 200해리 이내의 해역, 즉 대륙붕과 EEZ에서는 전체 해역에 대한 상시적인 우세를 관철시키기가 결코 쉽지 않을 것이다. 영해에 비해 훨씬 면적이 넓을 뿐만 아니라, 주변 강대국의 해군력을 직접 상대할 가능성이 높기 때문이다. 그 대신 한국이 중요하게 여기는 특정한 시점과 해역 이내에서, 침범을 시도한 적 해군력을 견제 및 격퇴하여 한국의 관할권을 제한적이나마 관철시킬 수는 있어야 할 것이다. 그리고 '확대된 전장'의 일부인 일본, 중국 등의 주요 해군기지와 항구에서는 상대측 주력 군함들의 정상적인 전투력 발휘와 임무수행을 적극적으로 방해하고, 동해와 남해를 기점으로 하여 태평양까지 이어지는 해상교통로의 안전을 직접 확보할 수 있어야 한다. 이는 한반도에서 600~1,000해리 내외의 거리에 해당하며, 중국과 일본이 설정하는 해양 관할범위의 최대수준과 대체로 일치한다.

요컨대 한국 해군은 영해 12해리 이내에서 제해권(制海權: Command of the Sea) 내지 해양우세(海洋優勢: Sea Superiority)를 관철시키고, 200해리에 걸친 대륙붕과 EEZ에서는 일정 수준의 해양통제(海洋統制: Sea Control), 그리고 600~1,000해리 내외의 주변 강대국 해군기지 인근 해역과 주요 해상교통로에 대한 해양거부(海洋拒否: Sea Denial)를 실시할 수 있는 능력이 필요하다.[277] 그렇다면 이를 위해서는 구체적으로 어떠한 해군력이 있어야 하는지 살펴보도록 하자.

해군이 '바다에서의 전쟁'을 수행하기 위해 필요한 가장 기본적인 수단은 수상전투함이다. 수상전투함은 소형 경비정에서 초계함, 호위함, 구축함, 그리고 순양함과 항공모함에 이르기까지 선체의 크기와 기능별로 다양하지만, 함포와 어뢰, 미사일을 비롯한 각종 무장을 갖춘 군함은 그 존재만으로도 상대측에게 해양관할권에 대한 자국의 의지를 나타내는 효과를 발휘한다. 이 때문에 실제 전투뿐만 아니라 바다에서의 국익 관철을 위해 상대측을 겨냥한 무력시위 등 다양한 임무에 동원될 수 있다.[278] 한국은 단순히 지상 영토에 대한 안전뿐만 아니라 대륙붕과 EEZ, 그리고 독도 영유권을 비롯한 해양관할권의 보호에 핵심적 국익이 걸려있는 입장이므로 마땅히 북한보다 우월하면서, 주변 강대국에 비해 규모는 작아도 질적 수준에서는 대등한 수상전투함 전력을 확보해야 할 것이다.

우선 소형 함정이 대다수를 차지하는 북한 해군과의 전투는 소형 연안경비정과 초계함을 비롯한 연안 전투함정의 책임이다. 북한이 보유 중인 전투함정들은 숫자상으로는 300척을 넘지만, 절반을 차지하는 약 160척의 연안경비정은 선체가 작고 노후화되어서 연안해역 인근을 벗어나지 못할 가능성이 크고, 8척에 불과한 초계함과 호위함도 소극적인 방어 임무에만 전념할 것으로 평가된다. 따라서 실질적인 위협이 될 수 있는 것

277) 재해권과 해양우세는 특정 해역에 대해서 해당 국가가 타국의 해군력보다 우위를 차지하면서 완전한 지배 및 통제를 관철시키는 것이며, 해양통제는 해당 국가에서 필요로 하는 시간과 범위 내에서 제한적인 해양우세를 행사한다는 개념이다. 그리고 해양거부는 특정 해역에서의 관할권을 달성하기가 어려울 경우 상대측의 해군력도 정상적으로 활동하지 못하도록 강요하는 것을 목적으로 한다. 해군 전투발전단, 2004, pp.118~127.

278) 대표적인 사례로는 지난 19세기 서양 제국주의 국가들의 포함외교(砲艦外交: Gunboat Diplomacy), 1962년 10월 쿠바 미사일위기에서 미국 해군의 쿠바 봉쇄 등이 있다.

은 130여 척의 미사일정과 어뢰정이며, 한국 해군의 연안 전투함정들은 NLL을 비롯한 휴전선 전방해역에서 이들의 기습적인 공세로부터 영해 이내의 해양우세를 확보해야 한다. 먼저 수백톤 이내의 연안경비정은 북한의 경비정보다는 빠르면서 미사일정 · 어뢰정에 압도되지 않을 만큼의 항해속도, 대구경 함포와 대함미사일 등이 포함된 보다 우월한 무장, 그리고 효과적인 사격통제능력을 갖추어서 가능한 한 원거리에서 여유있는 교전을 해내야 할 것이다. 이는 고속항해가 가능한 북한의 미사일정, 어뢰정이 습격할 기회를 허용하지 않도록 하기 위해서다. 만일 연안경비정만으로 북한 미사일정과 어뢰정의 해상 침공을 막아야 한다면 약 80~90척 가량이 필요할 것으로 평가되지만, 초계함이나 지상배치 전력(예: 해안포, 지대함 미사일, 항공기 등)으로부터 지원을 받는 경우에는 보다 적은 규모의 연안경비정으로도 충분할 것이다.

배수량 1,000톤을 넘는 초계함은 역시 연안 전투함정에 해당하지만 연안경비정보다는 대형이며, 따라서 무장 수준에서 우세를 점할 수 있다. 초계함의 임무는 연안경비정과 함께 NLL 등 휴전선 전방해역에서 북한 미사일정, 경비정의 영해 침범을 격퇴하는 것이며, 대구경의 함포는 물론 대함 미사일과 대잠 무기를 갖추어 전투력 면에서 북한 수상함정들을 확실히 압도해야 한다. 한국 해군은 3~4척 내외의 연안경비정으로 구성되는 다수의 연안 경비편대를 편성하여 동해와 서해의 전방 해역에 배치하고, 각 편대마다 1척의 초계함을 포함시켜 지휘를 맡기도록 한다. 다시 말하자면 초계함의 전체 수량은 약 20여 척 정도가 적절하다. 향후 북한과의 무력충돌 위협이 해소되고, 통일이 완성된 후에는 이들 연안 전투함정의 비중을 대폭 축소시켜서 관련 임무를 해양경찰청으로 이양해야 할 것이다.

호위함은 배수량 2,000~3,000톤 내외의 중형 수상전투함으로 영해 12해리뿐만 아니라 대륙붕, EEZ를 포함하는 한반도 주변해역의 해양관할권 방어를 1차적으로 담당하는 세력이다. 따라서 호위함부터는 단순히 북한의 소형함정들을 상대하는 수준을 넘어서 주변 강대국의 주력 군함들과도 맞설 수 있을 정도의 성능이 요구된다. 한국 해군의 호위함은 사거리 100km 이상의 장거리 대함미사일과 대잠 병기, 그리고 10~20km 내외 사거리의 함대공 미사일을 탑재하도록 해야 한다. 특히 함대공미사일은 수직발사대(VLS: Vertical Launching System)를 사용하는 동시, 연속발사 능력을 갖출 필요가 있다. 한국 해군은 이들 호위함을 동해와 서해에 각각 4~5척 단위로 된 1개 전대, 그리고 남해에 2개 전대를 배치하여 총 16~20척 규모를 확보해야 한다. 그리하여 동해와 서해 가운데 한곳에서 무력 충돌이 일어날 경우 남해에 배치된 전대 절반을 투입, 신속한 집중대응이 가능하도록 해야 할 것이다.

배수량이 3,000~5,000톤을 넘는 구축함부터는 그 임무수행 범위가 한반도 주변해역 이상으로 확장된다. 이들의 주요 임무는 '확대된 전장'에 해당하는 600~1,000해리 내외의 해상교통로에 대한 안전 확보를 책임지는 것이며, 필요에 따라서는 호위함과 함께 '완충 전장'인 200해리 이내의 대륙붕과 EEZ, 독도 인근 해역에서 주변 강대국들의 침범을 견제, 저지, 격퇴하기 위한 임무에 투입될 수도 있다.

한국 해군은 전쟁의 억지, 승리와 직결되는 이러한 전략 차원의 기능을 전문으로 담당하는 구축함급 수상전투함으로 이루어진 기동함대를 편성해야 한다. 이 기동함대는 동해와 남해를 기점으로 하는 한국의 가장 중요한 2대 해상교통로, 즉 북방 · 남방항로에 대한 호송(護送: Escort) 임무를 각각 담당하는 단위부대들로 구성될 필요가 있다. 따라서 최소 2개,

최대 3개 이상의 기동전단을 보유해야 할 것이다. 기동함대 소속의 구축함 규모는 ① 주변 강대국의 해군전력이 한반도 주변해역을 겨냥하여 상시 동원할 수 있는 함선의 수보다 많거나 대등하고, ② 단독으로는 중국 동해, 남해함대 가운데 한쪽에 소속된 수상전투함 규모의 70~75% 이상, 그리고 ③ 유사시 한반도 주변의 특정해역에 투입이 가능한 호위함의 수(8척)와 합쳐질 경우 일본의 4개 호위대군 전체규모의 70~75%를 넘을 수 있어야 한다. 이를 위해서는 최소 16척의 구축함이 필요하다는 결론이 나온다. 그리고 각 기동전단을 구성하는 구축함의 수는 적어도 일본 8·8함대 1개가 보유한 군함 규모의 70% 이상, 즉 3/4를 충족시켜야 하며, 이 경우 6척 이상이 될 것이다. 요컨대 한국 해군의 기동함대는 2~3개 이상의 6·6함대에 소속된 16~18척 내외의 구축함으로 편성된다.

한국 해군의 기동전단/함대에 소속된 구축함들은 한반도로부터 최소 200~600해리 이상에 걸친 해역에서 단독으로 임무수행을 할 수 있도록 배수량 3,000~5,000톤을 넘는 대형 군함이어야 하며, 주변 강대국의 주력함들과 대등하거나 우수한 대함, 대공, 대잠 교전능력을 갖추어야 할 것이다. 우선 군함 스스로는 물론 기동전단의 작전영역 대부분을 방어할 수 있도록 ① 50~100km 이상의 장거리 함대공미사일과 ② 사거리 10~20km 이내의 대잠로켓 등의 무장이 요구된다. 그리고 이들을 30~50기 이상 규모의 VLS에 탑재하여 동시에 여러 표적을 공격할 수 있어야 한다. 대함미사일의 경우는 중·장기적으로 초음속 미사일을 개발, 확보하는 것이 바람직하다.

특히 기동전단/함대의 전투력을 극대화하기 위해 일본의 공고급, 중국·러시아의 소브레메니급 구축함에 해당하는, 구체적으로는 이지스함 수준의 고성능 방공구축함을 각 전단에 최소 1척씩, 총 3척 이상을 전력화해야 한다. 이 방공구축함은 나머지 구축함들보다 월등히 우수한 원거리에서의 대함, 대공, 대잠 동시교전이 가능하도록 약 100기 내외의 미사일, 대잠로켓 등을 탑재할 수 있는 VLS 공간이 필요하며, 이를 위해 선체의 크기는 7,000톤 이상으로 한다. 특히 탑재무기 가운데 일부를 지상공격용 순항미사일로 한다면 북한과 주변 강대국에 대한 억지, 보복 임무에도 동원될 수 있을 것이다. 다시 말해서 한국 해군의 기동전단은 1척 이상의 이지스 방공구축함을 포함한 6척 모두 함대방공 능력을 갖추도록 해야 한다.

그렇지만 수상전투함을 통한 전력 증강만으로는 중국, 일본, 러시아 해군에 대한 양적 열세를 극복하기에 분명 한계가 있다. 따라서 한국 해군은 보다 적은 규모, 비용으로도 주변 강대국의 거대한 해군력을 상대로 억지, 승리능력을 발휘할 수 있는 무기를 필요로 한다. 그 가운데 가장 효과적인 것은 단연 잠수함이다. 잠수함은 육안으로 식별할 수 없는 수중공간에서 항해하는 '은밀성' 덕분에 높은 생존능력을 보유하며, 이것은 수상전투함이 따라올 수 없는 잠수함만의 차별화된 강점이다. 이와 같은 잠수함의 특성은 상대측이 예상하지 못하는 시간, 해역에서 공격을 실시하는 기습효과를 극대화하며, 그 결과 수적으로 불리한 상황에서도 보다 대규모의 적 해군력에게 보복과 전력의 손실 · 소모에 따르는 두려움을 강요할 수 있다.[279)]

요컨대 잠수함은 '눈에 보이지 않는' 특성을 이용한 해양거부 능력이 탁월하며, 이것은 수상전투함의 '눈에 보이는' 무력시위 및 전개능력과 결합되어 더욱 효과적인 해양통제 달성에 기여할 수 있다. 이 점에서 한

279) 정의승, 2006, pp.50~62.

국은 국력 총량, 그리고 해군 전력의 규모에서 확실히 우세한 주변 강대국의 해군력에 맞설 수 있는 핵심세력으로 수상전투함보다는 잠수함을 우선순위에 두어야 할 것이다.

한국 해군이 확보해야 할 잠수함은 그 임무수행 범위와 기능에 따라 3가지로 구분될 수 있다. 첫째, '최종 전장'과 '완충 전장'에 해당하는 영해 12해리, 한반도 주변해역의 일부에서 활동할 수 있는 배수량 1,000톤 이상의 소형 디젤추진 잠수함이다. 이 잠수함은 항해 정숙성, 속도, 그리고 잠수심도를 비롯한 성능에서 숫자상으로는 최대 70~80여 척이나 되지만 상당히 노후화된 북한의 수중전력을 월등히 압도해야 한다. 전체 수량은 북한 해군의 로미오급 잠수함이 20여 척 내외인 점을 감안해서 10척 내외가 적절할 것이며, 유사시 북한의 주요 해군 및 잠수함기지를 겨냥한 출항저지 임무와 주력 수상전투함, 항만시설의 방어 등을 담당한다. 둘째, '완충 전장'과 '확대된 전장'으로 이어지는 광범위한 해역에서도 임무수행이 가능한 배수량 2,000~3,000톤 내외의 중 · 대형 디젤추진 잠수함으로 대륙붕, EEZ, 독도를 비롯한 한반도 주변의 해양관할권 방어, 주변 강대국의 주요 항구와 해군기지, 무역항로를 겨냥한 봉쇄 및 습격, 그리고 해상교통로 방어를 위한 단독 혹은 기동전단과의 공동 호송작전 등에 투입되어야 한다. 여기서 중 · 대형 디젤추진 잠수함의 수량은 위에서 언급한 3개 이상의 임무에 각 2~3척 이상을 투입한다는 전제 아래 총 8~10척 이상은 되어야 할 것이다. 이들은 장기간에 걸친 원거리 항해가 가능하도록 AIP 추진장치를 탑재하고, 수중에서도 대함미사일을 발사할 수 있는 능력을 기본적으로 갖추어야 한다.

그리고 셋째, 한국 해군은 유사시 북한과 주변 강대국에 대한 전략 수준의 전력투사 기지로 사용될 수 있도록 척당 10기 이상의 잠수함발사 순항미사일(SLCM)을 탑재, 수중발사할 수 있는 배수량 3,000톤 이상의 대형 잠수함도 확보할 필요가 있다. 이들은 최소 3척 이상으로 동해와 서해, 남해에 각 1척씩을 분산 배치하여 필요시에 어떠한 방향의 표적도 공격할 수 있는 능력을 확보해야 한다. 이것을 핵추진 잠수함으로 개발, 건조할 가능성을 굳이 배제할 필요는 없겠지만, 단기간 내에 무리하게 추진할 경우에는 국제사회로부터 핵무장 여부에 대한 불필요한 의심을 받을 수 있다는 점을 염두에 두어야 할 것이다.[280] 정리하자면 한국 해군의 잠수함 전력은 소형 10척 내외, AIP 추진장치를 사용하는 중·대형 8~10척, 그리고 대형 3척 이상을 비롯해서 약 20척을 넘는 규모가 필요하며, 이들은 수상전투함의 기동함대와 마찬가지로 개별적인 잠수함대 사령부를 통해 운용되어야 한다.

해군의 자체 항공전력도 잠수함 못지않게 수상전투함 전력의 보완 역할을 해낼 수 있다. 항공기는 수상, 수중에서 활동하는 함선보다 빠른 속도로, 넓은 범위에 걸쳐 이동할 수 있으므로 NLL 등 휴전선 전방해역은 물론 한반도 주변해역 전체에 걸쳐서, 지속적인 초계활동이 가능하다. 따라서 상당수가 대공 방어능력이 미약한 북한의 소형 함정들을 비교적 원거리에서 효과적으로 제압하기에 유리하며, 영해 이내의 해역에서 적 잠수함의 침투 여부를 포착하거나 추격, 공격할 수도 있다. 여기서 해군 소속의 항공기는 고정익 해상초계기, 중·소형 헬기로 구분하며, 이들은 대함, 대잠 교전능력을 기본적으로 갖춰야 한다.

280) 지난 2004년과 2006년 1월에 일부 언론에서 "한국이 오는 2012~2015년 이후 배수량 4,000톤급의 핵추진 잠수함을 건조하여 실전배치할 계획"이라는 내용의 보도를 하였으나, 국방당국은 이를 공식적으로 부인했던 바 있다. 최영재, "참여정부 핵잠수함사업(SSX) 추진 전모", 「월간중앙」, 2006년 2월호.

해상초계기는 주요 항구 및 해군기지와 가까운 연안 지역의 지상기지에 배치하며, 한국의 영해 넓이를 고려할 때 통일 이전에는 20여 대, 그리고 통일 후에는 30대 이상의 수량을 확보해야 할 것이다. 그리고 헬기는 서해 5도, 제주도를 비롯한 도서 지역과 그 인근에 일부를 배치하고, 대부분은 호위함급 이상의 수상전투함에 척당 1대씩 탑재하여 각 군함에 대함, 대잠 방어능력을 제공하도록 운용한다. 이 경우 해군 헬기전력의 전체 규모는 대함, 대잠교전 능력을 보유한 것을 기준으로 30~40대 내외가 될 것이다.

해군 항공전력에 대한 논의가 나올 때면 항상 거론되는 것이 바로 '항공모함의 보유'에 대한 정당성 여부다. 항공모함은 배수량이 수만톤이나 되는 거대한 선체뿐만 아니라 다수의 군용기까지 탑재하기 때문에 대형 수상전투함, 핵추진 잠수함보다 막대한 운용비용이 요구되며, 특히 주변국의 경계심을 자극할 수 있는 강력한 무기체계다. 따라서 한국 해군의 항공모함 확보가 그 정당성을 인정받으려면 다음의 3가지 조건을 만족시켜야 한다. 첫째, '최종 전장'과 '완충 전장'인 영해, 한반도 주변해역을 넘어 '확대된 전장'에서의 작전을 위한 것이어야 한다. 동해와 동중국해를 비롯한 한반도 주변 200해리(반경 약 500km) 이내 해역에서의 방공 임무는 지상에 배치된 공군 전투기만으로도 충분히 수행할 수 있으며, 따라서 이 범위를 벗어나지 못하는 항공모함이라면 차라리 없는 편이 낫다. 둘째, 주변 강대국들이 항공모함을 이미 보유하고 있거나 획득을 추진 중이라면 충분히 필요성이 있을 것이다. 이미 살펴보았듯이 중국은 현재 복원 중인 바리야그 함을 비롯해서 2~3척의 항공모함을 향후 10년 동안에 차례로 전력화할 예정이며, 일본이 보유 중인 오스미급 대형상륙함 3척과 현재 건조 중인 배수량 13,500톤급의 차기 헬기구축함도 항공모함으로 개조될 수 있다. 그리고 셋째, 항공모함의 임무는 타국 영토에 대한 직접 공격이 아닌 기동전단에 대한 방공, 대함 작전능력의 강화에 있다. 중국, 일본, 러시아가 한국의 북방 · 남방항로 이내에서 위력적인 원거리 대함 작전을 감행할 수 있는 다목적 전투기들을 연안지대에 다수 배치 중이므로 기동전단의 자체 방공능력만으로 이들을 막기에는 큰 부담이 되기 때문이다.

정리하자면 한국 해군은 최소 200~600해리가 넘는 주요 해상교통로의 호송을 미국 등 우방국의 해군력으로부터 지원받기 어려운 경우를 대비하여 각 기동전단의 기함으로서 1~2척 정도의 항공모함을 보유하는 방안을 배제해서는 안되며, 이를 중 · 장기적으로 실천해야 한다. 한국 해군이 보유할 항공모함은 1개 비행대대에 해당하는 10~20대 내외의 고정익 전투기를 비롯해서 대잠 헬기, 함선 방어를 위한 조기경보용 헬기 등 약 30대의 항공기를 탑재하도록 하며, 선체규모는 2~3만톤 내외의 중 · 소형 항공모함이 적절할 것이다. 그리고 항공모함의 탑재기는 기동전단의 임무수행 영역 상공에 대한 요격, 대함 작전을 수행할 수 있을 정도의 성능을 갖추어야 한다.

그리고 한국 해군도 육군의 대기동 전력에 해당하는 기뢰부설 능력을 발전시켜야 한다. 북한과 주변 강대국이 바다를 통해 한국의 영해, 혹은 독도나 서해5도를 비롯한 도서 지역을 침범하려 들 경우, 이들의 해군기지 및 예상 접근항로 주변에 대량의 기뢰를 부설할 수 있다면 초기부터 침공 지속능력을 소모시킬 수 있기 때문이다. 이를 위해 한국 해군은 1개의 기뢰함정[281] 전단 내에 기뢰부설 전대 하나를 편성, 원거리 항해가 가

281) 기뢰함정은 기뢰를 설치하는 기뢰 부설함정과 그 반대로 기뢰를 제거하는 소해(掃海)함정으로 구분된다. 최근에는 함선보다는 헬기를 사용하는 보다 안전한 기뢰 제거방

능한 배수량 3,000톤급 이상의 기뢰부설함 2~3척을 배치해야 할 것이다. 2척을 최소한의 숫자로 설정한 것은 유사시 동해와 서해 양쪽에 걸쳐서 북한 해군을 동시에 봉쇄하기 위해서다.

3) 공군

공군은 가장 빠른 속도로, 어떤 공간으로든 움직일 수 있는 제일 기동성이 높은 전력이다. 한반도의 경우도 마찬가지로 가장 먼저 한국에 군사적 침공을 시도할 수 있는 북한과 주변 강대국의 병력도, 이에 맞서기 위한 한국의 최우선적인 대응세력 역시 공군이 될 것이다.

도표 3-9를 살펴보면 북한과 중국의 공군 기동전력은 숫자상으로 다수지만 1960~70년대 수준의 기술로 생산된 MIG-19, MIG-21 등의 구식 기종들이 절대다수를 차지하고 있으며, 이들은 대부분 단거리 이내에서의 비행에 제한된 무장만이 가능할 뿐만 아니라 전천후 능력도 떨어지는 것으로 평가된다. 1980년대 이후 도입된 기종으로는 북한의 MIG-23이나 MIG-29, 그리고 중국의 J-8 등이 있으나 전반적으로는 소수에 불과하다. 다만 중국의 전투기 가운데 지난 1990년대 이후 도입되고 있는 SU-27급의 기종이나 일본 항공자위대의 주력인 F-15J 및 F-2 지원전투기, 그리고 러시아 극동지역에 배치된 SU-27과 MIG-31, TU-22M 초음속 폭격기 등은 언제든지 한국의 영토와 영해, 영공을 위협할 수 있는 세력으로 평가된다. 게다가 앞으로 중국에서 SU-27급 기종과 J-10을 비롯한 자체개발 신형 전투기의 비중이 확대되고, 일본도 공대지 타격능력을

식이 쓰이고 있으며, 이를 위해 소해용 헬기를 다수 탑재하는 소해모함이 각광받는 추세에 있다. 한국 역시 북한 잠수함에 의한 기뢰 위협을 고려할 때, 신속하고 안전한 기뢰제거를 위하여 소해용 헬기를 갖춰야 할 것이다. 이정훈, 2003, pp.160~169.

갖춘 다목적 전투기를 본격적으로 확보할 예정이므로 공군력에 의한 주변 강대국의 잠재적 위협능력은 더욱 강화될 것이다.

이에 맞서기 위한 한국의 공군력은 최소 400대 이상 규모의 전투기를 보유하는, 7개 이상의 전투비행단으로 편성되어야 할 것이다.[282] 한국 공군은 400여 대의 전투기를 ① 전술급 소형 전투기와 ② 작전급 중형 전투기, 그리고 ③ 전략급 대형 다목적 전투기 등으로 구분하여 기종별로 특화된 임무에 투입해야 한다. 각 기종의 구성비율은 총 400대를 기준으로 3:5:2가 되도록 하며, 외부 위협세력과의 전력균형 조정이나 예산상의 여유를 반영해서 약 5%, 즉 20대 이내로 증감될 수 있을 것이다.

먼저 전체 25~30%인 100~120대 규모의 전술급 소형 전투기는 휴전선 인근 지역이나 일부 연안, 그리고 통일 이후에는 중국 · 러시아 국경지대에 2~3개 비행단 소속으로 배치한다. 때문에 해당 기종은 주로 '최종 전장'인 영공 이내에서의 작전에 투입될 것이다. 이들의 임무는 휴전선을 비롯한 전방지대에서 적이 영공을 침범하는 경우 가장 먼저 출격하는 것이며, 필요하다면 육군의 공격헬기와 함께 보병 및 육상 기동부대를 엄호하기 위한 근접항공지원(CAS: Close Air Support)에도 동원될 수 있다. 따라서 단거리 이상의 공대공미사일과 일반폭탄의 탑재능력이 기본적으로 요구되며, 북한의 구식 MIG기를 제압할 수 있도록 마하 1.5~2 이내의 비행속력 그리고 전천후 비행능력을 제한적이나마 갖춰야 한다. 특히 신속한 출격을 위해 최대한 짧은 활주로에서도 이륙할 수 있어야 하며, 영국의 AV-8 '해리어(Harrier)'와 같은 수직 이착륙기를 사용한다면 더욱 이상적일 것이다.

282) 여기서는 1개의 전투비행단이 40~60대 내외의 전투기, 즉 2~3개 이상의 비행대대를 보유한다는 것을 전제로 한다.

전투기의 45~50%에 해당하는 180~200대의 작전급 중형 전투기는 영공을 넘어 대륙붕과 EEZ 상공을 비롯한 KADIZ의 최외곽에 해당하는 공역에서 침투해오는 적 항공기를 요격하고, 대함 임무에 투입되어 한반도 주변해역에서의 해양통제를 위한 해군 작전을 지원하는 것을 임무로 한다. 일부는 수도권을 겨냥한 북한의 장거리 포병부대를 무력화하기 위해서 육군의 대구경 장거리포 부대와 합동작전을 펼칠 수도 있다. 다시 말해 포병부대가 미처 제압하지 못했거나, 사격을 마치고 지하 갱도로 숨어들어간 북한의 포병진지를 공격하여 육군 포병부대만의 단독 작전보다 훨씬 신속하게 북한 장거리 야포의 위협을 제거하도록 하는 것이다.

〈도표 3-9〉 북한과 주변 강대국의 공군 기동전력

	규모	주력기종	성능제원
북한	• 비행사단 3개 • 비행연대 19개 • 폭격연대 3개 (전투기 510대) (폭격기 80대)	MIG-19	비행속도: 마하 1.3 행동반경: 685km 기관포, 단거리 공대공미사일 탑재
		MIG-21	비행속도: 마하 2.2 행동반경: 740km 기관포, 단거리 공대공미사일, 폭탄 탑재
		MIG-23	비행속도: 마하 2.3 행동반경: 1,150km 중·단거리 공대공 미사일 탑재
중국 (선양, 지난, 난징군구)	• 비행사단 10개 • 공격사단 3개 • 비행연대 28개 • 공격연대 11개 (전투기 1,400~ 1,700대 추정)	J-8	비행속도: 마하 2.2 행동반경 800km 기관포, 중거리 공대공미사일 탑재
		SU-30MKK	비행속도: 마하 2.35 행동반경: 1,500km 장거리 공대공, 장거리 대함미사일 탑재

<table>
<tr><td rowspan="2">일본</td><td rowspan="2">• 항공방면대 4개

• 요격대대 9개
• 지원대대 3개

(전투기 350여대)</td><td>F-15J</td><td>비행속도: 마하 2.5
행동반경: 1,270km
장거리 공대공미사일 탑재</td></tr>
<tr><td>F-2</td><td>비행속도: 마하 2
행동반경: 1,000km
단거리 공대공, 장거리 대함미사일 탑재</td></tr>
<tr><td rowspan="3">러시아
(극동
군관구)</td><td rowspan="3">• 전선항공/방공군 1개
• 비행사단 3~4개

• 요격연대 4개
• 전폭연대 3개
• 공격연대 2개
• 폭격대대 2개

(전투기 137대)
(전폭기 97대)
(공격기 60대)
(폭격기 20대)</td><td>SU-27</td><td>비행속도: 마하 2.35
행동반경: 1,500km
장거리 공대공미사일 탑재</td></tr>
<tr><td>MIG-31</td><td>비행속도: 마하 2.8
행동반경: 1,200km
장거리 공대공미사일 탑재</td></tr>
<tr><td>TU-22M</td><td>비행속도: 마하 1.8
행동반경: 2,400km
공대지 순항미사일 등 약 24톤 이상의 무장탑재</td></tr>
</table>

출처: IISS, *Military Balance 2006; Jane's Aircraft Recognition Guide*(HarperCollins, 1999).

해당 기종은 북한, 주변 강대국의 공격으로부터 안전을 확보할 수 있도록 중 · 남부 지역 일대에 3~4개 비행단 소속으로 배치되는 것이 바람직하다. 그 성능은 북한이 보유하는 모든 전투기를 압도하고, 주변 강대국의 주력 전투기들에게도 일방적 우세를 허용하지 않을 정도가 되어야 한다. 이를 위해서는 마하 2 이상의 비행속도, 확실한 전천후 비행능력, 가시거리 밖(BVR: Beyond Visual Range) 교전을 할 수 있는 사거리 40km 이상의 중거리 공대공미사일, 다수의 적 항공기에 대한 동시교전, 장거리 대함미사일과 JDAM(Joint Direct Ammunition: 합동직격탄) 수준의 공대지 정밀유도무기 탑재, 그리고 한반도 전체와 독도 상공을 비롯한 '완충 전장' 이내의 공역에서 지속적인 임무수행이 가능할 정도의 성능이 요구된다.

아울러 최소 1개 대대규모, 즉 20여 대 이상의 작전급 중형 전투기를 유사시 해군의 항공모함 탑재기로 사용할 수 있도록 해·공군이 공동으로 관리, 운용하는 방안도 적극 검토해야 할 것이다.[283] 이 경우 한국 해군은 보다 적은 비용부담으로 항공모함을 획득할 수 있으며, 전략급 무기체계로서 항공모함의 가치를 고려한다면 한국군의 종합적인 전력을 크게 향상시킬 수 있다.

그리고 나머지 20~25%, 즉 80~100대의 전략급 대형 다목적 전투기는 '확대된 전장'인 북한과 주변 강대국의 상공까지 비행하여 무력시위와 원거리 전력투사, 정밀공습, 그리고 전장 후방에서의 항공차단(AI: Air Interdiction)과 같은 임무를 수행할 수 있도록 장거리 비행과 대규모의 무장을 탑재할 수 있어야 한다. 한국 공군은 이들을 1~2개의 전투비행단으로 편성하여 주로 남부 지역에 배치해야 할 것이다. 해당 기종은 북한 상공과 주변 강대국의 상공에서 장시간의 임무수행이 가능한 1,000~1,200km 이상의 행동반경, 마하 2.2~2.5 내외의 비행속도, 사거리 50~100km 이상의 장거리 공대공미사일과 공대지 무기를 다수 탑재하는 등 중국, 일본, 러시아의 최신형 전투기와 동급 이상의 성능을 갖추도록 해야 한다.

이와 같은 전략급의 대형 다목적 전투기는 공대공 요격능력도 우수할 뿐만 아니라 해군의 대형 수상전투함 및 잠수함과 더불어 유사시 북한의

283) 이와 같은 해·공군의 항공모함 탑재기 공동 관리는 현재 3척의 2만톤급 경항공모함을 보유한 영국에서 실행 중이다. 지난 2000년 4월부터 영국 해군과 공군이 각 2개 대대씩 보유 중인 해리어 수직/단거리 이착륙기를 '해리어 합동부대(Joint Force Harrier)'라는 단일 지휘체제 아래에서 운용하고 있는 것이다. 인터넷 웹사이트 http://en.wikipedia.org/wiki/Joint_Force_Harrier (검색일자 2007년 1월 5일)

대량살상무기 전력, 그리고 주변 강대국의 주요 '유형 군사력'과 '지원 · 소통체계'를 겨냥한 순항미사일, 지하관통용 정밀유도무기를 탑재하는 일종의 이동식 발사기지 역할을 한다는 점에서 그 궁극적 가치가 있다. 특히 북한이 다수 보유한 스커드. 로동 탄도미사일의 발사대를 찾아내어 파괴하거나 발사 시도를 방해하는 등 대량살상무기 위협을 제압하는 핵심전력이 된다. 모름지기 공중을 통해 날아오는 무기체계는 하늘에서 방어하는 것보다 지상에 머물러 있는 가장 취약한 상태에서 공격하는 편이 훨씬 효과적이기 때문이다. 지난 1991년 제1차 걸프전쟁 당시에도 미국 주도의 다국적군 공군기들이 소위 '스커드 사냥(Scud Hunt)'에 여러 차례 투입되었으며, 이에 따라 전쟁 첫 주에 33발이나 되었던 이라크의 스커드 미사일 발사횟수는 이후 주당 11~18발로 격감했으며, 가장 적었을 때는 1주일에 4발만이 발사되는데 그치기도 했다.[284)]

한국 공군이 꼭 갖춰야 하는 주요 능력 가운데 빠뜨려서는 안될 것이 하나 있는데, 바로 SEAD라고도 불리는 '대공제압(對空制壓: Suppression of Enemy Air Defense)' 능력이다. 대공제압이란 "아군의 항공작전 수행에 방해가 될 수 있는 상대측의 공중 감시 · 경계시설과 대공포, 지대공미사일 등의 지상 방공전력을 제거하는 것"으로 정의된다. 이는 한국 공군의 전투기들이 북한, 주변 강대국의 영공을 비롯한 '확대된 전장' 이내에서 자유롭게 전략 수준의 위협능력을 무력화하기 위한 기반작전으로서 반드시 요구된다. 도표 3-10에서도 볼 수 있듯이, 북한과 주변 강대국은 이미 상당한 수준의 방공능력을 보유하고 있다.

북한과 주변 강대국의 방공 전력이 한국 국민과 영토의 안전에 직접

---

284) 윤기철, 『전구미사일방어(TMD)』(평단문화사, 2000), pp.193~197.

〈도표 3-10〉 북한과 주변 강대국의 지상방공전력

	병력규모	구성	주요병기(사거리/구경)
북한	• 지대공미사일 여단 19개 • 방공기지 50개소 (지대공미사일 3,400기 이상. 발사대 340대) (대공포 11,000여문)	• 단거리 지대공미사일 14%(기지 7개소) • 중거리 지대공미사일 80%(기지 40개소) • 장거리 지대공미사일 6%(기지 2개소)	SA-2(30~43km) SA-3(18~22km) SA-5(250km) ZSU-23-4(23mm) M-1992(37mm)
중국 (선양, 지난, 난징군구)	• 지대공미사일 여단 3개 • 지대공미사일 연대 4개 • 혼성 방공여단 5개 • 대공포 여단 5개	• 단거리 지대공미사일 42%(혼성여단 5개) • 중거리 지대공미사일 50%(여단 2개, 연대 4개) • 장거리 지대공미사일 8%(여단 1개)	HQ-61(12km) HQ-2(32~40km) SA-10(90km) Type-55(37mm) Type-80(57mm)
일본	• 혼성방공군 8개 • 지대공미사일군 6개 (지대공미사일 470기) (대공포 60문)	• 단거리 지대공미사일 32%(150기) • 중거리 지대공미사일 43%(200기) • 장거리 지대공미사일 25%(120기)	Type-81(10km) 호크(35km) 패트리어트 (70~80km) 발칸대공포 (20mm)
러시아 (극동군 관구)	• 지대공미사일 여단 5개	• 중거리 지대공미사일 20%(여단 1개) • 장거리 지대공미사일 80%(여단 4개)	SA-11(25km) SA-10/12(100km)

출처: IISS, *Military Balance 2006*.

피해를 주는 것은 아니다. 하지만 한국이 이들의 군사적 침범에 맞서는 능력을 크게 제약할 수 있다는 점에서 결과적으로 한국의 안보를 위태롭게 하는 요인이 된다. 즉, 한국에 대한 '작전' 차원의 위협에 해당한다고 볼 수 있겠다. 북한의 방공망은 양적으로 세계에서 가장 조밀하다는 평가를 받고 있으며, 중국 · 러시아와 일본은 탄도미사일 요격 능력을 갖춘 SA-10/12(일명 S-300)와 '패트리어트(Patriot)' 지대공 미사일까지 각각 보유하고 있다.

대공제압을 성공시키려면 우선 지상의 레이더기지를 중심으로 하는 상대측의 방공지휘통제시설을 찾아서 무력화시켜야 한다. 그 다음에는 전장감시 능력이 마비된 이들의 대공포와 지대공미사일 등 방공전력을 직접 파괴해야 할 것이다. 이를 위해서 약 10여 대 내외의 전투기로 구성되는 항공 타격대(Strike Package)를 투입하며, 여기에는 ① 적의 지상 방공전력을 제거할 전투기와 ② 이들을 엄호할 공대공 요격기, 그리고 ③ 전자전 전용기 등이 포함된다. 우선 전자전 전용기가 강력한 방해, 기만전파를 방사하여 적의 감시 · 조기경보 체계를 교란시키면, 뒤를 이어서 전투기들이 지상 방공전력을 파괴, 제압하는 것이다.

대공제압을 위한 전자전 전용기로는 EA-6 '프라울러(Prowler)'처럼 일반 전투기에 전자전 장비를 탑재한 것을 쓸 수도 있겠지만, 적 방공망으로부터 안전한 원거리에서도 전자공격을 가하려면 중 · 대형 수송기 크기의 기체에 대용량의 고출력 교란기를 탑재하는 원격지원 전자전기가 보다 바람직한 선택이다. 휴전선 전방지대에 위치한 북한의 지상 방공전력에 대해서는 육군의 포병부대를 대공제압에 동원하는 것도 가능하다.

4) 신속대응병력

전쟁이 항상 전방에서만 벌어져야 한다는 법은 없다. 오히려 전쟁에서는 공격과 방어 어느 쪽이든지 상대방의 가장 허술한 부분, 즉 측방과 후방을 노리려 드는 것이 당연한 일이다. 특히 국토의 면적이 작아서 전방위에 걸쳐 단기간에 동시전장화가 용이하며, 3면이 바다로 둘러싸여 긴 해안선을 띄고 있는 한국의 경우는 유사시 후방지역에 대한 방어 문제가 더욱 절실할 수밖에 없다. 동원에 의한 대규모의 예비전력으로 대처할 수도 있겠지만, 아무래도 정규군에 비해서 전투수행을 위한 훈련이 부족할 수밖에 없는 예비전력에게 전적으로 후방 방어의 책임을 맡기는 것은 자칫 방어 상의 공백을 키우는 결과를 야기할 수도 있다.

따라서 일반 정규병력에 비해 기동성이 높으면서 훨씬 고도로 훈련되어 후방 및 소규모의 중요 지역에 대한 방어에 우선적으로 투입될 수 있는, 그리고 필요한 경우에는 침공해온 상대측 병력의 취약점을 직접 공략해서 힘을 분산시키는 등 반격을 위한 유리한 여건을 조성하는 임무를 맡을 병력이 필요할 것이다. 이들이 바로 '신속대응(迅速對應: Rapid Reaction)' 병력이다. 해병대(海兵隊: Marine Corps)나 헬기로 이동하는 공중강습(空中强襲: Air Assault)부대, 그리고 수송기에서 낙하산을 타고 목표지점에 도달하는 공수(空輸: Airborne)부대 등을 비롯한 특수임무 부대들이 여기에 해당될 것이다.

과거 전함간의 포격전이 해전의 주류를 이루던 시절에는 함포의 조작이나 함대 내에서의 경찰, 상대측 함선의 검색과 나포 정도가 해병대의 역할이었다. 오늘날 해병대는 해군 소속의 지상 전투부대로서 상륙(上陸) 임무의 대명사가 되었으며, 주요 해안지역 방어에서도 핵심적 역할을 차지하는 중요 전력으로 자리잡았다. 대규모의 해병대를 보유한 가장 대표적인 나라는 미국으로 전체 병력의 약 11%에 달하는 17만 5,350명 규모의 3개 원정군(MEF: Marine Expeditionary Forces. 군단급) 예하에 각 3개의 해병사단과 비행단이 있으며, 오늘날 미 해병대는 해군 항공모함 전단과 더불어 미국 해외 원정작전에 최우선적으로 투입되는 부대로 유명하다. 하지만 이것은 미국이 전 세계를 대상으로 군사력을 동원하는 초강대국이라는 점을 생각할 때, 지극히 예외적인 경우라고 할 수 있다. 미국 이외에도 세계 53개 국가들이 해군 소속의 보병부대를 보유 중이며, 그 가운데 상륙전 부대로 운용되는 경우는 26개국에 이른다.[285] 이들은 대부분 바다로부터의 침공 위협에 취약한 섬나라와 반도국가들이다.

한국은 북쪽을 제외한 나머지 3면이 바다로 둘러싸여 매우 긴 해안선을 갖고 있으며, 그만큼 바다를 통한 외부세력의 침범으로부터 상당히 취약한 입장에 있다. 이와 같은 불리한 지리적 조건을 극복하고 효과적으로 연안지대를 방어하려면 침투해오는 상대측 병력이 가장 취약한 시기, 즉 상륙을 완료하기 전 바다와 해안에 걸쳐 분리된 상태에서 신속하게 해당 침투지점으로 전력을 투입할 수 있어야 한다.[286] 이러한 대상륙(對上陸) 작전은 전장의 특성상 연안에서의 상시 배치가 요구되므로 육군보다는 해군이 지휘통제하는 보병부대에게 적합하며, 이 부대는 일반적인 육상 기동부대 수준을 넘는 고도의 기계화 전력으로 편성되어야 한다. 바로 이 점에서 한국군의 해병대는 '최종 전장' 가운데서도 가장 취약한 곳 가운데 하나인 연안지대에서의 대상륙 작전을 평시의 우선임무로 해야 할 것이다.

하지만 해병대의 진정한 가치는 역시 상륙(上陸: Amphibious) 작전의 주력부대라는 점에 있다. 한반도의 긴 해안선을 이용한 상륙전은 한국을 침략해온 북한과 주변 강대국의 육군 병력의 측 · 후방에 역습을 가하여 한국 육군이 반격을 실시하기에 유리한 기회를 만들어준다. 뿐만 아니라 한국의 핵심적 이익과 직결되는 거점에 해당하는 서해 5도와 제주도, 독도 등의 주요 도서지역을 노린 외부 세력의 침범을 격퇴하고, 이들 지역을 탈환하는 것도 상륙전을 통해서만 가능하다. 요컨대 해안선이 길고,

---

285) 현재 1만 명 이상의 해병대 병력을 보유한 나라는 7개국(대만, 태국, 인도네시아, 베트남, 러시아, 멕시코, 브라질)이며, 1,000명을 넘는 경우도 17개국(영국, 스페인, 포르투갈, 중국, 필리핀, 이탈리아, 터키, 아르헨티나 등)이나 된다. 해병대 전투발전단 편, 『세계 해병대 구조 및 무기체계 편람』(해병대사령부, 2004), pp.3-4~3-6.

286) 전상조 편저, 『作戰原理』(연경문화사, 1998), pp.164~166.

다수의 도서지역이 분포하는 한반도의 지리적 특성 때문에 해병대는 반드시 우수한 상륙전 수행능력을 갖춰야 하는 것이다.

그렇다면 한국군은 해병대를 어떻게 편성, 배치, 운용해야 하는가? 우선 평시 연안에서의 대상륙전과 유사시 상륙작전에 전념할 수 있도록 동해안과 서해안에 각각 1개 이상의 해병여단/사단을 배치하며, 휴전선을 비롯한 전방지대에는 배치되지 않는 것을 원칙으로 한다. 기본적으로는 해병대 병력 모두가 상륙전을 위한 상시 준비태세를 유지하는 것이 이상적이겠지만, 여의치 않을 경우에는 최소 1개의 사단급 해병부대라도 언제든지 상륙작전에 동원될 수 있도록 해야 할 것이다. 또한 각 해병여단/사단은 육군의 독립 기갑, 기계화보병 부대와 같은 수준의 기동능력을 갖추어야 하며, 이를 위해 1개 대대 정도의 병력을 이동시킬 수 있는 30여 대의 병력수송용 장갑차 혹은 탱크, 그리고 이들과 함께 기동할 수 있는 자주포 등을 보유할 필요가 있다.

정리하자면 한국의 해병대는 2개 이상의 여단/사단급 부대로 구성되는 약 3만 명 내외 규모의 병력, 그리고 총 100여 대의 탱크, 장갑차 등을 보유한 준 군단급 기동부대로 편성되어야 한다. 이를 통해서 연안지대에 상륙한 보병 위주의 북한 침투병력을 재빨리 제압하고, 보다 안전하고 신속하게 상륙작전을 성공시키면서, 이후 내륙에서도 우세한 전투력을 발휘할 수 있을 것이다.

물론 해병대가 상륙작전에 나서려면 이들을 수송할 해군의 상륙함이 있어야 한다. 전황의 흐름을 역전시킬 수 있을 정도의 강력한 역습을 상대측 병력의 측방과 후방에 실시하기 위해서는 한번에 1개 연대~여단 규모 이상의 병력을 상륙시킬 수 있는 능력이 필요하다. 게다가 상륙작전을 실시하려는 대상 지역은 대부분 상대측이 점유하고 있는 경우가 많으므로 해안 가까이서 상륙을 시도할 경우 적의 완강한 저항에 부딪혀 상당한 병력 손실이 발생할 위험이 높다. 따라서 상륙지점의 적 감시망과 해안포, 지대함미사일 등의 사거리 밖인 약 수십km 거리에서 적의 저항을 분쇄하고, 상륙부대를 투입할 수 있는 능력이 요구된다. 이른바 '초수평선(OTH: Over The Horizon) 상륙작전'이 가능해야 하는 것이다.[287] 이를 위해 한국 해군은 대대 내지 연대 규모의 병력과 이들 병력을 빠른 속도로 상륙지점까지 이동시킬 수 있는 공기부양정, 수송헬기, 그리고 상륙지점의 적 병력을 제압할 수 있는 항공기(단거리 이착륙기, 공격헬기 등)를 탑재하는 대형 상륙모함(LHA/D)을 2~3척 이상 확보하여 해병대의 안전한 상륙작전을 지원해야 한다.

상륙모함과 더불어 초수평선 상륙작전을 수행하기 위해 필요한 수단이 바로 항공기다. 해병대가 헬기, 단거리 이착륙기 등으로 구성된 자체 항공부대를 보유한다면 상륙지점으로의 병력 수송이나 근접항공지원은 물론, 아직 보병 및 육상 기동부대가 투입되지 못한 연안지역에서의 대상륙 작전에도 동원할 수 있다. 해병대의 자체 항공부대는 약 40~50여 대의 항공기로 이루어진 1개 항공여단 수준으로 하며, 이 가운데 1개 대대 규모인 약 10~20대 정도는 상륙작전 지원을 위한 상륙모함 탑재용으로 상시 투입될 수 있어야 한다.

하지만 북한은 해안상륙 이외에도 다양한 방법으로 한국 내륙의 후방 및 중요 방어대상 지역으로 특수전 부대들을 침투시킬 수 있다. 현재 북한이 특수전 부대 침투에 동원할 수 있는 기종으로는 300여 대의 AN-2 경수송기와 80여 대의 소형헬기 등을 꼽을 수 있으며, 북한이 이들을

287) 이정훈, 2003, pp.340~341.

100% 활용할 경우 한 번에 1개 여단 규모에 해당하는 3,000~4,000명 규모의 병력이 침투할 수 있다는 계산이 나온다. 휴전선 일대에 걸쳐 20개 정도 존재하는 것으로 알려진 땅굴을 사용할 경우에는 한 곳에서만 1시간 동안에 병력 4,000~30,000명의 침투가 가능하다.

그렇다고 북한의 특수전 부대에게 전혀 약점이 없는 것은 아니다. 우선 이들은 목표지점에 도착한 후에는 도보 이외에 이동수단이 거의 없으므로 기동속도가 제한된다. 여기에 이들은 소총이나 박격포, 휴대용 지대공미사일, 대전차 로켓포 등의 소화기 정도의 가벼운 무장만을 할 수 있다. 여기에 후속지원이나 현장에서의 물자 확보를 하지 못할 경우 2~3일밖에 버티지 못하는 것도 한계다. 따라서 한국은 이들 특수전 부대가 주요 방어대상을 습격하거나 후방지역을 교란시키는 것을 신속히 막기 위해 이와 같은 한계를 최대한 거냥하면서 홈그라운드의 이점을 살릴 수 있는 대응 세력으로서의 특수임무 부대를 운용해야 한다. 그 지름길은 도보 이동보다 훨씬 빠른 수송헬기나 수송기와 같은 항공수단으로 이동한 후 침투병력을 재빨리 포위, 고립시켜 격멸하는 것이다.

한국의 특수임무 전담병력은 적어도 초반에 북한이 동원할 수 있는 측 · 후방 침투부대들과 숫자상으로 대등한 정도여야 한다. 다시 말해서 해병대가 상대해야 할 해상저격여단이나 휴전선 전방에 배치되어 있는 저격여단, 경보병여단 등을 제외하고도 남는 9개 여단 정도의 공중강습 및 공수부대가 필요한 셈이다. 여기에 미국의 레인저(Ranger)나 그린베레(Green Beret), 네이비실(Navy SEAL), 포스리콘(Force Recon), 영국의 SAS(Special Air Service)처럼 육군의 군단급 이상 부대와 해군, 공군 예하에 각자의 작전수행을 지원하기 위해 정찰, 수색, 구조, 침투 등을 담당하는 특수전 부대를 1~2개 이상의 연대/여단급으로 보유할 수 있을 것이다.

요컨대 한국은 해병대 이외에도 여단 10~15개 내외의 규모, 즉 총병력 4~6만 명 이상의 특수임무 부대를 보유해야 할 것으로 평가된다. 이 가운데 대다수를 차지할 공중강습, 공수부대를 수송 · 지원하는 헬기와 수송기는 한번에 1개 연대 정도의 병력을 이동시킬 수 있는 수량이 요구된다. 구체적으로는 헬기 150~200대 이상, 중 · 대형 수송기 30여 대가 필요하며, 특히 헬기와 수송기의 각 10~15% 이상을 나머지 기종보다 수송능력이 2배 이상 큰 대형기체(예: CH-47 '치누크(Chinook)' 헬기, C-17 '글로브마스터(Globemaster)' 수송기)로 하여 특수임무 부대의 수송 임무만을 전담하도록 한다. 이 경우 한국은 최소 1개 대대 수준의 정예병력을 언제, 어디든지 동원할 수 있는 능력을 얻게 된다.

한국이 우수한 신속대응병력을 보유하게 된다면 유사시 해안과 후방지역으로의 침투를 통한 한국 영토의 동시전장화를 시도하기 어려워지게 될 것이다. 뿐만 아니라 정규 병력이 전방에서의 임무 수행에 집중할 수 있도록 지원하는 상승효과까지 창출하여 한국에 대한 군사적 침공이 성공할 가능성은 더욱 낮아지게 된다. 그 결과 북한과 주변 강대국으로 하여금 전면전쟁은 물론 보다 실질적인 위협이 될 수 있는 국지적인 침범까지 포기하도록 만드는 힘이 될 수 있다. 이 점에서 해병대와 각종 특수임무부대는 한국의 국가안보에 매우 중요한 기여를 할 수 있는 준 전략급 기동전력인 셈이다.

(5) 방호

방호(防護: Protection)란 '상대방의 직접적인 무력 사용을 회피, 흡수하여 스스로를 보호할 수 있는 능력'으로 정의될 수 있다. 아무리 우수한 정보와 전력투사, 기동 능력이 있다고 해도 상대측으로부터의 공격을 100% 피할 수는 없다. 일단 전쟁이 벌어지면 정도의 차이만 있을 뿐, 인명과 재산의 피해 자체는 불가피한 일이다. 특히 한국은 북한이나 주변 강대국과의 지리적인 거리가 워낙 짧기 때문에 이들이 선제, 기습공격을 시도하려는 것을 미리 탐지해내거나 신속히 대응에 나서기란 말만큼 쉬운 일이 아니다. 따라서 한국은 전쟁 초반에 부득이 북한과 주변 강대국의 선제침공을 허용할 경우 그에 따른 인적, 물적 피해를 최소화시켜 조속한 반격에 나서도록 지원할 수 있는 일정 수준의 능력이 필요하며, 이것이 바로 방호에 해당하는 것이다.

방호는 크게 세 가지 종류로 구분된다. 첫째는 탱크나 장갑차, 함정, 전투기 등 각개 무기체계의 생존성 유지를 위한 '개별방호(個別防護: Individual Protection)'이다. 둘째는 넓은 영역에 걸쳐 인적, 물적 피해를 가할 수 있는 상대측의 전력투사를 차단해내는 '광역방호(廣域防護: Wide Area Protection)'다. 그리고 셋째는 모든 노력에도 불구하고 외부 세력의 공격에 따른 파괴를 막지 못할 경우에도 인명과 물자의 안전을 최대한 확보하도록 하는 '사후방호(事後防護: *Post-Factum* Protection)'이다.

1) 개별방호

개별방호의 경우부터 살펴보자면 다시 세 가지 방식으로 분류될 수 있다. 그 가운데 하나가 무기체계 자체를 이루는 자재의 견고함을 향상시켜서 상대방의 어떠한 공격도 흡수해내는 방패형 방식이다. 과거 군인과 기사의 갑옷에서 시작한 것으로 개인보병의 철모나 방탄복, 기갑차량의 장갑, 지하 참호, 요새 등이 대표적이다. 가장 소극적인 방식이라고 불릴 수 있겠다.

그 다음의 것으로는 회피형 방식이 있는데, 말 그대로 상대측에게 자신의 존재가 노출되지 않도록 해서 생존성을 유지하는 방식이다. 주변환경과 같은 색깔의 위장군복을 착용하거나, 무기 자체의 크기를 작게 해서 좀처럼 공격받기 어렵도록 하는 방식이 여기에 해당한다. 전자기술이 발달되면서 보다 적극적인 회피 기능이 가능해졌는데, 주로 전자전 장비와 스텔스(Stealth) 기술을 활용한 것이다. 이들 모두 레이더를 비롯한 정보수집용 탐지 · 감시장비를 속이는 것에 초점을 둔다는 공통점이 있다. 전자전 장비가 강력한 잡음, 기만전파를 퍼부어서 상대측의 정보수집 기능을 무용지물로 만든다면, 스텔스 기술은 적외선과 레이더 전파를 다른 방향으로 반사시키는 평면형 다면체 설계, 그리고 전파를 흡수하는 특수 소재와 페인트를 사용하여 좀처럼 탐지되지 않도록 하는 효과가 있다. 스텔스 기술은 지난 1991년 제1차 걸프전쟁에서 위용을 떨친 미국의 F-117 '나이트호크(Night Hawk)'와 B-2 '스피리트(Spirit)' 폭격기로 그 진가를 처음 증명했으며, 오늘날에는 항공기는 물론 해군 함정 등의 설계에도 적용되고 있다.

개별방호의 세 번째란 바로 요격형 방식이다. 이것은 자신을 겨냥하여 발사된 포탄이나 미사일 등의 전력투사체를 직접 파괴하여 스스로를 보호하는 것인데, 가장 적극적인 유형이라고 할 수 있다. 흔히 방해전파나 교란 · 유인용 금속체, 즉 채프(Chafe)와 디코이(Decoy), 플레어(Flare)를 방사하여 자폭을 유도하는 '소프트킬(Soft-Kill)'과 직접 사격하여 파괴하는 '하드킬(Hard-Kill)' 두 가지의 종류로 나뉜다.

각 개별방호 기능의 발전 방향을 살펴본다면, 먼저 방패형 방식은 그 대표적 적용사례인 탱크와 장갑차를 비롯한 육군 기동차량의 방어력을 더욱 발전시킨 형태가 될 수 있다. 다시 말해 복합, 반응장갑과 같은 신형 소재를 사용하여 더욱 파괴력이 향상된 적의 포탄 및 로켓탄, 미사일의 공격에도 생존할 수 있도록 하는 것이다. 회피형 방식은 해군과 공군 전력의 생존성 향상에 큰 효과를 발휘할 것으로 기대되며, 앞으로 한국군이 개발, 획득하려는 군함이나 항공기는 개별적인 전자전 장비를 기본적으로 탑재할 뿐만 아니라 스텔스 기술이 설계에 적용된 것이어야 한다. 그리고 요격형 방식의 경우 해군은 모든 전투함정이 소프트킬 능력을, 호위함급 이상의 수상전투함은 날아오는 적 대함미사일을 파괴할 수 있도록 단거리 함대공미사일이나 근접방어무기체계(CIWS: Close-In-Weapon System) 등의 하드킬 능력을 갖추어야 할 것이다. 육군도 탱크, 장갑차의 방패형 방식 일변도에서 벗어나 하드킬을 사용하는 보다 적극적인 개별 방호 방식을 모색할 필요가 있다. 반면 공군은 현실적으로 하드킬을 실행하기가 어려우므로 각 전투기에 전자전 장치와 더불어 교란 · 유인용 금속체 등의 소프트킬 기능을 보유해야 한다. 마찬가지로 육 · 해군의 항공기들도 소프트킬 기능을 갖추어야 하며, 특히 육군 소속 헬기들은 10,000기가 넘는 북한의 SA-7/16 휴대용 지대공미사일에 대한 취약성을 줄이기 위해 충분한 소프트킬 능력이 요구된다.

2) 광역방호

오늘날의 군사기술을 고려할 때, 짧은 시간 동안에 가장 많은 파괴와 살상을 가져올 수 있는 공격은 바로 하늘을 통해서 가해진다. 다시 말해서 전투기와 폭격기, 그리고 미사일 등이 가장 으뜸가는 경계대상인 것이다. 가장 물리적 제약이 적은 공간인 하늘에 대한 통제능력을 상실한다면 마치 산소를 잃는 것과 같이 심각한 위협을 용인하는 불리한 위치를 강요받게 된다. 이 점에서 오늘날 '광역방호'는 사실상 방어제공, 즉 방공(防

空: Air Defense)과 동의어라고 해도 과언이 아니다.

한국 역시 휴전선 전방에 집중배치된 다수의 북한 전투기들과 장거리 탄도미사일, 그리고 주변 강대국의 주력 전투기들의 행동반경 이내에 들어있다는 점에서 방공의 중요성은 아무리 강조되어도 지나치지 않을 것이다. 특히 협소한 한국 영토의 크기를 생각할 때, 북한과 주변 강대국의 대규모 전투기 편대가 기습 침공의 일환으로 영공을 침범할 경우 초반에는 한국의 전투기들이 이들을 요격하기 위해 출격할 시간적 여유가 매우 부족할 수밖에 없다. 때문에 전쟁이 시작될 시점에서의 요격 임무는 전적으로 지상 방공부대의 능력에 달린 것이나 마찬가지다.

보통 항공기가 비행해 오는 최소 수백m~5km, 혹은 최대 10km(사거리 10km 이내) 높이를 저고도(底稿度), 10~20km(사거리 50km 이내) 사이의 높이를 중고도(中高度), 그리고 20km(사거리 50~100km 이상)를 넘는 높이를 고고도(高高度)로 분류한다. 저고도는 레이더의 탐지를 피해서 비행하려는 특수전 부대의 수송기, 헬기, 순항미사일이 주로 비행하는 높이이며, 중고도는 대부분의 전투기들이 비행하는 높이에 해당한다. 그리고 고고도는 처음부터 지상공격을 목적으로 하는 폭격기나 탄도미사일, 그리고 자국 영토에서의 정보수집을 시도하는 적 정찰기 등에서 사용하는 높이다.

한국군은 적어도 부득이하게 북한과 주변 강대국의 기습을 막지 못할 경우 적의 초반 공세를 가능한 한 빨리 수습하고, 생존한 공군의 전투기들이 조속히 반격에 나설 수 있도록 지원할 수 있는 정도의 지상 방공능력을 갖추어야 한다. 우선 '전술' 차원에 해당하는 저고도 방공전력은 주로 야전에서 육군 부대의 대공방어를 책임지며, 특히 북한이 군사적 침략을 시도할 경우 가장 먼저 움직일 가능성이 높은 특수전 병력이 탑승한

AN-2 경수송기 등을 요격하여 몰살시키는 임무도 맡는다. 여기에는 견인형 대공포와 휴대용 지대공미사일, 그리고 자주화된 대공포 및 단거리 지대공미사일이 포함된다. 이들 가운데 보병이 직접 조작하는 견인형 대공포, 휴대용 지대공미사일은 연대급 이하의 소부대 이내에서 수개의 포대(10여문) 단위로 운용하면 적합할 것이다. 반면 작전 수준의 부대인 여단·사단에 대한 방어는 야전에서 임무를 수행할 때 함께 이동할 수 있도록 자주화된 대공포, 단거리 지대공미사일이 담당한다. 한국군은 이들은 대대(약 30~40문) 단위로 편성하여 육군과 해병대의 주요 작전급 부대, 그리고 육·해·공 각군의 주요 기지 인근에도 배치해야 할 것이다. 혹은 러시아제 SA-19 '퉁구스카(Tunguska)'처럼 대공포와 지대공미사일을 결합시킨 형태도 좋은 선택이 될 수 있다.

사실상 지상 방공부대의 주력이라고 할 수 있는 '작전' 수준의 중고도 방공전력은 한국 영공으로 침입해 온 북한, 주변 강대국의 주력 전투기들을 요격하는 것이 최우선적인 임무다. 여기에 포함되는 중거리 지대공미사일의 수량은 상대측이 직접적으로 한국 영토를 겨냥해 투입할 수 있는 전투기의 규모를 고려해서 결정하며, 이들은 수개의 여단(100기 내외) 단위로 편성되어야 할 것이다. 그리고 한국군은 각 방공여단을 한반도 중·남부권에 중심적으로 배치하여 주요 인구밀집지역, 핵심 경제·산업시설의 안전을 지킬 수 있도록 해야 한다.

고고도 방공전력은 한국의 사활적·핵심적 이익을 직접 위협하는 폭격기, 탄도·순항미사일의 위협에 대응하기 위한 것이라는 점에서 '전략' 수준의 가치를 갖는다. 특히 한국 영토 전체가 대량살상무기 장착이 가능한 북한의 스커드, 로동 탄도미사일의 사거리 이내에 포함된다는 점을 생각할 때, 그 중요성은 매우 크다. 북한의 탄도미사일이 한국까지 도달할 수 있는 시간은 수도권의 경우 3~4분 내외, 중부권이나 남부 연안지대까지는 5~6분밖에 걸리지 않는다. 이들을 제거하기 위해서는 발사되기 전에 직접 발사대를 파괴하는 것이 가장 바람직한 방법이겠지만, 대부분의 북한 탄도미사일들이 북한 각지에 분산되어 있을 뿐만 아니라 이동식으로 회피가 용이하며, 일부는 지하시설에 숨겨져 있기 때문에 결코 쉬운 일이 아니다.

때문에 한국은 북한 탄도미사일 전력을 제거할 수 있는 전략 차원의 전력투사 능력과 별도로 이들의 발사를 막지 못할 경우 공중에서 요격할 수 있는 고고도 방공능력을 확보해야 한다. 고고도 방공전력을 위해 운용되는 장거리 지대공미사일은 탄도미사일의 위협뿐만 아니라 기존 공군력을 이용한 침공까지 견제하는 준 공세전력으로 사용될 수도 있다. 다시 말해서 침범해 오는 적 전투기를 한국 영공 밖에서도 요격하는 것이 가능해지므로 상대측은 한국을 겨냥한 대규모 전투기들의 기습침투를 주저하게 될 수밖에 없다.[288] 전체 전투기의 40% 이상을 휴전선 전방지대에 배치하고 있는 북한, 그리고 1시간 이내에 주력 전투기들을 한반도로 투입할 수 있는 주변 강대국의 공군력과 상대해야 하는 한국에게는 매우 효과적인 광역방호 수단인 것이다. 이와 같은 고고도 방공전력의 위력은 중·저고도에서의 전술, 작전급 지상방공 체계와 결합한다면 영공으로 침투하려는 적 공군력에 대한 요격 가능성을 더욱 높일 수 있으며, 지난 1973

288) 전투기는 비행고도가 높을수록 기압의 영향을 덜 받으므로 연료를 절약하면서 비행할 수 있다. 이는 보다 오랫동안 넓은 범위에서의 임무수행을 가능하게 해주며, 때문에 자국 영공처럼 안전하게 비행할 수 있는 공역에서는 중·고고도로 비행한다. 장거리 지대공미사일은 적 전투기가 영공에 침투하기 전부터 저고도로 비행하도록 강요하여 보다 많은 연료소모를 유도하고, 결국 침공 시간과 범위가 축소된 적 전투기는 격추되거나 퇴각할 수밖에 없게 된다.

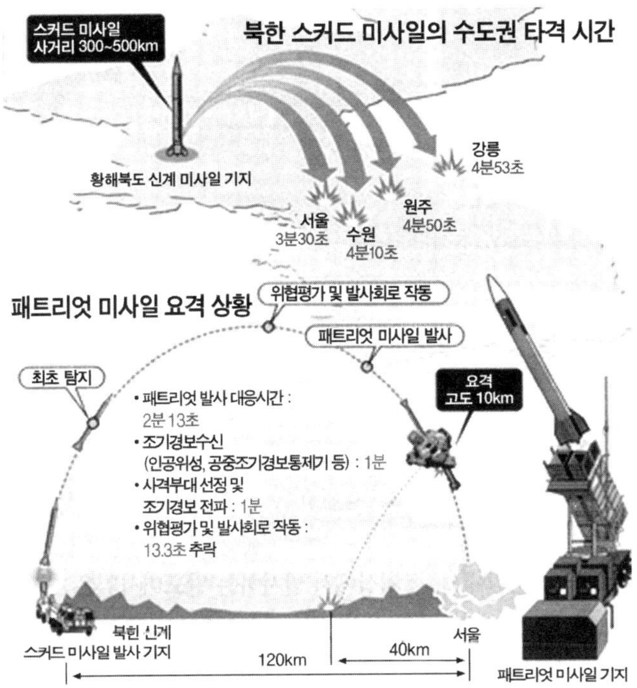

출처: 「주간동아」 2006년 8월 29일

〈그림 3-17〉 북한의 탄도미사일 위협범위와 요격과정

년 10월의 제4차 중동전쟁에서 이집트군이 이스라엘의 전투기 다수를 격추시키면서 그 효과가 증명되었다.[289] 한국군의 지상 방공전력 가운데 고고도 담당 부대의 규모는 북한의 스커드, 로동 탄도미사일 발사대 숫자인 60여 대에 맞춰져야 할 것이다. 즉, 2~3개 대대 이상의 장거리 지대공 미사일이 필요한 셈이다.

289) 당시 이집트군은 이스라엘 공군과의 공중전을 회피하고, 대신 러시아제 SA-2/3/6 지대공 미사일과 ZSU-23 자주형 대공포로 이루어진 혼합 지상방공망으로 이스라엘 전투기들에 맞섰다. 그 결과 제4차 중동전쟁에서 이스라엘이 손실한 전투기 110여 대 가운데 무려 100대가 이집트군의 지대공미사일, 대공포에 의해 격추되었다.

북한의 탄도미사일 요격을 위해서는 다음과 같은 고고도 방공능력이 요구된다. 첫째, 스커드, 로동 미사일이 발사되는 직후 최대한 짧은 시간 이내에 발사 여부와 탄도궤도를 식별, 추적할 수 있어야 한다. 이것은 인공위성이나 항공기 레이더 등의 지원 없이도 해당 방공기지가 독자적으로 해당 임무를 수행할 수 있어야 함을 뜻한다. 그리고 둘째, 탄도미사일이 포물선 궤도의 정점에 이르러 하강단계에 돌입하기 전이나 직후에 요격미사일을 발사할 수 있어야 한다.

이러한 고고도 방공에는 주로 패트리어트나 이스라엘의 '애로우(Arrow)'처럼 탄도 · 순항미사일 요격기능에 특화된 지상배치 지대공미사일이 주로 사용되지만, 그와 더불어 장거리 함대공미사일과 고성능 위상배열 레이더를 탑재하는 이지스 방공구축함도 이동식 방공기지의 역할을 해낼 수 있다. 실제로 1998년 북한이 대포동 1호를 시험발사했을 당시 일본의 공고급 이지스함은 그 비행궤도를 정확히 추적해냈으며, 미국도 2004년부터 북한 탄도미사일의 탐지능력 강화를 위해 2척의 이지스함을 동해에 배치해 왔다. 지난해 7월 5일 북한이 7발의 탄도미사일을 시험발사한 것을 계기로 미국은 새로이 2척의 이지스함을 동해에 파견했는데, 이들 두 전투함은 고고도에서 탄도미사일을 요격할 수 있는 사거리 약 500~1,000km의 SM-3 '스탠다드(Standard)' 함대공미사일을 탑재한다. 일본에서도 기존의 공고급 이지스함 4척에 SM-3 탑재능력을 부여하는 개량작업을 추진 중이며, 새로 건조되는 아타고급 개량형 이지스함은 처음부터 SM-3을 탑재할 수 있도록 설계되었다. 그리고 중국은 신형 루저우급 방공구축함에 탄도미사일 요격능력을 갖춘 러시아제 SA-10 지대공미사일을 개조한 SA-N-6 장거리 함대공미사일을 탑재할 예정인데, 북해함대가 활동하는 서해에 배치될 경우 수도 베이징을 겨냥한 탄도미사일을 요격할 수 있다.

장기적으로는 발사된 직후 저속으로 상승하는 탄도미사일을 항공기 탑재 레이저광선(ABL: Airborne Laser)으로 궤도 정점에 도달하기 전 요격하는 능력까지 실용화한다면 더욱 이상적일 것이다.[290] 특히 레이저를 이용한 지상 방공무기는 공중에서 요격하기가 거의 어려울 정도로 사거리가 짧은 북한 장거리 포병부대의 포탄, 프로그 단거리 로켓[291]까지 요격할 수 있기 때문에 수도권에 대한 광역방호 능력을 획기적으로 향상시킬 것으로 기대된다. 이미 지난 2001년 9월 미국과 이스라엘이 공동개발한 전술형 고에너지 요격체제(THEL: Tactical High Energy Laser)가 그 사례다.[292]

정리하자면 한국의 고고도 방공전력 체제는 상대측의 탄도미사일이 궤도 정전까지 올라가는 과정에서 이지스 방공구축함이 발사하는 장거리 함대공미사일에 의한 '상층요격(Upper-Tier Interception)'과 하강 단계에서 지상배치 지대공미사일로 파괴하는 '하층요격(Lower-Tier Interception)'을 기본으로 구성되며, 궁극적으로는 탄도미사일의 발사 초기에 항공기가 레이저로 요격하는 '발사단계요격(Boost Phase Interception)'까지 포함하도록 해야 한다. 필자는 이를 한국형 전략방공체제(KSAD: Korea Strategic Air Defense)라고 명명하고자 한다. 유의할 점은 KSAD도 북한과

---

290) 윤기철, 2000, pp.128~132.

291) 최근 북한은 노후화된 프로그 로켓을 교체하기 위해 러시아제 SS-21 스카라브와 유사한 사거리 100km 이상의 단거리 탄도미사일을 개발한 것으로 알려진다. 이 미사일은 서울뿐만 아니라 새 주한미군 사령부 및 주요기지가 들어설 평택 인근까지 공격할 수 있으며, 기존의 북한 탄도미사일과는 달리 고체연료를 사용하여 훨씬 신속한 발사가 가능하다.

292) 박돈규, "단거리미사일 요격 '레이저 무기' 곧 배치", 「조선일보」, 2001년 12월 9일자.

주변 강대국에 의한 폭격기, 탄도미사일 위협에 맞서기 위한 여러 군사적 대응수단 가운데 하나일 뿐, 유일무이한 선택이 될 수는 없다는 사실이다.

오늘날 동북아시아에서 탄도미사일 요격을 위한 고고도 방공능력은 군사 차원을 넘어 정치 · 외교적인 갈등, 경쟁의 현안으로 자리잡은 지 오래다. 냉전 이후 세계 유일의 초강대국으로 등극한 미국은 자국의 세계질서 주도에 순응하지 않는 소위 '무법자 국가(Rogue States)'들의 일부가 보유한 대량살상무기 잠재력, 특히 탄도미사일의 위협능력에 주목했다. 그 결과 미국은 탄도미사일을 초국가적 테러리즘과 더불어 자국 안보의 최대 위협으로 지목하였으며, 그 대응책으로 미사일 방어체제(MD: Missile Defense)의 구축을 추진하기 시작했다.[293] 1990년대 이후 북한의 탄도미사일 전력이 국제적인 대량살상무기 확산문제로 비화되면서 미국은 MD를 동북아시아로 확대하기 위한 움직임에 나섰고, 역시 북한 탄도미사일의 직접적인 위협을 받게 된 일본도 적극 동참하고 있다.[294] 이에 북

293) MD는 미국 본토에 대한 탄도미사일을 요격하는 국가미사일방어(NMD: National Missile Defense)와 해외주둔 미군과 주둔국을 적의 탄도미사일로부터 방어하는 전구미사일방어(TMD: Theater Missile Defense)를 통칭한 것이다. 미국은 2001년부터 MD 구축을 본격적으로 추진함에 따라 지난 1972년 러시아(당시 소련)와 체결했던 『탄도탄 요격미사일(ABM: Anti-Ballistic Missile) 제한조약』에서 탈퇴하여 국제적인 논란을 빚은 바 있다.

294) 일본은 북한의 대포동 1호 시험발사 직후인 1998년 말부터 미국과 공동으로 탄도미사일 방어를 위한 기술연구에 착수했으며, 지난 2003년 12월에는 탄도미사일 방어(BMD: Ballistic Missile Defense)를 위한 전력 도입을 정식 결정했다. 이에 따라 이지스함의 SM-3 함대공미사일 탑재를 위한 개량 및 신규 건조, 탄도미사일 요격능력이 강화된 개량형 패트리어트(PAC-3) 지대공미사일과 탄도미사일 탐지레이더의 도입이 진행중이며, 이를 통해서 항공자위대 소속 지대공미사일군 3개와 항공관제군 7개, 그리고 항공관제부대 4개 등을 탄도미사일 요격임무에 운용할 예정이다. 日本 防衛廳, 2006, p.94.

한뿐만 아니라 중국, 러시아도 미일 양국의 MD 구축 공조에 반발하고 나섰다. 미국이 MD를 통해 세계 차원의 군사패권을 더욱 굳히면서 지난 2003년의 제2차 걸프전쟁처럼 스스로의 군사력을 함부로 남용하고, '집단적 자위권'을 구실로 한 일본의 정치 · 군사대국화를 더욱 부추기는 계기가 된다는 것이다.

이러한 점을 고려할 때, 만일 한국이 미국 주도의 MD에 정식으로 참여한다면 중국, 러시아 등 대륙세력에 대한 미국의 봉쇄노선에 가담한다는 불필요한 의심을 받을 가능성이 있다. 이는 주변국과의 대결보다는 정치 · 경제적인 협력관계의 발전, 심화를 지향하는 한국의 정책목적과 어긋나는 것이다. 따라서 한국의 KSAD는 굳이 미국 MD의 일부 기능을 수행하는 성격으로 운용될 필요가 없다. 쉽게 말해서 한국의 고고도 방공전력이 태평양 너머의 미국 영토를 겨냥한 탄도미사일을 요격하기 위해 사용되는 일은 없어야 한다. 하지만 이것은 "한국이 탄도미사일 요격능력을 갖출 필요가 없다"는 뜻이 결코 아니다. 한국 주변의 4개국 가운데 3개국(북한, 중국, 러시아)은 세계적으로 손꼽히는 탄도미사일 보유국이며, 특히 북한과 중국은 한국 전역을 사거리 이내에 두는 다수의 탄도미사일을 실전배치하고 있다. 그리고 일본도 언제든지 장거리 탄도미사일을 개발할 수 있는 항공우주 대국이다. 이처럼 한국은 세계 어느 나라들 못지않게 심각한 탄도미사일의 위협에 직면하고 있는 것이다.

그러므로 한국은 KSAD를 미국 MD의 진행, 구축 여부와는 별개로 북한과 주변 강대국의 탄도미사일 위협으로부터 영토, 국민의 안전을 방어할 수 있는 우수한 고고도 방공전력으로 발전시켜야 한다. 현재 MD에 직접적으로 동참하지 않고 있는 서유럽 국가들, 심지어는 MD 자체를 반대하는 중국과 러시아조차 탄도미사일 요격기능을 겸비한 고고도 방공체제를 개발, 보유중이라는 점을 생각할 때 '탄도미사일 요격능력 확보=MD 참여=미국 편들기'라는 식의 도식화는 그야말로 비논리적인 편견이자, 반미 감정을 부추기려는 맹목적인 선동일 뿐이다.[295] 또한 MD 자체도 한반도 유사시 미군 병력이 안전하고 신속하게 증원될 수 있도록 기여하기 때문에 한국 입장에서 결코 부정적인 것만은 아니다. 따라서 한국은 미일 양국의 MD에 직접 참여하지 않더라도 정치·외교적으로는 적극 지지하는 입장을 견지할 필요가 있다.

최근에는 방공 외에도 한국이 시급히 구축해야 할 광역방호 분야가 추가되었다. 바로 사이버 방위(Cyber Defense)다. 정보통신 기술이 여러 사회분야에 적용, 보급되면서 개개인의 일상생활과 기업들의 경제활동은 물론 주요 공공기관의 업무도 상당한 수준의 전산화와 통합화를 이루게 되었다. 인류 역사상 이처럼 사회의 각 기능이 시·공간을 초월하여 상호연결이 이루어진 일은 없었을 것이다. 그러나 이것은 역으로 해석할 경우 정보통신망에 국한되는 의도적인 기술조작과 교란만으로도 국가 전체에 혼란을 야기하거나 중요기능을 마비시킬 수 있음을 뜻한다. 충분히 국가안보 차원의 위협이 될 수 있는 문제다.

한국도 이러한 위험에서 결코 자유로울 수 없는 입장이다. 오늘날 한국의 정보화 수준은 2004년 기준으로 인터넷 이용자수 세계 6위에 개인용컴퓨터 보급대수는 세계 15위, 초고속 인터넷 가입자수 세계 1위, 그리고 국제전기통신연합(ITU)이 발표한 정보화지수 세계 3위와 디지털기회지수 세계 1위로 기록되는 등 전세계적으로도 상위권에 올라있다. 특히 한국은 UN이 선정한 전자정부지수 세계 5위에 오를 만큼 공공 부문에서

295) 안보경영연구원, "한국의 미사일 방어정책, 이대로 좋은가?", 「SMI 이슈 & 리포트」 제10호, 2006년 5월 15일.

의 정보화 수준도 우수한 것으로 평가된다.[296] 하지만 정보통신망의 보안 수준은 이러한 높은 보급률을 따라가지 못할 정도로 취약한 실정이다. 그 증거로 한국에서 발생한 민간전산망 해킹 건수는 1998년 158건에 불과했으나 1999년에 572건, 2000년 1,943건, 2001년에는 5,333건, 그리고 2002년에는 15,192건으로 매년 100% 이상 급증해 왔다. 이후에도 2003년에 26,179건, 2004년에는 24,297건, 그리고 지난 2005년에만 33,633건에 이르는 해킹사고가 발생했다.[297] 뿐만 아니라 정부 공공기관 전산망을 노린 해킹 사고도 2004년에 3,970건, 2005년에는 4,549건에 달했다.[298]

지난 2003년 1월 25일 8,800여 대의 국내 컴퓨터 서버가 슬래머웜 컴퓨터 바이러스의 공격을 받으면서 9시간 동안이나 전국에서 인터넷 사용이 불통되는 초유의 대란을 겪은 바 있다. 당시 전세계적으로 문제의 컴퓨터 바이러스에 의한 피해가 발생했지만, 유독 한국만이 국가 전산망 전체가 마비되는 타격을 입었다는 점이 문제였다. 1년 후인 2004년 7월 13일에는 국회, 해양경찰청을 비롯한 정부기관과 한국국방연구원, 국방과학연구소, 원자력연구소 등 주요 국책연구기관의 전산망 소재 컴퓨터 211대가 해킹당하는 사태가 발생했다. 국가정보원은 이를 "개인 차원이 아니라 일정 규모의 조직이 개입된 국가안보 위협 사건"으로 규정했으며, 국방부도 이례적으로 사이버테러에 대한 정보작전 방호태세 격상을 지시했다.

이미 많은 국가들이 타국의 정보통신망을 직접 공략하는 사이버전쟁

---

296) 한국무역협회 무역연구소, 2006, p.21.
297) 국가정보원 · 정보통신부 공편, 『국가정보보호백서 2006』(국가정보원, 2006), p.6.
298) 국가정보원 · 정보통신부 공편, 2006, p.29.

(Cyber War) 능력을 확보하기 위해서 상당한 노력을 기울이고 있다. 북한은 지난 1986년부터 인민무력부 산하에 미림대학(현재는 김일 군사대학으로 개칭)이라는 5년제 군사정보학교에서 매년 100명의 해킹 전문가를 육성하여 정찰국에 배속시키고 있으며, 최근에는 인민무력부 총정치국 산하에 사이버전쟁 전문 부대를 설치한 것으로 알려진다.[299] 이들의 해킹 능력은 미국 유수의 정보기관에 버금가는 것으로 평가되며, 한국 정부부처 및 연구기관에 대한 해킹까지 시도하고 있음이 확인되었다.[300]

중국 역시 군 현대화의 일환으로 1997년 소수의 정예 기술인력으로 구성된 컴퓨터 바이러스 부대를 창설했으며, 자체적인 사이버전쟁 훈련까지 실시하고 있다. 지난 2004년 7월 한국의 주요 정부기관과 국책연구기관을 노린 전산망 해킹공격의 발신지도 중국이었다. 특히 용의자 가운데 중국 인민해방군 산하 외국어대학 재학생도 포함된 것으로 알려지면서 당시 사건에 중국이 군을 비롯하여 정부 차원에서 조직적으로 개입했을 가능성이 제기된 바 있다. 일본도 2000년 말 발표되었던 5년 단위 『중기 방위력 정비계획』에 사이버방위 체계 구축을 위한 사이버전쟁 전담부대를 자위대 산하에 창설한다는 내용을 포함시켰다.

사이버전쟁은 일국의 신경조직과도 같은 정보통신망에 타격을 가하여 상대측의 행동과 심리에 치명적인 마비, 공황상태를 일으키는 것을 목적으로 한다. 상당한 파급효과에 비해서 적은 수의 정예인력과 비용이 투입된다는 점에서 파괴와 살상만 없을 뿐, 특수전 부대가 수행하는 비정규전과 비슷한 점이 많다. 결국 사이버전쟁 위협에 대한 방호를 위해서는 정예화된 '사이버 전사'의 양성뿐만 아니라 국가차원의 건실한 정보통신

299) 이주형, "북에 사이버전 담당 부대 있다", 「국방일보」, 2006년 7월 13일자.
300) 유용원, "北, 김정일 지시로 南 정보 해킹", 「조선일보」, 2004년 5월 28일자.

망 보안체제의 구축, 유지가 요구된다. 이에 소요되는 인적, 기술적 수요는 정부가 전적으로 부담하기보다 이미 해당분야에서의 상당한 자본과 기술을 보유한 민간부문과의 연계, 제휴를 통해 확보하는 편이 바람직하다.[301)]

앞으로 인터넷을 비롯한 정보통신 체계가 국가 주요기능의 수행, 유지에서 차지하는 비중은 갈수록 커질 전망이며, 이는 우수한 C^4I 능력의 중요성이 더욱 강조되고 있는 군사력 부문에서도 예외일 수 없다. 그 결과 사이버전쟁에 의한 국가, 군사적인 취약성과 잠재적 위협수준도 높아질 것이다. 따라서 한국군도 본부 및 야전 지휘통신 체계를 방호하기 위해서 육 · 해 · 공 각 군의 개별적인, 그리고 전략 차원과 직결되는 보다 광범위한 사이버 방위 임무를 수행할 수 있도록 합참 예하에도 각각 사이버전쟁 진담부대를 설치, 운영해야 한다. 이들은 외부의 사이버 공격에 대한 방어뿐만 아니라 필요시에는 해킹, 컴퓨터 바이러스를 이용해서 상대측 정보통신망을 역으로 공격할 수 있는 공세적 사이버전쟁 수행능력까지 갖출 필요가 있다. 무엇보다 중요한 것은 이러한 사이버 방위가 민 · 관 · 군의 합동대처 원칙에 따라 국가차원으로 이루어져야 한다는 점이다.

3) 사후방호

위와 같은 모든 방호노력에도 불구하고 끝내 북한이나 주변 강대국의 공격으로 한국 국민의 생명과 주요 국가자산에 가시적인 피해가 발생할 경우에는 더 큰 인명살상과 물적 손실을 막기 위한 대책이 요구될 수밖에

301) 노훈 · 이재욱, "사이버전의 출현과 영향, 그리고 대응방향", 「국방정책연구」, 2001년 가을호.

없다. 이것이 바로 사후방호라고 할 수 있다. 엄밀하게 보자면 사후방호는 군사활동보다는 국가 차원의 위기관리(危機管理: Crisis Management)에 더 가깝다.

가장 기본적인 방법은 유사시에 국민들을 안전하게 대피시킬 방공호를 비롯한 비상시설을 충분히 설치하고 유지하는 것이다. 이를 위해서 웬만한 주요 인구밀집지역이나 대도시마다 충분한 규모의 대피시설을 세우고 정기적인 민방위 훈련을 통해서 그 효용성을 향상시켜야 한다. 가능하다면 고층 아파트 단지를 비롯한 일반가정에서도 일대 가구가 피신할 수 있는 지하 방공호를 갖추도록 적극 권장할 필요가 있다. 격납고 등 군용시설은 물론, 실전에서 간이 대피시설로 사용될 수도 있는 지하철을 비롯한 대중수단의 엄체화와 견고성도 매우 중요한 요소다.

특히 지난해 10월 9일 북한의 핵실험을 계기로 비상 대피시설은 핵공격에 의한 피해를 최소화할 수 있도록 구축, 강화되어야 한다. 구체적으로는 핵폭발로 발생하는 고열, 잔류 방사선, 낙진 등의 피해를 견딜 수 있을 정도의 깊이에서, 외부 공기를 차단 · 정화할 수 있는 엄폐구조를 갖추어야 할 것이다. 스위스처럼 유사시에 전 국민이 대피할 수 있는 규모의 핵 방공호를 마련하기는 어렵겠지만, 적어도 핵공격 위협에 가장 크게 노출되어 있는 주요 공공기관이나 대도시 중심부를 비롯한 인구 밀집지역의 방공호는 반드시 핵공격으로부터의 생존성을 반영할 수 있어야 한다.[302)]

북한의 대량살상무기로 인한 인명피해를 최소화하기 위한 치료용 백신과 방독면 등 생물 · 화학전 보호장비의 충분한 확보도 성공적인 사후

302) 미국의 경우 1964년부터 개인 주택이나 공공 건축물의 지하에 반드시 핵공격 방호를 위한 방공호를 설치하도록 연방법으로 규정하고 있다.

방호를 위해서 반드시 이루어져야 한다. 1,000톤 정도의 화학무기로 4천만 명이 넘는 한국 인구 전체를 살상할 수 있다는 점을 감안할 때, 그보다 몇 배에 달하는 분량이 비축되어 있는 북한의 생물 · 화학무기에 대한 대응책 수립과 실천은 그야말로 필사적인 과제라고 할 수 있다. 한국은 적어도 북한이 전쟁 초반에 사용할 수 있는 규모의 대량살상무기 피해에 대응할 수 있을 만큼의 제독(除毒)장비와 공기정화장치, 치료제, 백신 등을 확보해야 하며, 이를 위한 비상 대응체제를 민 · 관 · 군 합동체제로 운영할 수 있어야 할 것이다. 전체 국민들에게 지급될 수 있는 분량의 방독면과 보호의를 갖추고 있는 이스라엘과 스웨덴이 좋은 본보기다. 그리고 생물 · 화학무기에 의한 오염이 확산되는 것을 가능한 한 일찍 차단할 수 있도록 피해발생 지역의 신속한 탐지, 예측 수단을 확보하고, 이들을 국가 차원의 위기관리체계와 결합시켜야 한다.[303]

아울러 육 · 해 · 공군 주력 부대와 기지들의 생존성을 확실히 보장하기 위한 대응태세, 능력을 철저하게 갖추어야 한다. 이들은 유사시 북한의 대량살상무기 위협에 가장 먼저 노출될 수밖에 없기 때문이다.[304] 이를 위해 각 군 본부와 여단/사단을 비롯한 작전 수준 실전부대는 예하에 중대급 이상의 생물 · 화학 · 핵무기(이하 화생방(化生放)) 방호 전담부대를 설치하여 적의 화생방 공격에 대한 신속한 탐지, 제독임무를 부여해야 한다. 주요 야전부대들 예하의 의무(醫務)부대마다 화생방 공격을 대비한

---

303) 이재욱, "북한의 대량살상무기 위협과 우리의 대응방안", 「국방정책연구」, 2004년 가을호.

304) 정보당국의 평가에 따르면 북한은 탄도미사일 탄두의 50~60%, 포탄의 10%를 화학무기로 보유하고 있으며, 이들을 개전 초기부터 집중적으로 사용할 가능성이 높다. 유용원, "가공할 북한의 대량살상무기", 「주간조선」, 2002년 12월 26일자.

치료제, 백신 등을 충분히 준비할 수 있어야 함은 물론이다. 그리고 육군 기갑차량이나 군함 등 개별 무기체계에 공기 정화장치를 설치하고, 방독면 등 장병 개개인이 사용할 수 있는 각종 화생방 보호장비도 갖춰져야 할 것이다. 이 외에도 핵공격과 EMP 폭탄이 일으키는 고출력 전자기파로부터 주요 무기체계의 통신, 전자장비를 보호할 수 있도록 EMP 방호를 위한 기술적인 조치들이 요구된다.[305)]

무기의 치명도가 역사상 어느 시대보다 커진 오늘날에는 전쟁이 일어날 경우 승패여부와 관계없이 상당한 인적, 물적피해가 발생하기 쉽다. 때문에 대규모의 전쟁을 수행하거나 승리할 수 있는지의 여부와 관계없이 막대한 파괴, 살상을 가할 수 있는 힘만으로도 상대방을 위축시켜서 자국의 일방적인 요구를 강요할 수 있는 위치를 점하는 것이 가능하다. 만일 이러한 위협에 처한 국가가 상대방에게 기습 침공을 허용할 경우에도 최소한도의 피해 이내로 수습할 수 있는 방호능력을 갖춘다면, 상대방이 무력을 위협수단으로 사용할 동기를 약화시키는 데 크게 기여할 것이다.

(6) 기반능력

"전투는 군인의 임무지만, 전쟁은 국민 모두가 치르는 것"이라는 격언이 있다. 아무리 뛰어난 무기와 잘 훈련된 병사가 있는 군대라도 이를 후방에서 지원해 줄 수 있는 능력이 없다면 제대로 임무를 수행하기 어려울 것이다. 군사력도 결국은 국력의 일부일 뿐이기 때문이다. 이처럼 한 국가가 스스로의 힘으로 사활적 · 핵심적 이익을 보호, 관철시키기 위해서

305) 이원길, "전자기 펄스탄의 공격에 대비하자", 「국방과 기술」, 2004년 3월호.

는 군사적인 능력뿐만 아니라 이를 지속시킬 수 있는 물적 잠재력에 대해서도 충분한 자립이 필요하다. 여기에 해당하는 것을 '기반능력(基盤能力: Basic Capability)이라고 이름붙일 수 있다. 기반능력은 다시 방위산업(防衛産業: Defense Industry)과 군수지원(軍需支援: Logistics)으로 분류된다.

1) 방위산업

방위산업이란 "군사적 용도로 사용되는 무기, 장비, 기타 물자를 생산하는 모든 산업"을 뜻한다. 민간 산업과는 달리 구매수요가 군사부문으로 한정되고, 거의 모든 생산품이 최종 소모재이며, 제품의 목적상 해당 국가의 최고수준 기술이 투입되는 고도의 자본 · 기술집약형 산업이라는 특징을 갖는다. 흔히 현존 군사력과 더불어 특정 국가의 독자적인 국방능력의 척도로써 자주 인용되는 것이 바로 방위산업의 수준이다. 실전에서 사용할 무기를 외국으로부터의 수입에 의존해서는 자국이 필요로 하는 군사력을 제대로 확보하기가 어려울 수밖에 없으며, 그만큼 안정적인 자주국방 능력의 유지를 저해할 것이기 때문이다.

방위산업의 수준을 평가하는 두 가지의 기준은 무기체계의 생산 능력과 연구개발(硏究開發: Research & Development) 능력이다. 우선 생산의 경우는 해당국가 단독으로 무기체계의 개발과정에서부터 제조, 유지까지 책임지는 자체생산, 타국과 동등한 자격으로 참여하여 분업형태로 무기체계를 만드는 합동생산, 타국에 개발 및 제조기술에 대한 특허료(Royalty)를 지불하는 조건으로 부족한 생산능력을 습득하는 공동생산, 그리고 일개 방위산업체 차원에서 외국의 다른 군수업체의 상표권이나 특허에 대한 사용허가를 받고 이루어지는 면허생산 등 여러 종류가 있다.

연구개발은 일반적으로 '개념연구' 단계부터 시작되는데, 여기서는 확보하고자 하는 특정 무기체계의 정량화된 성능 및 운영개념을 도출하는 것이 중점사항이다. 이를 토대로 기본설계가 이루어지며, 그 다음으로는 '탐색개발' 단계로 들어가게 된다. 전체 무기체계의 여러 하위 구성단위와 주요 부품에 대한 기술·공학적인 해석, 위험분석, 그리고 모의실험 등이 이 과정에 포함된다. 탐색개발에서 실용화 가능성이 입증되면 최종적으로 실제 무기체계의 효용성 검증을 실시하는데, 이것이 '체계개발' 단계다. 이 단계에 들어가면 시제품을 제작하여 기술시험평가를 실시, 해당 무기체계에 대한 요구성능(ROC: Required Operational Capability)과 제품규격의 기술적 적합성에 대한 충족 여부를 시험한다.

가능하다면 자국이 필요로 하는 무기체계 전부를 스스로 개발·생산하는 것이 자주국방을 위해서 가장 이상적이겠지만, 나라마다 기술과 경제력에 제한이 있을 수밖에 없음을 생각할 때 쉬운 일은 아니다. 그럼에도 불구하고 자주국방에 필수적인 군사력을 확보·유지하기 위해서는 분명 상당수준의 방위산업이 뒷받침되어야 한다. 생산능력의 경우 개인화기나 일반포탄을 비롯한 전술차원 무기체계는 물론 호위함 이하의 해군 함정과 탱크, 장갑차 등 육군 기갑차량, 주요 야포, 중형 전투기 이하의 군용 항공기, 그리고 중·단거리 미사일 등의 작전급 무기체계는 개발에서 생산까지 한국이 직접 해낼 수 있어야 한다. 구축함 이상의 중대형 해군 함정, 장거리 탄도·순항미사일, 대형 전투기, 정찰기, 그리고 조기경보통제기 등의 전략 수준 무기체계는 완전한 자체생산까지는 어렵더라도 타국과의 합동, 공동, 면허생산을 통해 국내에서도 외형 몸체와 하부체계 그리고 주요 부품을 조립·건조할 수 있는 기반시설을 갖추어야 한다.

무기에 대한 연구개발은 다음의 세 가지 품목에 중점을 맞추는 경우가 많다. 즉, 인체의 피부에 해당하는 재료, 장기(臟器)라고 할 수 있는 부품, 그리고 뼈대인 체계다. 그 가운데서도 오늘날과 같이 첨단무기가 전쟁에서의 승패를 좌우하는 데 결정적인 역할을 하는 시대에서는 무기의 기능을 뒷받침하는 핵심부품, 특히 전자광학이나 자동화 등이 갖는 중요성은 매우 크다. 한국의 방위산업이 자주국방 전략을 뒷받침하려면 작전급 이하의 현용 무기체계에 대해서는 3개 부문 전부에 대한 핵심기술의 자립이 필수적이다. 전략 차원 무기체계의 경우도 체계와 재료에 대해서는 자체 연구개발 역량을 기본적으로 확보해야 하며, 궁극적으로는 핵심부품까지 직접 개발할 수 있어야 할 것이다. 실용화 과정에서 10년 이상이 소요되는 차세대 군사기술(예: 스텔스, 비살상 무기체계, 무인무기체계, 초소형화 기술 등)에 대해서도 최소한 체계에 대한 개념연구 및 기본설계 능력 정도는 한국도 갖출 필요가 있다.

2) 군수지원

전쟁에 대한 사람들의 관심은 보통 무기나 전략 · 전술 등의 분야에 국한되는 경우가 많다. 하지만 실제 전쟁에 임하는 군인들의 입장에서 위의 두 분야보다도 절실한 현실적인 문제가 되는 것은 바로 일체의 군사활동 수행에 필요한 각종 물자의 조달, 즉 군수지원이다. 제2차 세계대전 당시 '사막의 여우'라는 명성을 떨치며 북아프리카를 호령했던 독일 제3제국의 에르빈 롬멜 원수조차도 물자보급이 차질을 빚으면서 급격히 몰락했으며, 결국 우세한 물량공세를 등에 업은 버나드 몽고메리의 영국 제8군에게 1942년 11월 엘 알라메인에서 패퇴하고 말았다.

19세기 산업혁명 이후 생산능력과 교통수단의 발달로 전쟁에 투입될 수 있는 인력과 무기체계의 숫자는 급격히 증대했으며, 군수지원은 군사력의 운용에 결정적 영향을 주는 능력으로 자리잡게 되었다. 여기에 전력

구조에서 보병 위주의 인력보다 기계화된 무기체계의 비중이 높아지면서 군수지원에 대한 수요도 이에 비례하여 커졌다. 그 결과 오늘날에는 아무리 짧은 기간 동안의 전쟁으로도 어마어마한 규모의 군수지원이 요구된다. 지난 1973년 10월 제4차 중동전쟁에서 이스라엘과 시리아, 이집트는 단 18일 동안의 전투 결과 총 2,500~3,000대의 탱크, 그리고 600대 이상의 항공기를 잃었으며, 양측 모두 개전 9일째를 넘기면서 전쟁 수행을 위한 비축물자가 거의 고갈되었다. 전쟁 과정에서의 소요비용은 이스라엘이 하루 평균 3억 달러, 총 50억 달러를 넘을 정도였다. 약 40일 동안 계속되었던 1982년의 포클랜드 전쟁에서도 승리한 영국은 120억 파운드(약 15조원), 그리고 패배한 아르헨티나도 7억 파운드(약 8,800억원)의 비용을 소요했다. 흔히 인용되는 10종류의 주요 군수지원 문자는 아래와 같이 분류된다.

- 1종: 식량
- 2종: 의류, 개인장비, 취사기구 등
- 3종: 각종 연료, 대량살상무기 보호장비
- 4종: 건축 · 공사 · 축성용 자재
- 5종: 탄약
- 6종: P.X(Post Exchange: 군용매점) 물품
- 7종: 예비 완제품 무기체계 및 장비
- 8종: 의약품
- 9종: 예비부품
- 10종: 비군사용, 민간지원 물자

이들 가운데 가장 사용빈도가 높은 것은 1종(식량)과 3종(연료) 그리고 5종(탄약) 등의 3개 물품이다. 가장 종류가 많은 것은 9종(예비부품)이며, 이들 가운데서 수리빈도가 높은 부품들은 인가저장목록(ASL: Authorized Stock List)에 따로 분류된다. 위의 4개 품목은 전시에 가장 중요한 비중을 차지하는 소위 '긴요물자(緊要物資)'에 포함되는데, 특히 탄약은 기본 중의 기본으로 전체 군수지원 물자비용의 2/3에 달하는 고가품종이지만, 평시부터 충분한 물량이 확보되어야 한다.

한국이 자주국방을 실현하기 위해서는 충분한 '유형 군사력'과 더불어 독자적으로 일정 기간 동안 전면전쟁을 비롯한 모든 무력 분쟁에 대처할 수 있는 군수지원 능력이 반드시 뒷받침되어야 한다. 이는 앞에서 언급한 바 있는 '능동방어' 군사전략에서 요구되는 전면전쟁 지속 기간, 즉 최소 1~2주일에서 최대 1개월 동안은 주요 군수지원 물자를 한국의 자체 역량만으로 수급할 수 있어야 함을 뜻한다. 그 가운데서도 가장 중요한 탄약, 연료 등의 긴요물자는 사단급 이하의 작전급 부대가 1주일 내외의 기간에 걸쳐서, 제한적이나마 단독 임무를 수행할 수 있는 수량을 평시부터 확보해 두어야 한다.[306] 한국은 주요 군수지원 물자의 평시 비축규모를 예비품목까지 포함하여 예상되는 전쟁 지속기간의 1.5~2배 이내로 설정하며, 이를 위해 민간 부문의 인적 · 물적 자원을 적극 활용할 수 있도록 해야 한다. 다만 특징상 고가일 수밖에 없는 정밀유도무기의 경우, 적어도 전쟁의 초반과 최소 지속기간에 걸친 소요만큼은 한국 스스로 확보할 수 있어야 할 것이다.

전 · 평시에 충분한 수량의 군수지원 물자를 비축 · 유지하는 것 못지

306) 홍대권, 『자주군수능력과 국가안보』(세종연구소, 1998), p.21.

않게 중요한 기능은 바로 해당 군용품목들을 필요한 시기에, 재빨리 보충해줄 수 있는 능력이다. 주요 군용품목들의 확보 수준에 문제가 있을 경우, 재보급 시간을 단축시켜서 이를 보완할 수 있기 때문이다. 특히 오늘날의 전쟁은 단기간 이내에도 많은 물자가 소모되므로 '신속한 군수지원 능력'의 유무 여부는 지속성 있는 전쟁 수행능력을 보장하는 열쇠가 될 것이다. 이러한 점을 반영하여 육·해·공군은 각종 군용물자 수송수단의 기동성을 강화시켜야 한다. 특히 육상 교통로가 제한적인 한국의 지리적 특수성을 고려하여 항공 수송능력 확충에 초점을 둘 필요가 있다. 병력 규모를 감안할 때 가장 물자수요가 많은 육군은 차량을 이용하는 육상 수송 이외에 40대 이상의 중·대형 헬기, 수송기를 보유하는 1개 비행단을 만들어 군수지원 임무를 전담하도록 한다.

육군보다 연료 수요가 많은 해군과 공군의 경우 '완충 전장'과 '확대된 전장'까지의 임무 수행능력을 보장할 수 있는 장거리 지원능력이 요구된다. 해군은 한반도로부터 200해리를 넘는 해역까지 기동전단/함대와 함께 이동하면서 연료, 식량 등을 공급할 수 있는 배수량 1만톤 내외의 보급지원함(AOE) 1개 전대, 그리고 해병대와 육군을 비롯한 육상 병력에 각종 군용품목을 제공하는 2개 전대 이상의 수송함(LST)을 보유하는 지원전단 1개를 운용해야 한다. 필요하다면 포클랜드전쟁 당시의 영국처럼 민간상선을 군수물자 수송에 동원할 수 있도록 해야 할 것이다.

공군의 군수지원 능력을 획기적으로 증대시킬 수 있는 수단 가운데 하나가 바로 공중급유기다. 공중급유기는 비행 중인 다수의 전투기들에 직접 연료를 공급하면서 체공시간과 항속거리, 행동반경 등을 연장시키기 때문에 공군력에 의한 지속적이면서 신속한 경계, 대응 태세를 유지 및 강화하도록 기여할 수 있다. 한국 공군은 작전급 내지 준 전략급의 전투력을 발휘하는 1개 비행대대에서 전대 규모인 20대 가량의 전투기를 지속적으로 체공시킬 수 있을 정도의 숫자, 즉 3~4대 이상의 공중급유기를 운용해야 할 것이다.

4. 결론

지금까지 필자가 제시한 '능동방어' 군사전략을 채택하고, 이를 수행하기 위해 필요한 정보, 전력투사, 기동, 방호, 그리고 각종 기반능력을 마련한다면 한국은 다음과 같은 4단계에 걸친 자주국방 전략을 실현할 수 있을 것이다.

(1) **포착 · 대비 단계**

한국의 사활적 · 핵심적 국익에 대한 중대한 군사 위협이 가시화되는 시점을 계기로 시작된다. 구체적인 징후는 ① 전방 국경지대(현재의 휴전선, 혹은 통일 이후 압록강 · 두만강 접경)와 그 인근지대에서의 작전급 이상 규모에 해당하는 병력 동원, ② 한반도 주변해역 이내의 대륙붕, EEZ에 대한 해 · 공군 활동 증가, ③ 대량살상무기 보유 부대의 비일상적인 움직임, ④ 한국을 겨냥한 외부 위협세력의 정치 · 경제 · 군사적인 적대조치 공식 천명(예: 해상봉쇄, 최후통첩 등), 그리고 ⑤ 총격을 비롯한 간헐적 도발의 반복 등이 있다.

이 단계에서 한국은 전쟁의 억지, 긴장확대 지양 등을 목적으로 하는 제반 조치들을 실천에 옮기도록 해야 한다. 먼저 워치콘 수준을 격상시켜 주요 정보수집 자산에 의한 감시 및 정찰활동을 강화하고, 데프콘도 상향 조정하여 필요시 언제든지 응전 태세에 돌입할 수 있는 국가 차원의 위기 관리 체제를 가동시킨다. 한편으로는 육군의 전방배치 부대 일부, 해군의 연안전투함정 편대 혹은 호위함 전단, 해상초계기 편대, 그리고 공군의 비행대대 규모에 해당하는 병력을 상시대비 태세로 전환하여 외부세력의 침범이 예상되는 지역에 대한 무력시위를 실시하도록 한다. 이와 같은 조치는 한국의 단호한 대응 의지를 과시하고, 동시에 외부 세력의 도발을 조기에 격퇴할 수 있음을 주지시켜서 더 이상의 위기, 긴장악화를 야기하는 행동을 단념시키기 위한 것이다. 만약 외부 세력이 한국을 겨냥하는 추가적인 적대, 위협행위를 중단하고 물러선다면 전쟁 억지는 유지되며, 가장 바람직한 상태로 위기는 마무리될 것이다.

(2) 신속제압 단계

만일 제1단계에서의 전쟁 억지 노력에도 불구하고 외부 세력이 한국에 대한 군사적인 위협, 적대행위를 확대시킨다면, 한국의 대응도 그에 맞도록 강화되어야 한다. 이 단계에서는 외부 세력이 단순한 무력의 동원, 시위 차원을 넘어서 한국의 사활적 · 핵심적 국익과 직결되는 영역, 즉 '최종 전장'과 '확대된 전장'에 대한 수개 부대 단위의 조직적인 침범을 시도할 것이다. 이때부터 한국의 군사력 사용 목적은 전쟁의 '억지'에서 '승리'로 바뀌며, 최우선적인 과제는 ① 침공해 온 적 주요병력의 신속한 격퇴 그리고 ② 확전을 지양하는 범위 내에서 적의 침공능력 및 의지를 제압하는 것에 집중되어야 한다.

이 단계에서의 전쟁은 아직 국지, 제한전쟁 수준이므로 '육상 · 해양 · 공중에서의 전쟁' 성격이 강하다. 따라서 육군의 경우 여단/사단급 부대, 해군에서는 수개의 연안전투함정 편대 및 호위함 전단, 그리고 공군은 중 · 소형 요격기로 구성된 일부 비행대대와 같은 작전 차원의 전력이 주로 투입되며, 전투가 이루어지는 공간은 대부분 전방 국경지대나 한반도 주변해역, KADIZ를 비롯한 '완충 전장'을 넘어서지 않는다. 한편으로는 '육상 · 해양 · 공중으로부터의 전쟁'을 수행할 수 있는 일부 전력을 '확대된 전장'에 대한 제한적인 공세 작전에 동원하여 적이 침공을 확대시키지 못하도록 강요해야 한다. 우선 원격지원 대형 전자전기를 동원한 전자공격, 혹은 사이버전쟁으로 적 주력부대 지휘부의 C^4I 기능을 마비시켜 의사결정 및 임무 수행을 장기간 지연시키도록 한다. 또한 해군의 잠수함과 기뢰부설함은 예상되는 적 수상전투함의 해상접근로, 주요 해군기지 인근에 대량의 기뢰를 설치하고, 공군의 전략급 대형 전투기들은 한국 침범을 시도해온 적 항공기가 배치되어 있는 공군기지의 활주로 등 주변시설을 파괴한다.

또한 적의 대량살상무기 사용 가능성이 구체화되는 경우, 이것을 신속하게 무력화하는 것도 이 단계에서의 주요 임무다. 한국군이 미처 탐지해내지 못한 소수의 장거리 야포 및 탄도미사일로부터 공격을 받은 직후 거의 동시에 실시되는 보복, 혹은 이들 다수가 공격을 준비하는 것이 포착될 때 바로 직전에 선제조치를 통하여 그 존재가 확인된 표적들을 모두, 최대한 신속하게 제거해야 한다. 이 과정에서 발사수단뿐만 아니라 대량살상무기의 저장, 비축시설까지 공격 대상에 포함시킨다. 그리고 이를 위해서는 앞에서도 설명했던 우수한 정보수집, C^4I, 장거리 전력투사수단, 그리고 이들을 탑재할 수 있는 대형 기동무기체계가 필요하다.

(3) 견제 · 회복 단계

한국이 외부 세력의 국지, 제한전쟁 도발을 조기에 제압하지 못했거나, 이를 신속히 격퇴해낸 후에도 적이 포기하지 않고 보다 대규모의 군사력을 동원하여 침공을 계속해 오는 경우에 해당한다. 이 단계부터 한국은 전면전쟁에 돌입하게 되며, 따라서 한국군이 보유한 모든 군사적 역량을 총동원하여 국가의 인적, 물적 손실을 최소화하는 가운데 적 주요전력의 침공을 최대한 저지하고, 그 지속능력을 소모시켜야 할 것이다.

가장 우선적인 과제는 전면전쟁 수준으로 확대된 적의 육 · 해 · 공 주력을 한국의 '최종 전장'인 영토와 영해, 영공에서 최대한 바깥인 '완충 전장' 이내에서 고착, 견제하는 것이며, 특히 대부분의 정치 · 경제 기능과 인구가 집중되어 있는 수도권의 피해를 최소화할 수 있어야 한다. 이 단계에서 육군의 초기 방어임무는 전방 국경지대 인근에 배치된 수개 여단/사단급 부대들이 담당하며, 주로 요새화된 진지와 교통로 등을 근거지로 대전차로켓 · 미사일, 살포지뢰를 동원하는 대기동 작전에 주력한다. 이렇게 적 육군 기동전력의 침공 속도를 지연시키는 한편으로, 육군 소속의 공격헬기를 출격시켜 침공해온 적의 주요 선봉부대를 격파해 나간다. 해군은 NLL과 같이 수도권과 가까운 서해상의 국경 전방해역에서 다수의 연안전투함정을 주축으로, 지상에서 출격한 헬기 및 해상초계기, 지상 배치 대함무기와 함께 영해를 침범하려는 적의 소형함정들을 신속히 제압할 수 있어야 한다. 중요 항만시설이 많이 위치한 동해와 남해에서는 잠수함과 해상초계기 등을 집중 동원하여 적 수중전력을 수색, 소탕하고, 대륙붕과 EEZ에 대한 침범은 호위함 중심의 해역함대가 우선적으로 대응하도록 한다. 그리고 공군의 중 · 소형 전투기들은 개전 직후 지상 방공전력과 함께 영공 이내에서의 제공권 회복에 우선순위를 두어야 하며, 일부는 육군에 대한 근접항공지원이나 해군의 대함교전 등에 투입될 수도 있다.

이 과정에서 한국군은 적 주력에 대한 고착, 견제를 수행하는 동시에 장거리 전력투사 및 기동능력을 동원하여 '확대된 전장'으로의 보복, 역습을 실시해야 한다. 주요 표적에는 적의 증원부대 집결장소, 해·공군 배치기지, 주변의 교통·병참시설, 해상교통로, 그리고 남아있는 대량살상무기 발사수단이 포함된다. 이를 위해 전략급 무기체계인 육군의 대구경 장거리포와 지상배치 탄도미사일, 수상전투함과 잠수함, 대형 전투기, 그리고 이들을 통해 발사되는 순항미사일 등을 사용할 수 있다. 다만 이 단계까지 해군의 기동전단/함대는 적 주력함과의 직접적인 대결보다 해상교통로에 대한 호송 임무에 주력하도록 한다. 이와 같은 제2전선 구축은 적이 자체 방어를 위해서 병력을 분산시키도록 유도하고, 적의 침공능력 소모를 촉진하는 효과가 있다. 그 결과 적은 더 이상 침공을 확대하기 어려워지며, 한국군이 전쟁의 주도권을 회복하는 시기는 더욱 앞당겨질 것이다.

뿐만 아니라 측·후방 지역에서의 방어, 그리고 대량살상무기와 사이버전쟁을 비롯한 적의 비대칭적 위협에 대한 전방위적 방호도 결코 빼놓을 수 없는 과제다. 여기에 실패할 경우에는 한국 영토 전체가 전장화되면서 지속적인 전쟁수행 능력에 타격을 입고, 전쟁에서의 국민 의지까지 위협받을 수 있기 때문이다. 따라서 한국군은 예비전력과 주요 신속대응 병력을 중심으로 측·후방지역의 안전을 최대한 보장하고, 동시에 적의 비대칭적 위협으로부터 인적, 물적 손실의 최소화 및 신속한 수습이 가능하도록 민·관·군이 면밀히 결합된 국가 차원의 위기관리가 이루어져야 한다. 아울러 적의 핵공격이 발생하는 최악의 경우를 대비하여 한국 스스로, 혹은 동맹 미국의 핵우산을 통한 핵보복 능력을 확보, 사용할 수 있는 준비도 갖춰져야 할 것이다.

(4) 반격 · 결전 단계

적의 침공 지속능력이 현저하게 떨어지는 시기에 이르면, 한국군은 침공해온 적의 주력 부대들을 상대로 전방위적인 총반격을 실시해야 한다. 지상에서는 우선 해병대와 특수임무 부대를 비롯한 신속대응병력이 측 · 후방의 적 취약지점을 역습하여 병력 분산을 강요한다. 뒤를 이어 기갑, 기계화보병 부대로 구성된 육군의 기동부대가 포병, 공격헬기, 공군 소속 전투기들의 지원을 받는 가운데 신속히 진격하여 약화된 적 주력에 대한 포위 및 격멸, 그리고 퇴로 차단 등을 실시한다. 이를 통해서 '최종 전장'과 '완충 전장'에서 적의 침공병력을 완전히 격퇴해 내고, 한때 적의 점유 아래에 있던 영토를 회복하는 것이다. 바다에서는 수상, 수중, 그리고 공군의 전투기를 포함한 항공기들이 결합된 협동작전으로 고립된 적 해양전력을 한반도 주변해역 밖으로 몰아내도록 한다.

그렇다면 한국군은 단순히 적을 영토와 영해, 영공에서 몰아낸 것으로 만족해야 할까? 바다와 하늘에서의 국지, 제한전쟁이라면 그래도 문제없겠지만, 대규모의 육상전과 대량살상무기의 사용까지 수반되는 전면전쟁에서는 결코 그 정도로 마무리해서는 안된다. 외부 세력과의 무력 대결이 전면전쟁 차원으로 확대될 경우, 한국군은 단순히 적을 격퇴하는 것을 넘어서 그들이 두 번 다시 한국을 정치 · 군사적으로 위협할 수 없도록 잔존 공격능력까지 제거해야 한다. 주요 대상은 국경지대 전방에 위치한

적의 육 · 해 · 공 기동부대 배치기지, 그리고 대량살상무기의 제조 및 비축관련 시설들이다. 이 가운데 원자로처럼 직접적인 공격에 무리가 따르는 표적은 특수임무 부대나 비살상 무기체계를 동원하여 무력화하는 방법도 검토될 수 있다.

이번 장에서 논의된 내용을 종합하자면, 한국은 국가안보전략의 하나로서 자주국방을 구현하기 위해 군사부문에 관한 한 '동북아시아의 이스라엘'이 되어야 한다.[307] 단기간에 자국을 파멸시킬 능력이 있는 북한, 그리고 지리적으로 인접하면서 국력이 월등하게 우세한 주변 강대국의 기습침공 용인을 전제로 하는 '수동방어' 전략을 채택한다면 한국은 유사시에 초반부터 막대한 인명살상과 국력기반의 상실을 감수해야 하는 불리한 조건을 강요받을 수밖에 없다. 이는 결코 용납할 수 없는 일이다. 따라서 북한과 주변 강대국이 한국에 군사적인 위해를 가하려는 구체직 징후가 나타날 경우 즉각적으로 대응에 나서서 가장 빠른 시간 이내에, 영토의 최대한 바깥에서, 상대측의 가장 치명적인 위협 능력을 제거 · 고갈시키는 '능동방어' 전략을 선택해야 한다.

이를 실현하려면 한국은 북한과 주변 강대국의 침략을 좌절시킬 뿐만 아니라 그들이 중요하게 여기는 것에 손상을 입힐 수 있는(물론 이들을 파멸시킬 정도가 되어서는 안 된다), 그리고 이에 필요한 무기체계의 개발 및 생산 그리고 물자 조달까지 소화할 수 있을 정도의 군사력과 전쟁수행능력을 독자적으로 갖추어야 한다. 그래야만 외부 세력들은 한국에 대한 군사적 침공이 실패할 수밖에 없을 뿐만 아니라, 감당하기 어려운 손해만

307) 이스라엘의 자주국방 전략과 정책에 대한 보다 자세한 내용은 김태우, "이스라엘의 국가생존 역사와 전략", 「국방정책연구」, 2001년 가을호를 참고.

입게 됨을 인정하고 한국을 해치려는 시도를 자제하게 될 것이기 때문이다. 요컨대 실제 전쟁이 일어난 후에야, 일부 공간에서, 일시적으로 저항할 수 있는 수준을 넘어 평시의 전쟁 억지 그리고 전쟁에서도 최단기간 이내에, 결정적인 승리와 직결되는 유리한 여건을 적극적으로 조성, 통제할 수 있는 '전략' 차원의 능력 자립을 달성해야 한다. 그래야만 한국의 자주국방은 가능해진다.

다만 한국의 자주국방 전략이 이스라엘처럼 외부의 지원가능성을 처음부터 배제하는 '단독방어'를 지향하는 것은 그다지 바람직한 선택이 아니다. 왜냐하면 주지하다시피 중국, 일본, 러시아 등의 주변 강대국이 워낙 전반적인 국력과 총량적인 군사력에서 한국을 압도하므로 정면대결에서 이들과 맞서는 것은 너무도 무모한 시도일 수밖에 없기 때문이다. 게다가 한국의 노력에도 불구하고 북한의 대규모 기습 침공을 막지 못하여 전쟁 초반에 전쟁수행 및 방어능력이 크게 손실될 가능성도 항상 염두에 두어야 한다. 따라서 한국의 자주국방 전략은 동맹 미국을 비롯한 외부 우방세력의 안보 지원이 일시적으로 실효성을 갖지 못할 경우, 유효한 외부 지원이 가능해지는 시점까지 북한과 주변 강대국에 대해 자력으로 '주권과 자유가 보장되는 평화'와 '생존과 번영이 보장되는 승리'를 달성할 수 있는 정도여야 한다. 이는 '능력자립'을 뜻한다. **다시 말해서 한미 동맹을 완전히 대체하는 것이 아니라, 한미 동맹과 동급의 힘을 발휘할 수 있는 '선택 가능한 또 하나의 대안'으로서 자주국방 전략이 필요한 것이다.**

IV 당면 과제들과 정책 제언

▶ 현 시점에서의 도전요인들

▶ 한국이 해야 할 일

지금까지 한국의 국가안보와 직결되는 국익의 내용들과 이에 대한 외부세력의 위협, 그리고 한국이 스스로의 힘만으로 이들과 맞서기 위해서 어떠한 전략과 능력이 요구되는지에 대해서 많은 지면을 할애하여 기술했다. 하지만 이 가운데 자주국방을 위한 전략과 요구능력 부분은 어디까지나 한국의 정책목적이나 전반적인 국력 총량, 그리고 외부위협의 수준 등을 기준으로 하여 그야말로 원점(原點: Zero Base)에서 검토, 제시된 내용들이다. 때문에 현 시점에서 한국의 실제 군사전략이나 능력 수준과는 차이가 생길 수도 있는 것이다.

본 연구의 마지막 부분이라고 할 수 있는 이번 장에서는 한국의 실제 자주국방 역량 수준과 그 도전요인들을 살펴보면서, 향후 한국이 자주국방을 실효성 있는 국가안보전략의 하나로서 발전시키기 위해 어떠한 구제적인 징책적 노력이 요구되는지를 살펴보고자 한다. 자주국방 실현의 중요성이 정부 차원에서 강조되고, 모처럼 최근 몇 년 동안 자주국방 실현의 중요성이 정부 차원에서 강조되면서 모처럼 자주국방에 관하여 활발한 연구와 토론이 이루어지고 있는, 그리고 이를 구체화한 『국방개혁 2020』의 본격적인 실천을 눈앞에 둔 오늘날에 특히 심사숙고되어야 할 실재적인 내용들인 것이다.

1. 현 시점에서의 도전요인들

(1) 전술 · 작전 차원에 불과한 전력구조

먼저 가장 기본적인 내용이라고 할 수 있는 한국 군사력의 현주소부터 살펴보자. 한국군의 전력 현황을 정리하면 도표 4-1과 같다.

〈도표 4-1〉 한국의 군사력 현황

구분		내용
총병력		정규군: 67만 4,000명 / 예비전력: 304만명
육군	병력규모	54만 1,000명
	부대구성	야전군: 3개(정규 2개, 예비역 1개) 군단: 13개(정규 7개, 기계화 1개 기타: 3개(수도방위사령부, 항공작전사령부, 특수전사령부) 예비역 2개 사단: 50개(보병 17개, 기계화보병 5개 예비역 25개 등) 여단: 19개(보병 2개, 기갑 4개, 항공 2개, 공수 7개, 공중강습 1개, 특공 3개 등)
	탱크	2,300여대
	장갑차	보병전투용: 70여대 / 병력수송용: 2,400여대
	대포	야포: 5,300여문(견인포 3,500문, 자주포 1,500여문, 다연장 로켓포 200여문) 박격포: 6,000문
	방공무기	대공포: 600문 지대공 미사일: 1,090기 이상(휴대용 780기 포함)
	탄도미사일	발사대 30여대
	헬기	600여대(공격용 105대 포함)

<table>
<tr><th colspan="2">구분</th><th>내용</th></tr>
<tr><td rowspan="5">해군</td><td>병력규모</td><td>6만 8,000명(해병대 2만 7,000여명 포함)</td></tr>
<tr><td>부대구성</td><td>함대: 3개(제1, 제2, 제3)
직할전단: 3개(제5(지원), 제6(항공) 제9(잠수함))
직할전대: 4개(특수전, 상륙, 구조, 소해. 이상 제5전단 소속)
지역방어사령부: 3개(인천, 목포, 제주도)
해병대: 사단 2개, 여단 1개</td></tr>
<tr><td>군함</td><td>잠수함: 9척 / 소형 잠수정: 11척
수상전투함: 120여척(고속정 75척 이상 초계함 28척 호위함 9척 구축함 7척)
상륙함정: 30여척 / 기뢰함정: 10여척 / 지원함정: 20여척</td></tr>
<tr><td>항공전력</td><td>헬기: 50여대 고정익기: 13대</td></tr>
<tr><td>육상전력
(해병대)</td><td>탱크: 110여대
장갑차: 260여대(상륙용 160여대 보병수송용 100대)
야포: 216문(자주포 소수 포함)</td></tr>
<tr><td rowspan="3">공군</td><td>병력규모</td><td>6만 5,000명</td></tr>
<tr><td>부대구성</td><td>전투비행단: 9개 공수비행단: 1개
혼성비행단: 1개 방공포병사령부: 여단 3개</td></tr>
<tr><td>군용기</td><td>전투기: 470여대 / 공격기: 22대 / 정찰기: 31대
수송기: 32대 / 헬기: 28대(수색・구조용 16대 포함)
무인항공기: 정찰용 3대, 대공제압용 100대</td></tr>
</table>

출처: IISS, *Military Balance 2006*; 국방부, 『국방백서 2006』 등.

1) 병력규모 및 구조

오늘날 한국군의 전체 병력규모는 세계 6위에 해당하는 총 67만 4,000명으로 전체 인구의 약 1.4%를 차지하며, 예비전력의 수는 정규군의 4.5배를 넘는 304만 명이다.[308] 병력의 구성을 보면 육군이 무려

308) 한국군의 예비전력은 동원예비군과 향토예비군으로 구분되며, 그 규모는 2006년 말 기준으로 각각 153만여명과 151만여명이다. 동원예비군은 전역 후 4년 이내의 병사 및 7년 이내 간부를 대상으로 하는데, 전시에는 정규군 인력손실의 보충(약 87만 명), 증편 및 신규 창설부대 소속(약 66만 명)으로 전방에서의 지역방어를 담당한다. 향토예비군

80.3% 이상을 차지하는 반면에 해군, 공군은 각각 10.1%와 9.6% 정도에 불과하다. 북한이 보유중인 대규모의 육상전력 위협, 그리고 반도국가라는 특수성을 감안하더라도 지나치게 육군의 비중이 높다는 것을 알 수 있다.

2) 정보

가장 대표적인 정보수집 수단인 지상 레이더망은 공군 제30방공관제단 소속의 중앙방공통제소(MCRC: Master Control & Reporting Center)가 관할하는 약 20개소의 레이더 기지가 있으며, FPS-117 장거리 레이더가 대다수를 차지한다. 이 레이더는 최대 400km 이상의 탐지거리에서 200개 이상의 비행체에 대한 고도, 거리, 속도 등을 동시에 추적할 수 있다. 현재 공군은 2개의 MCRC를 운용중이며, 각각 경기도 오산과 경상북도 대구에 위치한다.

육군의 전장용 감시장비는 RASIT-E 대인감시 레이더와 지난 1996년부터 도입된 10여 대의 AN/TPQ-36/37 대포병 레이더 등이 있다. 이 레이더는 상대측이 발사한 포탄의 탄도를 역추적하여 대포 위치를 알아내는 장비로 다분히 북한의 장거리 포병전력에 대한 대응 성격이 강하다. 그리고 공군은 18대의 RF-4C, 5대의 RF-5A를 비롯한 정찰기 총 23대를 보유 중이다. 모두 정보수집 범위가 휴전선 전방지대로 제한되어 있는 전술·작전 수준이다. 무인정찰기로는 이스라엘제 '서처(Searcher)' 3대와

은 전역 후 5~8년 이내의 병사 및 8년 이상의 간부가 대상이며, 제2 야전군의 지휘 아래 후방 지역방어 임무를 수행한다. 총 25개의 예비사단은 12개의 동원사단과 13개의 향토사단으로 나뉜다. 국방부, 『제 256회 국회 국방위원회 2005년도 국정감사요구자료(Ⅱ)』(2005년 9월), pp.1336~1339.

독자개발된 RQ-101 '송골매' 소수를 운용한다. 송골매는 1~2km의 저고도로 80~100km 이내의 범위를 비행할 수 있으며, 적외선카메라를 탑재하여 주야간 구분없이 정찰 임무를 수행할 수 있다.

반면에 북한 전체와 주변 강대국들 이내의 '확대된 전장'을 범위로 하는 군사적 위협을 식별하기 위한 전략급 정보자산은 아직 충분한 확보가 이루어지지 못하고 있다. 지난 2001년 '금강/백두'라는 사업명으로 도입된 8대의 미국제 호커 800XP 정찰기도 이에 해당한다. '금강'으로 알려진 4대의 영상정보 정찰기는 휴전선 이남 40~50km 거리에서 고도 10km 이상을 비행하며 SAR 레이더로 0.3m(농구공 크기의 물체 식별이 가능한 정도) 수준의 고해상도 촬영을 할 수 있는데, 그 범위가 평양~원산 이남 지역에 머문다는 점이 한계다. 나머지 4대의 '백두'는 원격조종감시체계(RCSS)를 탑재한 신호정보 정찰기로 신의주 이북까지의 통신감청을 수행할 수 있지만, 탑재장비의 용량에 비해 기체가 너무 작아서 운용에 큰 무리가 따르는 것으로 지적된다. 일본이 10여 대 이상을 보유 중이며, 중국도 최근 실전에 배치중인 공중 조기경보통제기는 아직 없다.

지난해 7월 28일에는 해상도 1m의 고성능 카메라를 탑재한 다목적 실용위성 '아리랑 2호'가 성공적으로 발사되었으며, 이로써 한국도 본격적인 정찰위성 보유국의 대열에 합류했다. 하지만 아리랑 2호는 광학 카메라를 사용하므로 야간에는 촬영이 어렵고, 1m 수준의 고해상도 촬영이 가능한 위치를 3일 간격으로 통과한다. 때문에 아리랑 2호 하나만으로 지속적인 정찰을 실시하기에는 분명 한계가 있다.

C^4I 기능의 수준은 어느 정도일까? 현재 한국군이 운용 중인 대표적인 C^4I 체계는 합참을 중심으로 육・해・공군의 주요 작전사령부급 이상 전략급 부대에서 사용하는 '지휘소자동화체계(CPAS: Command Post Automated System)', 해군의 '전술자료처리체계(KNTDS: Korea Naval Tactical Data System)', 그리고 공군의 '자동화 방공통제체계'가 있다.[309] 공군의 경우는 통칭 MCRC로 불린다. 지난 1999년부터 운용되기 시작한 CPAS는 ① 정보, 전술 및 전략, 군수, 인사 등을 비롯한 여러 기능의 지휘소 업무를 자동화하고, ② 주요 군사임무에 관한 정보의 분석, 판단, 그리고 결정에 필요한 자료를 군 지휘부에 지원하며, ③ 사령부 예하의 전술 · 작전급 부대와의 전문을 송수신하는 기능도 담당한다. KNTDS는 군함 및 레이다 기지에서 획득한 해상 표적정보를 실시간으로 전송, 배분하는 통신체계로 해군 작전사령부와 각 함대의 예하 부대에서 운용하고 있다. 공군의 MCRC 체계는 지상 레이더를 비롯한 각종 정보수집 자산으로 탐지해낸 항적(航跡)의 실시간 수집과 식별, 감시, 조기경보, 그리고 항공통제를 수행하기 위해 사용된다. 육군에서는 그동안 사단급 이하의 전술 수준 부대들을 대상으로 하는 '스파이더(SPIDER)' 무선통신망을 이용해 왔다.

종합하자면 한국군의 기존 C^4I 체계는 각 군별로 구축되어서 실전부대들 사이의 정보공유 범위가 좁으며, 특히 전략 수준에 해당하는 CPAS와 전술 · 작전급인 KNTDS, MCRC의 상호 연동성 부족은 이러한 문제를 더욱 부각시킨다. 더욱 큰 문제는 주요 정보의 전송, 분석, 가공, 배분을 위해 사용되는 기본적인 체계규격, 즉 데이터링크(일명 TADIL: TActical Digital Information Link)의 성능 부족에 있다. 한국 해군의 KNTDS와 공군 MCRC는 '링크 11(Link 11. 일명 TADIL-A/B)'이라는 방식을 사용하는데, 취급정보의 분량과 송수신 범위, 전송속도, 정보형태(음성, 문자, 신호, 영상 등)의 다양성 등에서 크게 제한을 받는다. 현재 미군이 사용하는 '링

309) 국방부, 2004년 10월, pp.1610~1613.

크 16(Link 16. 일명 TADIL-J)'과 비교하면 정보입력 용량, 전송속도 면에서 100배 이상으로 뒤떨어진다.

3) 전력투사

육군의 야포전력 규모는 약 5,300문으로 이 가운데 자주포가 1,500여 문, 다연장 로켓포는 200문 이상이다. 포병부대는 주로 각 군단 및 기계화보병 사단에 1개씩 소속된 포병여단과 예하의 연대급 포병단, 그리고 보병사단의 포병연대 등으로 편성된다. 약 3,500문에 달하는 견인포의 수량은 북한과 비슷하지만 자주포, 다연장 로켓포의 보유규모는 각각 북한의 29%와 8%에 불과할 정도로 격차가 크다. 그 대신 이들 대다수가 구경 150mm를 넘는 대구경포이기 때문에 구경 150mm 이하의 야포가 대부분인 북한 포병부대에 대한 양적 열세를 사거리, 파괴력의 우위로 상쇄하는 기반이 될 수 있다. 특히 독자개발된 구경 155mm의 K-9 '천둥' 자주포(280여 문), 그리고 구경 227mm의 미국제 MLRS(Multiple Launch Rocket System) 다연장로켓포(50여 문)는 북한의 장거리 야포보다 훨씬 빠른 연속사격과 정확한 포격이 가능하다. 그러나 여전히 수적으로 부족할 뿐만 아니라, 정보수집 및 C^4I 기능의 한계로 인해 유사시 북한의 장거리 포병부대들을 신속히 제압하기에는 아직 어려움이 많을 것으로 평가된다.[310] 이에 따라 그동안 주한미군이 수행해 온 휴전전 전방지대에서의 유사시 대포병(對砲兵: Counter-artillery) 임무 지휘통제를 지난 2005년부터 한국군이 담당하고 있으나, 여전히 주한미군의 정보자산에

310) 이것은 주한 미 육군의 포병부대가 자동화된 C^4I 체계를 통해 정보수집 장비들로부터 표적 식별, 선택에 대한 정보를 제공받는 반면에 한국 육군의 포병부대는 아직 대부분이 유무선 통신을 사용하기 때문에 나타나는 문제다. 황일도, 2004년 12월호.

상당부분 의존해야 하는 실정이다.

한국군이 보유중인 대표적인 지상배치 탄도미사일로는 '현무(玄武)'가 있다. 현무는 지난 1978년 9월 26일 시험발사에 성공한 '백곰'을 개량한 것이며, 1986년부터 양산되어 현재 1개 대대 소속의 발사대 약 12대 규모가 운용 중이다. 현무 미사일은 고체연료를 사용하여 북한의 스커드, 로동보다 빨리 발사될 수 있으며, 목표물에 대한 오차범위가 50m 이하에 불과할 정도로 매우 높은 정확도를 자랑한다. 과거 현무의 사거리는 180km에 불과했으나, 지난 2001년 3월의 MTCR 가입을 계기로 2004년부터는 300km 이상으로 사거리가 연장된 개량형 미사일이 실전배치되고 있다. 이 외에도 다량의 집속탄두를 장착하여 최대 550㎡ 이내의 병력과 차량, 시설을 초토화할 수 있는 미국제 ATACMS(Army Tactical Missile System) 탄도미사일을 1990년대 말부터 도입했는데, 20여 문의 MLRS를 통해 신속하게 발사될 수 있다. 총 220기에 달하는 ATACMS 탄도미사일 가운데 절반은 사거리가 160km이며, 나머지는 지난 2003년 이후 배치된 사거리 300km의 개량형이다.

출처: 「매일경제」 2004년 10월 8일자
〈그림 4-1〉 한국 탄도미사일의 사거리 범위

현재 한국군의 탄도미사일 전력은 평양을 비롯한 북한 영토 2/3을 사거리 이내에 두고 있으며, 평양 이남만을 공격할 수 있었던 종전의 사거리 180km 시절과 비교하면 북한에 대한 억지, 보복능력이 크게 향상된 것이 사실이다. 그렇지만 이 정도의 사거리로는 북한 영토 전체를 겨냥하기에 여전히 한계가 있으며, 특히 지상배치 방식이기 때문에 방어상의 취약성을 극복해야 하는 문제가 남는다. 그리고 무엇보다도 북한을 넘어 주변 강대국에 대한 억지 효과까지 발휘하기는 어렵다는 점도 한계라고 할 수 있다.

해군의 수상전투함이나 잠수함, 전투기 등에 탑재될 수 있는 지상공격용 순항미사일은 탄도미사일 전력보다도 실전배치 수준이 미약하다. 그나마 예외가 있다면 지난 1990년대 말부터 100여기가 도입된 이스라엘제 AGM-142, 일명 '뽀빠이(Popeye)' 중거리 공대지미사일 정도다. 이 미사일은 사거리가 80~100km 이상으로 강력한 관통탄두를 장착하여 북한의 지하 군사시설을 겨냥하는 전략급 전력투사 수단으로 사용될 수 있다. 이 외에도 전투기 탑재용으로 다수의 미국제 GBU-10/12 '페이브웨이(Paveway)' Ⅰ/Ⅱ 레이저 유도폭탄, BLU-109 지하관통 폭탄, 그리고 AGM-130 공대지미사일 등이 전술・작전급 임무에 사용될 수 있다.

4) 기동

한국 육군의 기동전력은 4개 독립 기갑여단과 5개의 기계화보병 사단을 주축으로 하며,[311] 그 규모는 탱크 약 2,300대와 장갑차 2,500여대에 달한다. 탱크의 경우 1,000여 대가 1980년대 후반부터 실전배치된 주력 K-1으로 105mm 주포에 최고속도 시속 65km, 주행거리 500km, 수직장애물 통과높이 1m, 그리고 전천후 작전능력까지 보유하고 있다. 이는 북한의 어떠한 탱크보다도 우월한 수준이다. 2001년 말부터는 보

311) 이들 가운데 4개 기갑여단은 제1 야전군사령부가 직접 지휘하는 1개, 그리고 제3 야전군 소속 3개 군단의 직할부대로 편성된다. 기계화보병 사단의 경우 역시 1개가 제1 야전군사령부의 직접 지휘를 받으며, 나머지 4개는 모두 제3 야전군 소속이다.

다 파괴력이 큰 120mm 주포를 탑재하고 대형화된 신형 K1A1 탱크가 양산, 배치되기 시작하여 앞으로 총 480여 대가 생산될 예정이다. 러시아의 주력 T-80 탱크도 경제협력 차관을 현물로 상환받는 형식으로 30여 대를 도입했다. 하지만 1970년대에 생산된 제2세대 M-48 계열의 탱크도 약 850대가 주로 보병사단의 기갑대대에 배치되어 있으며, 1950~1960년대에 생산된 구형 M-47 탱크는 100대 정도만 남은 채 사실상 퇴역한 상태다.

2,500대를 넘는 장갑차의 주력은 1970~80년대 이후 약 1,700대가 양산된 K-200이다. 이 장갑차는 대당 9명의 분대급 병력을 탑승시킬 수 있으며, 차량 내부에 보병들의 탑승사격이 가능한 공간을 마련하여 보병전투용 장갑차의 특징을 일부 반영하고 있다. 하지만 자체 무장이 12mm 구경의 기관총에 불과하기 때문에 사실상 병력수송용 장갑차에 더 가깝다. 이 외에도 미국제 구형 M-113 약 400대, 그리고 200여 대의 KM-900 차륜형 장갑차까지 포함해서 한국 육군의 장갑차 절대다수가 병력수송용이다. 보병전투용으로 분류될 수 있는 것은 T-80 탱크와 함께 러시아에서 도입된 70대의 BMP-3 정도다.

오늘날 한국 육군은 600대가 넘는 헬기를 보유 중이며, 이들은 항공작전사령부 예하의 2개 항공여단과 연대급 항공단 6개(제1 · 제2 야전군사령부 직할 각 1개, 제3 야전군 군단 소속 4개)로 편성되어 있다.[312] 그 가운데 1개 항공여단은 대전차 임무를 수행할 수 있는 공격헬기 약 100대로 이

312) 1999년 창설 당시 항공작전사령부는 육군 소속의 모든 헬기를 지휘통제했으나, 현재는 대전차 공격헬기와 공중강습부대의 기동헬기를 제외한 나머지 일반 정찰 및 수송헬기를 각 사단, 군단 예하로 복귀시켰다. 황재연 · 박재석 · 김정환 공저, 『2007 한국군 연감』(군사연구, 2006), p.124.

루어진다. 이처럼 공격헬기는 한국이 북한과 주변 강대국에 대해서 양적으로 우위를 점하고 있는 몇 안되는 전력 부문인 것이다. 하지만 구성을 보면 소형 500MD '디펜더(Defender)'가 40여 대, 그리고 중형 AH-1 '코브라(Cobra)' 60여 대 정도다. 이들 헬기는 유선으로 유도되는 '토우(TOW)' 대전차미사일을 탑재하는데, 목표물에 명중될 때까지 발사지점에 체공하면서 유도를 해주어야 한다는 약점이 있다. 자칫 상대측의 휴대용 지대공미사일 공격에 노출될 수 있기 때문이다.[313] 게다가 기종 자체만 따져도 500MD와 AH-1은 1970년대에 생산된 것이어서 상당히 노후화되어 있는 상태다.

이번에는 해군 기동전력을 살펴보자. 연안전투함정의 대다수를 차지하는 '참수리'급 고속정은 총 70여 척으로 만재배수량이 170톤, 항해속도는 최고 37노트로 북한 경비정에 비해 기동능력이 우수하다. 그러나 30~40mm 기관포, 20mm 발칸포 2문의 무장은 85mm 함포를 갖춘 북한의 경비정과 비교할 때 불리한 것으로 평가된다. 초계함으로는 만재배수량 1,076톤의 '동해'급이 4척, 그리고 만재배수량 1,220톤 규모의 '포항'급 24척이 있다. 이들 초계함은 항해속도 32노트에 76mm 함포 2문, 30~40mm 기관포 2문, 그리고 대잠어뢰 등으로 무장한다. 이 가운데 1989년 이후 배치된 16척의 포항급 후기형은 4발의 미국제 AGM-184 '하푼(Harpoon)' 대함미사일, 프랑스제 '미스트랄(Mistral)' 휴대용 지대공미사일을 탑재하고 있다. 개별방호 능력으로는 전자전 장비와 유인·교란용 금속체 발사기능(포항급만 해당) 등의 소프트킬 기능이 가능하지만,

313) 한편 북한도 80대의 500MD 헬기를 보유 중이다. 이로 인해 북한에서 해당기종에 특수전 부대를 탑승시켜서는 한국군으로 위장하여 유사시 교란 작전에 이용할 가능성이 제기된다.

하드킬 기능은 없다.

작전급 수상전투함으로 분류되는 호위함으로는 만재배수량 2,180톤의 '울산'급 9척이 배치중이다. 항해속도는 최고 37노트이며, 2문의 76mm 함포와 30~40mm 기관포 3~4문은 선체의 앞과 뒤로 나뉘어서 탑재된다. 대잠작전용 어뢰 및 폭뢰(爆雷) 발사기와 하푼 대함미사일 8발도 보유중이다. 하지만 대공방어 능력은 포항급 초계함과 마찬가지로 미스트랄 휴대용 지대공미사일 정도가 고작이다. 개별방호 능력 역시 소프트킬 기능에 국한된다.

한국 해군이 원거리 항해가 가능한 구축함급 이상의 수상전투함을 확보하기 시작한 것은 지난 1990년대 후반부터의 일이다. 그 첫 번째는 지난 1998년부터 취역한 1차 한국형구축함(KD: Korean Destroyer), 즉 KD-Ⅰ 3척으로 '광개토대왕'급으로 잘 알려져 있다. KD-Ⅰ 구축함은 만재배수량 3,900톤 이상에 항해속도는 최고 30노트, 8발의 하푼 대함미사일, 1문의 127mm 함포, 대잠어뢰, 그리고 VLS로 발사되는 사거리 15km의 '시 스패로우(Sea Sparrow)' 단거리 함대공미사일 16발을 탑재한다. 다시 말해 KD-Ⅰ 구축함은 대함, 대잠, 대공 교전능력을 겸비한 한국 해군의 첫 수상전투함인 것이다. 개별방호에서도 소프트킬 능력과 더불어 근접방어용으로 네덜란드제 '골키퍼(Goalkeeper)' 30mm 고속기관포 2문을 좌우에 설치하여 하드킬 능력까지 갖추었다. 그리고 대잠·대함 헬기가 이착륙할 수 있는 공간도 있다.

2003년부터는 '충무공 이순신'급이라는 별칭이 붙은 KD-Ⅱ 구축함이 총 6척 건조되었으며, 그 가운데 4척이 현재 실전배치중이다. 선체 설계에 스텔스 기술이 적용되었으며, 배수량은 KD-Ⅰ보다 확장된 4,400톤, 그리고 항해속도는 역시 최고 30노트다. 특히 VLS에 총 32발을 탑재할 수 있는 SM-2 '스탠다드(Standard)' 함대공미사일은 최대 사거리가 100km 이상으로 함대방공이 가능한 수준이다. 여기에 대함미사일까지 직접 파괴할 수 있는 단거리 함대공미사일 RIM-116 '램(RAM: Rolling Airframe Missile)'의 하드킬 능력과 결합되어 KD-Ⅰ보다 우수한 대공 교전능력을 발휘한다. 그러나 대공레이더의 탐지범위는 KD-Ⅰ과 큰 차이가 없어서 실제적인 동시 다목표 교전능력에 제약을 받는 것이 흠이다.

잠수함 전력은 어떠한가? 현재 한국 해군은 독일제 209급 소형 디젤 추진 잠수함을 기본형으로 지난 1992년부터 건조된 '장보고'급 9척을 보유하고 있다. 장보고급은 수중배수량 1,450톤에 항해속도는 최고 20노트, 수심 250m까지 잠수할 수 있으며, 항속거리는 7,500해리 정도다. 어뢰는 8개의 발사관에서 14발을 탑재하며, 2000년 이후에 실전배치된 3척은 수중에서 발사되는 하푼 대함미사일까지 탑재할 수 있다. 뿐만 아니라 최대 28기의 기뢰를 탑재하여 유사시 북한의 해군기지 봉쇄를 위한 기뢰부설 임무의 수행도 가능하다. 장보고급 잠수함은 1990년대 후반부터는 미국 등이 참여하는 환태평양 해상기동훈련(RIMPAC)에서 여러 차례 미 해군의 주력함을 모의 격침시키면서 세계적으로도 그 우수성을 과시했다.[314] 하지만 작전범위가 영해를 비롯한 한반도 주변해역 이내로 제한된다는 것이 한계다.

한국 해군이 보유 중인 항공기는 50여 대의 헬기, 그리고 13대의 고정익기로 나뉜다. 그 가운데 대함, 대잠 교전능력을 갖춘 것으로는 20대 이상의 영국제 '수퍼 링스(Super Lynx)' 헬기와 10대의 프랑스제 '알루에트(Alouette) Ⅲ' 헬기, 그리고 8대의 미국제 P-3 '오라이언(Orion)' 해상초

314) 정의승, "잠수함의 비밀—'No라고 말할 수 있는 한국'이 되기 위한 최선의 방법", 「World Village」, 2004년 겨울호, 통권 7호.

계기 정도다. 이들 항공기는 포항, 진해, 목포, 제주도 등지에 배치 중으로 영해를 비롯한 한반도 주변해역에서의 적 수중전력을 추적, 소탕하기에는 아직 충분치 못한 수량이다. 해양 대기동 전력의 주역인 기뢰함정의 경우 한국 해군은 소해전대 소속의 10여 척을 보유하고 있는데, 기뢰부설함은 만재배수량 3,300톤의 '원산'급 1척 뿐이다.

한국 공군은 9개 전투비행단 소속의 전투기 약 500대를 보유 중이다. 먼저 소형 전술기에 해당하는 F-5E/F '타이거(Tiger) Ⅱ'는 전체 37%인 180대 이상을 보유중이며, 휴전선 전방지대와 멀지 않은 경기도 수원과 강원도 원주, 강릉 등지에 총 4개 전투비행단 소속으로 배치되어 있다. 비행속도 마하 1.6에 전투행동반경은 700~880km이며, 20mm 기관포와 사거리 5km의 단거리 공대공미사일 '사이드와인더(Sidewinder)' 2발, 그리고 일반적인 공대지 무기를 비롯한 최대 3톤 규모의 무장을 탑재한다. 이들 가운데 1980년대 중반 국내에서 조립생산된 일명 '제공호' 60여 대가 제한적인 전천후 비행능력을 갖추고 있으며, 나머지 120대는 1970년대에 도입된 노후 기종이다. 역시 1970년대에 도입된 22대의 A-37 '드래곤플라이(Dragonfly)' 지상공격기도 전술 수준의 기종에 속한다.

작전급인 중형 전투기로는 1980년대부터 전력화된 F-16이 있다. 공군 전투기의 전체 35%를 차지하는 F-16 170여 대는 지난 1980년대 초 '평화의 가교(Peace Bridge)'라는 사업명으로 미국에서 직도입된 블록 32형 30여 대, 그리고 KF-16이라는 이름으로 1990년대 중반부터 면허생산된 블록 52형 130여 대로 각각 분류된다. 한국 공군은 F-16으로 구성된 2개의 전투비행단을 충청남도 서산과 충청북도 충주에 하나씩 배치중이다. F-16 블록 32형은 최고 비행속도가 마하 2, 전투행동반경은 800km를 넘으며, 20mm 기관포와 AIM-9'스패로우(Sparrow)' 중거리 공대공미사일, 단거리 공대지미사일, 그리고 일반 폭탄 등 최대 6톤 이상의 무장 탑재가 가능하다. KF-16은 최대사거리가 50km를 넘는 AIM-120 '암람(AMRAAM)' 중거리 공대공미사일, 하푼 대함미사일, 레이저유도폭탄 등의 다양한 무장능력을 갖추어 블록 32를 능가한다. F-16은 전천후로 공대공, 공대지 임무수행을 할 수 있는 우수한 다목적 전투기로서 북한의 거의 모든 전투기들을 압도하며, 공대공 전투에서는 MIG-29에 다소 뒤지지만 다목적 기종이라는 특징으로 상쇄할 수 있다. 하지만 기본적으로 경량급 전투기로 설계된 기종이므로 무장탑재규모, 작전 범위 등에 대한 제약을 받는다. 이로 인해 휴전선 이북이나 독도를 비롯한 '완충 전장'과 '확대된 전장'을 넘어서는 장시간의 임무수행이 곤란할 것으로 평가된다.

전략 수준의 대형 전투기에 속하는 기종은 120여 대, 즉 전체 27%를 차지하는 F-4D/E '팬텀'으로 경상북도 대구와 충청북도 청주에 위치한 2개 전투비행단에 배치되어 있다. 최고 마하 2.2의 속도로 비행할 수 있고, 전투행동반경은 공대공 임무의 경우 800km를 넘으며 공대지 임무는 1,000km 수준까지도 가능하다. 스패로우 공대공미사일과 레이저 유도폭탄, 공대지미사일 등 한국 공군이 보유 중인 거의 모든 종류의 지상공격용 무기를 포함하는 최대 7.3톤 규모의 무장을 탑재한다. 때문에 유사시 북한에 대한 장거리 폭격임무를 수행하게 될 가장 유력한 기종이다. 하지만 역시 1960~70년대에 생산된 노후기종으로 조속한 교체가 요구되고 있다.

대공제압 능력의 경우 F-16이 AGM-88 '함(HARM)' 레이더 공격용 공대지미사일을 탑재하지만, 아직 전자전 전용기는 없다. 대신 이스라엘에서 도입한 무인항공기 '하피(Harpy)' 100여 대가 해당 임무에 사용될 수 있다. 하피는 항속거리가 최대 500km에 이르며, 2~5시간 이상 체공하면서 레이더 전파가 방사되는 방향으로 돌진하여 상대측의 방공시설을 파괴하는 무인 가미가제 역할을 한다.

한국군의 신속대응병력 가운데서 병력규모가 가장 큰 부대는 단연 해병대다. 한국 해병대는 2개 사단과 1개 여단, 1개 독립연대를 주력으로 하는 총 27,000여 명의 병력을 보유중이며, 이는 미국에 이어 세계 2위의 규모다. 또한 각 60여 대의 K-1 탱크 및 M-48 탱크를 비롯한 총 110대 이상의 탱크, 약 260대의 병력수송용 장갑차(상륙용 160대 포함), 그리고 야포 216문(자주포 일부 포함)을 보유하고 있다. 이처럼 해병대는 육군의 웬만한 기갑, 기계화보병 부대와 견줄만한 기동능력을 갖춘 것으로 평가된다.

하지만 해병대의 상륙을 뒷받침하는 해군의 상륙함정은 무장병력 240여 명, 차량 700톤 등을 수송하는 '고준봉'급 4척이 주력이며, 나머지 30여 척은 수송능력이 100~200톤 내외로 제한되는 소형 상륙정이다. 최대 2,100톤(탱크 20대 포함)을 수송할 수 있는 기존의 주력 상륙함 '운봉'급은 1950년대 미국에서 도입된 구형으로 최근 완전히 퇴역했다. 뿐만 아니라 해병대는 아직 자체 항공전력을 갖추지 못하고 있으며, 때문에 독자적으로 초수평선 상륙작전을 실시하기 어려운 실정이다.[315] 현재 해병대에서 상륙임무를 전담할 수 있는 부대는 경상북도 포항에 배치된 해병 제1사단뿐이며, 경기도 김포반도의 제2사단과 백령도의 제6여단, 그리고

---

315) 자체적인 항공전력 부재로 인한 해병대의 상륙능력 제약 문제는 지난해 10월 27일 사상 처음으로 실시된 단독 사단급 상륙훈련에서도 드러났다. 당시 훈련에서 2개 중대(240여 명) 병력을 수송한 40대의 항공기는 모두 육군의 기동헬기, 공군의 수송기였으며, 해안상륙을 실시한 병력은 1개 대대(500명) 정도에 그쳤던 것이다. 다시 말해 훈련에 참여한 전체 병력 8,000명 가운데 실질적으로 훈련을 수행한 것은 10% 정도에 불과했다. 유용원, "이러고도 '사단급 훈련' 이라고?", 「조선일보」, 2006년 11월 9일자.

연평도의 연대급 '연평부대'는 NLL을 비롯한 수도권으로의 지상 거점지역 방어를 담당하고 있어서 신속대응병력의 특징을 제대로 살리지 못하는 것으로 평가된다.

이처럼 한국 해병대는 우수한 인적 역량과 화려한 역사상의 전공에도 불구하고 신속대응병력으로서의 독자적 역량을 발휘하기에는 많은 제약을 받고 있다. 그 결과 유사시 미 해병대와의 공동작전 이전까지는 임무수행의 범위가 제한될 수밖에 없을 것이다.

한국군은 북한 특수전 부대의 후방교란 가능성에 대비하기 위한 특수임무 부대의 운용에도 상당한 비중을 할애하고 있으며, 그 규모는 총 4만여명으로 추산된다. 이들은 육군 특수전사령부의 7개 공수여단(1, 3, 5, 7, 9, 11, 13)과 항공작전사령부 소속 1개 공중강습여단, 3개 특공여단(201, 203, 205), 그리고 7개 특공연대(700~703, 705~707) 등으로 편성되어 있다.[316] 특수임무 부대원들을 수송하기 위해 사용되는 항공기로는 육군의 CH-47 치누크 대형헬기 23대 가운데 6대, UH-60 '블랙호크(Black Hawk)' 기동헬기 100여 대, 그리고 공군 중·대형 수송기 32대(미국제 C-130 '허큘리스(Hercules)' 12대, 스페인제 CN-235 20대 포함) 등이 있다. 현재 공군의 수송기들은 공군 제5 전술공수비행단과 제15 혼성비행단에 각각 배치중인데, 군수지원 물자 수송을 담당하는 경우를 제외하면 실제로 특수임무 부대 병력의 수송에 투입될 수 있는 수송기는 상대적으로 소형인 CN-235가 대부분이다.[317] 한국군의 신속대응병력 운용에 제약요인

316) 3개 특공여단은 후방지역 방어를 담당하는 제2 야전군 사령부와 그 예하의 2개 예비군단 직할부대로 편성되며, 7개 특공연대는 북한 육군의 경보병여단을 견제하기 위해 7개의 주요 군단본부가 직접 관할하고 있다.

317) C-130 수송기의 탑재중량은 20~30톤으로 완전무장한 공수부대원 약 64명을 탑승

으로 작용할 수 있는 문제다.

육군 외에도 해군이 수중정찰 및 파괴, 침투, 폭발물 처리 등을 담당하는 특수전여단(일명 UDT/SEAL), 그리고 인명구조와 침몰선 인양을 위한 해난구조대(SSU: Ship Salvage Unit)를 운용중이다. 공군에서는 제6 탐색구조전대와 공정통제부대(CCT: Combat Control Team)가 활동하고 있다.

5) 방호

현재 한국의 지상 방공전력에서 전술급인 저고도 방공부대는 대부분 육군의 야전방공을 담당한다. 구체적으로 주요 군단과 기동부대(기갑여단, 기계화보병 사단 등)가 각 1개씩의 방공대대를 보유 중이며, 수도방위사령부는 방공단을, 그리고 제3 야전군은 방공여단 1개를 보유한다. 주요 무기로는 600문의 각종 대공포, 약 780기의 휴대용 지대공미사일(미국제 '스팅어(Stinger)'와 프랑스제 미스트랄, 러시아제 SA-16, 독자개발형 '신궁(神弓)' 등)이 있다. 이들 상당수가 고정배치, 또는 견인 방식으로 운용되고 있어서 기동중인 작전급 실전부대의 방공능력 지원에는 불리하다. 기동능력을 갖춘 자주형 저고도 방공무기로는 K-200 장갑차량에 탑재되는 발칸대공포와 1990년대 말부터 양산 중인 독자개발 대공포 '비호(飛虎)', 그리고 단거리 지대공미사일 '천마(天馬)' 등이 있으나, 아직 소수에 불과하다.

중·고고도 방공전력은 공군의 방공포병사령부가 지휘하는 3개 방공여단으로 구성되며, 각각 수도권과 중부(경기도, 강원도, 충청도), 그리고 남부(경상도, 전라도)의 방공을 담당한다. 중고도 요격을 위해서 지난

시킬 수 있는 수준이다. 반면 CN-235는 병력 40여명에 해당하는 약 6톤 정도를 탑재할 수 있을 뿐이다.

1960년대부터 도입된 미국제 '호크(HAWK)' 중거리 지대공미사일은 사거리 40km로 24개 기지에 110기 정도가 배치 중이다. 고고도 방공에 사용되는 약 200기의 미국제 '나이키 허큘리스(Nike Hercules)' 장거리 지대공미사일은 10개 기지에서 운용되고 있다. 나이키 허큘리스는 1950년대에 개발된 지독한 구식으로 현재 한국 이외에는 이 미사일을 실전에 배치한 나라가 하나도 없다. 때문에 가장 시급하게 교체되어야 할 가장 대표적인 노후 무기체계로 손꼽힌다.

요컨대 한국의 지상 방공전력은 저고도의 경우 기동성의 부족, 그리고 중 · 고고도에서는 관련 무기체계의 노후화로 인한 취약성을 면치 못하고 있다. 게다가 한국 영토 전체를 공격할 수 있는 북한의 스커드, 로동 탄도미사일에 대한 요격임무를 수행할 전용 요격미사일은 전무한 실정이다. 그나마 주한미군이 보유한 48기의 패트리어트 지대공미사일은 주한미군 기지의 자체 방어용이므로 한국 방어에 있어서는 분명한 한계가 있다.

사후방호 임무는 지난 1999년 육군 소속으로 창설되어 이후 2002년부터 합동부대로 전환된 화생방 방호사령부가 담당하고 있다. 화생방 방호사령부는 예하의 2개 화학대대를 중심으로 육 · 해 · 공 전군에 대한 대량살상무기 탐지, 제독 임무를 지원하며, 이를 위해 다수의 휴대용 제독장비와 제독차량, 화생방 정찰장갑차, 그리고 생물학 정찰차량 등을 운용한다. 이 외에도 육군은 군단별로 화학대대, 여단/사단급 부대에는 각각 화학소대/중대를 보유하고 있으며, 해군과 공군의 주요기지 그리고 육 · 해 · 공군 본부에도 화학중대가 활동 중이다.[318] 하지만 탄저균을 비롯한 대부분의 생물학 무기 대처는 치료제에 의존하며, 예방백신은 소수의

---

318) 국방부, 『제250회 국회 국방위원회 2004년도 국정감사요구자료(I)』(2004년 10월), p.540.

화생방 방호담당 요원이 천연두 백신을 접종받은 것을 제외하면 거의 없다시피 하다. 또한 개별 무기체계의 경우 화생방 정찰용 차량을 제외한 나머지 탱크, 장갑차는 공기 정화장치가 없어서 대량살상무기 오염지대 안에서의 임무수행에 큰 지장을 받을 수 있다. 해군도 KD-Ⅰ/Ⅱ 구축함만이 선체 내부에 공기 정화장치를 보유 중이다. 민간 방호태세의 경우 2004년 기준으로 방독면 보급대상 인구가 2,253만 명으로 되어 있지만,[319] 실제 보급되는 수량은 목표수준의 23%인 513만 개에 불과하다. 전국에 약 3만 개소(1,491만평)가 넘는 긴급 대피시설 가운데 실질적인 화생방 방호기능을 갖춘 1등급 시설은 27개소(약 7,000평)뿐이다.

그리고 사이버방위를 위해 국방부와 육·해·공군의 본부, 주요 사령부 소속 인원으로 구성된 국군 지휘통신사령부의 컴퓨터 침해사고 대응팀(CERT: Computer Emergency Response Team)이 운영 중인데, 주로 외부의 해킹, 컴퓨터바이러스 침투에 대한 감시 및 긴급복구를 비롯한 수세적 기능을 수행하고 있는 것으로 알려진다.

6) 소결론

지금까지 살펴본 내용을 정리하자면 한국의 군사력은 다분히 '전술·작전' 수준의 성격이 강하며, 전략 차원의 능력은 아직 초보적 단계에 머물러 있다. 우선 정보 전력의 기본인 정보수집 능력은 휴전선 전방지대를 비롯한 영토, 영해, 영공 이내의 감시와 정찰에 국한되며, 조기경보 기능도 지상 관제레이더에 의존한다. 또한 각 군별로 구축된 C^4I 체계들 사이

---

319) 보급대상 인구는 군 장병과 예비군, 경찰, 6세 이하의 아동, 농어촌 주민을 제외한 나머지 인원을 대상으로 하고 있다. 비상기획위원회, 『제250회 국회 정무위원회 2004년도 국정감사요구자료』(2004년 10월), p.315.

의 연동성 부족, 그리고 데이터링크 성능의 낙후성 때문에 의사결정 주기의 단축과 정보 공유를 통한 신속한 임무수행을 실시하기에는 많은 문제를 안고 있다. 전력투사 능력의 경우 수도권을 위협하는 북한 장거리 야포전력을 견제, 제압하기 위한 상당 수준의 포병전력을 확보 중이며, 특히 지상배치 탄도미사일의 사거리를 연장시키면서 북한에 대한 억지능력을 보다 강화하고 있다. 그렇지만 한국군의 탄도미사일은 북한 영토 전체를 공격권 이내에 두지 못한다는 점에서 억지 효과가 제한적이며, 지상배치에 따른 취약성도 무시할 수 없다. 여기에 제2격 능력으로 동원될 수 있는 해양 · 공중발사 순항미사일은 탄도미사일 전력보다 훨씬 미약하므로 주변 강대국에 대해서는 억지력을 거의 발휘하지 못하는 실정이다.

기동전력부문에서 육군은 북한과의 양적 격차를 질적 우세로 상쇄시키고 있으며, 규모 사세도 주변 강대국의 육상전력에 뒤지지 않는다. 하지만 해군의 경우 영해 12해리를 비롯해서 한반도 인근 해역에서만 항해할 수 있는 연안전투함정이 대다수를 차지하며, 그나마 최근 10여 년 동안에 걸친 구축함 및 잠수함의 확보로 간신히 '연안해군' 수준에서 벗어났을 뿐이다. 공군 역시 한반도 이내를 작전권으로 두는 중 · 소형 전투기들을 위주로 구성되어 있다. 이처럼 한국의 해양 · 항공기동전력은 작전범위가 한반도 및 인근해역 그리고 상공을 벗어나지 못하고 있다. 마찬가지로 해병대를 비롯한 신속대응병력의 자체기동능력도 여러 면에서 제약을 받는다. 그리고 지상방공전력은 저고도와 중 · 고고도 모두 무시할 수 없는 취약점을 안고 있다. 요컨대 한국군의 정보, 전력투사, 기동, 방호 능력은 그 범위가 '최종 전장' 이내로 한정되며, 휴전선 이북과 대륙붕, EEZ, 그리고 KADIZ 최외곽의 공역을 포함하는 '완충 전장'과 '확대된 전장'에서는 임무수행능력이 매우 제한적이거나 거의 기대하기 어려운 수준이다.

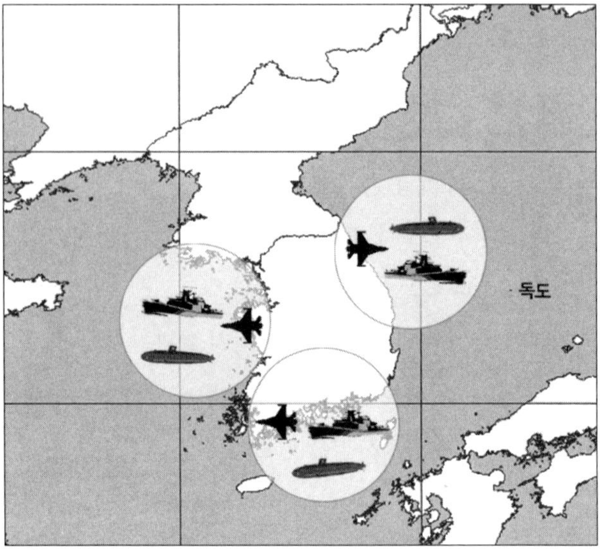

출처: 국방부, 『21세기 선진정예국방을 위한 국방개혁 2020(안)』(국방부 보도자료, 2005년 9월 15일), p.49

〈그림 4-2〉 한국 해군의 작전범위 현황

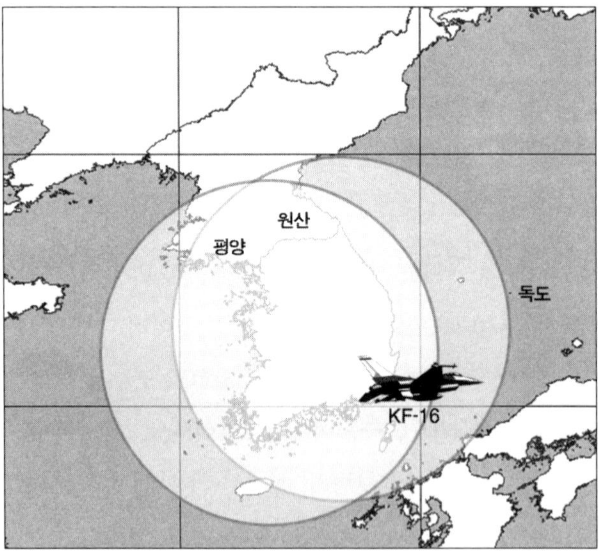

출처: 국방부, 2005년 9월 15일, p.52

〈그림 4-3〉 한국 공군의 작전범위 현황

현재 한국의 자체 군사력은 탱크나 야포, 군함, 전투기 등의 재래식 무기체계만을 사용하는, 휴전선 전방지대를 비롯한 한정된 범위 이내의 무력 대결에서 충분히 북한과 대등하거나 우세한 전투를 수행할 수 있다.[320] 그러나 문제는 북한이 탄도미사일과 핵, 화학, 생물무기를 비롯한 대규모의 대량살상무기도 갖추고 있다는 사실이다. 이들 비대칭 전력까지 포함되는 북한의 전략 수준 위협을 억지, 제거하려면 '최종 전장' 차원을 넘어서는 정보 및 전력투사, 기동, 방호능력이 요구되지만, 한국군의 능력은 이를 충족시키지 못하고 있는 것이 엄연한 현실이다. 뿐만 아니라 주변 강대국들에 대한 해 · 공군력의 열세는 한국의 주요 핵심적 국익인 해양관할권 관철, 그리고 해상교통로 보호를 심각하게 위협하는 취약점으로 작용하고 있다.[321] 일반적으로 전쟁은 '준비 → 방어 → 반격 → 공세 → 종결'의 단계로 진행되는데, 한국군의 자체 능력은 아직 '준비 → 방어' 단계를 넘어서기 어려운 수준이다.[322]

정리하자면 한국은 국력 총량을 비롯한 군사잠재력이 뒷받침되는 '장기간의 전쟁수행 및 지속능력'에 있어서는 북한을 여유있게 앞서고 있으

320) 지난 2004년 8월 말 한국국방연구원은 한국군의 전력지수가 육군의 경우 북한의 80%, 해군은 90%로 다소 열세 내지 백중세이며, 공군은 103%로 북한에 우위를 나타내고 있다는 평가를 발표하였다. 황대일, "南, 北에 비해 공군은 우세. 육 · 해군은 열세", 「연합뉴스」, 2004년 8월 30일자.

321) 공군력의 경우 현재 진행되고 있는 중국, 일본의 전력강화 동향을 고려한다면 2020년에 이르러 한국 공군의 전력지수는 공대공 교전능력 기준으로 중국의 43.8%에서 18.4%(선양군구 이외의 나머지 공군전력까지 포함)로 약화되며, 일본과 비교할 때는 현재 73.4%에서 68%까지 떨어질 것으로 평가되었다. 임상민 · 김병로 · 이일우, "2020년 주변국 공군전력 분석 및 전력지수 연구", 『항공우주 무기체계 발전세미나 2006 논문집』(국방과학연구소 · 공군 전투발전단, 2006년 10월 26일), pp.234~235.

322) 김종하, "미래전장 환경에 대비한 국방조직 발전방향", 김기정 · 이성훈 · 김순태 편, 『세계적 국방개혁 추세와 한국의 선택』(오름, 2006), p.147.

나, ① 북한의 전쟁도발 의지를 원천적으로 좌절시키는 '전쟁 억지능력'과 ② 전쟁 초반에 육상 방어선을 유지하면서 해양, 공중에서의 우세를 조기에 확보하는 '전시 초기대응능력', 그리고 ③ 수도권을 비롯한 인구 밀집지역과 국가기능 및 경제의 핵심시설을 보호하는 '방호능력' 등에 필요한 자체 군사력이 미흡한 것으로 평가된다.[323] 쉽게 말해서 "한국 혼자서도 북한과의 전쟁에서 이길 수 있는가?"라는 질문에는 "그렇다"고 대답할 수 있겠지만, "한국 혼자서도 북한과의 전쟁에서 살아남을 수 있는가?"라고 질문한다면 "그렇지 않다"는 대답이 나올 수밖에 없다. 현 상황에서 만약 북한이 한국 영토 전체를 대상으로, 대량살상무기까지 동원되는 전면전쟁을 감행한다면 한국의 자체 군사력만으로는 전쟁 시작부터 북한의 대규모 기습을 감수해야 하는 불리한 여건을 강요받을 것이다. 그 결과 한국은 개전 직후의 짧은 시일만에 막대한 인명이 살상당하고, 주요 국가 · 경제 기능마저 심각한 손실을 입으면서 그나마 북한을 상대로 유지해온 전술 · 작전급 전투력의 질적 우세 그리고 국력 총량에서의 압도적 우위까지 무의미해질 위험을 안고 있다.[324]

이처럼 한국 스스로의 힘만으로는 북한과의 무력 대결에서 '생존과 번영이 보장되는 승리'를 기대하기 어려우며, 해양관할권 분쟁을 비롯한

323) 백재옥 · 박주현 · 임길섭 등, 『'05 국방예산 분석 · 평가 및 '06 전망』(한국국방연구원, 2005), pp.62~63.

324) 지난 2004년 군 당국 내부에서 실시한 전시모의평가 및 분석(일명 워게임)의 결과에 따르면, 한국이 북한의 기습침공을 용인하는 것을 전제로 하는 수세적인 군사전략 개념을 유지할 경우 대량살상무기가 사용되지 않더라도 전쟁발발 24시간 동안에 수도권에서만 200만 명 이상의 사상자가 발생할 것으로 평가된 바 있다. 이동재, "北 재래식 무기만으로도 開戰 24시간 이내 수도권서 2백여 만 명 死傷", 「국민일보」, 2004년 8월 20일자.

주변 강대국들의 국지도발 및 제한전쟁 가능성에도 효과적인 대응이 힘든 실정이다. 북한이 대부분 구식일지언정 한국이 소중히 여기는 대상들을 철저히 파괴, 살상할 수 있는 군사력을 보유한 반면, 한국의 군사력으로는 북한이 침략을 시작한 이후에야 휴전선 이남의 영토 이내에서 맞설 수밖에 없다. 결과적으로 한국은 국토 전체와 국민 생명이 '인질' 상태로 노출되는 가운데 북한의 군사위협으로부터 전 · 평시를 막론하고 행동, 의지에 심각한 제약을 받고 있는 것이다. 이것이 바로 문제의 핵심이다.

(2) 빈약한 기반능력

현 시점에서 한국이 자주국방을 국가안보전략 가운데 하나로 선택하기에 부족한 점은 눈에 보이는 '유형군사력'에만 국한되지 않는다. 이들을 지원하는 기반능력이라고 할 수 있는 방위산업이나 군수지원 능력 등에 대해서도 한국의 자립수준이 크게 부족하기 때문이다.

한국의 방위산업은 지난 1970년대에 사실상 맨주먹에서부터 시작되었다. 닉슨 행정부에 의한 주한 미 육군 제7사단 철수와 카터 행정부의 주한미군 완전철수 계획 등으로 인해 언제 미국이 한국에 대한 안보공약을 백지화할지 알 수 없는 상황에서 유일한 대안은 자주국방의 조속한 실현뿐이라는 절박한 처지에서 태동한 것이었다. 그 결과 소총, 박격포와 같은 개인화기는 물론 대구경 야포 등 작전급 이상의 병기에 대한 국산화도 성공했다. K-1 주력탱크와 초계함, 호위함 등 주력 수상전투함의 설계, 그리고 사거리 180km의 탄도미사일까지 독자개발된 것도 이 시기의 일이다. 짧은 기간임을 감안하면 매우 값진 성과였다. 하지만 문제는 1980년대 이후에도 한국의 방위산업이 단순한 조립, 모방 및 응용개발

〈도표 4-2〉 한국의 자체개발 및 생산 병기

분야	무기체계	
정보	• 전방감시용 적외선 장비 • 소형 SAR 레이더 • 육군 전술통신체계(SPIDER) • '송골매' 무인정찰기	• 정찰용 열추적 센서 • 지휘소 자동화체계(CPAS) • 포병사격지휘장비(BTCS)
전력투사	• K-2 자동소총 • K-4 고속 유탄발사기 • 주요 견인포 • K-9 155mm 자주포 • '현무' 탄도미사일 • '노봉' 40mm 자동함포 • '백상어' 잠수함 탑재용 중어뢰	• K-3 기관총 • 81mm 박격포 • 주요 일반탄약 • '구룡' 130mm 다연장 로켓포 • '청상어' 항공기 탑재용 경어뢰 • '해성' 장거리 대함미사일
기동	• K-1, K1A1 탱크 • 소형 잠수정	• K-200 장갑차 • '웅비'(KT-1) 기본훈련기
방호	• '비호' 자주대공포 • '신궁' 휴대용 지대공미사일 • 전투기용 전자전장비	• '천마' 단거리 지대공미사일 • 함정용 전자전장비

출처: 국방과학연구소 웹사이트 (http://www.add.re.kr)

정도에서 좀처럼 진전되지 못해왔다는 점에 있다.

도표 4-2의 내용을 보면 현재 한국군이 실전에서 사용 중인 현용 무기체계 가운데 자체개발 및 생산이 가능한 것은 대다수가 전술, 작전 수준에 해당한다. 육 · 해 · 공군의 주력 무기체계인 K-1 탱크와 K-200 장갑차, K-55 자주포, 500MD 소형헬기, 울산급 호위함, 그리고 '제공호'로 알려진 국내생산 F-5 소형 전투기 등은 부품비용 가운데 수입품의 비중이 최대 90%를 상회한다.[325] 가장 필수적인 탄약류의 경우는 일반 탄약은

325) 공식적으로는 이들 무기체계들의 국산화율이 70% 이상으로 알려져 있지만, 이는 최종생산을 담당하는 주 계약업체에 협력업체가 납품하는 부품을 국산으로 간주했기 때문이다. 구상회, 『韓國의 防衛産業-展望과 政策』(세종연구소, 1998), pp.75~76.

자체생산이 이루어지고 있지만, 전쟁에서의 승패를 가늠하는 공대공, 공대지, 지대공미사일이나 레이저 유도폭탄 등의 주요 정밀유도무기는 절대다수가 수입에 의존하고 있다. 이렇다보니 지난 1980~2003년에 걸친 전력투자 액수 66조 7,000여억 원의 1/3에 해당하는 26조 2,200억 원이 외화로 지출되었다.[326]

지난 2005년을 기준으로 본 한국의 무기체계 국산화율 현황은 도표 4-3과 같다. 전체 무기체계의 평균 국산화율은 71.2%이며, 특히 탄약과 화생방 방호, 군함 부문에서는 평균치를 상회하는 수준의 국산화율을 달성하고 있다. 반면에 통신전자와 항공, 유도무기, 육상기동, 화력, 광학 등과 같이 고도의 기술력을 요구하는 무기체계는 아직 국산화 수준이 미흡한 실정이다.

보유만으로 상대방에게 전쟁억지효과를 발휘하는 전략급 무기체계까지 굳이 완전한 자체생산을 요구할 필요는 없을 것이다. 또한 경제성을 고려해서 일반 부품을 외국에서 구매하는 것도 큰 문제가 되지는 않는다. 하지만 전체 군사력의 구성에서 대다수를 차지하는 작전차원의 무기체계조차, 그것도 핵심부품들을 외국에 의존하는 것은 보통 문제가 아니다. 지난 1974~2000년 동안에 이루어진 한국군의 무기체계 획득건수 가운데 해외 직도입은 평균 79%(정보수집 및 전자전 88%, C^4I 약 84%, 육군 화력 및 기동 76%, 군함 37%, 항공 97%, 유도무기 89%, 화생방 방호 37%)나 되었으며,[327] 그동안 국내 방위산업체들은 이러한 무기체계들을 기술도입이나 면허생산 등의 방식으로 군에 납품하는 것이 고작이었다. 이처럼 방위산업체를 비롯한 국내의 군사기술 자생력은 매우 열악한 형편이다.

---

326) 백재옥 · 박주현 · 임길섭 등, 2005, p.97.
327) 백재옥 · 박주현 · 임길섭 등, 2005, p.85.

〈도표 4-3〉 국내 무기체계 국산화율 현황

분야	탄약	화력	육상기동	군함	항공	유도무기	통신전자	광학	화생방방호	기타
국산화율(%)	88.2	68.9	62.9	73.3	49.2	54.4	76.6	56.1	82.2	91.4

출처: 방위사업청, 『제262회 국회 국방위원회 2006년도 국정감사요구자료』(2006년 10월), p.256.

〈도표 4-4〉 선진국 대비 한국의 군사과학기술 수준(2004년 기준)

구분	화력	육상기동	군함	항공	유도무기	통신	스텔스	신기술·특수무기
기술수준(%)	90	87.6	70	61	80.9	61	40	45

출처: 백재옥 · 박수현 · 김상호 등, 『'06 국방예산 분석 · 평가 및 '07 전망』(한국국방연구원, 2006), p.72.

국방과학연구소의 조사에 따르면 한국의 전반적인 군사 과학기술 수준은 주요 군사 선진국들의 평균 67% 내외로 평가된다. 도표 4-4의 통계에도 나오듯이 해양 및 항공기동, 통신 부문의 경우 선진국 기준으로 60~70% 이내에 머물러 있으며, 특히 스텔스 기술을 비롯한 차세대 기술 분야에서는 더욱 뒤떨어져 있다. 그나마 육상기동이나 화력, 전자전 부문에서는 선진국의 평균 수준을 넘어선 것으로 나타난다. 이와 같은 한국 방위산업의 연구개발 능력 부족은 자주국방 실현을 위한 잠재력 측면에서 큰 장애요인일 수밖에 없다.

국내 방위산업체들의 경영 여건도 그다지 긍정적이지 못하다. 지난 1988년에는 80여 개의 주요 방위산업체가 평균 100억원의 경상이익에 72.4%의 가동률을 기록했지만, 이후 갈수록 악화되면서 좀처럼 회복되지 못하고 있다. 이는 도표 4-5에 기록된 상위 20대 방위산업체의 경영실태에서 잘 나타난다. 도표 4-6을 보면 방위산업의 매출액과 경상이익을 비롯한 외견상의 경영실적은 최근 몇 년 동안 개선되고 있지만, 평균 가동률은 민간 제조업체들보다 크게 저조한 50%대에서 정체된 상태다.

〈도표 4-5〉 20대 국내 방위산업체 가동률

	업체명	매출액(억원)	가동률(%)	주요 생산품
1	한국항공우주산업 (KAI)	5,346	64	KT-1, T-50 훈련기, KF-16 전투기, 무인항공기
2	삼성테크윈	5,317	59	자주포, 항공기 엔진
3	삼성탈레스	4,093	61	광학, 사통장비
4	두산 인프라코어	4,005	71	장갑차, 단거리 지대공미사일
5	넥스원 퓨처	3,402	54	탄도미사일, 어뢰/기뢰, 대함미사일
6	로템	2,709	49	K1/K1A1 탱크
7	한화	2,656	58	탄약류
8	풍산	2,342	53	탄약류
9	현대중공업	2,092	41	수상전투함, 잠수함
10	기아자동차	1,462	65	군용 표준차량
11	STX 엔진	1,398	50	탱크 및 자주포, 군함용 엔진
12	한진중공업	1,170	68	고속정, 상륙함
13	위아	948	20	야포, 함포
14	S&T 중공업	835	62	중기관총
15	두산중공업	637	70	군함용 부품
16	대우조선해양	551	64	수상전투함, 잠수함
17	휴니드 테크놀로지	548	68	무전기, 보안장치
18	대한항공	537	48	소형전투기, 500MD, UH-60 헬기
19	동명중공업	490	64	탱크, 장갑차부품
20	삼양화학	395	74	조명탄

출처: 방위사업청, 2006년 10월, p.171.

〈도표 4-6〉 국내 방위산업체 운영 현황

	2001	2002	2003	2004	2005
매출액(억원)	37,013	43,447	42,681	46,440	53,165
경상이익(억원)	-1,149	253	555	863	1,486
가동률(%)	50.3	54.5	57.3	56.1	57.8
일반 제조업 가동률(%)	75.3	78.3	78.3	80.3	79.8

출처: 국방부, 『국방백서 2006』(국방부, 2006), p.82.

자주국방을 위한 기반능력의 불충분성은 군수지원 부문에서도 여실히 드러나고 있다. 4대 긴요물자 가운데 식량, 일반연료, 예비부품 등은 한국의 경제력을 고려할 때, 별다른 어려움 없이 충분한 수량을 확보할 수 있을 것으로 평가된다. 하지만 가장 중요한 탄약의 경우는 유사시 전투를 지속하기에 충분할 만큼 비축된 종류가 전체 60%에 불과하다.[328] 특히 전쟁 초기 최대위협이 될 것으로 예상되는 북한의 장거리 야포 및 기갑, 기계화보병에 대응하기 위한 육군의 주요 탄약, 즉 탱크 및 자주포, 다연장로켓포 등이 사용할 포탄은 비축분량이 크게 부족한 것으로 알려져 있어서 그 심각성을 더해 준다.[329] 때문에 유사시에는 미군이 소유한 전시예비물자(WRSA: War Reserve Stocks for Allies)로 부족한 양을 충당

328) 군 당국은 전시 비축탄약의 목표 가용기간을 60일로 정하고 있다. 백재옥 · 박주현 · 임길섭 등, 2005, p.89.

329) 한국군의 자체 탄약비축 부족 문제는 지난 2000년 10월 국회 국정감사에서 목표 소요물량의 약 43%가 미달되고 있다는 점이 지적된 이후 계속적으로 제기되어 왔다. 구체적으로는 육군 43.9%, 해군 19.7%, 그리고 공군 14.5%를 각각 충족시키지 못한 것으로 나타났다. 이는 육군이 25일, 해군은 36일, 공군의 경우 57일 동안 전쟁을 수행할 수 있는 분량만을 확보하고 있음을 뜻한다. 정충신, "軍 비축탄약 43% 부족", 「문화일보」, 2000년 10월 19일자.

해야 할 입장이다. WRSA는 총 280여 개 종류, 60만 톤 분량으로 전시 소요 탄약의 약 60%를 차지하는 것으로 알려지며, 금전상의 가치는 약 5조원으로 추산된다. 그나마 WRSA마저도 미국 정부의 방침에 따라 곧 폐지될 예정이다.[330] 심지어 평시 훈련을 위한 교육용 탄약의 지급수준도 기준량의 90%만을 충족하고 있을 뿐이며, 이 가운데 공대공, 공대지미사일을 비롯한 고가의 정밀유도무기는 금년에야 비로소 약 33억원 가량을 훈련용으로 예산에 반영했다.

여기에 군사용 연료확보의 부족 문제도 무시할 수 없다. 한국군은 지난 2005년 총 540만 드럼의 유류 확보를 계획하였으나 계속되는 유가(油價) 상승으로 481만 드럼(육군 155만, 해군 82만, 공군 244만)으로 축소했으며, 이마저도 7월 중에 대부분이 사용되어 146만 드럼을 예비비로 신청해야만 했다.[331] 이러한 사정은 지난해에도 달라지지 않아서 해군 함정과 공군 항공기의 기동시간도 각각 19%, 12% 가량 축소되기에 이르렀다.[332] 그 결과 상당한 연료소요를 필요로 하는 탱크, 군함, 항공기 등의 평시 훈련을 비롯한 전력 발휘에 큰 장애가 되고 있다. 한 보기로 한국 공

---

330) 미국은 지난 2000년 이후 의회가 통과시킨 관련 법안에 따라 필리핀, 대만, 태국, 이스라엘 등 주요 우방국 내에 배치된 WRSA 비축을 중단했거나 중단시킬 예정이다. 이는 첨단 무기체계와 신속 기동능력의 향상으로 인해 대규모의 군용물자 비축에 대한 의존도가 낮아졌기 때문이다. 미국은 2004년 5월 폴 월포위츠 당시 미 국방성 부장관 명의의 서신을 통해 한국에서의 WRSA 비축 중단방침을 공식 통보했으며, 현재 후속처리를 위한 양국의 논의가 진행 중이다. 한국은 육군용 탄약이 다수를 차지하는 WRSA 물자 가운데 아직 실전사용이 가능한 일부 품목만을 선별적으로 유상 인수한다는 입장을 취하고 있다.

331) 국방부, 2005년 9월, pp.1396~1397.

332) 박병진, "군도 유가 고공행진 '초비상'…훈련통합 · 비행시간 등 축소", 「세계일보」, 2006년 4월 25일자.

군 조종사들의 연간 비행시간은 지난 1997년의 153시간을 정점으로 2001년 이후 130~150시간 사이에 그치고 있다. 이는 전투기 조종사들의 능력 유지를 위한 적정 비행시간인 160~180시간보다 크게 부족한 수준이다.

이처럼 빈약한 한국의 방위산업과 군수지원 능력은 '전술 · 작전' 수준에 머물러 있는 한국의 현존 군사력이 갖는 힘조차 원활히 유지하기에 벅찬 실정이다. 그 결과 한국은 전면전쟁을 비롯한 주요 안보 위협에 상당기간 동안 자력으로 대처하기가 매우 어려운 여건에 놓여있는 것이다.

(3) 재원(財源) 확보의 어려움

한국이 군사부문에 투입하는 비용, 즉 국방비의 규모는 1970년대 중반부터 1980년대 전반까지는 GDP의 6%에 해당하는 매우 높은 국가경제 비중을 차지했다. 역시 주한미군 철수 움직임을 비롯한 미국의 안보공약 소멸 가능성에 대비하기 위해서 조속히 자주국방 능력을 갖추어야 한다는 절박함을 배경으로 했다.

하지만 1980년대 후반에 들어서 국방비 규모는 GDP 4~5% 수준으로 줄어들었으며, 1990년대에 들어서는 3%대로 축소되었다. 이 시기에 한국사회의 민주화가 진전되고, 경제성장에 따른 '삶의 질' 향상에 대한 국민적 기대가 커지면서 사회복지분야에 대한 예산상의 수요가 증대된 것이 주요 배경이었다. 지난 1997년 이후 3년여 동안 계속된 IMF 외환위기는 다시 한번 한국의 국방비 확보에 심각한 타격을 주었다. 1998년 추경예산에서는 당초 편성되었던 국방비 가운데 8,275억원이나 삭감되었으며, 겨우 GDP 대비 3.1%를 유지하는 것으로 만족해야 했다.

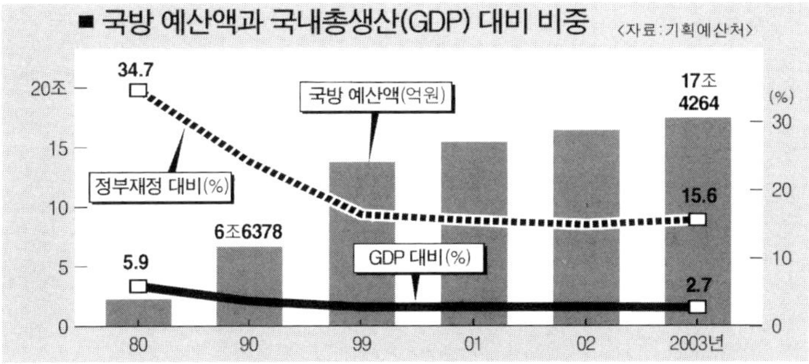

출처: 「조선일보」 2003년 6월 5일자

〈그림 4-4〉 국방비 규모와 비중의 변천

1년 뒤인 1999년부터는 국방비 규모가 그나마 유지되어 왔던 GDP 대비 3%에조차 못 미치는 수준으로 추락해 버렸다. 지난 2002년에 편성되었던 2003년도 국방예산은 사상 최저인 GDP 대비 2.7%에 불과했다. 국방비가 정부재정 전체에서 차지하는 비중도 지난 1980년의 약 35%에서 계속 줄어들면서 1993년부터는 25% 미만으로 낮아졌으며, IMF 구제금융 체제에 놓인 1998년 이후 20%를 넘지 못하고 있다. 가장 낮았던 지난 2003년의 경우는 고작 14.8%에 그치기까지 했다. 국방예산의 연간 증가율은 1980년대 이후 매년 10% 내외였으나 역시 IMF 외환위기를 계기로 급락하여 전임 김대중 행정부의 임기 말까지 5~6% 수준에 머물렀다.

이처럼 수년 동안 계속되어온 국방예산의 편성 위축은 노무현 행정부가 출범한 지난 2003년 이후 부분적인 개선이 이루어져 왔다. 특히 IMF 외환위기 이후 줄곧 정부재정 증가분에 비해 한참 뒤처졌던 국방예산 증가율이 연간 8~9% 수준으로 상승한 것은 의미있는 성과다. 물가상승률을 고려한 실질구매력 측면에서도 국방예산의 증액을 보장하기 때문이다.[333] 그러나 정부재정에서 차지하는 국방예산의 비중이 여전히 15%대에서 정체되어 있으며, GDP 대비 비율도 약 2.8%(신계열 기준 2.6%)[334]

수준의 증액으로 그친 것은 한계로 지적된다. 노무현 행정부가 지난 수년 동안이나 계속되어 온 국방예산의 감소 추세를 증가세로 전환시켰다는 점은 긍정적으로 평가할 수 있지만, 당초 공약해 왔던 'GDP 대비 3%(신계열 2.7~2.8%) 수준의 국방예산 환원'은 끝내 남은 임기 동안에 실현하지 못하는 미완의 성과로 남게 되었다.

〈도표 4-7〉 **한국 국방예산의 편성현황**

	2002년	2003년	2004년	2005년	2006년
국방비 액수	16조 3,640억원	17조 5,148억원	18조 9,412억원	20조 8,226억원	22조 5,129억원
국방비 증가율(%)	6.3	7.0	8.1	9.9	8.1
정부재정비중(%)	14.9	14.8	15.8	15.5	15.3
GDP 비중(%)	2.74	2.74	2.79	2.85	2.85

출처: 백재옥 · 박수현 · 김상호 등, 2006, p.190.
주해: 2005년도 예산은 추가경정 2,800억원을 제외한 액수임

오늘날 한국의 국방예산 총액 규모는 세계 11위(2004년 기준)나 된다. 하지만 그것이 실질적인 전력 향상에 얼마나 기여하는가의 여부는 별로

333) 한 보기로 1997년 이후 2003년까지 한국의 국방예산은 26.9% 가량 증가했지만, 이는 같은 시기의 정부재정 증가수준인 77%의 절반에도 못 미치는 규모였다. 게다가 그 동안의 물가상승률은 23%에 이르렀다. 때문에 국방예산의 실질적인 구매력 향상이 4%에도 못 미치는 사실상의 동결 상태가 무려 5년 이상 계속되었던 것이다. 박주현 등, 『참여정부의 국방비전과 적정 국방비』(한국국방연구원, 2003), p.9.

334) 한국은행은 2005년부터 새로 개정된 기준에 따라 GDP를 산출하고 있으며, 이를 '신계열 GDP'라고 부른다. 예를 들어서 2005년도 국방예산은 기존 산출방식으로 GDP 대비 2.85%이며, 신계열 기준으로는 2.47%에 해당한다. 본 연구에서는 편의상 그동안 사용되어온 기존 GDP를 기준으로 하되, 개별적 설명이 필요할 경우 별도로 신계열 GDP를 함께 쓰기로 한다. 백재옥 · 박주현 · 임길섭 등, 2005, p.43.

긍정적이지 못하다. 자주국방 능력의 확보와 직결되는 무기체계의 획득, 그리고 연구개발에 쓰이는 '방위력개선비'가 차지하는 비중이 충분하지 못하기 때문이다.[335] 도표 4-8을 보면 방위력개선비는 국방예산의 30%에도 못 미치는 수준이다. 이는 시설관리나 교육, 군수지원을 위한 '운영유지비'와 엇비슷하거나 적은 액수이며, 장병들의 인건비 및 급식 · 피복류 조달에 쓰이는 '병력운영비'의 거의 절반에 불과하다. 게다가 방위력개선비에 포함된 예산에서도 신규투자에 소요되는 비중은 매년 10% 미

〈도표 4-8〉 국방예산 중 전력투자 관련 비용배분 현황

	방위력개선비		연구개발비		신규사업 비율(%)
	총액	비중(%)	총액	비중(%)	
2003	4조 1,711억원	23.8	7,219억원 (6,277억원)	4.1 (3.6)	3.7
2004	4조 6,507억원	24.6	7,757억원 (6,684억원)	4.1 (3.5)	2.3
2005	5조 3,913억원	25.5	9,088억원 (7,885억원)	4.4 (3.8)	0.5
2006	5조 8,077억원	25.8	1조 595억원 (9,283억원)	4.7 (4.1)	1.7

출처: 기획예산처, 『2006~2010년 국가재정운용계획』(2006년 10월), p.224; 백재옥 · 박수현 · 김상호 등, 2006, p.71

주해: 연구개발비 항목에서 괄호( )는 경상운영비를 제외한 순수 개발비용의 비중이며, 신규사업 비율은 방위력개선비 기준임.

---

335) 그동안 정부는 국방예산을 '전력투자비'와 '경상운영비'의 2개 항목으로 분류했으나, 2006년부터 이를 '방위력개선비'와 '병력운영비' 그리고 '운영유지비' 등 3개로 조정하였다. 여기서 방위력개선비는 기존의 전력투자비에서 주한미군 관련 방위비분담금, 주한미군 기지 이전비용, 해외 무기체계 구입용 차관(FMS), 탄약 및 연료와 같은 전투용 장비운영비 등을 제외한 것이다. 병력운영비는 기존의 경상운영비에서 인건비, 급식 · 피복 관련비용을 개별 항목으로 분리한 것이며, 시설과 교육, 군수지원 등을 포함한 나머지가 운영유지비다. 백재옥 · 박수현 · 김상호 등, 2006, p.49.

만이며, 낮게는 1~3% 내외에 그쳤다. 그리고 연구개발 비용도 총액 규모가 꾸준히 증가하여 지난해 1조원을 돌파하기도 했지만, 국방예산 전체 기준으로는 5%에도 못 미친다. 전체 국방예산의 10% 이상을 연구개발에 사용하고 있는 미국, 러시아, 프랑스, 영국 등 주요 방위산업 선진국들보다 크게 뒤떨어져 있는 형편이다.

이와 같은 한국의 국방예산 현황은 국제적인 기준에서 평가해도 적정 수준보다 상당히 미달되는 것이다. GDP 대비 점유율에서 한국은 2004년 기준으로 세계 57위였는데, 세계 평균치에 해당하는 2.6%(이하 신계열 기준)보다도 낮은 수준이다. 비슷한 안보환경에 처한 이스라엘(8.3%)이나 파키스탄(3.5%), 터키(3.4%), 그리고 그리스(2.9%) 등 주요 분쟁당사국들과 비교하면, 이들 국가의 GDP 대비 국방예산 점유율 평균인 5.1%의 절반 미만에 불과하다.[336)]

이처럼 턱없이 모자라는 국방재원은 다음의 두 가지 문제를 가져올 수밖에 없다. 첫째, 전략 차원의 군사력 확보를 위한 신규투자를 가로막는다. 한국이 자주국방 전략을 실현하려면 기본적으로 현재 대다수를 차지하는 전술 · 작전 수준의 무기체계를 넘어서 그 자체로 전쟁 억지력을 발휘할 수 있는 전략급 무기체계를 새로이 확보해야 한다. 여기에 해당하는 조기경보통제기, 장거리 탄도 · 순항미사일, 이지스 방공구축함, 중 · 대형 잠수함, 대형 전투기, 그리고 고고도용 장거리 지대공미사일 등은 대부분이 고가 무기체계들이며, 이들을 전력화하기 위해서는 보통 10~15년에 걸친 '기획 → 연구개발 → 생산 → 실전배치'로 이어지는 장기투자가 요구된다. 지난 수년 동안과 같은 국방예산의 하향배분, 정체

336) 국방부, 2006, p.148.

상태가 계속되는 이상 어림도 없는 일이다.

반면 중국이나 일본, 러시아 등 주변 강대국들은 매년 한국보다 3~4배 많은 군사비를 지출하면서 해군과 공군을 중심으로 전략 성격의 군사력을 강화, 발전시켜 나가고 있다. 이 점을 감안할 때, 한국의 국방예산이 지금까지의 수준을 벗어나지 못한다면 북한과 주변 강대국들에 대한 전략 차원에서의 군사력 격차는 도저히 회복하기 어려운 정도까지 벌어질 수도 있다.

둘째, 기존 군사력의 구조적인 퇴보를 가져올 것이다. 이미 언급했듯이 한국의 현용 무기체계들 가운데서도 상당수가 노후화되어 있다. 육군의 M-48 탱크, UH-1 수송헬기, 500MD 공격헬기, 해군의 주력 수상전투함, 공군의 F-4 팬텀 대형 전투기와 F-5 소형 전투기, 그리고 나이키 허큘리스 장거리 지대공미사일 등이 여기에 속한다. 이들은 대부분이 25~30년의 경제수명을 넘긴 구식 무기체계들로 외형 자체가 심하게 부식되었을 뿐만 아니라, 고장 내지 결함이 생길 경우에는 부품조차 제대로 구하기 어려운 실정이다. 일부는 훈련, 운용도중에 간헐적으로 안전사고가 발

〈도표 4-9〉 주요 노후 무기체계들의 보유현황

	무기체계별 노후상태
육군	탱크: 50%(M-47 5%, M-48 45%) 견인포: 53%(105mm 35%, 155mm 17%, 203mm 2%) 헬기: 49%(UH-1 21%, 500MD 28%)
해군	군함: 37%(고속정 32%, 초계함 29%, 호위함 44% 상륙함 50%, 상륙정 67%) 항공기: 47%(대함/대잠 헬기 27%, 수송헬기 100%) 해병대: 44%(탱크 64%, 상륙용장갑차 32%)
공군	전투기: 34%(F-4 및 F-5 일부, A-37 공격기, RF-4/5 정찰기 등 11개 기종) 기타: 나이키 허큘리스 지대공미사일

출처: 백재옥 · 박주현 · 임길섭 등, 『'05 국방예산 분석 · 평가 및 '06 전망』(한국국방연구원, 2005), p.77~81.

생하여 장병들의 목숨마저 위태롭게 하고 있다.

국방예산이 제대로 확보되지 않을 경우 이러한 구식 병기들을 계속 유지하기 위해서만 소모성 비용을 떠안아야 할 뿐 아니라, 동원 가능한 군사력의 수준과 대비태세도 떨어뜨릴 것이다. 그리하여 신규전력 획득을 위한 투자비 확보를 더욱 어렵게 만드는 악순환으로 이어질 것임은 불 보듯 훤한 일이다. 탄약이나 군용 연료와 같은 주요 긴요물자 확보에도 큰 장애가 될 것은 물론이다.

(4) 독자적인 안보, 군사전략이 있는가?[337]

자주국방을 위한 무형적 요소라면 유사시에 자국의 군사력을 자주적으로 움직일 수 있는 권한, 즉 '전시작전통제권' 정도만을 떠올리기 쉽다. 하지만 그에 못지않게, 아니 어쩌면 더욱 중요한 것은 바로 안보에 대한 해당국가의 독자적인 방침의 존재 여부다. 다시 말해서 자국의 사활적·핵심적 국익에는 구체적으로 어떤 것들이 있으며, 이들을 어떤 방식으로 지키고 관철시킬 것인가에 대해 규정하여 외교·국방정책의 지침이 되는 성문화된 공식 '국가안보전략'이 존재하느냐에 대한 문제인 것이다. 자주 인용되는 레이 S. 클라인의 국력 평가공식에서도 나오듯이, 안보전략의 수준은 해당 국가의 역량 전체를 결정할 만큼 중요한 무형요소다.[338] 이것이 제대로 갖춰지지 않고서는 인구나 경제력, 군사력 등의 유

337) 국내 군사학계에서는 해군 교육사령관을 역임한 강영오 예비역 제독이 지난 1998년 이후 월간 「軍事世界」를 통해 발표한 관련 논문들을 계기로 성문화된 국가안보전략의 필요성이 본격적으로 제기되기 시작했다. 보다 자세한 논의 내용은 강영오, 2003, pp.21~70을 참고.

형요소들이 아무리 커도 이를 발휘하기가 어렵게 된다.

국가안보전략이 행정부 차원에서 공식문서로 제출되기 시작한 것은 지난 1986년의 미국, 그러니까 로널드 레이건 행정부시절부터였다. 당시 『골드워터-니콜스 국방성 재편령 603조』(Section 603 of the Goldwater-Nichols Department of Defense Reorganization Act)에 근거하여 미국의 역대 행정부는 원칙상 연례적으로 안전보장과 직결되는 정치, 경제, 외교, 국방정책의 포괄적인 기조를 입법부에 대한 보고서 형식으로 작성하게 된 것이다.[339] 자국의 '자기보존'과 '위험 예방'에 대한 해당 정부의 관점과 정책 운용의 지향점, 그리고 방법론을 명시한 최상위급의 지침서라고 할 수 있는 이 문서에는 보통 다음과 같은 내용들을 포함한다.

- 미국의 국가안보에 핵심적 영향을 주는 주요 이익, 목적, 목표들
- 미국의 국가안보를 관철하고, 외부 위협을 억지하기 위해 요구되는 대외정책

338) 클라인이 제시한 공식에 따르면 일국의 총체적인 국력은 (인구 · 영토의 크기 +경제력 + 군사력) × (국가전략 + 국민의지)에 따라 산출된다. 좀 더 구체적으로 구분한다면 인구와 영토의 규모가 각 50점씩이며, 경제력은 GNP 100점 만점에 에너지와 광물, 공업수준, 식량, 무역 등이 각 20점씩으로 총 200점이다. 군사력은 재래식 군사력, 핵무기를 비롯한 전략급 군사력이 전력이 각 100점으로 총 200점이 만점이다. 국가전략과 국민의지는 각 1점씩으로 국민의지의 경우 내부통합 수준이 33%, 정부의 지도력이 34%, 그리고 전략과 국익간의 부합성 여부가 33%다. 즉, 유형 국력요소가 500점 만점이며, 무형 국력요소는 2점 만점이다. 이 계산에 따르면 유형 국력요소가 아무리 우월해도, 무형 국력요소가 형편없다면 전체 국력은 미미한 수준에 그치게 된다. 병력 규모나 무기의 수를 비롯한 외형적인 군사력에서 북베트남보다 앞서면서도 정부의 부패와 내부 분열로 패망한 남베트남이 그 본보기다.

339) 『골드워터-니콜스 국방성 재편령』 법안이 제정된 이후 미국에서는 레이건 행정부 시절에 두 차례(1987년, 1988년), 부시 1세 행정부 시절에 세 차례(1990년, 1991년, 1993년), 클린턴 행정부 시절에 여섯 차례(1994~1999년), 그리고 현재의 부시 행정부에서 두 차례(2002년, 2006년) 국가안보전략 보고서가 작성되었다.

과 전세계적 공약 그리고 능력

- 이를 위해 정치, 경제, 군사 및 기타 국력요소들을 사용할 수 있는 장·단기적 구상
- 국가안보전략을 구현하기 위한 수단으로서 각 국력요소들의 능력 평가
- 그 이외에 국가안보전략과 연관된 사항으로서 의회에 보고할 가치가 있는 내용들

이와 같이 국가의 최우선 이익이라고 할 수 있는 안전보장에 대한 명문화된 정부 차원의 지침을 통해서 내부적으로는 외교 및 국방정책의 일관성과 신뢰성 그리고 자주성을 확보하고, 대외적으로는 외부의 우방·동맹국들과 현존 내지 잠재적인 위협세력들에게 자국의 입장과 의지를 알리는 효과를 기대할 수 있다. 한편 국방당국이나 군 수뇌부는 국가안보전략으로 나타난 행정부의 지침을 대원칙으로 삼아서 이를 군사력으로 구현할 수 있는 군사전략, 즉 억지와 실전 전략을 작성하게 된다. 여기에 포함되는 내용들은 아래와 같다.

- 자국 안보환경에 영향을 주는 군사상의 기회 및 위협요인 평가
- 군사력을 통해 이루고자 하는 주요 정책목적
- 주로 대비해야 할 군사적 분쟁의 종류, 그리고 최종상태 설정
- 군사력의 사용방식을 규정하는 핵심적인 원칙, 개념
- 지향하는 군사목적 및 전략의 달성을 위해 요구되는 군사능력(규모, 구성 등)

국가안보전략과 군사전략 사이의 연관성은 소위 '개입과 확장(Engagement & Enlargement)' 원칙을 골자로 하는 클린턴 행정부 시절의 미 국가안보전략과 지난 2002년 부시 행정부가 제출한 새로운 미 국가안보

전략의 차이점을 통해서 알 수 있다. 클린턴 행정부의 경우 특정 주요지역(아랍, 동북아시아 등) 내부의 적성국가들을 주요 안보위협으로 지목했으며, 초국가적 범죄, 테러리즘, 불법 마약거래와 대량살상무기가 그 뒤를 이었다. 그리고는 '주요 지역분쟁(Major Regional Contingencies)'이라는 부문을 할애하여 "미국은 2개의 주요 지역에서 벌어지는 전쟁을 동시에 수행하여 승리할 수 있어야 한다"고 명시하였다.[340] 미군이 탈냉전 이후 '윈-윈 전략'을 채택하고, 동북아시아에서 병력 10만 명의 전진배치를 유지하기로 한 것도 이를 반영한 결과였다.

반면 전대미문의 9.11 테러사태 1년 후에 발표된 부시 행정부의 것은 테러리즘을 미국 안보에 대한 최대위협으로 격상시켰으며, 대량살상무기를 그 다음가는 위협으로 규정했다. 뿐만 아니라 이들을 막기 위해 필요하다면 미국 혼자서라도 테러리즘 세력, 대량살상무기를 보유한 정권에 대한 선제공격(Preemptive Actions)을 가할 수도 있음을 천명했다.[341] 이에 따라 미군도 재래식 군사력 중심의, '국가 대 국가' 수준 무력충돌을 전제로 하는 위협기반접근(Threat-based Approach)에서 탈피하여 비대칭 전력을 갖춘 다양한 유형의 세력에 맞서기 위한 능력기반접근(Capability-

340) 원문 내용을 그대로 옮기자면 다음과 같다. "With Programmed enhancements, the forces the Administration is fielding will be sufficient to help defeat aggression in two nearly simultaneous major regional conflicts.…(중략)…More basically, maintaining a 'two war' force will helps ensure that the United States will have sufficient military capabilities to deter or defeat aggression by a coalition of hostile powers or by a larger, more capable adversary than we foresee today." The White House, *A National Security Strategy of Engagement and Enlargement*, February 1995, p 9.

341) The White House, *The National Security Strategy of the United States of America*, September 17th, 2002, p.6; pp.15~16.

based Approach)을 채택하였다. 그 결과 미국 본토 내에서의 대량살상무기 방호, 세계 어느 지역으로든지 재빨리 투입될 수 있는 해·공군 그리고 경량화된 육군부대 중심의 신속배치 능력이 강조되었다. 2003년의 제2차 걸프전쟁에서는 선제공격을 통한 적대적인 정권의 교체까지 지향하는 군사전략이 등장하기도 했다. '윈-윈 전략'은 역사의 유물로 사라졌으며, 주한미군을 비롯한 세계 각지의 고정주둔식 미군 배치도 본격적인 재편성을 맞게 된 것이다.

미국 외에도 러시아가 1990년대부터 정부차원의 공식 『국가안보개념』과 『군사독트린』을 수립·발표하고 있다.[342] 특히 푸친이 집권한 직후인 지난 2000년에 채택된 『군사독트린』에서는 핵무기를 선제공격에 사용할 수 있음을 명시하여 세계 각국의 주목을 받기도 했다. 일본은 1957년 5월의 『국방의 기본방침』을 시작으로 지난 1976년과 1995년, 그리고 2005년에 각각 발표된 『방위계획대강』을 공식 국가안보전략으로 삼는다. 그리고 중국도 공산당 중앙군사위원회를 통해서 군사전략의 검토, 수정을 실시하고 있다.

한국의 경우 그동안은 행정부 차원, 즉 대통령 명의로 된 국가안보전략이 발표 및 채택되는 일은 거의 없다시피 했다. 박정희 대통령의 집권 시절이었던 지난 1970년 『국가안전보장 기본정책서』가 발간되기도 했지만, 공식 국가안보전략이 아닌 행정부의 내부문서로 작성되었을 뿐이다.[343] 이후에는 외교통상부와 국방부, 통일부 등의 외교안보 관련 정부

---

342) 러시아 정부의 공식 『국가안보개념』과 『군사독트린』 내용은 러시아연방 안전보장회의 인터넷 웹사이트(http://www.scrf.gov.ru)에서 열람할 수 있다.

343) 당시 작성되었던 『국가안전보장 기본정책서』를 근거로 1973년 2월 국무회의에서 건국 이후 처음으로 정부 차원의 '국가목표'가 설정되었다. 여기에는 "자유민주주의 이

부처들이 저마다 매년 발간하는 백서(白書), 또는 새로운 행정부가 출범할 때마다 제시되는 여러 국정과제들 가운데서 일부분으로 포함되는 것이 고작이었다.

지난 2004년 3월 1일 청와대는 『평화번영과 국가안보: 참여정부의 안보정책 구상』이라는 책자를 국가안전보장회의(NSC: National Security Council) 명의로 발간하였다. 이 책자는 정부 차원에서 지향해야 할 주요 국익과 안보목표, 당면 과제, 그리고 안보전략의 기조를 포괄적으로 제시하여 '성문화된 국가안보전략'의 형태를 갖추고 있다. 이는 건국 이후 처음으로 채택된 공식 국가안보전략이라는 점에서 큰 의미를 부여할 가치가 충분하다. 하지만 그와 같은 역사적인 의의에도 불구하고 『평화번영과 국가안보』의 내용이 국가안보 정책에 대한 정부 차원의 최상위 지침으로서 얼마나 효용성이 있는지에 관해서는 비판의 여지가 남아있다. 먼저 안보정책의 주요 목표, 과제의 세부 내용을 보면 국가의 사활적 · 핵심적 이익과는 성격이 다른 '남북 경제협력 확대', '동북아 경제중심 추구', '경제 · 통상 외교력 강화', '문화외교 강화와 재외동포 지원' 등이 포함되어 있다. 국가안보라는 개념 자체에 대한 행정부의 기본적인 인식 부족으로 해석될 수도 있는 문제다. 또한 5대 국가이익 가운데 하나로 제시된

념 하에 국가를 보위하고 조국을 평화적으로 통일하여 영구적 독립을 보전한다", "국민의 자유와 권리를 보장하고, 국민생활의 균등한 향상을 기하여 복지사회를 실현한다," "국제적 지위를 향상시켜 국위를 선양하고, 항구적인 세계평화 유지에 기여한다" 등이 포함되었는데, 대부분이 현재까지도 유지되고 있다. 이보다 앞선 1972년 12월 29일에는 국방부가 최초의 국방목표, 즉 "국방력의 정비 및 강화를 통하여 평화통일을 뒷받침하고, 국토와 민족을 수호한다", "적정군사력을 유지하고, 군의 정예화를 추구한다", "방위산업을 육성하여 자주국방 체제를 확립한다" 등을 발표했다. 한용섭, "한국 국방정책의 변천과정", 차영구 · 황병무, 2004, pp.79~80.

'한반도의 평화적 통일'의 경우, 그것이 어떠한 정치, 경제, 사회적 가치를 지향하는 통일인가의 여부가 명시되지 않고 있다.[344] 이는 '자유민주주의와 인권 신장'을 역시 5대 국가이익에 포함시킨 것과는 대조를 이루며, 명백히 우선순위의 차이가 존재하는 사활적 이익과 핵심적 이익을 동격으로 설정하는 오류를 범한 것이다.

그리고 이러한 정책 목표들을 달성하기 위한 전략 기조, 수단들도 외교, 경제협력과 같은 '협력에 의한 전략'에 치중하고 있다. 북한에 의한 정치 · 군사적인 대립, 그리고 주변 강대국과의 해양관할권 및 영유권 분쟁 가능성이 엄연히 상존하고 있는 한국의 안보환경을 고려할 때, 다분히 현실성이 떨어진다는 비판을 면하기 어렵다. 특히 군사력의 경우 '자주적 정예군사력'이나 '군 구조개편과 국방개혁' 등의 내용을 다루고 있지만, 그 역할에 대해서는 '대북 억지에서의 주도적 역할 수행'이나 '한반도 평화와 안정 확보' 정도로만 기술되어 있는 수준이다. 군사력의 사용 원칙에 해당하는 것은 "북한의 전쟁 도발을 억지하고, 도발시 이를 격퇴한다"라는 내용 정도인데, 유사시 한국군의 임무를 방어 위주로 한정시킨다는 점에서 소극적이라는 비판을 받을 수 있다.

군사전략에서도 비슷한 문제점을 찾을 수 있다. 한국군이 독자적으로 군사전략 기획체계를 수립하게 된 계기는 지난 1973년 처음 작성된 군사전략 및 군사력 건설계획, 즉 『기본군사전략서』를 기원으로 한다. 이후 1983년부터는 4년 주기의 『장기합동군사전략기획서』(JSLP: Joint Strategic Long-term Plan)가 작성되기 시작했으며, 1999년 말을 기점으로 15년 단위의 『합동군사전략서』(JMS: Joint Military Strategy)와 『합동군사전략

---

344) 강영오, "참여정부의 국가안보전략", 「군사논단」, 2004년 가을호, 통권 제40호.

목표기획서』(JSOP: Joint Strategy Object Plan), 그리고 『합동군사전략 능력기획서』(JSCP: Joint Strategy Capability Plan)로 나뉘어 작성된다.[345] 하지만 이들은 모두 군 지휘부 내부의 2급 기밀문서이지, 공식화된 군사전략은 아니다. 물론 『국방백서』를 통해서 평시의 전쟁 억지, 실전에서의 승리에 대한 기본 원칙이 제시되고 있지만, 지나치게 개략적인 내용을 담아 왔다. 아래에 제시된 최근 10년 동안의 『국방백서』에 나타난 군사전략 관련 내용들이 그 증거다.

> "우리 군은 전쟁억제를 위해 확고한 한 · 미 연합방위태세를 기반으로 한국군 주도의 전쟁수행태세를 제고시키고 즉응성 있는 위기관리체제를 유지하고 있다. 우리의 전쟁억제 노력에도 불구하고 북한이 전면적인 전쟁을 도발할 경우에는 적극적 방위개념에 입각하여 한 · 미 연합작전체제로 전쟁을 수행할 것이다. 이는 북한의 전쟁수행 의지를 분쇄하고, 북한군 주력을 조기에 격멸하여 전승을 달성하고 국토통일의 기반을 조성하는 것이다. 만일 북한이 내부 국면 전환을 위한 국지도발을 해 올 경우, 우리 군은 한 · 미 연합 또는 한국군 단독전력으로 도발양상에 따라 신축성 있게 대처하고 재도발을 방지하기 위하여 적절한 군사조치를 강구할 것이다."(『국방백서 1997』 제4부: 국방태세－1장 군사전략, 1절 '군사전략' 中)

345) 『합동군사전략서』는 3년 주기로 작성되며, 주요 내용으로는 전략 수준의 안보환경 평가, 군사전략의 목표 및 기조, 북한과 불특정 위협에 대비한 군사전략, 장기적인 군사력 건설방향, 그리고 합동전장운용 개념을 비롯한 전략개념 등을 포함한다. 『합동군사전략 능력기획서』는 현존 및 동원 군사능력을 바탕으로 주요 부대에 임무, 자원을 할당하는 것을 내용으로 하며, 『합동군사전략 목표기획서』는 보다 중 · 장기적인 전력 소요의 발전방안을 다룬다. 박경현, 『한국의 군사전략』(국방대학교 합동참모대학, 2005), pp.104~115.

"우리 군의 대북 군사정책 기본목표는 평시에는 북한의 대남 군사도발을 억제하되, 국지도발을 자행할 경우 이를 조기에 격멸함과 아울러 이에 상응한 응징보복을 가함으로써 재발을 방지하고 북한의 전면 남침시에는 한·미간의 긴밀한 협력과 주변국과의 협조하에 이를 격퇴하여 통일을 달성하는 것이다."(「국방백서 1998」 제2부: 평화를 위한 국방정책과 태세－1장 국방정책의 기본방향, 2절 '국방정책의 기본방향' 中)

"우리 군의 대북 군사정책의 기본목표는 북한의 대남 군사위협을 효과적으로 관리하고 나아가 이를 감소시킴으로써 평화통일 과정을 군사적으로 지원하는 것이다. 그러나 현재로서 대북 군사정책의 요체는 전쟁 및 각종 도발의 억제와 도발시 적극적으로 대응하는 것이다."(「국방백서 1999」 제2부: 평화를 위한 국방정책과 태세－1장 국방정책의 기본방향, 2절 '국방목표와 정책기조' 中)

"우리 군은 한미 연합방위체제를 기반으로 한 대북억제력을 강화함으로써 북한으로 하여금 무력에 의한 적화통일전략의 무용성을 인식토록 해야 한다. 이와 함께 남북간 상호 군사적 신뢰구축과 긴장완화를 통해 군사적 안정성을 조성해 나가고, 주변국과는 긴밀한 군사협력관계를 통해 우리에게 유리한 전략환경을 조성함으로써 한반도에서 적의 무력도발과 전쟁을 억제해야 한다. 이와 같은 우리의 전쟁노력에도 불구하고 북한이 무력 도발할 경우, 우리 군은 한미 연합전력으로 초전에 적 주력을 격퇴하여 수도권 안전을 확보하고 반드시 승리를 달성할 것이다."(『국방백서 2004』 제3장: 평화수호를 위한 국방태세－제1절 군사력 운용 및 보유전력, 1. '우리 군의 군사력 운용개념' 中)

"한미 연합군은 북한의 무력도발 가능성에 대비하여 상시 전투준비태세를 유지하고 도발을 억제하기 위한 노력을 기울이고 있다. 또한 24시간 한반도 전 지역을 감시할 수 있는 조기경보체제와 신속한 대응조치로 적의 기습을 방지할 수 있도록 대비태세를 유지하고 있다. 만일 북한이 전쟁을 도발할 경우에는 한미 연합조기경보체제와 신속한 대응조치로 적의 기습을 거부하고, 개전 초부터 적의 장사정포와 미사일 등 핵심전력을 정밀타격함으로써 조기에 수도권의 안전을 확보하고 전장의 주도권을 장악할 수 있는 대비태세를 수립해 놓고 있다."(『국방백서 2006』 제3장: 평화수호를 위한 국방태세 확립－제1절 전방위 군사대비태세 유지, 2. '군사대비태세' 中)

이처럼 한국은 스스로의 국익 관점이나 국력에 입각한 독자적인 안보, 군사전략을 아직 마련하지 못하고 있으며, 그나마 존재하는 것도 행정부 차원의 최상위 정책지침보다는 대북, 외교, 국방정책에 대한 원론적인 대국민 홍보책자에 더 가까운 실정이다. 안보, 국방의 자주성은 단순히 전시작전통제권을 환수하는 것뿐만 아니라 자국의 사활적 · 핵심적 이익을 보호, 관철하기 위해 필요한 각종 정책수단을 체계적으로 운용할 수 있는 방책이 정립되어야만 가능하다. 그렇지 않는다면 등산 장비는 물론 지도조차 없이 산을 오르겠다고 나섰다가 조난을 당하는 어리석은 초보 등산가 신세가 될 수밖에 없다.

2. 한국이 해야 할 일

지금까지 살펴본 내용을 정리하면 한국의 현실은 '자주국방'을 국가 안보전략의 하나로 삼기에는 여러모로 부족한 점이 많다. 우선 한국의 군사력은 국력이 월등하게 앞선 주변 강대국뿐만 아니라 국력 총량에서 더 이상 적수가 되지 못하는 북한을 상대로도 독자적인 전쟁 억지, 승리를 보장받기 힘든 '전술 · 작전' 차원에 머물러 있다. 또한 자체적인 전력의 확보 및 전쟁수행과 직결되는 방위산업, 군수지원 능력에서도 한국은 큰 취약점을 안고 있다. 여기에 지난 10년 가까이 적정 수준을 밑돌고 있는 국방예산은 그렇지 않아도 열악한 한국의 자주국방 능력을 더욱 위축시켜 왔다. 그리고 한국은 여전히 스스로의 관점과 의지를 반영하는 정부 차원의 독자적인 안보, 군사전략을 세우지 못하고 있는 실정이다.

이로 인해 한국은 안전보장을 위한 주요 기능들의 대부분을 초강대국 미국과의 '동맹' 전략에 의존해야 하는 처지를 벗어나지 못해 왔다. 전쟁의 억지 및 승리능력은 U-2 정찰기와 주일미군이 보유한 공중 조기경보 통제기, 정찰위성, 그리고 GCCS(Global Command Control System)[346]라고 불리는 C^4I 체계를 비롯한 미군의 정보능력과 개전 후 1~2개월이 걸려서야 도착할 수 있는 69만 명의 대규모 미군 증원에 달려있다. 군사전

346) GCCS는 미군이 전세계를 범위로 하는 통신 및 지휘통제 기능을 위해 구축한 C^4I 체계로 이 가운데 주한미군, 한미 연합사령부가 운용하는 것은 GCCS-K라고 불린다. 한국군도 합참의 CPAS를 GCCS-K와 연동시켜서 필수 소요량에 해당하는 정보를 제공받고 있으며, 매년 일정 수준의 사용료를 주한미군 방위비 분담금의 형식으로 지급한다. GCCS-K는 최근 CENTRIXS-K(Combined Enterprise Regional Information Exchange System)로 명칭이 바뀌었다.

략은 미 태평양사령부의 작전계획 5027에 따르며,347) 한국의 군사력은 미군의 대규모 증원이 이루어지기 전까지 휴전선 전방지대에서 겨우 방어선을 유지하기에 급급한, 수동적인 방어만을 수행할 수 있는 육군 위주로 편성되어 왔다. 그 결과 전쟁의 억지 및 승리를 주도하는 전략급 능력의 대부분을 담당해야 할 해군과 공군은 크게 위축되었으며, 한국은 자주국방을 실현할 엄두조차 내지 못해왔다. 일부의 주장처럼 "미국 없이는 아무 것도 못하는" 정도까지는 아니더라도, "미국 없이는 매우 불리한" 수준을 면치 못해온 것이다.

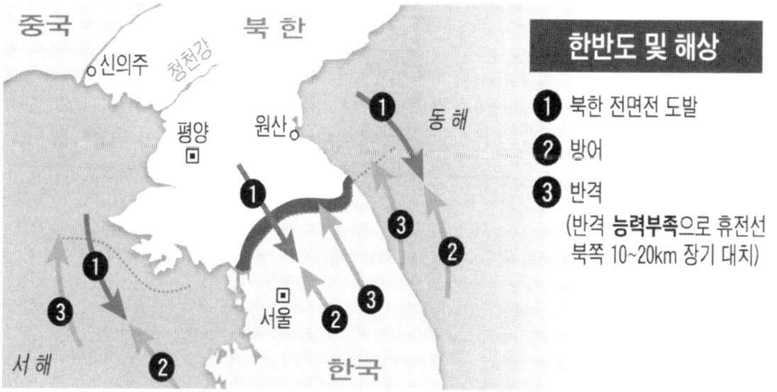

출처: 「조선일보」 2006년 8월 7일자

〈그림 4-5〉 **한국군의 자체 전쟁수행능력 현황**

347) 물론 한미 양국이 동률 보직 원칙 하에 조직되는 연합사령부가 존재하며, 매년 347) 한미 연례안보협의회의(SCM: Security Consultative Meeting)와 동시에 개최되는 양국 합동참모본부 의장 사이의 한미 군사위원회(MC: Military Committee)를 통해서 한국이 유사시 연합전략과 작전통제권의 행사 방향에 스스로의 입장을 반영시킬 기회를 제도적으로 보장받고 있는 것은 사실이다. 하지만 북한에 대한 전쟁 억지능력이 전적으로 미국의 군사력에 달려있다는 현실을 감안할 때, 작전계획 5027에서도 미국의 의지가 더 큰 영향을 미칠 것임은 분명하다.

특히 지난 1980년대 전두환 행정부의 사례는 가장 개탄스러운 일이다. 1980년 전국민적인 민주화 열망을 짓밟고 권좌에 오른 신군부 세력은 국내에서의 정통성 부재 문제를 동맹 미국의 정치적 승인으로 해결하려 했으며, 이를 위해 1970년대부터 박정희 행정부가 천신만고 끝에 토대를 닦아 놓았던 탄도미사일과 핵개발 연구사업을 철저하게 숙청해 버렸다.[348] 한국이 주한미군 완전철수를 대비하여 독자적인 탄도미사일과 핵무기 개발에 나서는 것을 달갑지 않게 여겼던 미국의 환심을 사려는 의도에서 비롯된 것이었다. 그것도 모자라 "사거리 180km 이상의 미사일은 개발, 생산하지 않겠다"는 내용의 소위 「한미 미사일각서」까지 손수 작성하여 미국의 비위를 맞추기에만 급급했다. 이는 국가안보를 위한 자주국방 능력의 중요성을 조금이라도 인식했다면 도저히 할 수 없는 반(半)매국노적인 만행이었다! 그 결과는 오늘날 한국을 수십 차례 파괴할 정도를 넘어서 동맹 미국의 군사적인 개입 의지까지 위협할 만큼 커져 버린 북한의 대량살상무기 전력과, 미국의 안보공약 없이는 북한과 주변 강대국들에게 '길들이기' 대상에 불과한 한국의 대조적인 모습으로 나타나고 있다.

혹자는 "북한이 핵무기를 갖게 되었으니 한국은 핵우산을 비롯한 미국의 안보공약에 더욱 의존할 수밖에 없을 것"이라면서 자주국방 자체가 무의미하다고 주장할지도 모른다. 하지만 필자는 그러한 주장에 결코 동의하지 않는다. 오히려 미국과의 동맹 일변도에 머물러 온 기존 국가안보 전략은 이미 지난 10여년 동안 계속된 북한의 '벼랑끝 전술'로 그 한계가 드러났으며, 지난해 10월 9일의 핵실험 사태는 이를 더욱 명백하게 확인시킨 경고 신호였다. 국가안보의 핵심이자 정치·군사적 지렛대인 전쟁

348) 오원철, "유도탄 개발, 全斗煥과 미국이 막았다", 「신동아」, 1996년 1월호.

억지, 승리능력을 스스로 확보하지 못하는 이상 한국은 한반도 평화와 통일 문제에 대한 당사자로서의 주도적 입지와 발언권을 결코 보장받지 못할 것이며, 기껏해야 미국과 북한 사이의 '중재자' 내지는 경제지원 부담이나 떠안는 어정쩡한 처지를 벗어날 수 없다. 또한 위기 때마다 북한 독재정권의 횡포에 당당히 맞서기보다는 '민족화해'와 '평화'라는 미명 아래 눈치를 살피며 그들의 자비(?)를 구걸해야 하고, 인도주의와 민족애에 입각한 대북지원이 또 다른 군사도발과 "선군정치가 남조선을 지켜준다"는 적반하장(賊反荷杖)식 반응으로 돌아오는 현상도 계속될 뿐이다. 한국 내부에서는 "또 퍼주기냐?", "그럼 전쟁하자는 말인가?" 등의 비생산적인 대립과 국론분열이 더욱 심해질 것이다. 그야 말로 '스톡홀름 신드롬(Stockholm Syndrome)'의 악순환이라고 할 수 있다.349)

이제 한국 정부는 지금과 같은 '전 국민의 인질화' 상태를 더 이상 방치해서는 안된다. 그리고 이를 위해서는 동맹 미국의 불확실한 안보공약에 의존하지 않고서도 북한과 주변 강대국에 맞서 '주권과 자유가 보장되는 평화', 그리고 '생존과 번영이 보장되는 승리'가 가능한 자체 군사력과 전쟁 수행능력을 하루빨리 갖추어야 한다. 결코 쉬운 일은 아니지만, 불가능한 것도 아니다. 특히 『국방개혁 2020』의 첫 단계에 해당하는 앞으로의 몇 년이 그 성패여부를 결정짓는 가장 중요한 시기가 될 것이다. 한국군은 이번 기회를 단순히 지난 10여 년 동안의 각종 전력투자 사업을

349) 스톡홀름 신드롬이란 "인질로 억류된 피해자가 인질범에게 동조하거나 우호적인 태도를 나타내는 비이성적 현상"을 뜻하는 범죄심리학 용어다. 핵개발을 비롯한 북한의 군사적 위협을 '미국의 적대시 정책에 대한 방어책'이라고 두둔하거나, 한반도에서의 전쟁 위험이 주한미군 주둔을 비롯한 한미 동맹에 의한 것이라고 주장하며, 지난해 북한의 탄도미사일 시험발사나 핵실험 자체보다는 그 이후 미국이 취한 제재조치를 더 문제삼는 한국 사회와 정치권 일각의 행태도 스톡홀름 신드롬과 비슷한 양상을 보여준다.

나열하는 차원을 넘어서 전술·작전 수준의, 병력집약형 구조에 머물러 왔던 기존 전력구조를 '전략급 능력을 갖춘, 고도로 정예화된 강군'으로 쇄신하는 계기로 삼아야 한다.

(1) 전쟁 억지, 승리 능력의 자립

그동안 한국의 군사력 건설은 북한에 대한 양적 격차의 만회와 미국이 주도하는 연합 군사전략의 일부로서 탱크, 장갑차, 야포 등을 비롯한 육군 무기체계 중심으로 이루어졌으며, 전략 차원 군사력의 핵심이어야 할 해군과 공군조차 '최종 전장'인 휴전선 이남의 영토와 인근해역, 그리고 공역에서 주로 임무를 수행할 정도의 전술·작전급 전력만을 갖춰온 것이 사실이다. 전력투자를 위한 예산 비중에서도 육군이 해군, 공군을 압도해왔을 정도였다.[350] 이로 인해 한국군은 탱크, 군함, 전투기를 비롯한 대칭적인 동일 무기체계 기준으로는 이미 북한에 대한 질적 우위를 달성하였지만, 전쟁의 억지 및 승리와 직결되는 전략급 능력은 여전히 충분치 못한 실정이다. 한국이 지난 1974년부터 30년이 넘도록 북한보다 훨씬 많은 액수인 총 75조 원 이상을 전력증강 사업에 투자해 왔음에도 불구하고 자체 군사력지수가 북한의 약 80% 수준에 불과한 것으로 평가되는 이유도 바로 여기에 있다.[351]

---

350) 한 보기로 '율곡사업'으로 알려진 방위력확충사업의 1차 기간인 1974~1981년 동안 육군은 전력투자비의 43%를 사용한 반면, 해군은 16%, 공군은 22%의 비중을 차지했다. 1982~1986년 사이의 2차 율곡사업에서는 육군이 전력투자비의 50%를, 해군과 공군의 경우 각각 21%, 24%였다. 그리고 1987~1992년 사이의 3차 율곡사업에서 전력투자비의 49%를 육군이 점유했던 반면 해군은 21%, 공군은 22%에 불과했다. 최명상, "한국의 국방개혁과 군 구조 개편의 과제", 김기정·이성훈·김순태 편, 2006, pp.220~221.

〈도표 4-10〉 한국군의 군사력 건설 현황

	투자비	목표	대상 무기체계
1차 (1974~ 1981)	2조 8,347 억원	• 최소한도의 전술급 방어전력 확보	• 소총, 야포 등 주요 화기류 • 전방지대 진지 구축 • M-47/48 탱크 • 500MD 소형헬기 • 고속정 건조 • F-4/5 전투기 직도입 • 호크/나이키 허큘리스 지대공미사일 도입
2차 (1982~ 1986)	5조 5,757 억원	• 전술급 방어전력 보충 • 작전급 전력의 획득 시작	• K-55 등 각종 자주포 도입 • K-1 탱크, K-200 장갑차 개발 • 초계함, 호위함 건조 • F-5E 국내 조립생산(제공호) • F-16 블록 32 직도입
3차 (1987~ 1996)	26조 4,867 억원	• 작전급 전력의 본격 확충	• 자주포 도입, 양산지속 • 현무 탄도미사일 양산, 배치 • K-1 탱크, K-200 장갑차 본격양산 • UH-60/CH-47 기동헬기 도입 • 장보고급 잠수함 건조 • P-3 해상초계기 도입 • KF-16 양산 개시
4차 (1997~ 2004)	39조 3,463 억원	• 작전급 전력확충 완비 • 제한적인 전략급 능력 확보	• 금강/백두 정찰기 직도입 • K-9 자주포, MLRS, ATACMS 탄도미사일 획득 • K1A1 탱크 개발 및 양산 • KD-Ⅰ/Ⅱ 구축함 건조 • KF-16 양산 지속

출처: 백재옥 · 박주현 · 임길섭 등, 2005, p.59.
주해: 투자비 금액은 결산치 기준이며, 전체 액수 가운데 실제로 무기체계 획득에 사용된 '장비 자산취득비'는 45조 8,863억원(약 62%)이다.

그 결과 한국군의 전투력 수준은 휴전선 전방지대에 배치된 장거리 야포, 탄도미사일, 그리고 각종 대량살상무기를 비롯한 북한의 비대칭 전

351) 미국 랜드(RAND) 연구소의 한반도 군사문제 전문가인 브루스 베넷 박사는 한국군의 전력지수가 2000년의 경우 북한의 64~78%이며, 2003년에는 다소 개선되었지만 여전히 북한 대비 83% 정도에 불과하다는 평가를 내놓았다. 윤상호, "한국군 자체 戰力 북한의 83% 수준", 「동아일보」, 2003년 5월 21일자.

력에 대한 전략 차원의 취약성을 면치 못하고 있으며, 해군과 공군력에서도 주변 강대국보다 열등한 수준에 머물러 있는 것이다. 비유를 하자면 자기보다 체격이 건장한 불량배가 긴 칼을 휘두르고, 심지어는 훨씬 왜소하고 허약한 문제아조차 단검을 들고 설치는데, 혼자서만 맨주먹밖에 없는 것이나 마찬가지다. 특히 북한의 핵실험 사태를 계기로 전술·작전급 위주의 군사력 건설은 더더욱 그 실효성이 떨어질 수밖에 없다. 남들이 칼싸움 연습할 때 혼자 태권도 훈련만 죽어라 한다면, 결과는 자명하지 않겠는가?

따라서 한국이 자주국방을 실현하려면 무엇보다도 그동안 계속되어 온 전략 차원의 군사력 공백을 극복해야 한다. 그리고 이는 지금까지 휴전선 이남을 비롯한 '최종 전장'으로 제한되었던 한국군의 임무수행 범위를 한반도 전체, 대륙붕과 EEZ 및 KADIZ 이내의 공역, 그리고 600해리 이상의 해상교통로를 비롯한 '완충 전장'과 '확대된 전장'으로까지 넓힐 수 있도록 보다 먼저 알고, 보다 빠른 속도로, 보다 멀리 움직여서, 보다 정확한 타격이 가능한 전략급 무기체계의 확보와 직결된다. 전쟁의 억지, 승리 여부를 미국과의 동맹 전략에 맡기면서 대칭적인 전술·작전 차원 위주의 무기체계 획득에 국한되었던 기존의 군사력 건설방식에서 벗어나 적어도 비핵 억지, 승리능력만큼은 한국 스스로 갖출 수 있어야 할 것이다. 전략 수준의 경우 북한과 주변 강대국에 대한 우위, 지배력을 추구하지 않되 그들이 한국의 사활적·핵심적 이익을 위협할 수 있는 군사력을 상쇄시킬 정도의 균형을 달성하고, 전술·작전 차원에서는 전장공간, 운용방식이 차별화된 무기체계를 중점적으로 확보하여 전투가 벌어지는 특정 공간 이내에서 보다 우세한 전투력을 발휘할 수 있도록 해야 한다.[352)] **요컨대 자주국방을 위한 한국의 유형군사력 건설은 독자적인 '전략적 대**

칭'과 '전술 · 작전적 비대칭'을 지향해야 한다. 불량배들에게 일방적으로 밀리지 않도록 크기는 작더라도 역시 칼을, 적어도 갑옷이라도 갖추면서 육탄전에서는 평소에 잘 단련해 놓은 체력을 발휘할 수 있어야 한다.

전략 차원의 능력 확보가 가장 시급히 요구되는 분야는 바로 군사력의 눈과 귀, 그리고 신경망에 해당하는 정보 기능이다. 한국군은 그동안의 전력 강화노력으로 평양~원산 이남을 비롯한 휴전선 전방지대를 범위로 하는 전술 · 작전급 감시, 정찰능력을 상당 부분 확보했지만,[353] 북한에 의한 최대 위협인 장거리 야포와 탄도미사일, 각종 대량살상무기 관련 시설에 대한 지속적인 정찰과 조기경보에 필요한 보다 넓은 범위에 걸친 정보수집 능력은 여전히 대부분을 미국에 의존하고 있다. 이것은 주한미군 사령부 산하의 미 국방성 한국지원단(DODSAK)이 수집하는 첩보로 이루어지는데, 정찰위성을 사용하는 '헬멧(Helmet)'과 정찰기 등 항공수

---

352) 흔히 상대국과 비슷한 형태의 무기체계 및 군사력을, 비슷한 방식으로 사용하는 것을 '대칭적' 접근이라고 한다. 이러한 특징 때문에 대칭적 접근은 상대국에 대한 군사적 규모의 우위(혹은 격차 해소)에 초점을 맞춘다. 반대로 '비대칭적' 접근은 상대국과는 다른 종류의 무기체계나 군사력을, 다른 방법에 따라 운용해서 상대국이 효과적으로 대응하지 못하도록 하는 것을 뜻한다. 주로 상대국보다 전체 국력이 열세하여 군사력의 양적 격차를 좁히기 어려운 나라가 선택한다. 예를 들어 상대국이 대규모의 탱크, 수상전투함, 전투기를 보유하고 있는 경우 대칭적 접근에서는 역시 해당 무기체계를 다수 확보하는 식으로 대응하지만, 비대칭적 접근은 공격헬기, 잠수함, 지상 방공무기처럼 전혀 다른 공간, 전술을 채택하는 무기체계를 선호한다. 박휘락, 2005, pp.389~390.

353) 그동안 한국의 대미 군사정보 의존도는 전술 · 작전급 정보의 70%, 전략급 정보의 거의 100%, 그리고 신호정보 98%와 영상정보 99%로 알려져 왔다. 이는 지난 1994년 합참에서 보고한 『정보 현대화 기본계획』의 내용을 근거로 한 것인데, 그 당시에는 금강/백두 정찰기와 P-3 해상초계기, 송골매 저고도 무인정찰기, 그리고 해상도 6m급의 다목적 실용위성 '아리랑 1호(1999년 발사)'가 없던 시절이었다. 따라서 해당 통계는 현재의 한국군 정보수집 능력보다 저평가된 것이라고 할 수 있다. 김당, "정보 자주화 없는 자주국방은 공염불", 「시사저널」, 1996년 10월 7일.

단에 의한 '올림픽 게임(Olympic Game)'으로 알려진다. 이와 같은 미국의 정보수집 능력을 지원받지 못한다면 한국군은 마치 장님, 귀머거리와 다름없이 유사시 북한의 기습 침공위협에 무방비 상태로 노출될 수밖에 없는 실정이다.

또한 전략 수준에서의 정보수집 능력 없이는 국민 생명의 안전, 혹은 전쟁으로의 상황 악화 여부가 달려있는 각종 위기상황에서의 자주적 의사결정이 어려워지므로 군사 차원뿐만 아니라 정치·외교적으로도 한국의 자율성을 심각하게 제약할 것이다. 지난해 북한의 탄도미사일 시험발사, 핵실험 당시 미국 고위당국자의 발언이나 외신 보도에 일희일비(一喜一悲)해야만 했던 이유도 여기에 있다. 그리고 지난 1996년 9월 북한 잠수함의 동해안 침투 당시에 나타난 한미간의 갈등과 그 과정에서 발생했던 로버트 김 사건에서 드러났듯이, 미국의 이해관계가 어긋나는 경우에는 한국이 급박한 안보 위협에 처할지라도 한미 양국 사이에 제대로 된 정보 공유가 이루어진다는 보장이 없는 것도 한계다.[354)]

현재 한국군이 운용하고 있는 전략급 정보수집 자산은 금강/백두 정찰기 8대, 그리고 해상도 1m 수준의 광학카메라를 탑재한 정찰위성 아리랑 2호 단 1대뿐이다. 앞으로는 이들을 휴전선 이북의 북한 전체는 물론, 주변 강대국의 영토 이내까지 포함하는 '완충 전장'과 '확대된 전장'을 대

---

354) 북한 잠수함 침투사건 직후 당시 미국 워싱턴에 주재하고 있던 한국 무관 백동일 해군 대령은 미 국방성의 국방정보국(DIA)과 해군성 정보참모부, 작전기획참모부 등에 관련 내용을 요청했으나 거절당했으며, 결국 이전에도 50여건에 걸쳐 북한 관련 정보를 사적으로 전달해 주었던 로버트 김에게 요청했던 것이다. 로버트 김은 관련 정보를 백 대령에게 제공한 지 1주일도 안된 그해 9월 24일 주미 한국대사관이 주최한 국군의 날 기념 연회장에서 미 연방수사국(FBI)에 의해 간첩공모 혐의로 체포되어 8년 동안이나 옥고를 치러야 했다. 로버트 김 후원회 엮음, 『집으로 돌아오다』(한길사, 2004), pp.57~94.

상으로 하는 지속적인 감시, 정찰 그리고 조기경보 기능이 가능하도록 확충시켜 나가야 할 것이다. 우선 아리랑 2호 이외에도 궤도가 다른 1~2대 이상의 정찰위성을 추가로 운용하여 집중적인 감시, 정찰이 요구되는 특정 대상을 적어도 하루에 1번씩은 반드시 관측할 수 있어야 한다. 아울러 새로 발사되는 정찰위성은 아리랑 2호와 동급 내지는 보다 우수한 1m 내외의 고해상도 카메라를 사용해야 하며, 그 종류는 야간에도 촬영할 수 있는 적외선 방식이나 기상조건의 제약 없는 전천후 촬영이 가능한 SAR 레이더가 바람직할 것이다. 그리고 지상 레이더기지에 의존하고 있는 조기경보 능력 보강을 위해 공중 조기경보통제기, 중 · 고고도 무인정찰기를 하루빨리 확보할 필요성이 절실하다.

위와 같은 정보수집 능력의 증대가 효력을 발휘하려면 한국군의 자체 C^4I 기능도 그와 비례하여 개선, 향상되어야 한다. 먼저 기존의 CPAS와 KNTDS, MCRC 사이에서 나타났던 전략, 전술 · 작전급, 혹은 육 · 해 · 공 각 군별 C^4I 체계의 유기적인 결합기능 부족 문제를 해결해야 하며, 데이터링크 방식도 긴 전송시간이 소요되는 음성, 문자 위주의 기존 링크 11에서 보다 다양한 형태의 많은 정보를 초(秒)단위로 신속하게 주고받을 수 있는 링크 16 수준으로 갱신되어야 할 것이다. 이는 주요 군 지휘부뿐만 아니라 야전에서의 임무 수행을 담당하는 모든 실전부대들도 필요한 내용의 정보를, 필요한 시점에 활용할 수 있는 실시간 전장관리 능력을 보장하여 더욱 빠른 임무수행이 가능하게 해줄 것이다. 특히 즉각적인 응전, 대처능력을 핵심으로 하는 휴전선 전방지대에서의 대포병, 방공작전은 C^4I 기능의 효과성 여부에 그 성패가 달렸다고 해도 과언이 아니다.

이를 위해 한국군은 지난 수년 동안에 걸쳐서 C^4I 능력의 확충을 진행시키고 있다. 우선 기존의 CPAS를 대폭 개량한 '합동 지휘통제체계

(KJCCS: Korea Joint Command & Control System)'가 금년 이내 완성을 목표로 구축 중이다. KJCCS는 주요 감시 및 정찰, 조기경보 자산을 통해 수집한 정보들의 집결과 분석, 정리, 그리고 이를 필요로 하는 각 지휘부(작전사령부 수준)와 실전부대에 대한 정보 및 지령 전달에 이르는 각 과정을 통합 · 자동화시킨 한국군의 명실상부한 전략 차원 C^4I 체계인 것이다. 동시에 KJCCS의 기반이라고 할 수 있는 '군사정보통합처리체계(MIMS: Military Intelligence Management System)'의 구축도 진행되고 있다. 미군의 '합동 전술정보배분체계(JTIDS: Joint Tactical Information Distribution System)'에 해당하는 MIMS는 각 군과 부대별로 운용되는 정보기능을 자동으로 통합 처리하여 모든 부대가 실시간에 정보를 유통, 공유할 수 있도록 해준다. 군사정보의 입력과 저장, 검색, 전송을 위한 소프트웨어 응용체계는 2008년까지 개발을 완료하고, 하드웨어에 해당하는 기간 통신망의 구축은 2010년에 완료한다는 것이 군 당국의 계획이다.355)

육 · 해 · 공군도 각자의 C^4I체계 기능을 향상시키기 위한 개량, 신규 개발에 박차를 가하고 있다. 먼저 육군은 스파이더 무선통신망의 사용범위를 군단급 부대까지 확장하였으며, 정보전송 속도와 용량이 개선된 '스파이더Ⅱ'를 보급할 예정이다. 이로써 그동안의 음성, 문자신호 이외에 동영상급 정보까지 활용이 가능해질 것이다. 군단급 이하 부대들의 지휘통제를 자동화시킨 '육군 전술지휘정보체계(ATCIS: Army Tactical Command Information System)'는 2006년 6월 제5군단이 처음 전력화했으며, 앞으로 모든 군단으로 확대된다.356) 해군과 공군도 기존의 KNTDS 및 MCRC와 연동이 가능하면서 임무수행의 계획, 시행, 조정을 자동화할 수

355) 국방부, 2006, p.155.
356) 이주형, "디지털 군단 첫 전력화", 「국방일보」, 2006년 6월 27일자.

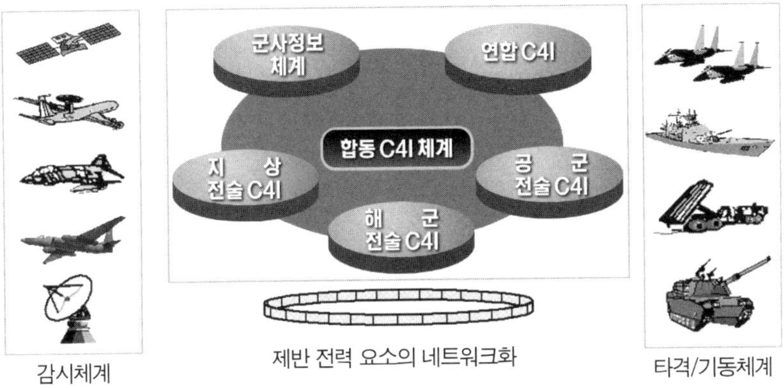

출처: 국방부, 『국방백서 2006』(국방부, 2006), p.78.

〈그림 4-6〉 **한국군이 추진하는 C^4I 체계와 전투력의 결합 개념도**

있는 새로운 전술 · 작전급 C^4I체계를 개발중이다. 오는 2010년까지 보급을 완료한다는 목표로 추진되고 있는 이들 육 · 해 · 공군의 개별 C^4I체계는 모두 KJCCS를 중심으로 상호연동되어 각 전투부대들의 정보공유 수준확대에 기여할 것이다.

KJCCS와 MIMS, 그리고 각 군별 C^4I 체계를 통해 유통되는 각종 군사정보의 형태는 '한국형 합동 전술데이터링크(일명 링크 K(Link K))' 방식을 사용할 예정이다. 링크 K는 미군의 링크 16과도 호환될 수 있도록 개발되며, 앞으로 한국군이 보유하는 주요 무기체계에 공통적으로 탑재될 것으로 기대된다.[357]

이와 더불어 지난해 8월 22일 발사에 성공한 '무궁화 5호' 통신위성은 한국군에게 더욱 강화된 C^4I 능력을 제공해줄 것이다. 한국 최초의 민군겸용위성으로 제작된 무궁화 5호는 12기의 군사전용 중계기를 탑재하며,

357) 김의순, "전술데이터링크 운용 개념과 차세대 C^4ISR 체계", 「국방정책연구」, 2006년 겨울호.

한반도 전체뿐만 아니라 서태평양과 말라카 해협을 비롯한 동남아시아 거의 전체를 포함하는 총 6,000km 범위에 걸쳐 통신 전파를 내보낼 수 있다. 이로써 한국 해군의 군함들과 공군 전투기들은 '완충 전장'과 '확대된 전장'에서 임무를 수행해야 할 경우에도 필요한 대용량의, 신속한 정보를 제공받을 수 있게 되었다. 한국군은 무궁화 5호의 우수한 광대역 통신중계 기능을 바탕으로 금년 말부터 육 · 해 · 공군의 '통합위성통신체계(ANASIS)'를 운용할 계획이며, 이를 '전술종합정보통신체계(TICN: Tacti-

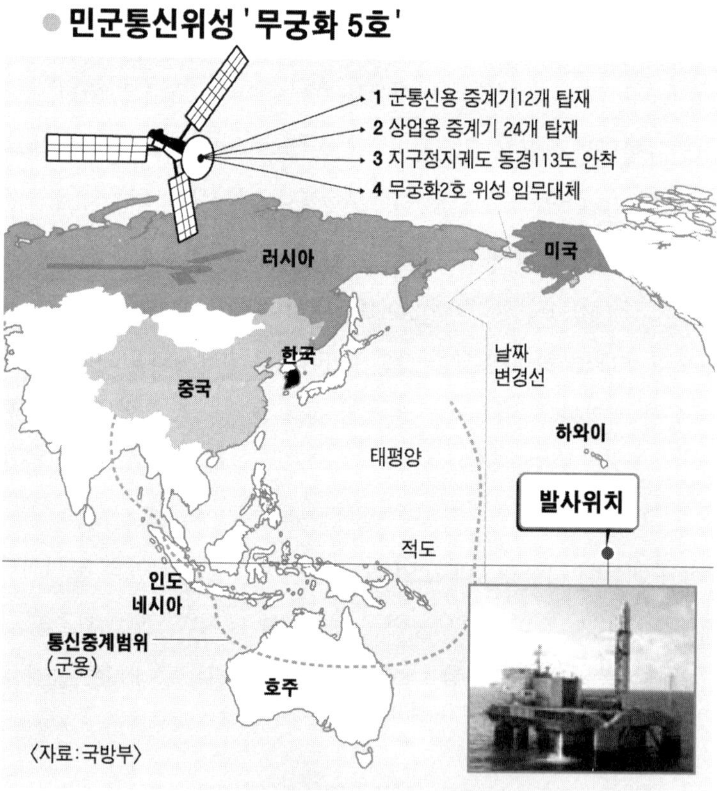

출처: 「한국일보」 2006년 8월 23일자

〈그림 4-7〉 무궁화 5호의 군용 통신중계범위

cal Information Communication Network)'로 발전시킨다는 구상이다.

개별 무기체계의 성능만으로 전쟁의 승패가 결정되는 시대는 이미 지나갔다. 오늘날에는 정보우위를 바탕으로, 다양한 무기체계 및 부대들을 마치 하나의 조직체처럼 통합운용하여 전투력을 극대화하는 측에게 승리가 보장된다. 바로 이 점에서 서로 다른 지리적 공간에 있는 여러 병력들을 하나의 지휘통제망으로 연결해주는 C^4I체계는 그 자체가 일종의 무기나 마찬가지이며, 앞으로 한국군의 탱크, 장갑차, 군함, 전투기 등 주요 무기체계들은 모두 데이터링크를 비롯한 C^4I 탑재가 이루어져야 한다. 또한 최소 10년 이상 운용되어야 하는 기존 무기체계들도 선별적으로 개량하여 C^4I체계를 통해 운용될 수 있도록 해야 할 것이다.

군사력의 주먹인 전력투사능력은 어떻게 발전되어야 하는가? 우선 미사일 전력의 사거리는 기존의 현무 및 ATACMS 탄도미사일의 300km를 넘어서야 한다. 이를 통해서 현재 제한적 수준에 머물러 있는 북한에 대한 억지효과를 더욱 강화하고, 억지 대상을 주변 강대국에 의한 위협으로까지 확장할 수 있기 때문이다. 특히 한국군은 지상배치 탄도미사일보다 생존성이 높은 해양·공중발사 순항미사일을 중점적으로 강화하는 것이 바람직하다. MTCR이 규정하는 사거리와 탄두 탑재중량의 제한은 주로 탄도미사일에 관한 것이며, 순항미사일에 대해서는 상대적으로 제약이 덜한 편이다. 여기에 한국은 지난

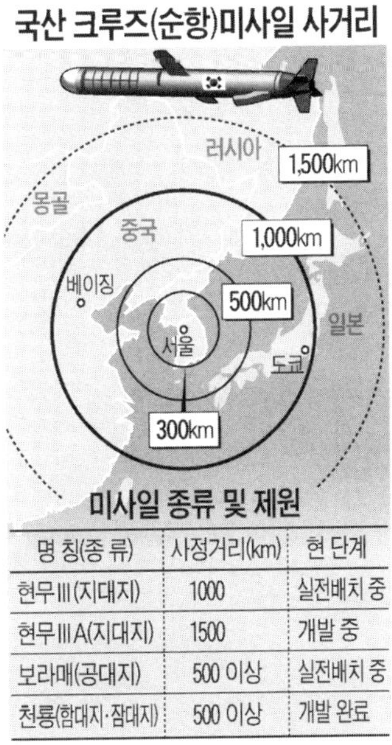

미사일 종류 및 제원

명 칭(종 류)	사정거리(km)	현 단계
현무III(지대지)	1000	실전배치 중
현무IIIA(지대지)	1500	개발 중
보라매(공대지)	500 이상	실전배치 중
천룡(함대지·잠대지)	500 이상	개발 완료

출처: 「조선일보」 2006년 10월 25일자

〈그림 4-8〉 한국군의 신형 순항미사일 종류와 사거리 범위

2001년 3월 MTCR 가입을 앞두고 미국과 체결한 새로운 「한미 미사일 지침」에서도 순항미사일의 경우 '탄두중량은 500kg을 넘지 않는다'는 조건 아래 사거리의 제한을 받지 않고 개발할 수 있다는 양해를 얻어내기도 했다.358)

이 부문에서도 한국은 가시적인 성과를 거두기 시작했다. 첫 성과물인 사거리 500km의 '천룡(天龍)' 순항미사일은 수상전투함이나 잠수함에 탑재되어 발사할 수 있으며, 관성항법장치(INS)와 지형대조방식(TERCOM), 영상대조방식(DSMAC)으로 유도되어 아음속 이상의 속도로, 적 지상 방공망을 피하여 50~100m의 저고도를 유지하면서 비행할 수 있다. 그리고 표적에 대한 오차범위는 단 5m에 불과할 정도로 정확도가 매우 우수하다. 천룡을 항공기 탑재방식으로 개조한 '보라매' 공대지 순항미사일, 그리고 지상발사형으로 개발된 '현무 Ⅲ'도 이미 실전배치를 앞두고 있거나, 개발이 진행 중이다.359) 천룡, 보라매, 현무 Ⅲ 순항미사일의 사거리는 500km에서 최대 1,000~1,500km로 북한 영토 전체는 물론 주변 강대국의 내륙지역에 위치한 핵심 군사시설, 주요 도시들까지 공격할 수 있다.

순항미사일 외에도 한국군은 공군의 중 · 대형 전투기에 탑재하는 보다 고성능의 정밀유도무기를 도입하기 시작하였으며, 오는 2010년대 초까지 지속할 방침이다. 여기에는 GPS 위성항법장치를 통해 정확히 유도되는 미국제 JDAM 900여 발, 지하관통능력이 우수한 다수의 GBU-24/28 페이브웨이Ⅲ 레이저 유도폭탄,360) 사거리 300km의 합동 원거리

358) 김민석 · 김성탁, "한국, 크루즈 미사일 개발 중", 「중앙일보」, 2006년 7월 8일자.

359) 유용원, "사거리 1000km 크루즈 미사일 실전배치", 「조선일보」, 2006년 10월 25일자.

360) 이외에도 한국군은 미국제 '롱샷(LongShot)'과 유사한 중거리 활공유도폭탄의 독자

공대지미사일(JASSM: Joint Air to Surface Stand-off Missile) 그리고 사거리가 280km를 넘는 SLAM-ER 공대지 순항미사일 등이 포함되어 있다. 이들은 북한의 주요 전략급 위협능력, 특히 지하시설에 대한 한국군의 전력투사 능력을 획기적으로 강화시킬 것으로 기대된다.

군사력의 다리라고 할 수 있는 기동 전력은 한반도를 넘어서는 '완충 전장'과 '확대된 전장'에서도 임무 수행이 가능한 원거리 해군, 공군 전력을 집중 강화시켜야 한다. 특히 북한과 주변 강대국을 겨냥하는 전력투사 무기체계, 즉 순항미사일을 비롯한 각종 정밀유도무기를 탑재하여 이동식 발사기지로 활용될 수 있는 대형 수상전투함, 중·대형 잠수함, 그리고 대형 전투기를 우선적으로 확보해야 할 것이다. 아울러 군사력의 방패에 해당하는 방호 전력은 고고도 방공에서의 취약점을 조속히 극복하기 위해 기존의 고물(!) 나이키 허큘리스를 대체하는, 탄도미사일 요격 능력까지 갖춘 장거리 지대공미사일을 기필코 전력화해야 한다. 여기에 이지스 방공구축함의 우수한 방공능력까지 결합시켜서 탄도미사일 방어 능력을 증대시킬 필요성이 절실하다.

위와 같은 전략급 무기체계의 획득은 대부분 2005년 9월에 발표된 『국방개혁 2020』과 지난해 7월의 『2007-2011 국방중기계획』에도 포함되어 있다. 도표 4-11에 열거되어 있는 해당 사업들이 계획대로 진행된다면, 한국은 향후 5~10년 내외의 기간 동안에 '능동방어' 전략에 입각한 자주국방

개발을 추진하고 있다. 이 폭탄은 일반폭탄에 GPS 및 관성항법 유도장치, 날개를 장착하여 명중률이 매우 우수하며, 사거리는 JDAM의 4배인 100km 이상으로 적 방공망 밖에서의 원거리 타격이 가능하다. 향후 공군은 기존의 일반폭탄 다수를 국산 중거리 활공유도폭탄으로 개조할 예정이다. 김귀근, "軍, 2012년까지 '비행폭탄' 개발", 「연합뉴스」, 2007년 3월 21일자.

을 달성할 수 있는 유형군사력을 갖추게 될 것으로 전망된다.

〈도표 4-11〉 한국의 전략급 무기체계 도입사업 현황

	사업명	대상 무기체계	성능	비고
정보	공중 조기경보 통제기 (E-X)	E-737	MESA 위상배열 레이더 탑재. 고도 12km에서 9시간 이상 체공. 전방위의 반경 350~400 km 이내 육·해·공 표적 3,000개 동시추적.	2012년까지 4대 직도입. 호주, 터키 등에서 채용.
	정찰위성	아리랑 3/5/3A호	해상도 0.7m 수준 광학카메라 탑재 / 해상도 1~3m 수준 SAR 레이더 탑재 / 해상도 0.7m 수준 적외선카메라 탑재	2008년 아리랑 5호, 2009년 아리랑 3호, 2012년 아이랑 3A호 각각 발사 예정.
	고고도 무인정찰기	글로벌호크	약 20km 고도에서 24~36시간 이상 체공, 3,000km 이내 정찰. 해상도 0.3m 수준의 적외선, SAR 레이더 탑재.	2010년 이전까지 총 4대 직도입 추진. 미국과 협의 중.
	원격 전자전기 (K-SOJ)	-	C-130 수송기 개조. 8~10시간 체공하면서 200km 범위에 대한 전자공격 수행	2010년 이후 약 4대 자체개발 예정.
기동	3차 한국형 구축함 (KDX-Ⅲ)	이지스 베이스라인 7.1	배수량 7,700톤. 400km 이내의 표적 수백개 동시탐지, 추적. VLS에 총 128기의 장거리 함대공/순항미사일 탑재.	2012년까지 3척 자체건조.
	차기 디젤추진 잠수함 (KSS-Ⅱ)	독일 214급	배수량 1,800톤. 항속거리 10,000 해리 이상. AIP 추진장치 사용, 2~3주일 이상 잠항. 대함/순항미사일 탑재 가능.	2010년까지 3척 자체건조. 2018년까지 6척 추가확보
	차기 중(重)잠수함 (KSS-Ⅲ: 일명 SSX)	-	배수량 3,500톤. 순항미사일 탑재.	2015~2020년까지 3척 이상 자체개발 및 건조.

	사업명	대상 무기체계	성능	비고
	대형 상륙모함 (LPX)	-	배수량 13,000톤. 병력 700여 명, 헬기 10대 이상, 탱크 및 공기부양정 탑재. 경항공모함으로 개조 가능.	2005년 '독도'함 진수. 추가건조 여부는 미정.
	차기전투기 (F-X)	F-15K '슬램 이글'	비행속도 마하 2.5, 전투행동반경 1,000~1,200km(최대 1,700km 이상) 무장탑재량 최대 13톤. 장거리 공대공미사일, SLAM-ER 공대지 순항미사일, 대함미사일, 레이저 유도폭탄 등 탑재.	2008년까지 40대 직도입. 추가도입 가능성 높음.
방호	고고도 지대공미사일 (SAM-X)	패트리어트 (PAC-2)	최대사거리 160km, 요격고도 24km, 탐지에서 요격까지 3분 이내에 가능(탄도미사일 포함).	총 48기의 독일군 잉여장비 직도입. 2008년부터 실전배치
지원	공중급유기 (KC-X)	KC-767	최대 91톤 연료 탑재.	2015년 이후 4대 직도입

주해: F-15K의 도입규모 40대는 지난해 6월 포항 앞바다에서 훈련 도중 추락한 1대 손실을 포함한 것임. 최근 20대의 F-15K급 전투기를 2012년까지 직도입하는 2차 F-X 사업 발표.

물론 전체 군사력의 대다수를 차지하는 전술 · 작전 수준 전력을 지속적으로 개량하기 위한 노력도 중요할 것이다. 하지만 지금은 그 어느 때보다 전략 차원의 무기체계 확보가 시급하며, 따라서 전투력 파급효과가 큰 비대칭 성격의 전력을 선별적으로 강화하는 편이 바람직하다. 구체적으로는 전장 감시 및 정찰수단, 육군의 공격헬기, 해상초계기를 비롯한 해군 항공전력, 해병대 및 특수 임무부대를 지원하기 위한 중 · 대형 수송기와 수송헬기, 그리고 중고도 방공무기 등이다. 탱크, 장갑차와 같은 육상 기갑차량이나 개인화기 양산, 연안 전투함정, 중 · 소형 전투기, 저고도 지상 방공무기는 당분간 우선순위를 낮출 수밖에 없다.

〈도표 4-12〉 한국의 전술 · 작전급 무기체계 후속사업 현황

사업명	성능	비고
중고도 무인정찰기	고도 약 15km에서 24시간 체공. 200km 이내 범위에서 전천후 정찰임무 수행.	2015년까지 자체개발
K-2 차기탱크 (일명 '흑표')	120mm 주포, 최신형 사격통제장치 탑재. 시속 70km 주행. 표적 자동추적 가능. 복합 · 반응장갑 사용. 대전차미사일 교란, 헬기 교전능력 보유.	2011년부터 실전배치 예정
차기 보병전투용 장갑차(NIFV)	40mm 기관포, 대전차미사일 탑재. 병력 9명 탑승. 하천도하 능력 보유.	2008년부터 총 900여대 양산 예정
차기 고속정 (PK-X: 일명 '검독수리')	배수량 약 400톤. 스텔스 설계 적용. 76mm 함포, 대함미사일, 대공레이더 등 탑재. 소프트킬 능력 보유.	2009년 건조 개시. 2015년부터 총 30여척 실전배치 예정.
차기 호위함 (FFX)	배수량 2,300톤. 헬기이착륙 가능. 대함미사일, 76mm 함포, 단거리 함대공 미사일 등 탑재.	2011년부터 총 15~20여척 건조 예정. 울산급 호위함 전체와 포항급 초계함 일부 대체.
A-50 경공격기	비행속도 마하 1.5. 단거리 공대공 및 공대지 미사일, 일반폭탄, 레이저 유도 폭탄, 대전차 집속탄 등 탑재.	2011~2015년 사이에 총 60여대(T-50 고등훈련기 80대 제외) 양산, 실전배치.
한국형전투기 (KFX)	스텔스 설계 적용. 한반도 전역에 걸친 임무수행 가능. 전반적으로 KF-16 이상의 성능 보유.	2020년 이전까지 자체개발. 총 100여대 이상 양산 계획.
한국형 공격헬기 (K-AH)	완전 전천후 작전능력, '사격 후 자동유도' 대전차미사일 탑재.	2008년부터 개발 착수. 2014년 이후 약 200대 양산 계획.
한국형 기동헬기 (KHP)	탑승인원 최대 13명(무장병력 9명 포함)	2011년까지 개발, 총 245대 양산. UH-1과 500MD 등의 구형헬기 대체 예정
한국형 중거리 지대공미사일 (M-SAM: 일명 '철매 II')	사거리 40km, 요격고도 15km. 이동식 수직발사대와 위상배열 레이더 보유. 탄도미사일 요격능력 확보 예정.	2011년까지 개발. 호크 중거리 지대공미사일 대체 예정.
한국형 고에너지 요격 레이저 (K-THEL)	불화중수소(DF) 화학 레이저 사용. 포탄, 단거리 탄도미사일 요격용.	2010년까지 실용화 목표.

주해 1: KHP는 종전의 한국형 다목적헬기(KMH) 사업에서 기동헬기만을 대상으로 한 것이며, 대형 공격헬기 직도입을 골자로 하는 종전의 차기 공격헬기(AH-X)는 K-AH 개발사업에 흡수되었음.
주해 2: KFX 자체개발 이외에도 A-50 경공격기의 확장형 기종인 F-50 전투기의 양산, 혹은 미국제 신형 스텔스 전투기인 F-35 '라이트닝(Lightening) II'의 직도입 가능성도 있음.

(2) 부대구조 재구축

고성능의 신무기를 개발, 도입한다고 해서 자동적으로 전투력이 강화되는 것은 아니다. 해당 무기체계의 능력을 최대한 발휘할 수 있는 성격의 임무를 부여하고, 이에 적합한 부대단위로 조직화해야만 하는 것이다. 제2차 세계대전 초반에 영국 · 프랑스 연합군은 독일 제3제국보다 많은 탱크를 보유하고 있었지만, 대부분을 여러 보병부대에 분산배치해서 보병을 지원하는 소극적 방식으로 운용하였다. 반면 독일 제3제국은 다수의 탱크들로 구성된 2개의 독립기갑군단을 만들었으며, 이들은 다시 10개의 기갑사단으로 재편성되었다. 결국 양측의 차이는 1940년 5월, 7개 기갑사단을 앞세운 독일 제3제국의 전격전으로 연합군이 참패하면서 그 우열이 가려졌다.

따라서 한국군은 앞에서 제시된 전략급 무기체계 획득과 더불어, 이들이 제공할 수 있는 전투력의 향상을 극대화하는 방향으로 기존의 부대구조를 개편해 나가야 할 것이다. 그리고 부대구조의 재구축은 다음의 2가지 원칙에 따라 이루어져야 한다. 첫째, 새로 보강되는 전략 수준 무기체계의 운용은 원칙적으로 기존 전술 · 작전급 부대, 사령부가 아닌 독립된 신규 부대, 기능사령부가 담당해야 한다. 특히 대포병 임무를 위한 대구경 장거리포와 탄도 · 순항미사일을 비롯한 전력투사 수단, 해군의 구축함급 이상 수상전투함, 중 · 대형 잠수함과 공군의 대형 전투기처럼 유사시 북한과 주변 강대국에 대한 억지, 승리에 핵심적인 역할을 담당할 무기체계는 반드시 이 원칙을 따라야 한다. 정찰, 조기경보 등 정보수집 기능이나 지상 방공부대 중심의 광역방호는 단기적으로 현존하는 부대와 사령부를 확대, 강화하는 수준에서 발전될 수 있으나, 중 · 장기적으로는 역시 개별 부대 및 사령부 체제로 나아가야 할 것이다.

그리고 둘째, 육·해·공 각 군 부대의 지휘구조는 되도록 단순화시켜야 하며, 각 사령부와 실전부대의 규모도 보유능력과 임무수행 공간의 특성에 맞게 재조정할 필요가 있다. 지휘구조가 복잡할수록 '의사결정→실행'으로 이어지는 소요시간이 불필요하게 길어지며, 이것은 신속하고 효율적인 임무수행에 장애가 될 수밖에 없기 때문이다. 아울러 해당 사령부 및 부대의 역량에 비해서 지나치게 넓거나 좁은 수준의 임무 할당은 과도한 부담, 혹은 자원의 낭비를 초래하여 전체적인 전투력 발휘효과를 저하시킬 위험이 높다.

지난 2005년 9월 발표되었던 『국방개혁 2020』에서도 부대구조 재구축은 매우 큰 비중을 차지하는 내용으로 주목을 받았다. 이 가운데 먼저 육군의 부대구조 개편은 다음과 같은 내용들을 포함하고 있다.[361] 첫째, 2개의 정규 야전군(제1, 제3)을 1개로 통폐합하여 2010년까지 지상작전

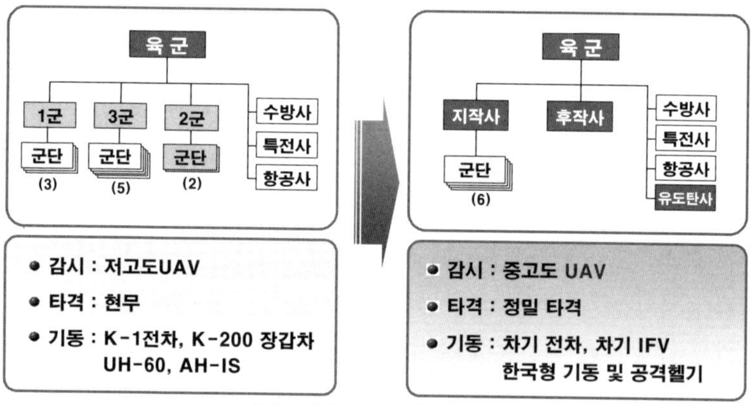

출처: 국방부, 2005년 9월 15일, p.43

〈그림 4-9〉 한국 육군의 부대구조 개편계획

361) 국방부, 2005년 9월 15일, pp.43~44.

사령부를 신설한다. 둘째, 8개의 정규군단도 6개로 감축하고, 이 과정에서 기존 군단 1개를 기계화군단으로 개편하여 전력공백을 최소화한다. 셋째, 예비전력으로 구성되는 제2 야전군은 금년 말까지 후방작전사령부로 개편되며, 예하의 2개 예비군단(제9, 제11)을 해체한다. 넷째, 휴전선 전방지대의 감시 임무를 담당할 경비여단을 신설하며, 사단급 부대는 이보다 후방으로 옮긴다. 그리고 다섯째, 유도탄사령부를 신설하여 탄도미사일과 MLRS 부대를 총괄 지휘통제한다.

그동안 육군은 산악 지형이 많은 동부전선에 위치한 부대들로 구성된 제1 야전군, 그리고 평야지대가 발달한 서부전선의 제3 야전군을 각각 운용해 왔다. 하지만 한반도의 협소한 전장공간을 고려할 때 2개 야전군 체제는 '지휘권 통일'이라는 기본적인 군사력 운용 원칙에 어긋나며, 지휘구조를 복잡하게 만들어 육군의 통합적인 전투력 발휘를 방해한다는 비판을 받았다. 동부와 서부전선의 공간적 특수성은 해당 지역에 배치된 각 실전부대들의 편성에 반영하는 것으로 충분하며,[362] 굳이 별개의 야전군 사령부를 만들어야 할 근거가 될 수 없다. 게다가 발전된 정보통신 기술 덕분에 C^4I 기능이 날로 강화되고 있는 추세이므로 단일 야전군 체제로의 전환은 충분히 타당성이 인정된다.[363] 이 점에서 『국방개혁 2020』에 '육군 야전군의 통폐합'이 포함된 것은 매우 긍정적으로 평가할 수 있다.

이와 함께 각 실전부대들의 정보, 전력투사, 기동 능력을 향상시키는 방안도 포함되어 있다. 도표 4-13에 제시된 각 사단/군단급 부대의 전력

362) 예를 들어서 동부전선에 배치된 육군 부대들은 대대급 이하의 소부대 중심으로, 자체 도보 및 헬기를 통해 신속히 움직일 수 있는 경량화된 '산악보병'으로 특화시키고, 기갑, 기계화보병 등 육상기동부대는 서부전선에 집중적으로 운용·배치하는 방식이 가능하다.

363) 김종하, "국방개혁의 핵심과제", 「한겨레」, 2004년 8월 25일자.

개선이 실현된다면 부대의 수가 줄어들더라도 육군의 실제 전투력은 더욱 강화되는 효과를 거둘 것으로 기대된다. 다만 여기에 해당하는 전력증강은 다분히 전술 · 작전 수준에 국한되는 성격이 강하며, 따라서 『국방개혁 2020』의 첫 단계로서, 다수의 전략급 무기체계 획득일정이 겹쳐져 있는 향후 수년 동안은 불가피하게 그 진행이 유보되거나 제한된 규모로 이루어질 수밖에 없을 것이다.

〈도표 4-13〉 육군 부대의 전투력 개선 계획

	사단	군단
정보수집	• 열상관측장비(TOD) → 저고도 무인정찰기	• 저고도 무인정찰기 → 중고도 무인정찰기
포병	• 견인포 → 자주포, 다연장로켓포	• 자주포 → 개량형 MLRS
기동	• 도보 → 병력수송용 장갑차 • M-48 구형탱크 → K-1 계열 탱크	• K-200 장갑차 → 차기 보병전투용 장갑차 • K-1 계열 탱크 → K-2 차기탱크 • 코브라/500MD 공격헬기 → 한국형 공격헬기
작전범위	• 15×30km → 30×60km(4배)	• 30×70km → 100×150km(7배 이상)

출처: 국방부, 『21세기 선진정예국방을 위한 국방개혁 2020(안)』(국방부 보도자료, 2005년 9월 15일), pp.45~46.

사단급 부대의 휴전선 전방지대 배치를 지양하고, 대신 경비여단을 신설한다는 내용도 바람직한 결정으로 평가된다. 약 1만 명 내외의 대병력을 보유하는 사단급 이상의 부대가 전방지대와 가까울수록 적의 기습에 대한 취약성이 높아지고, 결과적으로 전쟁 초기에 인적, 물적 전투력의 손실규모가 커질 수 있기 때문이다. 북한이 전체 군사력의 절반 이상을 휴전선 전방지대에 집중시키고 있는 현 상황을 고려할 때, 이는 더더욱 간과될 수 없다. 따라서 사단급 이상의 주력 부대는 휴전선을 비롯한 전방지대에서 가능한 한 후방에 배치하여 반격 임무에 주력하는 것이 바람직하다. 다만 소구획성 지형이 다수 분포하는 한반도의 지리적 특성을 감안한다면, 기갑, 기계화보병을 비롯한 육상 기동부대는 사단급의 규모가 적합하다고 보기 어렵다.[364] 그러므로 이들 부대는 모두 여단 내지 연대급 규모로 운용해야 하며, 특히 현재 5개 사단으로 이루어진 기계화보병 부대를 여단급으로 재편성하는 조치가 요구된다.[365]

유도탄사령부는 북한이 7발의 탄도미사일 시험발사를 강행한 직후인 지난해 9월 28일 정식 창설되었으며, 소장급 육군장성이 사령관을 맡는다.[366] 북한의 대표적인 군사위협으로 거론되는 장거리 야포, 스커드 탄도미사일 등을 개전 초기에 제거하는 것이 바로 유도탄사령부의 주요 임무다. 이를 위해 현무 및 ATACMS 탄도미사일, MLRS를 비롯한 대구경 다연장로켓포, 그리고 곧 실전배치될 천룡 계열의 신형 순항미사일 부대를 지휘통제할 예정이다. 다만 여기에는 2가지 문제점이 지적될 수 있다. 첫째, "대포병 임무가 유도탄사령부의 책임에 포함되는 것이 과연 타당한가?"의 여부다. 수도권을 직접 위협하는 북한 장거리 야포의 신속하고 효과적인 제압은 분명 중요한 과제지만, 이 과정에서 사거리 수백km 이상의 탄도 · 순항미사일까지 동원하는 것은 북한과 주변 강대국에 대한 전쟁 억지수단이라는 취지와 어긋난다. 또한 둘째, 외부 위협세력의 침략능

364) 김정익, "미래 기계화부대 지휘 구조 발전을 위한 제언", 「週刊國防論壇」, 2005년 8월 22일.

365) 현재 한국육군의 기계화보병 사단은 2~3개의 기계화보병 및 기갑여단으로 구성된다. 따라서 이론상으로는 총 10개 이상의 기계화보병 여단으로 재편성할 수 있다.

366) 김귀근 · 이귀원, "유도탄사령부, 28일 중부지역에 창설", 「연합뉴스」, 2006년 9월 27일자.

력과 의지를 꺾기 위한 전략 차원의 전력투사 수단인 탄도·순항미사일을 육군의 단일 관리 아래에 둔다는 것도 총체적인 전투력 발휘 측면에서 바람직하다고 할 수 없다.

그러므로 육군은 유도탄사령부를 자주포, 다연장 로켓포 등을 갖춘 정규군단 예하의 포병여단들을 총괄 지휘하는 '야전포사령부'로 축소 편성하여 북한 장거리 야포전력을 무력화하기 위한 대포병 임무에만 전념하는 편이 적절하다. 그 대신 유도탄사령부는 특정 군이 아닌 합참의 직속 합동부대로 전환시키고, 육군의 탄도미사일뿐만 아니라 해군 수상전투함과 잠수함, 그리고 공군 전투기에 탑재되는 장거리 순항미사일 전력까지 지휘통제하는 임무를 담당하도록 한다. 미국을 비롯한 5대 핵보유국과 인도, 이스라엘처럼 육·해·공군과 별개의 전략군(戰略軍: Strategic Forces)을 신설하지는 않더라도 전쟁 억지, 승리와 직결되는 전략 차원의 핵심전력을 특정 군에서 지휘, 관리하는 일은 없어야 할 것이다.

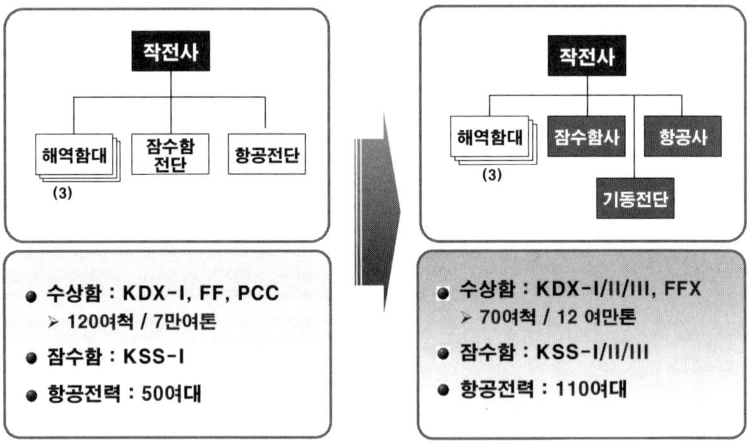

출처: 국방부, 2005년 9월 15일, p.47

〈그림 4-10〉 한국 해군의 부대구조 개편계획

다음으로 해군의 부대구조 개편은 다음과 같이 요약될 수 있다. 첫째, 기존의 3개 해역함대를 유지하는 가운데 배수량 4,000톤급 이상의 구축함 6척으로 구성된 기동전단 1개를 창설한다. 둘째, 잠수함전단과 항공전단을 각각 잠수함사령부, 항공사령부로 승격시킨다. 그리고 셋째, 편대(소령급) → 전대(대령급) → 전단(준장급) → 함대사령부(소장급)로 구성된 기존의 지휘구조를 간소화하기 위해 해역함대 예하의 전투전단 2개를 비롯한 총 6개의 전단을 해체한다.[367)]

가장 눈에 띄는 점은 역시 해군의 오랜 숙원이었던 기동전단의 창설이다. 기존의 주력군함들은 영해 12해리를 비롯한 한반도 주변해역 이내로 임무 수행범위가 제한되었지만, 마침내 200해리를 넘는 원거리 항해임무를 전담하는 대형 수상전투함 부대가 등장한 것이다. 이는 한국 해군의 활동 범위가 '완충 선상'과 '확대된 전장'으로까지 넓어지는 기념비적인 의미를 갖는다. 한국 해군이 명실상부한 대양해군으로 발돋움하는 출발점이라고 할 수 있다. 하지만 단 1개의 기동전단으로는 수백해리에 걸친 해상교통로 방어는 고사하고, 당장 중국이나 일본의 해군력에 맞서 한반도 주변해역에서의 해양관할권을 지켜내기에도 역부족이다.

당초 한국 해군은 오는 2020년까지 2척의 '안용복'급 이지스 방공구축함(KDX-Ⅲ)과 4척의 충무공 이순신급 구축함(KD-Ⅱ),[368)] 그리고 기함

367) 해군은 최근 동해와 서해를 각각 관할하는 제1, 제2 함대 예하의 전투전단 해체를 완료한 바 있다. 이에 따라 제1, 제2 전투전단장은 해당 함대의 부사령관으로 임명되었으며, 전단장 휘하의 참모진들도 함대사령부로 배속되었다. 그리고 함대사령관이 직접 고속정 및 초계함, 호위함 전대를 지휘할 예정이다. 김가영, "해군 지휘체계 단순화", 「국방일보」, 2007년 3월 8일자.

368) KDX-Ⅲ의 1번함은 금년 여름중에 진수될 것으로 알려져 있으며, 조선 후기 독도수호에 헌신한 애국지사 안용복의 이름을 따 '안용복'함으로 명명될 예정이다. 안용복급

인 1척의 독도급 상륙모함(LPX) 등으로 구성되는 기동전단 3개를 보유한 기동함대를 창설한다는 계획을 세운 바 있다.[369] 하지만 예산부족 문제 때문에 2개 전단으로 잠정 축소되었으며, 2번째 기동전단 창설조차 2020년 이후에나 가능할 것으로 알려진다.[370] 그 결과 6척의 KDX-Ⅲ와 12척의 KD-Ⅱ를 확보한다는 해군의 원대한 구상도 그 절반에 불과한 KDX-Ⅲ 3척, KD-Ⅱ 6척으로 각각 줄어든 상태다. 그러나 이는 해군 스스로가 무리하게 계획을 추진했던 결과이기도 했다. 왜냐하면 척당 1조원이 넘는 이지스 방공구축함을 각 전단마다 2척씩, 총 6척이나 건조한다는 것은 비용 대비 효과측면에서 그다지 바람직하지 못한 선택이기 때문이다. KDX-Ⅲ 1척의 건조비용이면 2~3척의 KD-Ⅱ를 건조할 수 있다. 두 군함 모두 함대방공이 가능한 사거리 100km 이상의 SM-2 스탠다드 장거리 함대공미사일을 탑재한다는 점을 고려한다면, KDX-Ⅲ의 수량을 무리하게 늘리는 것보다 KD-Ⅱ의 건조규모를 확대하는 편이 더 현명하다.

수상전투함 전력의 확충은 당초 계획보다 위축되었지만, 대조적으로 잠수함 전력은 『국방개혁 2020』의 진행기간 동안 크게 강화될 예정이다. 본래 3척만을 건조할 예정이었던 배수량 1,800톤의 독일제 214급, 즉 '손

이지스 방공구축함은 만재배수량이 최대 1만 톤을 넘는 대형 군함으로 기존 수상전투함의 2배 수준인 16기의 대함미사일, 128기(장거리 함대공미사일 및 대잠로켓 96기, 천룡 순항미사일 32기 포함) 규모의 VLS 등을 비롯한 대규모의 무장탑재 능력을 갖춘다. 그 결과 일본의 공고급, 아타고급 이지스 방공구축함뿐만 아니라 중국, 러시아의 주력 수상전투함을 능가하는 수준의 전투력을 발휘할 것으로 평가된다. 이정훈, "한국, 올 여름 세계 최대·최강의 '슈퍼 이지스' 전투함 띄운다", 「신동아」, 2007년 4월호.

369) 해군이 제시하는 3개의 기동전단은 상시 동원이 가능한 1개, 평시에 수리 및 정비 중인 1개, 그리고 훈련을 받는 나머지 1개로 구분된다.

370) 이상현, "협력적 자주국방 구현을 위한 해군력 건설방향", 『제11회 함상토론회-국방개혁 2020과 한국의 해양안보』(해군본부, 2006년 5월 25~26일), p.33~36.

원일'급 중형 디젤추진 잠수함의 도입 규모가 총 9척으로 늘어났기 때문이다.[371] 뿐만 아니라 오는 2020년까지는 배수량이 3,500톤 이상으로 대폭 증가한 중(重)잠수함(KSS-Ⅲ. 일명 SSX)을 개발할 예정이며, 이 잠수함은 다수의 지상공격용 순항미사일을 탑재한다.[372] 그 결과 한국 해군의 수중전력은 기존의 장보고급 소형 잠수함, 그리고 손원일급 중형 잠수함으로 이루어진 각 1개의 잠수전단을 갖춘 함대사령부급으로 강화된다. 해군의 항공전력 규모도 P-3 해상초계기의 8대 추가 획득, 소해헬기의 도입 등으로 현재의 2배 수준인 110대까지 증대될 예정이다.

대양해군의 조속한 실현을 염원하는 이들에게는 위와 같은 계획이 답답하게 느껴질지도 모르겠지만, 주변 강대국과의 경제 및 군사력 격차가 큰 한국의 입장에서는 오히려 효과적이라고 평가할 수 있다. 어차피 한국 해군의 기동전단/함대가 규모 면에서 보다 우세할 것이 분명한 중국의 동해 · 남해함대 혹은 일본 8 · 8함대를 상대로, 한반도로부터 수백해리 밖 해역에서 함대결전(艦隊決戰: Decisive Fleet Battle)을 수행할 것이라고 기대하기는 어렵다.[373] 그보다는 이들과의 정면 대결을 최대한 회피하면서 전투력을 유지하는 가운데 적 해군을 견제하는 현존함대(現存艦隊:

---

371) 한국 해군의 첫 번째 214급 잠수함은 초대 해군참모총장이자 제5대 국방장관을 역임한 손원일 제독의 이름을 따서 '손원일'함으로 명명되었으며, 지난해 6월 9일에 진수되었다.

372) 당초 군 당국은 KSS-Ⅲ 중(重)잠수함을 오는 2012년까지 독자 개발할 계획이었으나, 기술력 부족으로 인해 2020년 무렵까지 개발기간이 연장되었다.

373) 함대결전이란 적 해군력을 격멸하기 위해 해당 국가의 해군력을 집중적으로, 정면 대결에 투입하는 것을 뜻하며, 해군력이 강한 나라가 애용하는 전략개념이다. 1588년 영국과 스페인 무적함대의 대결, 1805년 영국이 프랑스를 격파한 트라팔가 해전, 1905년 일본 연합함대와 러시아 발트함대 사이의 쓰시마 해전, 그리고 1944년 미국 해군과 일본 해군 사이의 레이테 해전 등이 대표적이다. 해군 전투발전단, 2004, pp.122~123.

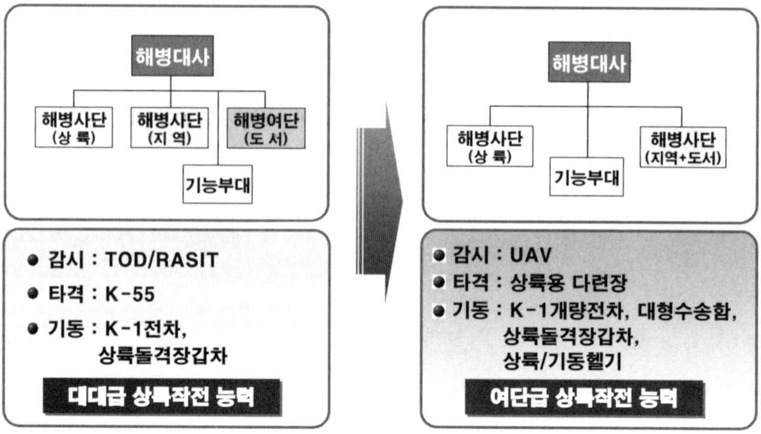

출처: 국방부, 2005년 9월 15일, p.49

〈그림 4-11〉 한국 해병대의 부대구조 개편계획

Fleet-In-Being),[374] 또는 적의 해상교통로를 겨냥한 통상파괴전이 한국 해군에게 더욱 승산이 있는 선택이다. 이는 대칭적인 수상전투함보다 비대칭 전력에 해당하는 잠수함 전력에게 유리하다.

현재『국방개혁 2020』이 제시하는 1개 기동전단은 한국의 대륙붕과 EEZ, 해상교통로 등을 방어하기에 분명 불충분한 수준이며, 따라서 오는 2020년까지 최소 2개, 가능하면 3개의 기동전단으로 구성되는 기동함대 창설을 반드시 관철시켜야 한다.[375] 다만 건조비용이 높은 KDX-Ⅲ의 추

374) 현존함대는 적 해군력의 격멸보다는 자국 해군력의 보존, 유지에 주력하는 것으로 상대측과의 결전 회피, 적의 해상교통로 및 연안지대 공격, 그리고 적 함대의 주력에서 분리된 소규모 세력 공략과 같은 형태로 수행된다. 함대결전과는 반대로 해군력이 약한 나라에서 주로 선택한다. 해군 전투발전단, 2004, pp.124~125.

375) 최근 "해군이 2020년까지 총 20척(KDX-Ⅲ 6척, KD-Ⅱ 12척, LPX 2척 포함)의 대형 수상전투함으로 구성된 3개 기동전단 건설을 재추진할 계획"이라는 내용의 보도가 있었으나, 해군은 이를 공식 부인하였다. 유용원, "한국군, 7000t급 이지스함 6척 만든다",「조선일보」, 2007년 3월 14일자.

가 건조를 지양하고, 그 대신 KD-Ⅱ와 그 개량형을 다수 건조하는 방식으로 추진하는 편이 바람직하다.[376] 여기서 각 기동전단은 원칙적으로 KDX-Ⅲ 1척과 KD-Ⅱ급 5척이 포함된 6척으로 구성되며, 단기적으로 광개토대왕급(KD-Ⅰ) 구축함 3척을 기동전단에 포함시키는 방안도 고려할 수 있다. 그리고 2~3척 이상의 손원일급 중형 디젤추진 잠수함을 기동전단과 함께 임무에 투입하여 기동전단/함대의 생존성 강화에 기여하도록 해야 할 것이다. 일종의 '수상-수중 합동 현존함대'인 셈이다.

해병대의 부대구조 개편은 현재 대대급으로 제한되어 있는 독자적인 상륙능력을 여단급 수준까지 향상시키는 것을 골자로 한다. 이를 위해서 탱크, 상륙용 장갑차뿐만 아니라 1척당 대대급 무장병력을 수송하는 독도급 상륙모함을 전력화하고, 기동헬기까지 도입해서 명실상부한 초수평선 상륙작전 능력을 확보한다는 계획이나. 여기서 가장 핵심적인 과제는 단연 해병대의 독자적인 항공전력을 갖추는 것이다. 곧 실전배치될 예정인 독도급 상륙모함은 10대 이상의 헬기가 이착륙하는 갑판과 격납고를 보유하고 있지만, 정작 이 배에 탑재할 해군과 해병대의 헬기는 아직 없다.[377] 해병대의 자체 항공부대는 40~50대 이상의 1개 항공여단 규모여야 하며, 우선 1개 항공대대 수량의 기동헬기를 확보한 뒤에 순차적으로

---

376) 아직 정식으로 결정된 바는 없지만, 기존 KD-Ⅱ 구축함보다 함대공 교전능력이 우수한 개량형 구축함(일명 KDX-Ⅳ)의 제작 및 건조 가능성이 제기되고 있다. KDX-Ⅳ는 기존 이지스 방공구축함과 동급 내지 이하 수준의 위상배열 레이더를 탑재하여 다목표 동시교전능력을 향상시킨 것으로 현재 스페인, 노르웨이 해군에서 운용중인 이지스 호위함과 유사한 형태일 것으로 예상된다.

377) 해병대는 오는 2025년까지 70여 대의 헬기를 보유하는 항공단 창설을 추진 중이며, 이를 위해 러시아제 상륙용 기동헬기를 차관 현물상환 방식으로 직도입하는 방안을 검토하고 있는 것으로 알려진다. 김정곤, "해병대 헬기부대 생긴다", 「한국일보」, 2006년 9월 6일자.

공격헬기나 단거리 이착륙기 등을 확보할 필요가 있다. 독도급 상륙모함도 아직 후속 건조 여부가 확정되지는 않았지만, 해병대의 자체 상륙능력을 여단급으로 강화하려면 조속한 시기에 2척 이상으로 늘어나야 할 것이다.

『국방개혁 2020』에는 '북한과의 관계 개선'을 전제로 서해 5도의 해병 제6여단과 연평부대를 해체하고, 김포반도에 배치된 해병 제2사단이 관련 임무를 흡수한다는 구상이 포함되어있다. 이 계획은 최근의 2.13 합의를 비롯한 북한 핵문제의 해결과정, 그리고 한반도 평화체제 구축의 진전 여부에 따라 그 실현시기가 유동적일 것으로 여겨진다. 이와는 별도로 포항의 해병 제1사단을 제외한 나머지 해병부대까지 상륙전 전담부대로 개편하는 방안을 조속히 마련해야 할 것이다. 늦어도 통일 이후에는 해병 제2사단을 서해안 연안지역을 비롯한 후방 지역으로 재배치하여 진정한 의미의 상륙전 부대로 재편해야 한다.

공군은 다음과 같은 부대구조 개편을 준비 중이다. 첫째, 현재 500여

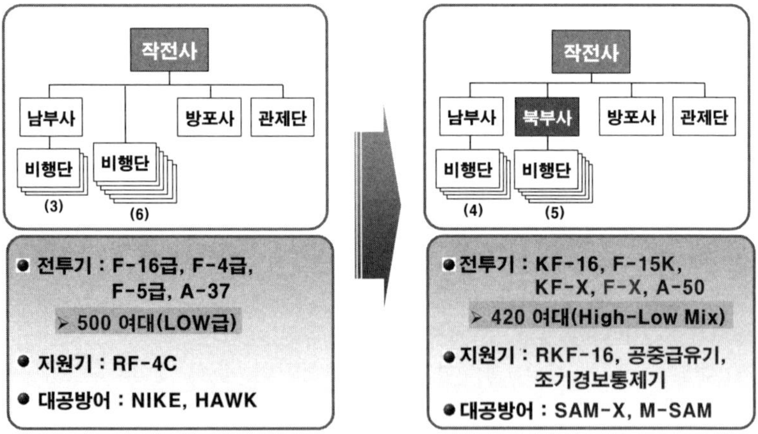

출처: 국방부, 2005년 9월 15일, p.50

〈그림 4-12〉 한국 공군의 부대구조 개편계획

대에 이르는 전투기를 약 420대로 축소하되, 기존의 9개 전투비행단 체제는 유지한다. 둘째, 작전사령부 예하에 2개의 지역사령부, 즉 남부 · 북부 전투사령부를 신설하여 각각 4개와 5개의 비행단을 직접 지휘통제한다. 셋째, 비행단과 비행대대 사이의 전대를 폐지하여 지휘구조를 간소화한다.

그동안 공군은 육군의 야전군사령부에 해당하는 작전사령부가 실전부대인 9개의 비행단을 직접 지휘통제하여 왔다. 육군으로 치자면 군단 없이 야전군에서 일일이 여단/사단을 지휘하는 것이나 마찬가지이며, 이로 인해 공군 작전사령부는 과도한 지휘부담을 감수해야만 했다. 해군이 작전사령부 예하의 3개 함대를 통해 전대/전단급의 주요 실전부대를 운용하는 것을 감안할 때, 공군의 지휘통제 체제는 상당히 비효율적이었던 것이다. 이와 같은 문제를 해결하기 위해 등장한 것이 바로 육군의 군단, 해군의 함대에 해당하는 지역별 전투사령부다. 지난 2003년 7월에 창설된 남부 전투사령부가 3개 비행단에 대한 전 · 평시 작전의 지휘통제를 담당하고 있지만, 그 2배나 되는 6개 비행단은 여전히 작전사령부의 직접 지휘통제를 받아야 하는 실정이다. 따라서 남부, 북부 전투사령부가 예하 비행단을 직접 운용하고, 작전사령부는 전쟁 억지, 승리에 기여하기 위한 전반적인 항공전략의 기획 및 총괄 지휘에 전념하는 체제가 하루빨리 정착되어야 할 것이다. 공군은 2010년까지 북부 전투사령부를 창설할 예정이다.

그러나 전투기 규모가 축소되는데도 기존의 9개 전투비행단 체제를 유지한다는 방침은 다분히 문제의 소지가 있다. 물론 한국 공군은 F-15K급 전투기를 비롯한 각종 신형 기종들을 차례로 전력화할 예정이며, 그 결과 전투기의 수가 감소해도 구형의 전술 · 작전급 항공기 위주로 이루어졌던 과거보다 훨씬 우수한 전투력을 발휘할 것임에 틀림없다. 문제는 각 비행단 소속의 전투기 수량까지 줄어들면서 개별 단위부대의 전투력이 약화될 수 있다는 점이다. 앞으로 한국 공군의 상대는 다수의 구식 전투기를 보유 중인 북한뿐만 아니라 빠른 속도로 공군력을 고도화하고 있는 중국, 그리고 이미 아시아 최고수준의 항공전력을 갖춘 일본 등 주변 강대국이 될 것이다. 한국 공군이 이들의 위협으로부터 영공과 대륙붕, EEZ에서의 해양관할권, 그리고 KADIZ 이내의 공역을 효과적으로 방어하려면 가장 먼저 실전에 투입될 단위부대의 자체 대응능력을 강화해야 하며, 이를 위해서는 상대측보다 양적, 질적으로 대등하거나 우위를 차지할 필요가 있는 것이다.

따라서 한국 공군은 전투기를 500여 대에서 420여 대로 감축하는 과정에서도 각 비행단이 보유하는 기존의 전투기 규모를 유지하고, 대신 전투비행단의 수를 1~2개 줄이는 편이 바람직하다. 평시에 교육용으로 사용되는 훈련기 위주로 구성되는, 전술급의 소형 전투기가 소수 배치 중인 비행단을 기존 훈련비행단과 통폐합하는 방안이 우선적으로 검토될 수 있을 것이다.

2개 지역사령부의 신설, 전투기 및 비행단 규모의 조정 외에도 한국 공군은 새로운 전력 보강효과를 반영할 수 있도록 해당 기능사령부의 확대, 혹은 신규 창설을 추진해야 한다. 여기에는 ① 공중조기경보통제기와 중 · 고고도 무인정찰기, 정찰 · 통신위성, 대형 전자전기에 의한 정보능력, ② 신형 중 · 고고도 지대공미사일의 지상 방공능력, 그리고 ③ 공중급유기와 중 · 대형 수송기가 제공하는 장거리 수송 및 지원 능력이 포함될 것이다. 단기적으로는 기존의 방공관제단과 방공포병사령부, 그리고 공수 · 혼성비행단의 규모를 확대하여 내부에 새로운 기능전담 부대를 신설하는 것이 가능하다. 중·장기적으로는 유사 기능을 결합한 가칭 '우주정보사령부'나 '기동지원사령부'를 공군 내에 창설하거나, 합동부대로 승격하는 방안도 검토될 수 있다.

특히 앞으로는 우주 공간에서의 군사자산 운용 및 통제능력이 바다와 하늘의 제해권, 제공권과 같은 비중을 차지할 것이며, 공군은 '항공우주군'으로 그 역할과 활동범위가 확대될 전망이다. 한국군도 최근 군사용 정찰·통신능력을 갖춘 아리랑 2호, 무궁화 5호 위성을 차례로 발사하여 본격적인 우주자산 운용 시대에 들어섰다. 미국이나 러시아, 중국의 우주력과 비교할 수준은 못 되겠지만, 이제 한국도 늦지 않은 시기에 공식으로 우주 군사자산의 운용, 통제를 담당하는 부대를 신설해야 한다.

지금까지 설명한 한국군의 부대구조 개편과 더불어 추진되어야 할 또 하나의 과제가 있다. 바로 '제주도의 군사·안보적 기능 강화'다. 앞서 설명한 바와 같이 제주도는 서해 5도, 독도와 더불어 한국의 해양안보에서 핵심적인 비중을 차지하는 거점 지역이다. 특히 서해 5도와 독도의 거점 기능은 각각 서해, 동해 내부를 벗어나지 못한다는 한계가 있지만, 제주도는 남해뿐만 아니라 동해와 서해로도 손쉽게 접근할 수 있는 위치에 놓여있다. 이러한 제주도의 지리적 위치는 한국이 한반도 주변해역으로 접근하는 일본, 중국의 해군력을 동·서 양쪽 방향에서 동시에 견제할 수 있는 기회를 제공한다. 석유를 비롯한 에너지자원 수송의 대부분이 걸려있는, 한국의 가장 중요한 해상교통로인 남방항로의 출발점에 해당하는 곳 역시 제주도다.

이처럼 유리한 입지조건을 갖춘 제주도에 기동전단 규모의 해군 기지가 있다면 한반도 주변해역에서 벌어지는 주변 강대국과의 대륙붕, EEZ 관련 분쟁에서 보다 신속한 대응이 가능하며,[378] 남방항로를 비롯한 주요 해상교통로 방어에도 효과적이다. 특히 제주도에서 출격하는 공군의 중·대형 전투기가 해군 기동전단/함대의 항공 엄호를 담당한다면, 남해에서 태평양까지 이어지는 수백해리 범위의 해상교통로에서 더욱 안전한 호송 임무를 수행할 수 있을 것이다.

이러한 점에서 한국 해군은 지난 1993년부터 제주도에 상설 기지를 세우려 애써 왔으며, 마침내 2005년 3월 31일에 20여 척의 군함을 수용하는 약 12만 평 규모의 해군기지를 2014년까지 제주도 남부에 건설한다

출처: 「주간동아」, 2007년 2월 6일

〈그림 4-13〉 제주도 해군기지 건설 후보지역

---

378) 지난해 6월 한국 해군은 제3함대의 사령부가 위치한 부산에 항공모함 등 수상전투함 30여 척이 동시에 정박할 수 있는 16만평 규모의 해군 작전기지를 완공했으며, 충분히 기동전단/함대의 전진기지 역할을 할 수 있다. 하지만 부산을 비롯한 남해안은 제주도와 300km(약 6시간 거리) 이상 떨어져 있으며, 특히 제7광구로 알려진 한일 대륙붕 공동개발구역(JDZ) 인근에서 해양분쟁이 발생할 경우에는 해군력을 조기에 투입하기가 매우 어렵다. 예를 들어 최근 중국과의 EEZ 획정을 둘러싸고 갈등의 대상이 된 이어도까지의 거리는 부산과 진해에서 출발하여 25시간(시속 10노트 기준)이 넘게 걸리지만, 역시 해군기지가 위치한 중국 상하이와 일본 사세보에서는 이보다 빠른 각각 18시간, 21시간 소요된다. 반면 제주도 남쪽에 해군 기지가 있다면 단 8시간 30분 이내에 도착할 수 있다. 유용원, "이어도에서 韓中 해양 분쟁 일어나면…", 「조선일보」, 2006년 11월 29일자.

는 계획을 공식 발표했다.379) 이지스 방공구축함을 비롯해서 앞으로 신설될 기동전단/함대의 주력 군함들을 이곳에 배치한다는 의미다. 공군도 과거 일본이 태평양전쟁 시절 사용했던 제주도 모슬포의 '알뜨르' 비행장을 훈련용으로 사용중이다.380) 하지만 제주도를 군사 · 안보의 핵심 거점으로 육성하려는 국방당국의 노력은 시민단체를 중심으로 하는 반대 주장, 그리고 지역 내부의 논란 때문에 좀처럼 진전을 이루지 못하고 있는 실정이다. "제주도가 지향하는 '세계평화의 섬', 그리고 '국제 관광도시' 이미지와 부합하지 않는다"는 것이 반대론자들이 내세우는 주장의 요지다.381)

굳이 "평화를 원한다면 전쟁에 대비하라"(*Si vis pacem, para bellum*)는 로마 격언을 인용하지 않더라도, 반대론자들의 주장은 여러모로 오류를 안고 있다. 이미 제주도에는 해군의 제주방어사령부가 있으며, 역시 해군이 운용하는 P-3 해상초계기 부대가 배치중이다. 그런데 이제 와서 '평화 = 비무장'이라는 이분법적 논리를 내세워 해 · 공군 기지건설을 문제삼는 것은 '반대를 위한 반대'에 지나지 않는다. 오히려 해군의 기동전단/함대가 발휘하는 전쟁 억지력을 통해 한반도 주변해역에서 중국, 일본의 해양 관할권 침범 가능성을 예방하는 것이야말로 적극적인 평화구현이라고 할

---

379) 제주 기동전단/함대 기지 건설계획은 2005년부터 국방중기계획에 포함되어 있다. 이석종, "제주에 해군기지 건설", 「국방일보」, 2005년 4월 1일자.

380) 지난해 4월 일부 언론에서 "오는 2014년까지 제주도에 F-15K 전투기 등을 배치하는 공군기지 건설이 추진중"이라는 내용의 보도가 있었으나, 공군은 이를 즉각 부인하였다. 대신 공군은 제주도에 해난사고 구조와 보급 및 수송을 위한 헬기, 수송기 등을 보유하는 탐색구조부대 창설을 추진하고 있다. 김정곤, "공군, 제주에 전략기지 만든다", 「한국일보」, 2006년 4월 12일자.

381) 이정훈, "군함 만들어도 정박할 항구가 없다?", 「주간동아」, 2007년 2월 6일.

수 있다.[382] 또한 세계적인 관광지로 유명한 하와이, 괌 등지에 미군의 대규모 해·공군기지가 존재하며, 시드니와 싱가포르, 나폴리를 비롯한 세계 각지의 유명 항구에도 군항(軍港)이 있다는 점을 생각할 때, 관광산업 문제를 기지 건설의 반대 근거로 제시하는 주장도 설득력이 떨어진다.

한국의 대표적인 핵심적 이익인 해양관할권의 보호, 그리고 해상교통로 방어에서 주력을 담당하는 기동전단/함대를 구성할 신형 군함들이 차례로 건조되고 있는데, 정작 이들을 수용할 기지가 없다는 것은 말도 안 된다. 따라서 제주도의 군사·안보적 기능을 강화하기 위한 노력은 해·공군뿐만 아니라 국방당국, 나아가 범정부적 차원에서 진행되어야 하며, 적어도 해군 기동전단/함대의 전진기지는 반드시 건설해야만 한다. 공군의 경우 작전급 이상의 중·대형 전투기를 상시 배치하는 기지 건설은 당분간 곤란하겠지만, 유사시 제주도로 긴급 투입되는 전투기들을 일시적으로 수용·배치하기 위한 일정 규모의 비행장 정도는 확보, 유지될 필요성이 있다.

(3) '튼튼한 뿌리'로서의 방위산업

명색이 자주국방을 지향한다는 나라가 유사시 무력 충돌에서 사용해야 할 무기의 다수를 외국제에 의존한다는 것은 있을 수 없는 일이다. 특

382) 지난해 12월 1일 제주도 내 학자들로 구성된 해군기지 영향조사팀(TF)은 "제주도의 '세계평화의 섬' 개념을 '한반도와 동북아시아의 평화협력을 증진하기 위한 교류, 협력의 거점'으로 상정하면 해군기지와 평화의 섬은 양립이 가능하다"는 내용의 보고서를 제출했다. 김승범, "해군기지 건설 '평화의 섬' 방향에 달려", 「연합뉴스」, 2006년 12월 1일자.

히 강대국에 둘러싸여 지정학적으로 불리한 위치에 있는 국가라면 더욱 그러하다. 해당국가와 분쟁 관계에 있는 강대국으로부터 미움을 사면서까지 무기를 공급해주겠다는 국가를 기대하기가 쉽지 않기 때문이다. 떠오르는 거대시장이자 아시아의 강대국 중국의 위협을 받는 대만, 아랍의 주요 산유국들과 적대관계에 놓인 이스라엘 등은 이러한 이유로 인해서 외국으로부터의 첨단무기 도입에 많은 어려움을 겪었다. 지난 1982년 포클랜드 전쟁의 사례를 보면 아르헨티나는 초반에 프랑스제 '엑조세(Exocet)' 대함미사일로 영국군에 상당한 타격을 입혔지만, 미사일 수입 분량 자체가 한정되어 있었으며, 이후 프랑스가 엑조세 교란방법에 대한 정보를 영국에 넘긴 후에는 그 효과가 훨씬 떨어졌다.

이 점에서 한국은 자주국방 실현을 위해 상당수준의 무기개발 및 생산능력을 갖춘 방위산업의 뒷받침을 필요로 하고 있다. 지난 2004년 6월 22일 국방부가 발간한 『국방연구개발정책서』는 이러한 필요성을 잘 반영하고 있는데, "2020년까지 6개의 '중점 추진분야'에 걸쳐서 총 412개의 세부기술(핵심기술 271개 포함)과 49개의 무기체계를 독자적인 연구개발을 통해 획득한다"는 것을 주 내용으로 한다.[383] 구체적으로는 감시 · 정찰분야 64개, 지휘통제 분야 65개, 정밀타격 분야 117개, 정보 · 전자전 53개, 신기술 및 특수분야 29개, 그리고 기반전력 분야 84개 기술의 자력 확보를 목표로 추진하겠다는 방침이다.[384] 여기에 따르면 2010년까지 중기적으로 첨단무기체계 개발에 필요한 핵심기술을 확보하여 군사기술 선진권에 진입하며, 2011~2020년에는 첨단화, 정밀화, 고속화되고 있는 미래형 무기체계까지 독자개발한다는 것이다. 주요 연구대상에는 스텔

383) 공만식, "첨단무기체계 독자개발", 「국방일보」, 2004년 6월 23일자.
384) 「주간조선」, 2004년 10월 14일자.

스 설계 및 첨단소재, 초음속 정밀유도무기, 초소형 무인기동체계와 주요 부품, 그리고 EMP 폭탄을 비롯한 비살상 무기체계 등이 포함되어 있다.

위의 계획대로만 된다면 한국은 10여년 후부터 유형 군사력뿐만 아니라 기반능력에서도 명실상부한 자주국방이 가능해질 것이다. 하지만 앞서 살펴본 한국 방위산업의 여건을 감안해 볼 때, 이러한 원대한 목표를 현실화하는 것은 분명 쉽지 않은 과제다. 외형 체계의 조립이나 정비 능력은 수준급이지만 핵심부품의 개발, 설계능력이 여전히 미흡하며, 방위산업체들의 경영실적이나 가동률도 크게 부진하기 때문이다.

결국 관건은 방위산업 스스로의 기술, 경영부문 자생력을 향상시키는 것에 달려있다. 그리고 이를 위해서는 다음의 3개 과제를 반드시 해결해야만 한다. 첫째, 국방과학연구소가 거의 모든 군사기술의 연구개발을 주도했던 방식을 탈피할 필요성이 절실하다. 그동안 대다수 무기체계의 연구 초기단계부터 양산에 이르는 과정을 국방과학연구소가 전적으로 떠맡는 구조가 계속되면서 민간 방위산업체들의 활동은 최종 체계의 제조, 생산에 치중해 왔으며, 자체 연구개발 기능이 있다고 해도 기존 무기의 '점진적 · 단계적' 개량이 대부분이었다. 이는 '첨단기술 중심의 전략급 무기체계 개발'이라는 국방과학연구소 본연의 기능 수행에도 큰 지장을 초래하고 있다.

따라서 앞으로는 국방 연구개발에 대한 분야, 주체별로 명확한 역할 분담 체제가 성립되어야 한다. 다시 말해서 '전략급, 미래형 군사기술' 분야는 국방과학연구소에서, 그리고 '전술 · 작전급, 현용 무기체계 관련 기술'은 민간 방위산업체가 주도하는 방식으로 분업화하는 것이다.[385)]

---

385) 지난 2004년 발간된 국방부의 『국방연구개발 정책서』에서도 전체 연구의 61%인 254개를 국방과학연구소가 주도하고, 34%인 139개는 민간 방위산업체 및 연구소가,

둘째, 구조조정과 신규시장 창출을 통하여 방위산업체의 경영 건전성을 개선해야 한다. 이를 위해서 지난 20년 이상 계속되어온 방위산업의 전문화/계열화 제도를 현재의 안보환경과 군사기술과 부합하도록 개정, 폐지하는 조치가 필요하다. 1983년부터 시작된 전문화/계열화 제도는 '주요 획득계획에 포함된 군용물자 가운데 연구개발 또는 기술도입을 통해 생산할 필요가 있는 품목에 대해 지정업체에게 우선적인 참여권을 부여하는 제도'를 뜻한다.[386] 일종의 독과점 시장체제인 셈이다. 본래 이 제도는 주요 방위산업체들에게 안정적인 수요를 제공하고, 중복투자를 막는다는 취지에서 비롯되었으며, 지금까지 한국 방위산업의 규모 성장에 큰 기여를 한 것이 사실이다. 하지만 시간이 지나면서 전문화/계열화 제도는 신규 업체들의 진입 규제, 정부 발주물량에 대한 의존도 심화, 그리고 기술·경영혁신에 대한 동기 약화 등의 부작용들이 커졌다.[387] 다시 말해 방위산업 전체의 경쟁력을 떨어뜨리는 근본 원인이 된 것이다.

이처럼 기존의 전문화/계열화 제도는 방위산업의 양적 확대에는 기여했지만 방위산업체들의 경쟁력 향상을 비롯한 질적 발전에는 오히려 장애가 되고 있으며, 기술혁신 속도가 이전보다 훨씬 빠르게 진행되는 현재의 군사력 건설 여건에서 점점 그 실효성이 떨어지는 추세다. 오늘날

3%에 해당하는 13개는 민군 겸용으로, 그리고 2%인 10개는 해외협력으로 할 방침임을 설정하였다. 여기에 점진적으로 50%까지 민간 주도로 확대할 가능성도 포함되어 있다.

386) 여기서 '전문화' 분야는 완성된 종합체계이며, '계열화' 품목은 각 전문화 분야의 부품 및 소재를 뜻한다. 따라서 전문화 업체가 최종조립을 담당하고, 계열화 업체는 부품 등을 납품하는 협력업체가 되는 것이다. 2004년 9월말 기준으로 전문화 업체는 29개, 계열화 업체가 48개 지정되어 있다. 백재옥·박주현·임길섭 등, 2005, p.95.

387) 정혁훈, "비슷한 무기도 따로 생산. 전문화가 되레 발전저해", 「매일경제」, 2004년 9월 7일자.

한국 방위산업이 직면한 경영 건전성의 문제를 해결하는 열쇠는 '방위산업체들의 경쟁력 강화'에 있으며, 그 연장선상에서 전문화/계열화 제도가 규정해 온 방위산업의 독과점 체제를 중단시켜야 마땅하다. 이를 통해 우수한 민간업체들에게 방위산업 문호를 적극 개방하고, 기존 방위산업체들도 인수합병(M&A)을 비롯한 구조조정을 적극 단행하여 생산능력뿐만 아니라 기술력을 기반으로 하는 구조로 전환하도록 이끌어야 한다. 최종체계의 생산, 조립은 앞으로도 상당기간 동안 기존의 주요 방위산업체들이 주도하겠지만, 적어도 핵심소재와 부품, 소프트웨어를 비롯한 연구개발에서는 경쟁체제가 정착되어야 할 것이다.[388] 정부는 이미 전문화/계열화 제도를 오는 2008년 말까지 폐지하기로 확정한 바 있는데, 이를 좀 더 앞당기는 것도 적극 검토해야 한다.

이 외에도 한국 방위산업은 해외의 신규시장 개척에 적극 나서야 한다. 한국군의 군사력 건설 방향은 '전술 · 작전 차원의 양적 성장'에서 '전략 차원의 기술위주 발전'으로 조정되고 있으며, 내수 위주의 생산 및 개발만으로는 매출과 가동률 면에서 한계에 부딪힐 수밖에 없다. 따라서 새로운 성장동력을 확보하고, 경쟁력 강화라는 효과를 동시에 달성하기 위해 국제 무기시장으로의 수출을 추진할 필요가 있는 것이다. 이 가운데 K-9 자주포, KT-1 기본훈련기는 대표적인 성공사례로 평가된다. 같은 맥락에서 외국 군수업체와의 제휴도 좋은 방법이 될 수 있다. 한국항공우주산업(KAI: Korea Aerospace Industry)이 미국 굴지의 항공업체 록히드 마틴과 합동으로 개발, 생산한 세계적 수준의 고등훈련기 T-50 '골든이글

388) 김종하, "한국 방위산업의 구조혁신-전문화 · 계열화 제도 개선방안", 국무조정실 국방획득제도개선위원회, 『한국 방위산업의 경쟁력 강화방안: 국회 국방정책 토론회 자료』(김명자 의원실, 2004년 12월 7일),

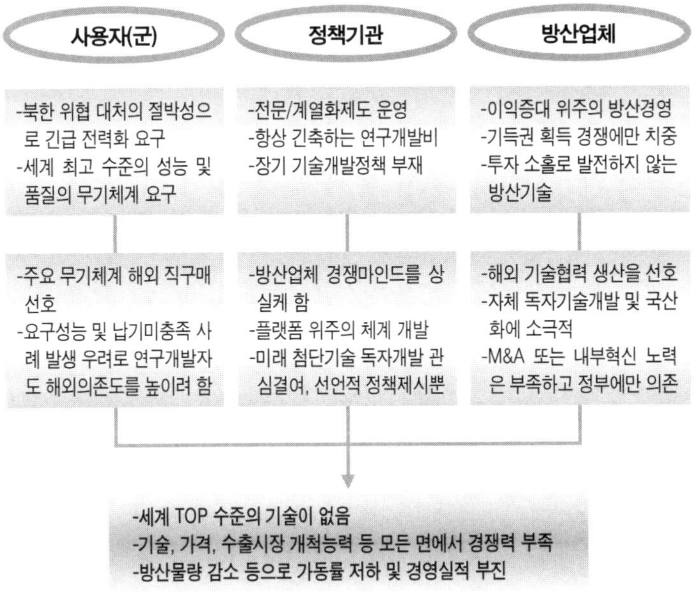

출처: 「SMI 이슈 & 리포트」 2006년 11월 15일자. 통권 제16호

〈그림 4-14〉 기존 방위산업 정책의 구조적 문제점

(Golden Eagle)'이 대표적이다.

이 과정에서 지금까지 한국 방위산업 시장을 거의 독차지해 온 미국뿐만 아니라 러시아, 유럽, 이스라엘 등 다른 방위산업 선진국과의 협력에도 보다 높은 우선순위를 둘 필요가 있을 것이다.389) 무기체계 자체의

389) 한국과 러시아의 방위산업 협력은 지난 1990년대 중반 이후 경제협력 차관을 현물로 상환받는 형식으로 러시아제 무기체계를 2차례 도입하는 것으로 시작된 바 있다. '불곰사업'으로 알려진 이 계획으로 T-80 탱크와 BMP-3 보병전투용 장갑차, 휴대용 지대공미사일, 대전차미사일, 공기부양정 등이 도입되었다. 현재 한국은 러시아의 고급 군사기술을 활용하여 단거리 공대공미사일, '철매 II' 한국형 중거리 지대공미사일(M-SAM)을 개발중에 있다. 또한 한국형 기동헬기(KHP)의 공동개발을 위해 유럽의 대형 항공업체 유로콥터와 제휴하고 있으며, 지난 2005년에는 EU의 자체 항법위성 사업인 '갈릴레오 프로젝트'에 정식 참여하였다. 한국은 '갈릴레오 프로젝트' 참여를 통해 미

성능이나 운용 신뢰성, 그리고 유사시 미국과의 공동작전을 위한 상호운용성(Interoperability)을 감안할 때, 완성품 형태의 현용 무기체계가 미국제 위주로 도입된다고 해서 반드시 비판받아야 할 일은 아니다. 하지만 한국 스스로의 군사기술 획득과 직결되는 경우까지 전통적으로 고급 기술이전에 인색했던 미국에 의존해야 할 이유는 없다.

그리고 셋째, 방위산업의 자생력 강화를 위한 정부 차원의 정책지원이 필요하다. 이를 위해서는 국방부와 육 · 해 · 공군을 비롯한 국방당국의 협조가 절대적이다. 그동안 국방당국은 북한과의 전력 격차를 빨리 해소하고자 상대적으로 전력화 시간이 덜 소요되는 외국 무기체계의 직도입을 선호해 온 것이 사실이다. 그러나 앞으로는 '한국형 무기체계' 개발을 촉진한다는 대승적 차원에서 작전급 전력 이하의, 그리고 장기적으로는 전략급 무기체계까지 국내 방위산업체가 개발 및 생산한 것을 위주로 일관성있게 구매하는 방침을 유지해야 한다. 외국 무기체계의 직도입에 쓰이는 비용은 결국 외화유출이라는 한계가 있지만, 국내 방위산업체의 병기 구매에 들어가는 돈은 결국 한국의 국부 증진과 고용 창출로 이어지기 때문이다.[390] 국방부는 지난 2001년 5월 30일의 '전반기 전군 주요지휘관 회의'에서 천명한 "첨단전력 확보를 위한 무기획득 패러다임을 완제

국의 GPS 항법위성에 의존하고 있는 정밀유도무기의 사용 안정성을 높일 계획이다. 지난 3월 한국을 방문한 미셸 알리오-마리 프랑스 국방장관은 기동헬기, 잠수함의 공동개발을 제안하여 프랑스가 한국 해군의 KSS-Ⅲ 중(重)잠수함 개발 사업에 참여할 가능성이 있음을 시사했다. 그리고 이스라엘과는 아리랑2호 위성에 탑재된 고해상도 광학카메라를 공동개발한 바 있다.

390) 실제로 국방부문의 연구개발과 방위산업 육성은 경제적 측면에서도 외화 절약, 민간부문으로의 파급 효과를 비롯해서 한국 경제발전에 크게 기여한 것으로 평가된다. 보다 자세한 내용은 백재옥 · 성채기 · 박주현, 『국방부문의 경제적 역할 분석』(한국국방연구원, 2003), pp.161~172를 참고.

품에서 기술축적 중심의 획득방식으로 전환한다"는 방침을 차질없이 지켜야 할 것이다.

궁극적으로는 '2020년까지 국방 연구개발 능력의 자립'이라는 목표 달성을 국가 차원에서 뒷받침할 수 있는 범정부적인 노력이 요구된다. 우선 국방당국 뿐만 아니라 과학기술부와 산업자원부, 기획예산처 등이 참여하는 관(官)-군(軍) 연구개발 협의체를 설치하여 범정부적으로 국방기술 연구개발에 대한 중 · 장기적인 정책, 실행계획을 수립하고, 이를 통해 민간 부문의 기술력이 국방 연구개발에 보다 효과적으로 기여할 수 있도록 해야 할 것이다. 이 점에서 최근 과학기술정책의 최고 의결기구인 국가과학기술위원회에 '국방전문위원회'를 설치하는 방안이 추진 중이라는 소식은 매우 긍정적이다.[391] 이 위원회는 위원장을 포함하여 총 15명(고위공무원단에 속하는 일반직 공무원과 군 관련자 등)으로 구성되어 국책 연구개발 사업에서 국방, 비국방 분야 사업을 연계 및 조정하는 역할을 맡으며, 나아가 국방 연구개발의 투자규모에 대한 조정권한도 갖게 될 예정이다. 그리고 무기체계의 획득과정에서도 방위산업체, 국방과학연구소 등의 유기적 협력관계를 제도화해야 한다. 이를 위해 방위사업청(DAPA) 산하의 각 부문별 통합사업관리팀(IPT)을 협력의 장으로 적극 활용할 필요가 있다.

(4) 적정 수준 국방예산의 안정적 확보

이러한 전략 차원 군사력의 획득과 방위산업의 토대 마련 등은 대부

391) 이정내, "국과위에 '국방전문委' 신설", 「연합뉴스」, 2006년 11월 29일자.

분이 앞으로 상당한 규모의 재정적 부담을 요구하는 사업들이다. 오늘날 기계화 · 자동화된 무기체계가 병력의 주류를 이루는 기존의 보유하고 있는 전력을 개선, 유지하는 비용에만도 적지 않은 비용이 들어가는데, 하물며 아직 한국이 갖추지 못한 보다 고급의 무기체계와 군사기술을 손에 넣기 위해서는 훨씬 많은 돈이 들어갈 것임은 충분히 짐작할 수 있다.

예를 들어 차기 대형전투기(F-X) 사업에 5조 2,200억 원, 2차 F-X 사업의 경우 2조 3,000억 원, 탄도 · 순항미사일의 연구개발 및 개량(일명 '현무 성능개량') 사업에 1조 2,441억 원, 고고도 지대공미사일(SAM-X) 사업은 1조 원 이상, 공중 조기경보통제기(E-X) 사업에 약 1조 6천억 원, 이지스 방공구축함(KDX-Ⅲ) 사업이 3조 원, 손원일급 중형 디젤추진 잠수함(KSS-Ⅱ) 사업은 4조 3,248억 원, 차기 중(重)잠수함(KSS-Ⅲ) 개발사업이 2조 5,311억 원, 그리고 한국형 기동헬기(KHP) 사업에 1조 2,960억 원 등이 투입될 예정이다. 하나같이 조(兆) 단위를 넘는 거액을 요구한다. 여기에 신규 연구개발, 노후 전력의 교체를 위한 후속 무기체계 획득에 들어가는 비용까지 감안한다면 액수는 더욱 커질 수밖에 없다. 노골적으로 표현해서 자주국방의 실현 여부는 돈 문제가 본질이라고 해도 과언이 아닐 것이다.

그렇다면 이처럼 어마어마한 금액을 필요로 하는 전략급 무기체계의 획득사업까지 포함해서 앞으로 한국이 부담해야 할 국방예산의 규모는 얼마나 될까? 『국방개혁 2020』에서 추산하는 바에 따르면, 15년에 걸친 국방개혁 기간 동안에 총 621조원의 국방예산이 소요될 전망이다. 여기서 국방개혁 관련 사업과 직접 연관되는 '순수 개혁소요'에 따른 비용은 67조원으로 전체 예산의 10% 수준이며, 그 가운데서도 95.5%인 64조원이 무기체계 획득 및 연구개발을 포함하는 방위력개선비다.[392] 국방개혁

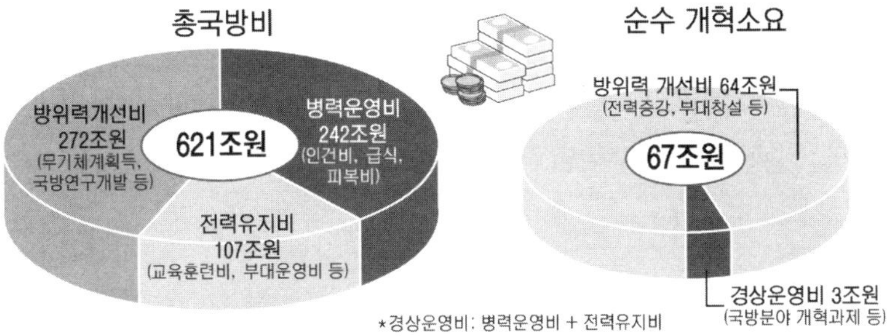

출처: 「국방일보」 2006년 9월 14일자

〈그림 4-15〉 『국방개혁 2020』과 소요 국방예산

〈도표 4-14〉 『국방개혁 2020』의 단계별 예산소요 평가

	1단계(2006~2010년)	2단계(2011~2015년)	3단계(2016~2020년)
국방예산 (연평균 증가율) (신계열 GDP 대비) (정부재정 대비)	139조원(22.4%) (9.9%) (2.7%) (16.7%)	216조원(34.8%) (7.8%) (3%) (18.2%)	266조원(42.8%) (1%) (2.6%) (15.8%)
방위력개선비 (국방예산 대비)	50조 2,000억원(18.5%) (36%)	99조 7,000억원(36.7%) (46.1%)	121조 7,000억원(44.7%) (45.8%)

출처: 백재옥 · 박수현 · 김상호 등, 2006, p.32.

기간을 통틀어 지출될 방위력개선비의 총액은 272조원, 즉 전체 예산의 43.8%를 차지한다.

『국방개혁 2020』은 5년 단위의 총 3단계로 구분되는데, 전체 예산의 50%가 넘는 금액을 제1, 제2단계에 해당하는 향후 10년 사이에 집중적으로 투입한다는 계획이다. 해당 기간동안 국방예산 규모는 신계열 GDP

---

392) 구체적으로 신형 무기체계의 획득, 개발을 위한 비용이 약 53조 9,000억원이며, 10조원은 부대의 개편 및 신규창설을 위한 것이다. 백재옥 · 박수현 · 김상호 등, 2006, p.32.

대비 2.7~3% 수준까지 증액되며, 정부재정 기준으로는 최고 18% 이상으로 인상될 예정이다. 이를 뒷받침할 수 있도록 15년 동안 연평균 6.2%의 예산증가율을 보장하며, 특히 제1, 제2단계에서의 연평균 국방예산 증가율은 각각 9.9%와 7.8%로 책정되어 있다. 그리고 방위력개선비는 국방예산 대비 30~40% 이상으로 확대된다.

하지만 위와 같은 장밋빛 청사진 앞에는 여러 현실적 어려움들이 기다리고 있다. 먼저 급속하게 진행되고 있는 인구구조의 고령화, 저출산 심화로 중·장기적인 경제성장 잠재력이 약화될 것이라는 위기감이 높아지는 추세다. 최근 수년 동안의 고유가 지속, 그리고 지난해 10월 9일 북한의 핵실험 사태로 고조된 한반도 정세의 불확실성 문제도 안정적인 경제성장에 큰 위협요인이 된다. 『국방개혁 2020』에서 제시된 국방예산 증액은 연간 실질 경제성장률 4.8%(물가상승률 2.3% 제외)를 전제로 한 것이므로 국가경제의 성장 및 안정성 여부에 따라 그 성패가 좌우될 수밖에 없다. 뿐만 아니라 경제, 사회적인 빈부격차 문제가 갈수록 부각되면서 복지, 교육부문에 대한 국가재정 수요도 점점 높아지고 있다.[393] 이 외에도 2.13 합의에 따른 북한 핵문제 해결의 상응조치로서 한국이 부담해야 할 대북 경제지원,[394] 그리고 한반도 평화정착 및 통일 과정에서 북한 경

393) 정부는 지난해 8월 저출산과 고령화, 빈부격차, 저성장의 해소, 세계 일류국가로의 도약 등을 표방하는 25년 단위의 중·장기 국가재정 운용계획인 '비전 2030'을 발표하였다. 이 계획은 5대 전략별 핵심과제 50개(복지부문 18개 포함)에 2006~2010년까지 GDP 대비 0.1%, 그리고 2011~2030년 사이에는 GDP 대비 2.1%의 재원을 투입하는 것을 골자로 한다. 이를 금전적으로 환산하면 무려 1,100조원에 달한다. 정광재, "대한민국 청사진 '비전 2030'", 「매일경제」, 2006년 9월 14일자.

394) 한국은 2.13 합의에 따라 북한의 핵시설 폐쇄에 맞추어 중유 5만톤을 지원할 예정이다. 북한이 핵시설 불능화 조치를 실행할 경우 제공될 중유 총 100만톤의 1/5인 20만 톤을 부담하게 되며, 금전 가치는 약 620억 원 정도다. 뿐만 아니라 한국은 지난

제재건을 위한 통일비용도 안정적인 국방예산 확보를 제약할 수 있는 요인이다.[395]

그러므로 『국방개혁 2020』의 진행 과정에서 최대한 많은 액수의 국방예산을 확보하는 것도 중요하지만, 여의치 않을 경우 한국군이 지향하는 '전쟁 억지, 승리능력의 자립'과 '독자적인 연구개발 능력 획득'에 필요한 최소한도의 적정 예산규모는 반드시 보장받을 수 있도록 해야 한다. 구체적으로는 ① IMF 외환위기 이전 수준인 GDP 대비 3%(신계열 기준 2.7~2.8%) 이상, ② 정부재정 증가율을 상회하는 연평균 8~9% 이상의 국방예산 증가율이 뒷받침되어야 할 것이며, 이를 매년 수립되는 5년 단위의 『국가재정운용계획』에 반영시킬 수 있도록 한다. 특히 『국방개혁 2020』의 제1단계 대부분을 차지하며, 전시작전통제권의 전환을 준비해야 하는 향후 5년 동안의 『2007-2011 국방중기계획』 기간에는 위와 같은 수준을 넘는 재원 확보가 안정적으로 이루어져야 한다. 한국군이 확보하려는 주요 전략급 무기체계들의 획득사업 일정이 다수 겹쳐져 있으며, 『국방개혁 2020』의 전체 국방예산 24.3%에 해당하는 약 151조원(방위력개선비 약 49조원 포함)이 소요되기 때문이다.

국방예산 구조에서도 신규 군사력 건설, 연구개발에 쓰이는 방위력개

2005년의 9.19 공동성명 당시 북한의 핵포기 대가로 연간 200만kW의 송전(送電)을 제시했으며, 북한의 핵폐기가 확인될 경우 제공될 가능성이 있는 경수로 공사에서도 상당 수준을 분담할 가능성이 있다. 여기에 인도주의적 대북지원 재개 등까지 고려한다면 앞으로 10년 동안 한국의 대북지원 규모는 최대 11조원 정도가 될 것으로 추산된다. 그리고 한국은 5개의 2.13 합의 관련 실무그룹 가운데 '경제 및 에너지협력' 담당 실무그룹의 의장국을 맡을 예정이다. 이정진, "한국 부담할 비용 얼마나 되나", 「연합뉴스」, 2007년 2월 13일자.

395) 통일비용에 대한 보다 자세한 논의 내용은 이승현, "통일비용: 정확한 추산과 국민의 참여", 「國會圖書館報」, 제42권 제1호, 통권 제309호(2005년 1월)를 참고.

선비를 30~35% 이상으로 확대 편성하고, 『2007-2011 국방중기계획』 기간을 통틀어 전체 국방예산의 연평균 증가율보다 높은 매년 15~20% 수준의 방위력개선비 증액을 보장해야 한다. 신규사업에 대한 투자비율은 매년 10% 내외로 책정한다. 그리고 국방기술 역량의 조속한 확충을 위해 연구개발 투자비를 가능한 한 빨리 NATO 평균(2001년 기준)에 해당하는 국방예산 대비 7% 이상으로 상향 조정하면서, 궁극적으로는 방위산업 선진국 수준인 10%까지 높일 필요가 있다.[396)]

〈도표 4-15〉 『2007-2011 국방중기계획』의 예산소요 규모

	2007년	2008년	2009년	2010년	2011년	합계
국방예산	24조 7,417억원	27조 1,911억원	29조 8,830억원	32조 8,414억원	36조 927억원	150조 7,499억원
(GDP 대비)	(2.62%)	(2.69%)	(2.75%)	(2.82%)	(2.89%)	(2.75%)
(증가율)	(9.9%)	(9.9%)	(9.9%)	(9.9%)	(9.9%)	(9.9%)
방위력개선비	7조 52억원	8조 3,916억원	9조 8,630억원	11조 64억원	12조 9,555억원	49조 2,217억원
(국방예산대비)	(28.3%)	(30.9%)	(33%)	(33.5%)	(35.9%)	(32.7%)
(증가율)	(20.6%)	(19.8%)	(17.5%)	(11.6%)	(17.7%)	(17.4%)

출처: 백재옥 · 박수현 · 김상호 등, 2006, p.161.

이와 함께 『국방개혁 2020』 기간을 통틀어 보다 효율적인 군사력 건설이 가능하도록 주요 전력획득 사업의 우선순위를 명확히 규정하고, 이를 방위력개선비의 배정 기준으로 삼아야 한다. 제1순위는 마땅히 한국

396) 국방당국은 『2007-2011 국방중기계획』 기간 동안 연구개발비를 국방예산 총액 기준으로 최고 6.7%까지 증액하며, 2015년에 이르러서야 10% 수준으로 확대할 수 있다는 입장이다. 이는 다분히 소극적인 조치로 판단되며, 국방예산 대비 10%의 연구개발비 확보시기를 2~3년 앞당기는 방안을 적극 검토해야 할 것이다.

의 최대 안보위협인 북한의 대량살상무기와 주변 강대국에 대한 억지, 승리능력을 보장하는 전략급 무기체계 관련 사업의 몫이다. 그 다음인 제2순위는 각 군의 실질적인 주력이라고 할 수 있는 주요 작전급 무기체계들 가운데서도 비대칭적 성격이 강한 포병과 항공전력, 중고도 지상방공무기 그리고 준 전략급으로 운용되는 신속대응병력 지원을 위한 기동수단 획득사업에 배정하도록 한다. 제3순위는 통일 이후 주변 강대국에 대한 견제, 억지효과에 초점을 둔 해군과 공군의 장거리 기동 및 지원전력, 중·장기간에 걸친 미래형 무기체계 연구개발이 될 것이다. 마지막으로 탱크, 장갑차를 비롯한 육상 기동전력이나 해군의 연안 전투함정, 공군의 중·소형 전투기, 개인화기 그리고 저고도 지상방공무기 등과 같은 대칭적인 전술·작전급 무기체계는 가장 낮은 제4순위로 설정한다. 만약 북한 핵문제의 조기 해결을 비롯한 한반도 평화체제 정착이 앞당겨진다면, 제2순위와 제3순위는 서로 바뀌어야 할 것이다.

우선순위가 높은 사업일수록 방위력개선비 비중의 확대 및 조기 전력화 달성이 요구되며, 그 반대의 경우는 관련사업의 예산 규모를 축소하거나 전력화 시점을 늦추는 것이 불가피하다. 특히 전술·작전급의 전력획득사업 가운데 총 사업비 규모가 수조원 단위에 이르는 육군의 탱크, 장갑차, 기동 및 공격헬기, 저고도 지상방공 무기, 그리고 공군의 중·소형 전투기 등은 적어도 2015년 이전까지는 기존 전력에 대한 개량, 수명연장 사업을 우선적으로 실시하는 편이 바람직할 것이다.

2006년 12월 27일 국회는 총 24조 4,971억 원 규모의 2007년도 국방예산을 확정했다. 지난 해보다 8.8% 증가된 것이지만, 당초 정부가 제출한 예산안보다 1,996억 원이나 삭감된 것으로 총액규모나 증가율 등에서 『2007-2011 국방중기계획』의 목표치에 미달하면서 아쉬움을 남겼다.

〈도표 4-16〉 주요 군사력 건설사업과 우선순위 설정

	특징	해당사업	완료 시기
제1 순위	전략급 전력	• 원거리 정보수집 자산(공중 조기경보통제기, 정찰위성, 중 · 고고도 무인정찰기) • 고성능 C^4I 체계(KJCCS, 각 군별 C^4I, 광대역 위성통신) • 전자공격 능력(대형 전자전기) • 장거리 전력투사 수단(탄도 · 순항미사일, 공대지 정밀유도무기) • 지상 타격무기 탑재용 기동전력(이지스 방공구축함, 대형 전투기) • 광역방호(고고도 지대공미사일, 사이버전 부대)	국방개혁 1단계~2단계 초반 (2007~ 2012)
제2 순위	비대칭적 작전급 전력	• 대구경 장거리포(자주포, 다연장로켓포 등) • 육군 기동 · 공격헬기(자체개발, 성능개량, 직도입 등) • 해군 항공전력(해상초계기, 수상전투함 탑재 헬기, 소해헬기 등) • 중고도 지상방공 • 신속대응병력 지원 기동수단(해병대의 상륙모함 및 상륙기동 · 공격헬기, 특수임무 부대 수송용 중 · 대형 수송기 등) • 군수지원 긴요물자 확충(탄약, 연료 등)	국방개혁 2단계 (2011~ 2015)
제3 순위	장거리 기동 및 지원전력, 중 · 장기 국방연구개발	• 해군 기동전단/함대 • 항공모함 • 중 · 대형잠수함 • 공중급유기 • 미래형 무기체계 연구개발	국방개혁 3단계 (2016~ 2020)
제4 순위	대칭적 전술 · 작전급 전력	• 육군 개인화기(소총, 대전차미사일) • 육상 기동전력(차기 탱크, 보병전투용 장갑차) • 해군 연안전투함정(차기고속정, 차기호위함) • 공군 중 · 소형 전투기(A-50 경공격기, KF-16 후속기종) • 저고도 지상방공(대공포, 휴대용 지대공미사일 등)	국방개혁 3단계 이후 (2020 이후)

이 가운데 방위력개선비는 1년 전보다 15% 이상 늘어난 6조 6,807억원

으로 국방예산의 27.3%를 차지했다. 연구개발투자비도 국방예산 대비 5.1% 수준으로 늘어났다. 이번 국방예산 편성에서는 전략차원의 정보, 전력투사 부문의 배정이 눈에 띄게 증가했는데, 특히 고고도 무인정찰기와 공대지 정밀유도무기, 탄도미사일 조기경보 레이더, 방사능 탐지장비, 그리고 EMP 방호능력 보강사업 등에 배정된 392억원은 국회심의과정에서 새로 추가되었다.397) 물론 이것은 지난해 10월 9일 핵실험 사태 이후 긴박해진 북한의 대량살상무기 위협을 반영한 것이다. 대조적으로 A-50 경공격기 개조, 한국형 기동헬기(KHP), 중거리 대전차미사일, 단거리 지상방공 무기를 비롯한 전술 · 작전급 무기체계 관련 사업의 예산은 상당 부분 축소되었으며, 차기 보병전투용 장갑차 예산은 전액 삭감되었다.

이보다 앞선 지난해 11월 초에 발표된 정부의 『2006~2010년 국가재정운용계획』에서는 오는 2010년까지 총 135조 1,549억 원을 국방예산으로 지출하며, 이를 위해 연평균 9%의 인상률을 보장할 것임을 천명했다. 특히 방위력개선비는 연평균 17.7%를 증액하여 총 41조 3,222억원을 확보한다는 방침이다. 이는 해당 기간 동안의 국방예산 30.6%에 달하는 액수다.398) 이 내용대로라면 2010년에는 방위력개선비가 전체 국방예산의 약 35%를 점유하게 될 것이다. 앞으로 이와 같은 구상이 얼마나

397) 구체적으로 살펴보자면 고고도 무인정찰기와 탄도미사일 조기경보 레이더 도입에 각 1억원, 그리고 지하관통능력을 갖춘 GBU-24 및 GBU-28 레이저유도폭탄 도입에 각각 75억 원, 23억 원 등이 긴급 편성되었다. 그 결과 해당 무기체계들의 도입이 당초 계획보다 1~3년 앞당겨질 것으로 기대된다. 또한 41억 원 규모였던 JDAM 도입예산이 121억 원으로 200% 가까이 인상되었으며, 탄도 · 순항미사일의 연구개발 및 개량을 위한 '현무 성능개량'사업도 200억 원 증액된 1,627억 원 수준으로 확정되었다. 이석종, "북 핵무기 위협대비 예산 증액", 「국방일보」, 2006년 12월 28일자.

398) 기획예산처, 『2006~2010년 국가재정운용계획』(2006년 10월), pp.227~228.

제대로 실천될 수 있을지 주목할 필요가 있다.

(5) 한국형 안보, 군사전략의 정립

자주국방을 실현하기 위해 한국은 군사력의 하드웨어는 물론 소프트웨어에서도 자립 기반을 마련해야 한다. 여기서 말하는 '소프트웨어상의 군사력 자립'이란 바로 독자적인 안보, 군사전략을 마련하는 것이다. 즉, 한국의 사활적 · 핵심적 이익과 직결되는 내용에 무엇이 있으며, 이들을 지키기 위해서 무슨 수단을 언제, 어떻게 사용할 것인가에 대해서 한국 스스로의 입장이 담긴 성문화된 방침이 존재해야 하는 것이다. 단순히 '북한의 핵보유 불용(不容)', '평화적 해결', '한국의 주도적 역할'이라는 문구를 반복하는 것은 희망사항의 나열이지, 전략이라고 할 수 없다. 국가 차원의 안보, 군사전략이라면 그 이상의 것을 필요로 한다.

한국의 성문화된 국가안보전략은 안보정책에 관한 대내외적인 일관성과 신뢰성을 보장하기 위해 법적으로 규정된 제도적 절차에 의거하여, 대통령 명의로 작성되어야 하며, 정례적으로 제출, 발표해야 한다. 또한 다음과 같은 내용들을 포함해야 할 것이다. 첫째, 한국의 '자기보존'과 '위험 예방'에 해당하는 국익의 내용들과 공간적 범위를 명시한다. 구체적으로는 ① 한국의 국가주권과 자주독립, ② 자유민주주의 질서, ③ 국민 생명과 주요 국력기반의 안전, ④ 이상과 같은 가치들이 보장되는 한반도의 평화와 통일, ⑤ 영토와 해상교통로, 그리고 대륙붕, EEZ, 독도를 비롯한 해양관할권 등을 포함한다. 둘째, 한국의 입장에서 국가안보에 대한 위협 요인들을 안보상 여러 국익과의 연관성을 근거로 규정짓는다. 셋째, 자주국방과 동맹, 공동안보, 그리고 군비통제를 비롯한 각 안보전략 및 정책

수단의 선택에 관한 우선순위를 밝힌다. 넷째, 특히 한국 안보를 위한 군사력의 역할과 지향점에 대해서도 보다 명확한 기술을 포함시킬 필요가 있다. 다시 말하자면 제한적인 국지도발이나 전면침공 가운데 어느 종류의 위협에 군사적 대응의 초점을 맞출 것이며, 각각의 무력분쟁의 경우 언제, 어디서, 어떠한 행동방식으로, 군사력 사용의 지향점을 어디로 둘 것인지 규명해야 하는 것이다. 그리고 다섯째, 한국이 결코 타국의 영토 병합이나 정권 타도와 같은 현상타파를 지향하지 않으며, 북한과 주변 강대국이 한국의 안보를 존중하는 이상 얼마든지 공존공영을 위해 협력할 용의가 있음을 함께 주지시켜야 한다.

한국의 경우 '현존하는 위협'인 북한에 의한 전면전쟁 내지 국지적인 침범 가능성을 가장 우선적인 안보상의 도전요인으로 명백히 규정하고, 그 다음으로 주변 강대국으로부터의 '잠재적인 위협'과 테러리즘, 대량살상무기 확산, 국제범죄 등 초국가적 위협들의 순으로 두어야 할 것이다. 각 안보전략의 종류에서는 당분간 미국과의 동맹 전략을 우선순위에 놓는 한편으로 독자적인 전쟁 억지 및 수행능력을 전제로 하는 자주국방 전략의 유효성을 발전시키기 위한 지속적인 노력 의지를 천명하고, 동시에 책임있는 지역공동체와 국제사회의 일원으로서 공동안보와 군비통제 체제의 발전에 대한 개략적인 입장을 포함시킨다. 그리고 한국은 '자기보존'과 '위험 예방'을 위해서 미국과의 연합 군사전략(즉, 작전계획 5027)뿐만 아니라 독자적으로도 군사력을 사용할 용의가 있으며, 그 목적은 국지적 침범의 철저한 격퇴와 유사시 단기결전에 의한 전면침공의 좌절 그리고 위협 능력의 무력화에 있음을 명시할 필요가 있다.

현재의 안보환경 하에서 한국이 직면한 최대의 도전요인은 단연 '북한에 의한 핵위협'이며, 마땅히 국가안보전략에서도 이 문제에 대한 한국의 입장과 정책적 목표, 그리고 실현 방책 등을 제시해야만 한다. 먼저 한국은 지난해 10월 9일에 강행된 핵실험을 비롯하여 지난 10여년 이상 계속된 북한의 핵무장이 "한국 국민과 영토의 안전을 직접적으로 위협할 뿐만 아니라 한반도에서의 정치 · 군사적 균형을 심각하게 훼손하는 안보위협"이며, 이를 결코 용납할 수 없다는 입장을 강조해야 할 것이다.[399] 다음으로 북한 핵문제에 대한 정책적 목표는 '최단기간 이내의 근본적 해결'이 되어야 한다. 현재의 상황이 장기화될수록 북한은 보다 많은 수량의, 신뢰성이 향상된 핵탄두를 확보할 시간적 여유를 얻을 것이며, 추가적인 핵실험이나 탄도미사일 시험발사, 혹은 고강도의 국지도발과 같은 다양한 방식으로 외부세계에 압력을 행사할 수 있는 선택의 폭도 넓어진다. 이 경우 한국이 부담하게 될 유 · 무형적인 국익 손실이 극대화될 것임은 말할 필요도 없다.[400] 그리고 궁극적으로는 지난 1994년의 『제네바 핵합의』와 같은 '일시적인 중단'이 아닌 보다 근본적인 해결, 즉 '완전폐기'를 통한 한반도의 비핵화를 지향해야 한다.

이를 위해 한국은 6자회담이나 북한과의 직접 대화를 비롯한 '평화적 노력'뿐만 아니라 '모든 비군사적인 압력', 즉 정치 · 외교 · 경제적 징벌까지도 전략에 포함시켜야 한다. 이미 핵실험까지 실시한 북한을 단지 외

---

399) 여기에는 북한의 핵폐기에 의한 한반도 비핵화 관철뿐만 아니라, 북한이 핵무장 유지를 통해 달성하려는 의도, 즉 '핵보유국으로서의 특수 지위', '6자회담의 핵 군축회담 전환', '한반도에서의 군사력 우위 고착화', 그리고 '주한미군 철수를 비롯한 한미동맹 약화 요구' 등을 용인하지 않겠다는 것을 포함하고 있다.

400) 예를 들어 물가 및 성장률, 투자심리 저하를 비롯한 국내 경제의 위축, 한국에 대한 외국인 직접투자 축소, 국가 대외신인도 급락, 북한과의 군사력 격차 심화, 남북한 관계에서의 주도권 상실, 대북정책을 둘러싼 내부 이념갈등 악화, 그리고 이에 따른 극단적인 국론 분열 등이 포함될 수 있다.

교적 미사어구나 정치, 경제적인 양보와 같은 보상책만으로 설득할 수 있을 것이라는 기대는 분명 비현실적이다. 북한이 핵무장을 통해 얻고자 하는 이익들을 무색하게 만들 정도의 가혹한 손실을 강요할 수 있는 조치가 병행되어야만 한다. 이것은 대북정책을 하루아침에 제재 일변도로 바꿔야 한다는 뜻이 아니다. 단지 한국이 선택할 수 있는 수단의 폭을 넓혀야 한다는 의미일 뿐이다. 예를 들어 북한이 추가적인 핵실험 혹은 이에 준하는 성격의 상황악화 조치를 강행한다면 한국은 지난해 10월 9일의 핵실험 사태 직후 일단 유보했던 '대량살상무기 확산방지구상(PSI: Proliferation Security Initiative)'에 대한 공식 참여,[401] 인도적 지원을 제외한 모든 경제협력 사업의 무기한 중단 및 관련인력 철수 등을 주저없이 단행할 수 있어야 한다.

북한의 핵무장 포기를 이끌어내기 위한 또 다른 방안으로 '북한 체제에 대한 근본주의적 접근'의 선택 가능성을 포함시키는 것도 고려될 수 있다. 그동안 한국 정부는 북한의 자발적인 개혁 · 개방 가능성을 전제로 화해협력 정책을 진행시켜 왔으며, 이 과정에서 주권국가로서의 북한 자체뿐만 아니라 김정일 정권 중심의 정치, 경제, 사회적인 독재체제에 대한 인위적인 현상타파 시도를 자제해 온 것이 사실이다. 심지어 핵문제와 인

401) PSI는 지난 2003년 5월 31일 부시 미 대통령이 처음 제안했으며, 같은 해 6월과 9월에 이를 구체화하기 위한 회의가 개최되었다. 핵물질이나 미사일, 생물 · 화학 무기 등을 적재한 선박이나 항공기를 공해상이나 가맹국의 영해, 영공에서 압수 수색할 수 있도록 가맹국들이 정보 교환과 합동작전을 실시한다는 것을 핵심으로 하며, 현재 정식 참가국은 15개(미국, 일본, 영국, 호주, 프랑스, 캐나다, 러시아 등)이고 60개국은 지지 의사를 표시했다. 그동안 한국은 PSI의 8대 활동 가운데 '활동 전반에 대한 입장 청취', '주요 훈련의 참관' 등 5개에 동참 중이지만, '직접적인 선박차단'이나 '주요 훈련에 대한 물자 지원' 등 3개 활동에는 불참하고 있다. 지난해 북한의 핵실험 이후에도 '한반도 특수상황'을 근거로 공식 참여를 다시 한번 유보하였다.

권, 국제적 불법행위(마약, 납치, 위조지폐 등)에 관한 미국, 일본, 국제사회의 움직임에 대해서도 북한 정권을 직접적으로 자극할 것이라는 이유로 소극적인 자세를 취해왔다. 그렇지만 지난해 10월 9일의 핵실험 사태는 기존의 대북 접근방식을 근본적으로 재검토해야 할 필요성을 제기하고 있다. 북한의 핵무장은 한반도 내의 군사적 균형, 한국의 대북정책 주도권, 그리고 평화적 공존과 통일 가능성을 근본적으로 위협하는 심각한 도발이며, 따라서 이에 상응하는 수준의 강력한 조치가 요구될 수밖에 없다.

요컨대 한국은 그동안 대북 화해협력 정책에 따라 수용하지 않았던 '외부 압력에 의한 북한 체제의 인위적 교체'를 하나의 선택 가능한 정책 대안으로 인정하는 것을 적극 검토해야 한다. 다만 여기서는 한국이 북한 정권교체를 위해 굳이 주도적으로 앞장설 필요는 없다. 대신 미국과 일본, 혹은 중국 내 일각에서 논의되고 있는 북한을 겨냥한 일체의 비군사적 압력조치를 묵인하고, '한반도의 특수 상황'을 앞세운 북한 정권 두둔을 중단하는 등의 간접적 방식이 바람직하다. UN 등 국제기구의 북한 인권 결의안 채택에 적극 동참하고,[402] 탈북주민의 보호와 수용에 대한 정부 차원의 국제협력을 확대, 강화하는 것도 가능하다. 그리고 북한의 갑작스런 체제붕괴 가능성에 대비하기 위한 한국의 독자적인, 혹은 동맹 미국까지 참여하는 '북한 급변사태 대응책'을 수립, 발전시킬 필요가 있다. 이는 한국과 국제사회가 북한의 핵무장 포기를 요구하기 위한 비군사적 징벌조치의 실행 과정에서 발생 가능한 다양한 상황에 대처할 수 있음을

402) 한국 정부는 북한 인권문제가 UN 인권위원회에서 처음 상정된 2003년부터 2005년까지 투표에 불참하거나 기권했으며, 2005년 11월에는 UN 총회의 북한 인권결의안에도 기권하였다. 그러나 북한의 핵실험 사태 직후인 2006년 11월에 채택된 UN 총회의 북한 인권 결의안에서는 처음으로 찬성표를 던졌다.

출처: 「조선일보」, 2007년 1월 2일자

〈그림 4-16〉 **북한 급변사태 대응책의 주요 내용**

과시하며, 그만큼 북한 정권에게도 큰 압력으로 작용하기 때문이다. 이미 한국은 북한 급변사태에 대비한 여러 자체 대응계획을 수립중이며,[403)]

403) 현재 한국 정부는 대규모의 탈북난민 수용을 위한 『충무 3300』, 북한에서의 급변사태 직후 행정권 확보를 포함하여 휴전선 이북 지역에서의 비상통치를 실시하는 『충무 9000』, 그리고 범정부적 차원의 『급변통합대비계획』 등의 북한 급변사태 대응책을 자체적으로 수립, 운용 중인 것으로 알려져 있다. 제성호, "북한 붕괴 · 대규모 탈북 등 최악의 시나리오 대비해야", 「주간조선」, 2004년 10월 28일.

미국과도 개념계획(CONPLAN) 5029를 보완, 발전시키고 있는 것으로 알려진다.

위와 같은 방안들이 실제로 한국의 국가안보전략에 반영되려면 무엇보다 한국 정부, 특히 국가원수인 대통령과 외교안보 관련 주요 당국자들의 강한 문제해결 의지 그리고 결단이 필요하다. 한국 정부는 전임 김대중 행정부의 대북 포용정책에서 현재 노무현 행정부의 평화번영정책으로 이어지는 지난 10년 동안 '평화적 수단에 의한 평화'에 치중하는 전략 기조를 유지해 왔으며, 대조적으로 비평화적 수단의 병행은 금기시 해왔음을 부정하기 어렵다. 북한이 자신들의 대량살상무기 무장능력과 국지적 도발까지 버젓이 정치적 압력수단으로 사용하고 있는 마당에 대화, 경제협력만으로 대응 수단을 제한시키고, '제재=무력대결, 전쟁'이라는 고정관념에 매몰된다면 한국은 처음부터 핵문제 해결에 대한 주도권을 포기한 것이나 다름없다. 뿐만 아니라 지난 10년 동안 대북 포용정책의 전제로 약속해 온 '튼튼한 안보'라는 원칙을 스스로 부정하는 것이다. 평화는 결코 굴종, 나약함과 동의어가 될 수 없다.

필자가 제시하는 '비평화적 수단'의 병행은 북한 정권에게 '결단'을 요구하기 위한 것이지, '전쟁'을 강요하려는 것이 아니다. 만약 북한이 한국과 국제사회의 압력을 수용하고 2.13 합의에서 약속한 자발적인 핵폐기를 성실히 이행한다면 '비평화적 수단'의 실행은 자연스럽게 일시 유보 내지는 취소되고, 북한은 한국과 미국, 일본과의 관계정상화를 통한 주권보장, 그리고 경제재건 등을 얻게 될 것이다. 반면 북한의 반응이 더욱 심각한 문제 악화, 특히 본격적인 군사 도발로 나타날 경우 한국은 자기 방어를 위한 모든 조치를 취할 수밖에 없다. 결국 '비평화적 수단'을 포함한 대북 설득노력이 평화적인 해결로 귀결되느냐, 아니면 무력 충돌과 같은 극단적 대결로 비화되느냐의 여부는 전적으로 북한 정권의 선택에 달려 있다. 평화가 목적이라고 해서 전략, 수단까지 평화적인 것이어야 한다는 편견은 이제 버려야 한다.

북한 핵문제가 본격적인 해결 단계로 접어든다면, 그 다음의 과제는 해결방식에 따라 2가지 유형으로 나뉠 수 있다. 첫째, 북한의 자발적인 핵폐기를 전제로 하는 '한반도 평화체제의 정착 및 관리'다. 여기서는 북한이 보유 중인 무기급 핵물질과 관련 시설들의 신고, 폐기가 단계적으로 이루어지는 과정에서 ① 한반도 군비통제 실시, ② 북한의 경제재건 본격화, ③ 기존 정전협정을 대체하는 평화협정의 채택, 그리고 ④ 북한과 한국, 미국, 일본 사이의 관계정상화 실현 등을 골자로 한다. 이를 통해 60년 이상 계속되어 온 한반도의 냉전적 대립을 마무리하고, 한반도는 명실상부한 평화공존 시대로 들어설 수 있을 것이다.

여기서 유의할 점은 '한반도 평화체제'란 궁극적인 통일로 나아가는 과정에서 정치, 경제, 사회적인 비용을 최소화하기 위한 과도적 중간단계일 뿐, 최종 목적이 아니라는 것이다. 북한 정권이 그동안의 권력독점을 지속하기 위해 '평화공존', '체제보장'이라는 구실로 분단을 고착화하거나, 기존의 '한반도 장악' 노선을 위한 대내외적 역량을 증대시킬 시간벌기에 악용할 수도 있기 때문이다. 예를 들어서 미국과의 관계정상화를 구실로 한미 연합군사훈련의 중단이나 주한미군 철수, 나아가 한미동맹 해체 등을 요구하거나, 민족화해 및 평화, 통일에 대한 한국사회의 기대감을 악용한 직접적인 선동획책, 그리고 한국 내부에 암약한 추종세력을 동원한 사회혼란 조성 등이 가능하다. 따라서 한국은 북한이 그와 같은 의도를 현실화할 가능성을 원천적으로 예방해야 하며, 자유민주주의에 입각한 정치, 경제, 사회가치를 보장하는 통일을 관철시켜야 한다.

한반도 평화체제가 구축되는 과정에서 이루어져야 할 또 다른 중요 과제는 바로 본격적인 군비통제의 실행이다. 북한 핵문제가 평화적으로 해결된다고 해도 휴전선을 중심으로 집중배치된 탱크, 야포, 군함, 전투기 등을 비롯한 대규모의 재래식 군사력은 여전히 한국과 북한을 서로 겨누고 있으며, 이들의 존재가 남아있는 이상 한반도에서의 전쟁위험 해소와 평화정착은 이루어질 수 없기 때문이다. 그동안 한국의 군비통제 정책은 '선 신뢰구축, 후 군비축소'를 지향해 왔으며, 북한은 '10만 명으로의 병력감축'과 같은 외견상 급진적인 군축방안을 제시해 온 바 있다.[404] 사실 북한이 내세우는 군축 주장은 그 구체성이 결여되어 있다는 점에서 다분히 정치적 선전에 불과하지만, 결과적으로 한반도 군비통제 논의 과정의 주도권을 북한에 내주면서 '한국은 북한보다 한반도 평화실현에 소극적'이라는 잘못된 인식을 대내외에 심어주게 되었다.

그러므로 한국은 기존의 수세적인 입장에서 벗어나 한반도 군비통제에서 주도권을 차지할 수 있는 논리, 정책대안을 개발해야 한다. 예를 들어 북한의 대규모 군축 주장에 맞서 양측 육·해·공군 재래식 병력의 배치지점을 대폭 후방으로 이동시키는 방안을 제의, 역공세를 취하는 것을 들 수 있다. 구체적으로는 휴전선을 기준으로 최소 남북 10~20km 이내에서 전형적인 방어용무기(예: 지대공미사일, 지뢰, 감시용레이더 등)를 제외한 일체의 병력과 군사시설 배치를 금지시키고, 가능하다면 그 범위를 보다 확대할 수 있도록 하는 것이다. 이 과정에서 필요하다면 휴전선 전방지대에 배치 중인 북한 군용시설 및 기지의 후방이전, 폐쇄를 위한 비용을 한국이 부담하는 방안도 적극 검토한다. 이러한 조치가 한반도에서

404) 한반도 군비통제에 대한 한국과 북한의 입장 비교는 남만권, 2004, pp.311~321을 참고.

의 군사적 대립을 완전히 해결할 수는 없겠지만, 수도권을 겨냥한 북한의 기습공격 위협을 크게 낮춘다는 점에서 실질적으로 안보에 기여할 것이다. 이후 북한이 핵과 생물·화학무기, 탄도미사일을 비롯한 대량살상무기를 확실히 포기한다면, 본격적으로 군비축소를 시작해야 한다.

둘째, 그 반대로 북한 체제가 외부세계와의 정면 충돌이나 내부 혼란으로 단기간 이내에 붕괴되는 '급변사태 대응'이다. 이 경우 북한 주민들의 대규모 탈북, 대량살상무기에 대한 통제력 약화, 북한 내 한국 국민의 신변 문제 등과 같은 안보 위기를 수습하는 것이 급선무다. 다음으로는 사태 직후 예상되는 주변 강대국의 개입, 특히 군 병력을 북한 영토로 투입할 가능성에 대비하여 신속히 휴전선 이북의 통제권을 확보할 수 있는 외교, 군사적 대책이 요구된다. 그리고 조속한 시일 내에 북한 지역을 정치, 경제, 사회적으로 안정시켜 통일 과정에서의 후유증을 최소화할 수 있는 방안을 실천해 나가야 할 것이다.

위와 같은 내용들이 포함된 공식 국가안보전략이 확정된다면, 국방부와 합참을 비롯한 한국의 국방당국은 이를 근거로 하는 군사전략을 수립하여 미국의 『국가군사전략』이나 러시아의 『군사독트린』과 같은 형태로 공식 문서화하거나, 『국방백서』 등에도 포함시키도록 해야 한다. 여기에는 국가안보전략이 요구하는 군사력의 역할에 따른 평시의 전쟁억지, 실전에서의 승리를 위해 필요한 구상을 목적, 대상, 공간, 시간, 수단 등의 기준에서 개념적으로 제시하는 것이 포함된다. 전통적으로 한민족의 군사전략 사상은 활발한 정복전쟁을 펼쳤던 삼국시대를 제외하면 청야입보, 수성지구(守城持久: 성을 굳게 지키며 오래 견디는 것)를 비롯한 수동방어의 특징이 강했으며, 6.25전쟁 이후의 한국군도 '수도권 사수를 위한 한강 이북지역 고수(固守) 방어에 초점을 맞춰왔다.[405] 이는 유사시 인적, 물적 전투력의 막대한 소모뿐만 아니라 영토 대부분의 전장화를 전제로 하고 있다는 점에서 '생존과 번영이 보장되는 승리'의 달성을 어렵게 한다.

그러므로 한국군의 군사전략은 ① 외부 위협세력의 기습 시도 원천저지, ② 한국을 겨냥한 대량살상 및 점령 능력의 제거, ③ 영토 전장화를 막기 위한 외부로의 전장공간 확대, ④ 방어와 반격의 동시 · 통합 수행, 그리고 ⑤ 최단기간 이내의 결정적 승리 등을 포함하는 '능동방어' 전략에 기초해야 할 것이다. 특히 적의 대량살상무기 사용 가능성이 명백해질 경우에는 선제조치까지 불사할 수 있다는 여지를 남겨두어야 한다. 실제로 최근 2년 사이에 발간된 국방부의 『국방백서 2004』와 『국방백서 2006』에는 "개전 초부터 적의 핵심전력을 정밀타격하여 조기에 수도권의 안전, 그리고 전장 주도권을 확보한다"는 내용이 포함되어 있다.[406] 물론 '선제공격'이라는 문구 자체를 명시적으로 사용한다면 대내외의 불필요한 정치, 외교적 오해를 불러올 수 있으며, 따라서 이를 간접적으로

405) 박경현, 2005, pp.26~27; pp.99~102.

406) 역대 국방장관들도 한국군의 선제조치 실행 가능성을 시사해온 전례가 있다. 지난 1991년 4월 12일 이종구 당시 국방장관은 신문 편집인협회가 주최한 간담회에서 "북한이 핵포기 요구에 응하지 않을 경우 강력한 응징 체제를 구축할 필요가 있으며, 그 내용은 엔테베 작전을 연상하면 될 것"이라고 발언한 바 있다. 1997년에는 김동진 당시 국방장관이 10월 4일의 국회 국정감사 당시 "북한의 탄도미사일과 장거리 야포에 대한 탐지와 요격체제 발전 등 입체적 대비책을 강구하고 있으며, 필요시 선제 또는 동시 타격방안도 검토하고 있다"고 밝혔다. 북한이 영변 핵시설을 재가동한 직후인 2002년 12월 28일에는 이준 당시 국방장관이 국회 국방위원회에 출석하여 "북한이 핵무기를 보유한다면 한국에 대한 공격용 무기로 사용할 가능성에 대해서도 충분히 인식하고 있으며, 유사시 타격 계획을 수립해 놓고 있다"는 언급을 했다. 그리고 북한의 핵실험 사태 직후에 열린 지난해 10월 13일의 국회 국정감사에서는 윤광웅 당시 국방장관이 "우리 군은 핵무기 보유시설에 대한 정밀타격을 비롯하여 3가지의 핵무기 대응 방안을 갖추고 있다"고 답변하였다.

전달하는 것이 바람직하다. 예를 들어 "한국 국민과 영토의 안전을 위협하는 외부 세력의 기습적인 침공, 특히 대량살상무기 사용을 결코 용납하지 않을 것이며, 한국군은 여기에 필요한 군사력 사용의 수단과 시간을 자유롭게 선택할 수 있다"는 표현을 검토할 수 있다.

이를 통해 외부 위협세력들, 특히 북한의 현존하는 군사적 위협능력에 대한 강력한 대응의지를 전달할 수 있도록 해야 할 것이다. 북한은 전쟁수행 능력이 초반의 단기간에 국한되며, 대부분의 병력을 공격용 전력 위주로 휴전선 전방에 집중 배치하고 있으므로 선제공격을 받을 경우 한국을 겨냥한 거의 모든 위협능력이 쓸모가 없어진다는 점에서 더욱 경고 효과가 크기 때문이다. 장기적으로는 이러한 '능동방어' 전략과 수행능력 확보를 통해서 북한 정권에게 한국에 대한 대규모의 공격용 전력 및 대량살상무기 보유가 효력을 발휘하지 못할 것임을 주지시키고, 이를 한국과의 보다 실질적인 군비통제에 나설 수밖에 없는 여건을 조성하는 영향력 발휘수단으로 적극 활용해야 한다. 북한이 핵개발 문제처럼 한국의 사활적 · 핵심적 이익과 직결되는 문제에 대해서 미국과의 담판만을 고집하면서 자신들의 한반도 장악 노선에 유리한 고지를 점하려는 구태가 더 이상 반복되지 않도록 하기 위해서도 꼭 필요한 일이다.

한편으로는 한국의 군사전략 목표가 국지적 침범의 격퇴 내지 전면침공에 대한 위협능력 무력화에 있을 뿐, 영토 병합이나 정권 타도를 지향하지 않는다는 점도 반드시 포함시켜 북한측의 의구심을 덜어줄 필요가 있다. 만일 북한이 휴전선 전방의 대규모 공격용 전력을 감축 및 후방 재배치하고, 대량살상무기 능력까지 폐기하면서 궁극적으로는 '한반도 장악' 노선을 완전히 포기할 경우, 한국도 유사시 군사적 선제조치를 선택사항에서 제외하는 '수동방어'로 북한에 대한 군사전략을 수정할 가능성을 남겨두는 것이 좋다.

(6) 국방당국의 체질개선 노력

그렇다면 이와 같은 자주국방 실현을 위한 노력에서 국방부와 각 군을 비롯한 국방당국은 어떤 위치에 있는 것일까? 단순히 도움만을 받아야 할 수혜자 내지 구제대상인가? 그렇지 않다. 오히려 지금과 같은 시기야말로 국방당국이 뼈를 깎는 각오로 운영혁신을 위한 자체적인 노력에 나서야 할 때이며, 그것이 자주국방을 위한 국가차원의 노력과 국민적 기대에 부응하는 길이다.

앞서 지적했듯이 한국군은 오랫동안 병력규모 위주로 구성되어 왔으며, 특히 일반 병사들의 비중이 지나치게 커서 구조적으로 전술·작전 수준을 면치 못했다. 그 결과 인건비(장병 급여 및 수당, 복리후생비 등)를 비롯한 '병력운영비'가 1990년대 중반부터 전체 국방예산의 절반, 방위력개선비의 거의 2배에 가까운 약 45% 이상을 차지해 왔다. 이렇다 보니 신형 무기체계의 획득이나 연구개발을 위해서 쓰여야 할 예산 확보는 번번이 한계에 부딪혀야 했다. 각 군별 예산구조(2006년 기준)를 살펴봐도 특성상 고가 무기체계의 비중이 큰 해·공군의 예산에서 방위력개선비는 각각 39%와 41%를 점유했지만, 가장 병력규모가 많은 육군의 경우는 약 18%에 불과했다.[407)]

오늘날 한국의 연간 국방예산 총액규모는 세계 11위를 차지하고 있

407) 육군본부, 『제262회 정기국회 국정감사 업무보고』(2006년 10월 16일), p.29; 해군본부, 『제262회 정기국회 국정감사 업무보고』(2006년 10월 17일), p.27-3; 공군본부, 『제262회 정기국회 국정감사 업무보고』(2006년 10월 17일), p.31.

지만, 군 정예화의 기준으로 통용되는 병력 1인당 국방예산 액수는 세계 60위인 약 2만 3,770달러에 지나지 않는다.[408] 병사 1명 기준으로 10만 달러 이상을 지출하는 미국, 영국, 프랑스, 독일, 일본 등의 군사 선진국은 말할 것도 없고, 한국과 안보환경이 유사하면서 경제력 규모가 작은 싱가포르(6만 9,890달러), 이스라엘(5만 7,506달러), 그리스(3만 5,774달러), 대만(2만 5,928달러)보다도 적은 수준이다.

병력 구조의 낙후성은 더욱 심각한 문제다. 2005년 기준으로 장교 및 부사관을 비롯한 간부비율은 평균 25%(육군 20%, 해군 43%, 그리고 공군 45%) 수준이다.[409] 미국, 영국, 유럽을 비롯한 주요 군사 선진국의 평균 간부비율인 40~50%의 절반에 불과한 실정이다. 첨단 무기체계의 비중은 갈수록 높아지고 있는데, 정작 이를 효과적으로 운용할 수 있는 숙련된 인력이 적다는 것은 각 부대별 전투력 발휘에 직접적인 장애가 될 수밖에 없다.

그 뿐만이 아니다. 실제 전투력에 기여하지 않는 고급 장교들의 자리를 보장해주는 복잡한 지휘구조, 유휴 · 비전투 지원부대, 그리고 정규직제 이외에 운영되는 한시적 기구나 잠정부서의 존재도 국방예산 구조의 건전성을 저해하는 요인이 되고 있다. 특히 야전이 아닌 국방부 본부의 전체 직원 48%를 현역 군인이 차지해온 것은 대표적인 문제로 지적되어 왔다.

위와 같은 '고비용 저효율'적인 군 운영 실태는 그렇지 않아도 최근 수년 동안 계속된 사회적 민주화와 대북 교류협력의 지속으로 그리 우호적이지 못한 군과 국방당국에 대한 국민들의 시각을 더욱 부정적으로 만들

408) 백재옥 · 박수현 · 김상호 등, 2006, pp.193~194.
409) 백재옥 · 박수현 · 김상호 등, 2006, p.34.

〈도표 4-17〉 국방부 본부 인력의 현역군인 점유율(2004년 기준)

	국방부 전체직원	현역 군인	
		인원수	점유율(%)
합 계	725	346	48
국장(장성급)	16	9	56
과장(대령급)	57	27	47
담당(소/중령급)	652	310	48

출처: 국방부, 『제 262회 국회 국방위원회 2006년도 국정감사요구자료(Ⅰ)』(2006년 10월), p.294.

었다. 이는 자주국방의 실현을 위해 요구되는 대대적인 전력 강화와 국방예산 증대에 대한 국민적 공감대 획득에 불리한 여건을 조성할 수밖에 없다. 설령 국민적인 지지와 이해를 얻을 수 있다고 해도 국방당국이 앞에서 지적된 구조적인 문제점들을 내버려두는 이상, 국방예산의 대부분이 신형 무기체계의 획득, 연구개발과는 거리가 먼 인건비 등으로 빠져나가는 현상은 계속될 수밖에 없다. 그만큼 자주국방 능력 확충을 위한 노력에도 장애가 될 것임은 물론이다. 한마디로 '밑 빠진 독에 물 붓기'에 지나지 않는 셈이다.

그렇다고 해서 장병 개개인의 급료와 수당, 복지 수준을 희생시킬 수는 없다. 앞으로 군 전력의 핵심이 될 첨단 무기체계를 원활히 운용할 수 있는 우수인력을 확보하려면 그에 걸맞은 경제적 대우가 뒷받침되어야 하기 때문이다. 따라서 가장 우선적인 해결책은 실제 전투력 측면에서 기여도가 낮은 비전투 지원부대, 보병, 그리고 야전 이외의 직무를 담당하는 장병들을 중심으로 병력을 대폭 감축하는 것이다. 동시에 간부와 장기지원병을 비롯한 숙련된 인력이 군에서 차지하는 비율은 더욱 증대시켜서 군 병력의 정예화를 달성해야 한다. 이러한 조치들을 통해서 한국군의 병력 1인당 국방예산을 적어도 현재의 싱가포르, 이스라엘 수준에 해당하는 5~6만 달러 이상으로, 장기적으로는 10만 달러 내외까지 증대할 수 있도록 할 필요가 있다.

지난 2005년 9월의 『국방개혁 2020』 발표에서 '병력의 단계적 감축'이 주요 과제로 포함되었던 것도 이러한 문제의식을 반영한 결과였다. 여기에 따르면 2005년 기준으로 68만 명을 넘었던 한국군의 병력 규모는 오는 2020년까지 50만 명 수준을 목표로 최대 18만 1천여명 감축되며, 그 가운데 약 17만 7천명은 육군 병력이 될 예정이다.[410] 위와 같은 계획이 실현된다면 육·해·공군의 병력 구성비율은 74.2 : 12.8 : 13으로 바뀌며, 그동안 육군이 압도적으로 우위를 차지해온 기존의 전력구조를 보다 균형잡힌 형태로 개선시킬 것이다.

300만 명을 넘는 예비전력의 규모도 절반 수준인 150만 명으로 대폭 축소하며, 이 과정에서 제2 야전군 예하의 2개 예비군단 그리고 25개의 예비사단도 평시에는 해체한다는 방침이다. 후방의 향토사단은 각 도(道)에 1개씩 설치되며, 그 결과 향토사단의 수는 4~5개 줄어들 것이다.[411] 그 대신 전방지대에서의 정규군 증원 및 보충을 담당할 동원 예비전력은 대대/연대 단위로 보다 정밀하게 편성해서 유사시에 더욱 효과적인 예비전력의 동원이 가능하도록 할 계획이다.[412]

이와 더불어 기존의 제1, 제3 야전군을 단일 야전군인 지상작전사령부로 통폐합하고, 2개의 육군 군단과 해군의 전단, 공군의 전대도 해체될

410) 국방당국은 북한의 군사적 위협능력, 한반도 평화체제 진전 여부를 비롯한 제반 안보환경을 반영하여 3년 단위로 전체 병력의 구체적인 감축 규모를 단계적으로 조정해나갈 예정이다.

411) 김귀근, "軍, 향토사단 4~5개 감축 추진", 「연합뉴스」, 2005년 10월 16일자.

412) 국방부 동원국, "예비전력 정예화·동원체제 개선", 「국방일보」, 2005년 10월 20일자.

상비/예비전력 감축

구 분	육 군	해 군	공 군	예비군
현 재	54.8만	6.8만	6.5만	300여만
2020년	37.1만	6.4만	6.5만	150여만
감 축	−17.1만	−0.4만	0	−150여만

출처: 국방부, 2005년 9월 15일, p.37

〈그림 4-17〉 『국방개혁 2020』에서 계획하는 병력 감축규모

예정이므로 이와 관련된 장성 및 영관급 장교들의 인건비, 부대운영비, 그리고 시설 및 토지관리 비용 등을 절약할 수 있게 된다.[413] 이러한 부대 및 사령부 단위의 축소뿐만 아니라 기존 부대의 병력 규모를 합리화하는 조치까지 병행한다면, 더욱 근본적인 개선 효과도 가능하다. 예를 들어 현재 1만 명 이상으로 되어 있는 육군 보병사단의 병력 규모를 일본 육상자위대 수준인 7,000~9,000명 이내로 줄이는 것이다. 앞으로 추진될 사단/군단급 부대의 정보, 포병, 기동능력 강화를 고려할 때, 보병 축소가 큰 전력손실로 연결되지는 않기 때문이다.

근무지원을 담당하는 비전투 부대의 경우, 일부 특수품목을 제외하고

---

413) 주요 감축대상인 육군의 경우 제1, 제3 야전군이 지상작전사령부로 통합되면 해당 야전군의 사령관인 1개의 대장과 부사령관인 중장 보직 1개가 없어진다. 또한 4개 군단의 해체로 각 4명씩의 중장(군단장)과 소장(부군단장), 준장(참모장) 보직도 폐지된다. 이와 함께 25개의 예비사단을 평시에 해체하면서 각 10여명의 소장(향토사단장)과 준장(동원사단장)도 줄어들 것이다. 이에 따라 2020년까지 현재 440명을 넘는 장성급 고급 장교들 가운데 11%인 50여명의 직위가 사라질 것으로 전망된다. 이동재, "軍감축 수술 끝나면 별자리 몇개나 사라지나", 「국민일보」, 2006년 6월 21일자.

는 국방당국과의 효율적인 업무협조 및 연락체계를 구축한다는 전제 아래 의료, 운송, 정비, 복지, 시설관리 등 대부분의 부문에서 민간의 외주조달(Outsourcing) 비중을 확대할 수 있다. 『국방개혁 2020』에도 보급창, 정비창, 복지단, 병원, 국방부 시설본부 등 8개 분야의 36개 비전투 지원부대(육군 11개, 해군 6개, 공군 11개, 후방병원 7개 등)를 '책임운영기관'으로 지정하며, 2~5년 임기의 계약직 민간전문가를 부대장으로 임명할 예정이다. 이들 부대는 3~4년 동안의 운영을 거쳐 2012년부터는 민간 위탁운영으로 전환될 수도 있다. 뿐만 아니라 국방부 근무지원단 등 39개 부대의 차량 정비, 세탁, 복지시설 운영에 대해서도 2007~2011년 사이에 민간 위탁비율을 확대한다는 계획이 추진 중이다.[414)]

국방부 인력 구성에서는 민간 공무원의 역할이 강화될 예정이다. 도표 4-18에도 나오듯이 그동안 현역 군인이 담당해온 다수의 직위가 일반직 공무원 담당으로 전환되며, 2005년 기준으로 52%에 불과했던 민간 공무원의 정원 비율은 2009년까지 71%로 높아질 것이다. 국방조직 내의 민간인력, 즉 군무원(軍務員)이 담당하는 직위도 2005년 3.9%였던 것을 2020년까지 6%로 확대해 나갈 예정이다.[415)] 이와 같은 국방부 조직개편은 '군에 대한 문민통제' 원칙에도 부합하며, 군사력의 건설과 유지, 관리, 자원배분, 군사외교 등 군정(軍政) 분야에서 우수한 민간 전문인력을 활용할 수 있도록 한다는 장점이 있다.[416)] 그 결과 현역 군인들은 평시의

414) 국방부 기획조정관실, "지원부대 외주 확대", 「국방일보」, 2005년 10월 12일자.
415) 국방부 기획조정관실, "국방운영의 문민기반 확대", 「국방일보」, 2005년 10월 6일자.
416) 한 보기로 민간 공무원이 담당하는 미 국방성의 한국과장의 평균 재직기간은 14년이나 되지만, 한국 국방부의 미국과장은 야전과 국방부를 오가는 현역 군인으로 임명되기 때문에 평균 재직기간이 2년 내외에 불과하다. 어느 쪽의 업무 전문성이 더 높을지는 말할 필요도 없을 것이다. 김세동, "軍의 문민통제", 「문화일보」, 2004년 8월 4일자.

전쟁 억지, 그리고 유사시 외부 세력의 침공 대응이라는 본연의 임무, 즉 군령(軍令) 분야에 전념할 수 있게 된다.

장기적으로는 국방부 본부뿐만 아니라 육 · 해 · 공군 본부의 행정인력도 민간 공무원으로 대폭 충원하고, 현재 각 군 참모총장이 담당하는 군별 본부장을 미국의 육 · 해 · 공군성 장관처럼 민간인으로 임명하는 방안을 적극 추진해야 할 것이다. 대신 참모총장은 야전군사령관(해 · 공군의 경우 작전사령관)이 맡고 있는 해당 군의 최고사령관을 담당하도록 한다. 이는 군령과 군정 기능의 보다 명확한 구분, 전문화를 가능하게 해주며, 구조개편에 따른 추가적인 운영비용 절감의 효과도 가져올 수 있다.

〈도표 4-18〉 국방부 본부인력의 정원조정 계획

직급별	전체	2006년 6월 1일 기준				2009년 말			
		군인	%	공무원	%	군인	%	공무원	%
합계	709	271	(38)	438	(62)	206	(29)	503	(71)
국장급	15	4	(27)	11	(73)	4	(27)	11	(73)
팀장급	68	23	(34)	45	(66)	20	(29)	48	(71)
담당급	626	244	(39)	382	(61)	182	(29)	444	(71)

출처: 국방부, 2006, p.120.

이처럼 병력 규모는 대폭 줄어들지만, 『국방개혁 2020』에는 병력 구조의 질적 수준을 향상시키기 위한 계획도 함께 포함되어 있다. 우선 전체 병력에서 장교와 부사관을 비롯한 간부의 비율을 2020년까지 평균 40%(육군 40%, 해군 52%, 공군 45%)로 높일 계획이다.[417] 이를 위해 4만여명의 신규 간부(대부분 부사관) 충원이 필요할 것으로 평가된다. 기존의

417) 백재옥 · 박수현 · 김상호 등, 2006, p.34.

징집제도를 유지하는 가운데 모병제의 특징을 적극 수용하는 '징모혼합제'도 본격화될 방침이다. 이에 따라 오는 2014년 7월까지 육·해·공군의 의무복무기간을 각각 18, 20, 21개월로 현재보다 6개월씩 점진적으로 단축하는 대신, 2008년부터 유급지원병제도가 시범적으로 도입된다. 국방당국은 유급지원병의 규모를 2020년까지 4만 명 수준으로 확대한다는 계획을 세우고 있다.[418] 전 병력을 지원병으로 충원하는 모병제로의 전환은 당분간 어렵겠지만, 장기적으로 지원병이 병력 전체에서 차지하는 비중은 분명 확대될 것이다.

역시 총 규모가 300만 명에서 150만 명 내외로 감축되는 예비전력도 동원 기간이 전역 이후 8년에서 5년으로 단축되지만, 연간 훈련기간은 현재의 2박 3일(동원예비군 기준. 향토예비군은 연간 20시간)에서 간부 20일, 병사 10일 이상으로 연장한다. 이는 예비전력의 전투력을 현역 병력에 버금가는 수준으로 유지하기 위한 것이다.

한국 사회의 출산율이 점차 감소하는 추세에 있다는 점을 고려해도, 한국군의 병력 구성은 약 2년의 복무기간을 마치면 제대하는 일반 보병 위주에서 숙련된 전문군인 중심으로 재편되어야 마땅하다.[419] 요컨대 국

---

418) 유급지원병 제도는 『국방개혁 2020』의 발표 당시에도 포함된 바 있다. 유급지원병은 의무 복무기간을 마친 현역 병사들 가운데 6~18개월 동안의 추가복무 지원자를 대상으로 하는 '전투·기술숙련병' 1만 명과 탱크, 야포, 군함, 방공무기 등의 고가 무기체계 조종을 비롯한 전문분야에 3년 동안 근무하는 '첨단장비 운용전문병' 3만 명으로 분류된다. 박영민, "병 복무기간 2014년까지 6개월 단축", 「국방일보」, 2007년 2월 6일자.

419) 한국의 연간 신생아수는 2005년에 약 43만 8천여명을 기록했는데, 이는 1970년대의 절반에도 못 미치는 수준이다. 이와 같은 저출산 추세로 인해 한국의 총인구는 오는 2018년 4,934만 명을 정점으로 감소 추세로 돌아서며, 15세 미만의 유소년과 15~29세 사이의 청년층 인구 비중도 크게 감소하면서 점차 인구구조가 고령화될 것이라는 전망이 지배적이다. 특히 병역대상 인구에 해당하는 20~24세의 청소년층 인구는 2012년까

방당국의 자체 경영혁신은 국방예산 편성 구조의 합리성을 강화하고, 나아가 국민들로부터 자주국방 실현에 필요한 안정적인 국방예산 확보를 보장받기 위해 요구되는 최소한의 의무이자 전제조건이다.

다만 "국방당국 스스로의 운영 개선이나 병력감축 등의 노력만으로 많은 재원을 절약할 수 있으므로 국방예산을 증액하지 않아도 된다"는 일각의 주장은 수용될 수 없다. 앞에서 제시된 구조조정은 국방예산의 편성, 운용에서 나타날 수 있는 비효율성과 낭비 요인을 최소화하는 것에 기본적인 의의를 두며, 어디까지나 충분조건에 불과할 뿐이다. 이에 따른 재정적인 효과는 장병들의 사기 고양을 위한 근무 및 생활여건, 복지수준 개선 목적의 재투자라면 몰라도, 군사력 건설에 필요한 투자재원을 대체하기에는 분명 한계가 있다. 특히 오늘날과 같이 기갑차량이나 함정, 전투기, 미사일 등의 값비싼 기계병기들이 주축이 되는 전력 특성을 고려할 때, 더욱 그러하다.420)

한국의 잠재적인 안보 위협세력인 중국과 일본이 최근 수년에 걸쳐 병력 수를 감축하면서도 매년 거액의 군사비를 지속적으로 책정하는 것만 봐도 이는 분명해진다. 한마디로 "병력감축에 따르는 비용절감만으로도 국방비는 충분하다"는 식의 주장은 마치 "신규 투자나 기술혁신 없이도 정리해고만 잔뜩 하면 경쟁력 있는 우량기업을 만들 수 있다"는 소리만큼이나 말도 안되는 궤변이며, 단지 한국의 자주국방 추진을 위해 필요

지 지속적으로 감소하다가 2013~2016년 사이에는 증가되지만, 이후 점점 줄어들 것으로 평가된다. 통계청 인구동향과, 『장래인구추계 결과』(통계청, 2006년 11월), p.15; p.25; pp.28~30; p.50.

420) 예를 들어 1개 육군사단 운영에 들어가는 비용이 매년 622억 원인데, 이는 F-15K 대형 전투기 1대 가격의 1/2, 이지스 방공구축함 1척당 가격의 1/17에 불과하다.

한 적정 국방예산의 확보를 방해하려는 기만적인 여론 오도(誤導)에 불과하다. 신규 전투력의 확충 없이 병력 규모부터 감축하면서 곤경에 빠져버린 대만의 전철을 밟아서는 안 될 것이다.[421]

(7) 독자적인 전쟁수행을 위한 인적기반의 조성

무기체계 성능의 우수성이 강조되는 첨단전쟁 시대에서도 결국 전쟁은 인간이 하는 것이다. 여기에는 단순히 전쟁터에서 총칼을 들고 싸우거나 탱크, 군함, 항공기를 조종하는 것뿐만 아니라 전장 상황을 식별, 파악하면서 필요한 의사결정, 지시를 내릴 수 있는 능력까지 포함된다. 다시 말해서 군사력의 두뇌에 해당하는 전쟁대비 및 기획, 지도 기능의 독자적인 수행능력도 한국이 자주국방을 실현하기 위해 반드시 갖추어야 할 필수요소다.

하지만 이 분야에서도 한국군은 지난 반세기가 넘도록 미국에 많은 것을 의존해 왔음을 부정할 수 없다. 건국 이후 한국이 치렀던 대규모 전쟁은 지난 1950~1953년의 6.25전쟁과 베트남전쟁이 전부다. 그나마 6.25전쟁은 미군의 작전지휘에 따라 수행되었으며, 독자적인 지휘권을 유지

---

421) 한때 60만 명 이상의 정규군을 보유했던 대만은 1997년부터 본격적으로 병력을 줄이기 시작했으며, 오늘날에는 전체 병력규모가 30만 명 이하로 축소되었다. 그러나 병력의 감축과 함께 추진되었던 첨단 무기체계, 즉 이지스 방공구축함과 디젤추진 잠수함, P-3 해상초계기, 개량형 F-16 전투기, 패트리어트 지대공미사일 등의 도입은 '대만독립 반대'와 '중국 공산정권과의 관계개선'을 지향하는 야당 국민당이 다수 의석을 차지한 의회의 비협조로 진행되지 못하고 있다. 반면 중국은 지난 10여년 동안 러시아제 대형 수상전투함과 잠수함, SU-27 계열 전투기, 그리고 탄도미사일 등을 대만해협에 집중적으로 배치 중이다. 이에 따라 대만 군사력은 양적 규모뿐만 아니라 질적 수준에서도 점차 중국에 역전되고 있는 것으로 평가된다.

한 베트남전쟁에서도 한국군이 수행한 작전의 절대다수인 99.8%가 중대급 이하의 소부대 수준이었다.[422] 심지어 지난 1994년 12월을 기하여 평시작전통제권(데프콘4 기준)을 회복한 이후에도 전쟁대비와 기획, 지도를 위한 주요 핵심권한들은 여전히 '연합권한 위임사항(CODA: Combined Delegated Authority)'이라는 명칭으로 평시에도 한미 연합사령관, 즉 주한미군 사령관에게 위임되어 있는 실정이다.[423] 그 결과 한국군의 최고 군령기구인 합참본부는 전투기획 · 수행보다는 평시관리임무(예: 평시대비태세의 조절, 주요부대의 실전훈련 주관, 전투준비태세의 유지 및 검열, 주요부대의 이동, 해 · 공군의 초계활동을 비롯한 평시경계임무 등) 위주로 운영될 수밖에 없었다.

현재 동북아시아에서 야전군 수준을 뛰어넘는 규모의 실전 육 · 해 · 공, 그리고 합동작전을 독자적으로 계획하거나 지휘해본 경험이 없는 나라는 한국뿐이다.[424] 이는 세계 6위를 자랑하는 한국군의 병력규모를 고려할 때 도저히 납득할 수 없는, 지극히 비정상적인 현상임에 틀림없다. 게다가 오는 2012년 4월로 예정된 전시작전통제권의 환수를 감안한다면, 그동안 계속되어온 한국군 스스로의 전쟁대비 및 기획, 지도능력 부족 문제는 더 이상 방치할 수 없다. 따라서 합참과 육 · 해 · 공 3군의 지

---

422) 베트남전쟁에서 한국군이 수행한 대부대 작전으로는 군단급 4회, 사단급 26회, 연대급 186회, 그리고 대대급 955회를 비롯한 총 1,171회였다. 이는 총 57만 7,476회에 걸친 한국군의 전체 작전수행 횟수에서 0.2%에 불과하다.

423) CODA에는 전쟁의 억지 및 방어, 정전협정 준수를 위한 연합위기관리, 유사시 작전계획 수립, 연합 합동교리 발전, 연합 합동훈련의 계획 및 실시, 연합 정보관리, 그리고 C^4I 상호운용성 등의 권한이 포함된다. 데프콘의 격상 여부는 주한미군 사령관이 한미 연합사령관 자격으로 결정하며, 데프콘 3이 발동되면 한국군의 주요 실전부대는 자동적으로 한미 연합사령부의 작전통제 아래에 놓인다. 김일영 · 조성렬, 2003, p.182.

424) 문장렬, "'한국주도의 한국방위'의 조건들", 「敎授論叢」, 2000년 6월호, 통권 제18집.

휘부는 전·평시를 막론한 위기관리와 임무수행을 위한 세부지침 작성, 총체적인 방위계획, 야전군 예하 실전부대의 작전계획, 전장관리, 그리고 전략수준의 주요정보수집 및 분석, 생산 등을 직접 수행할 수 있는 방향으로 조직과 인력을 발전시켜야 한다.[425] 특히 전시작전통제권이 환수된 이후 개정 혹은 폐지될 것이 분명한 기존의 한미연합군사전략, 즉 작전계획 5027을 대체하는 한국군의 독자적인 억지, 승리전략 수립을 위한 기능 확충이 최우선적으로 이루어져야 할 것이다.

아울러 육·해·공군의 팀워크, 즉 합동성(合同性: Jointness)을 강화하는 지휘체제가 필요하다. 군사기술의 발달은 전쟁 수행의 시·공간적 거리를 급속도로 좁혔으며, 특히 항공기와 정밀유도무기, 첨단 정보수집 및 통신장치의 등장은 이를 더욱 촉진시켰다. 그 결과 오늘날의 전쟁에서는 더 이상 육군과 해군, 공군이 각자의 전장공간을 독점할 수 없으며,[426] 오히려 이들을 유기적으로 운용하여 전방위적인 전투력 우위를 달성해야 한다는 필요성이 설득력을 얻고 있는 추세다. 한국의 전장환경도 국토 면적이 협소해서 동시 전장화 위협에 노출되기 쉽고, 3면이 바다로 둘러싸여 있다는 점에서 합동성에 입각한 전투력 운용이 요구된다. 요컨대 한국군의 전쟁대비 및 기획, 지도체제는 전면전쟁이나 그에 준하는 무력충돌이 발생할 경우 반드시 육·해·공군의 주요 실전부대를 합참

---

425) 한국 국방당국의 전·평시 국방기획체계와 관련문서에 대한 내용은 조영갑, 『국가안보학』(선학사, 2006), pp.391~394를 참고.

426) 예를 들어 지상의 특정 표적을 제거하기 위해서 육군의 포병이나 탱크, 장갑차 이외에 공격헬기, 해군의 함포와 순항미사일, 공군의 전투기가 투입될 수 있다. 마찬가지로 지상 배치 항공기와 미사일, 함포를 동원하여 바다로부터 접근하는 적 함선을 저지하거나, 공중에서 침투해오는 적 항공기 요격에도 공군 전투기뿐만 아니라 지상배치 지대공미사일, 해군 수상전투함의 함대공미사일을 사용하는 것이 가능하다.

중심의 단일 사령부가 지휘, 통제하는 합동군(合同軍: Joint Forces) 형태를 갖추어야 할 것이다. 아울러 정찰위성이나 공중 조기경보통제기, 장거리 탄도 · 순항미사일을 비롯한 전략급 무기체계 관련 부대의 지휘통제도 특정 군이 아닌 합참의 직속 합동부대가 담당해야 한다.

그러나 '합동성'이라는 원칙이 각 군의 개별적인 전문성을 침해하는 구실로 악용되어서는 안된다. 만약 전시가 아닌 평시 상황에서, 육 · 해 · 공군 가운데 어느 한쪽 병력의 동원만으로도 충분히 대응이 가능한 소규모의 무력 충돌까지 일일이 합참본부, 혹은 합참의장 1명의 작전지휘를 받아야 한다면 어떻게 될까? 게다가 합참의장이 해당 군의 작전에 대한 전문지식이 부족한 인물이라면? 대답은 당연히 부정적일 수밖에 없다. 문제는 이것이 바로 한국군 지휘체제의 실상이라는 사실이다. 노태우 행정부 시절에 추진된 '군 지휘구조 개선안(일명 '818 계획)'의 결과로 1990년 7월 14일 개정된 『국군조직법』은 합참본부를 군령 기능의 통합기구로 격상시켰으며, 이로써 합참의장은 전 · 평시를 막론하고 육 · 해 · 공군의 주요 실전부대를 지휘할 수 있게 되었다.[427] 반면 육 · 해 · 공군 본부는 군정 기능만을 부여받았으며, 각 군 참모총장의 지휘 · 감독 대상도 비전투 지원부대로 제한되어 있는 실정이다.

더욱 큰 문제는 합참본부와 주요 합동부대의 구성이 특정 군 출신의 인력으로 편중되어 있다는 점이다. 33명의 역대 합참의장들 가운데 공군

---

427) 현행 『국군조직법』의 제2장 '군사권한'에 명시된 제9조 2항에 따르면 "합동참모의장은 군령에 관하여 국방장관을 보좌하며, 국방장관의 명을 받아 전투를 주 임무로 하는 각군의 작전부대를 작전지휘 · 감독하고, 합동작전의 수행을 위하여 설치된 합동부대를 지휘 · 감독한다"라고 규정되어 있다. 이 외에도 합참의장은 대통령과 국방장관에 대한 군사문제 자문, 그리고 합동참모회의를 운영하는 권한을 갖는다.

출신 1명을 제외한 나머지는 모두 육군 출신이었으며, 합참본부 내의 나머지 주요 직위들도 육군 출신들이 독식해 왔다. 본부장급(중장)과 부장급(소장) 직위의 육·해·공군 비율이 각각 4 : 1 : 1이었으며, 과장급(대령) 직위는 육군 42명에 해·공군 출신이 각각 9명으로 4.6 : 1 : 1의 비율을 나타낸다. 뿐만 아니라 15개의 국방부 직할부대 및 합동부대 중에서 14개 부대의 사령관이 육군 출신이고, 이들 부대의 대령급 이상 육·해·공군 구성비율도 육군이 압도적으로 다수를 점하고 있다. 국군정보사령부의 경우 무려 8 : 1 : 1이며, 수송사령부와 지휘통신사령부, 그리고 화생방 방호사령부는 각각 5 : 1 : 1에 이를 정도다.[428] 이처럼 한국군의 현행 지휘체제는 말이 합동군이지, 사실상 육군 중심의 통합군(統合軍: Unified Forces)이나 다름없다.[429]

이러한 구조에서는 육군이 주도하는 작전을 지원하기 위해 해·공군의 전력이 동원되는 방식으로 전쟁이 수행될 수밖에 없으며, 진정한 의미의 합동성과는 거리가 멀어진다. 무엇보다 해·공군의 독보적인 강점인 '장거리 신속기동 능력'을 제대로 발휘하기가 어려워질 것이고, 그 결과 전쟁 억지와 승리를 위한 전략 차원의 전투력 발휘를 제약하는 결과로 이어질 우려가 높다. 제2차 세계대전 당시 독일 제3제국의 총참모본부와 일본의 대본영(大本營), 그리고 포클랜드 전쟁에서의 아르헨티나군 모두 통합군 형태의 지휘체제로 전쟁을 치르면서 패배했던 점을 명심할 필요

---

428) 박충제, "한국군의 국방개혁 방향", 「軍事世界」, 2005년 9월호.

429) 합동군과 통합군은 육·해·공군 가운데 2개 이상의 군에서 선정, 차출된 주요부대로 구성된다는 공통점을 갖는다. 하지만 합동군이 제한적인 목표에 대한 일시적인 기간 동안의 합동작전 수행을 위해 각군 사이의 협조, 작전통제를 받는 것에 비해서, 통합군은 보다 광범위하고 계속적인 임무수행을 위해 단일지휘관의 작전지휘를 받는다는 점에서 차이가 있다. 김광석 편저, 1998, pp.685~686.

가 있다.[430] 한국군은 앞으로 이루어질 전쟁대비 및 기획, 지도체제의 정비 과정에서 위와 같은 문제들을 근본적으로 해결할 수 있는 제도적 장치를 반드시 마련해야 한다.

합참본부의 인력 확충, 그리고 육 · 해 · 공군 출신의 주요 직위 구성 비율에 대한 균형 원칙은 『국방개혁 2020』의 내용에도 포함되어 있다. 먼저 약 620명에 달하는 합참의 정원 규모가 2008년까지 총 800여 명까지 늘어나고, 1개 참모부(공병)와 약 20개의 과를 추가하여 본부 조직은 4개 본부와 3개 참모부 그리고 80여 개과로 확대될 예정이다. 그 가운데서도 가장 우선적인 보강 대상은 정보본부와 작전본부, 전략기획본부 등이다. 정보본부가 앞으로 전력화될 첨단 정보수집 자산과 C^4I체계를 통해서 직접 확보한 각종 정보의 취급을 총괄하는 가운데, 작전본부는 작전계

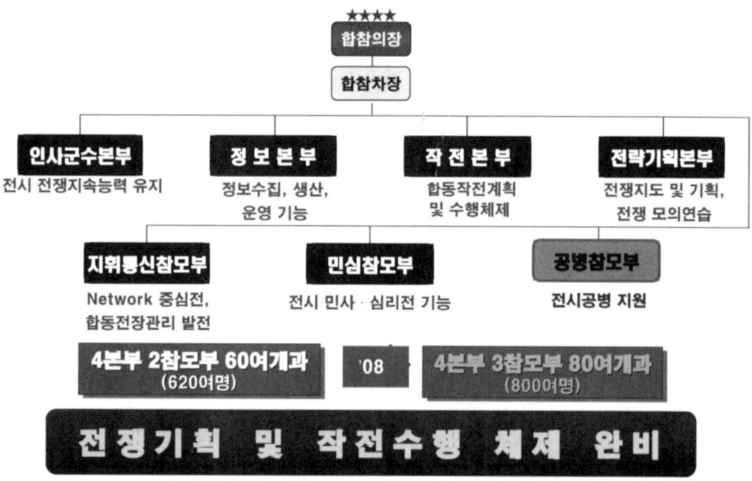

출처: 국방부, 2005년 9월 15일, p.41

〈그림 4-18〉 한국군 합참 조직의 개편계획

430) 강영오, 2003, p.75.

획 5027을 대신하는 한국군의 새로운 자체 군사전략을 수립할 것이다. 이와 함께 전략기획본부를 중심으로 독자적인 위기관리와 전쟁기획, 지도 체계를 확립하고, 각종 기획, 전략, 작전문서들도 수정 · 보완될 예정이다. 군 당국은 위와 같은 전투기능 중심의 지휘체제 정비, 전환을 2010~2011년 무렵까지 마무리한다는 목표를 세우고 있다.[431]

그리고 오는 2012년 4월에 환수될 전시작전통제권을 직접 행사하는 '합동군사령부'를 합참 내에 신설하여 현재의 합참차장을 사령관으로 임명한다는 계획도 추진될 예정이다. 이 과정에서 정보, 작전본부와 군수담당 기능은 합동군사령부 예하로 편성될 것이며, 전략기획 및 인사본부는 그대로 합참본부에 남을 전망이다.[432] 그 결과 한국군은 합참 중심의 기획, 그리고 합동군사령부 중심의 실전 지휘통제 구조를 완성하여 명실상부한 자체 전쟁대비 및 기획, 지도체제를 확립하게 된다.

다만 합동성의 원칙이 실전수행 과정에서 각 군의 전문성을 침해하는 요인으로 변질되지 않도록 하는 제도적 보완이 필요하다. 첫째, 현재 합참의장에게 부여된 육 · 해 · 공군의 주요 실전부대 지휘권은 전면전쟁, 혹은 이에 준하는 무력충돌의 위기 상황에만 인정되며, 평시의 소규모 무력충돌에 대한 실전부대 지휘는 해당 군의 참모총장이나 작전사령관이 담당한다. 평시와 위기상황, 전면전쟁 여부의 판단 및 결정은 국방장관의 권한으로 규정해야 할 것이다. 대신 합참의장은 평시에 합동부대만을 지휘하도록 한다. 이 경우 합참본부는 일종의 전략사령부(Strategic Command) 역할을 수행할 수 있을 것이다. 이러한 원칙은 합동군사령부가 설치된 후

---

431) 김귀근 · 이귀원, "軍, 전시작통권 환수대비 5~6년간 세부일정 마련", 「연합뉴스」, 2006년 8월 17일자.

432) 김귀근, "합참조직 17년만에 '대수술' 착수", 「연합뉴스」, 2007년 2월 15일자.

해당 권한을 승계하는 합동군 사령관에게도 그대로 적용되어야 한다.

둘째, 앞으로 합참의장은 평시에 대통령, 국방장관에 대한 군사문제 자문과 합동참모회의 운영에만 전념해야 할 것이다. 그리고 셋째, 합참의장과 각 군 참모총장들이 참여하는 제도화된 협의기구를 만들어 합동 전투력 운용을 비롯한 광범위한 군사문제를 논의하도록 한다. 합동군사령부가 설치된 후에는 합동군 사령관과 육 · 해 · 공군의 야전군급 작전사령관이 해당 협의기구를 구성한다. 이는 합참의 독단적인 작전지휘가 야기할 수 있는 문제를 예방하기 위한 것이다.

합참본부와 주요 합동부대의 충원방식도 '육 · 해 · 공군 균형' 원칙에 따라 개선될 예정이다. 우선 합참의장 및 차장은 서로 다른 군 출신으로 임명한다. 합참본부 소속의 공통직위는 육 · 해 · 공군 출신이 2 : 1 : 1의 비율로 정해지며, 합동부대의 경우는 3 : 1 : 1이다. 또한 주요 보직은 특정 군 출신이 연임하지 않고, 각 군에서 순환하여 담당하는 것을 원칙으로 한다. 하지만 이 방안은 여전히 육군 출신에게 다수 비율을 보장하고 있을 뿐만 아니라, 군별 구성비율을 고정적으로 명시하여 인사의 융통성을 저해한다는 것이 단점이다. 따라서 ① 육 · 해 · 공군 출신의 공동참여 보장, ② 특정 군 출신의 독점적 충원 배제라는 2개 원칙에 따른 상한선 비율을 명시하는 편이 보다 바람직할 것이다.[433] 육군에 대한 배려 이상의 의미가 없는 "합참의장과 차장 가운데 1명은 육군 출신으로 한다"는 내용도 삭제해야 한다.

433) 다시 말해 합참본부의 공통직위(혹은 합동부대) 구성에서 "육 · 해 · 공군 가운데 제외되는 군이 있어서는 안되며, 특정 군이 전체 직위의 50(60)%를 넘게 임명될 수는 없다"라고 규정하는 것이다. 김종하 · 김재엽, 『국방개혁 2020 추진방향과 입법과제』(한남대 국방전략연구소, 2005), p.63.

그리고 현재 중장 계급으로 되어있는 해 · 공군의 작전사령관을 육군 야전군사령관과 같은 대장급으로 승격시킬 필요가 있다. 해군과 공군 전투력의 대부분을 총괄 지휘하는 이들 두 장성의 역할, 임무는 충분히 육군 야전군사령관과 동급 내지 이상의 수준으로 평가될 수 있기 때문이다. 따라서 이 문제도 '육 · 해 · 공군의 균형 발전'과 '합동성 강화'라는 차원에서 해결되어야 할 것이다.

오늘날의 한국군은 더 이상 지난 1950년 6.25전쟁 당시처럼 초급장교 경력의 군 지휘관들만 있는 신생 독립국가의 초보군대가 아니며, 반세기에 걸쳐 수많은 고급장교와 장성들을 양성해낼 정도의 양적 · 질적 성장을 이루었다. 그렇다면 이제는 유사시 동맹국의 후견이나 병력 지원을 전제로 하지 않고서도 직접 스스로의 군사력을 지휘통제하고, 필요한 정보를 수집 · 활용하면서 '주권과 자유가 보장되는 평화'와 '생존과 번영이 보장되는 승리'를 달성할 수 있는 안보 전략가, 군사지도자 및 참모, 그리고 정보 전문가들이 있어야 정상이다. 지금까지 부득이하게 동맹국과의 연합지휘 아래서, 동맹국의 병력 지원을 전제로, 동맹국이 마련해준 전략에 따라 전쟁에 대비해 왔던 수준에서 이제 졸업할 때가 된 것이다. 광개토대왕, 을지문덕, 김유신, 장보고, 강감찬, 이순신 등 세계전쟁사에 길이 남을 명장들의 후예들로서 선조들 앞에 떳떳할 수 있어야 하지 않겠는가?

(8) 한미 동맹관계의 원만한 관리, 발전

자주국방을 논하는 자리에서 미국과의 동맹에 관한 이야기를 꺼내는 것이 모순이라고 생각될지도 모른다. 하지만 현 시점에서 한국은 북한을 비롯한 외부 안보위협에 대한 가장 효과적이고 현실성 있는 억지 수단으로서 미국과의 '동맹' 전략에 크게 의존하는 입장이다. 뿐만 아니라 지금 한국이 추진하는 자주국방 능력의 확보, 정비계획은 앞으로 10년 내외의 오랜 시간에 걸친 지속적인 노력을 요구한다. 그리고 한국은 지난해 10월 9일의 핵실험 사태로 현실화된 북한의 핵무장 위협을 억지하기 위하여 유사시 핵보복 능력을 절실히 필요로 하는 입장이며, 이를 당장 제공해줄 수 있는 것도 현재로서는 미국의 핵우산뿐이다. 따라서 한국은 『국방개혁 2020』의 진행과 동시에 미국과의 동맹관계를 지속적으로 관리, 발전시켜야 한다. 그래야만 보다 안정적인 정치, 경제적인 여건 속에서 자주국방에 필요한 역량을 확보할 수 있기 때문이다.

오늘날 한미 동맹관계의 최대 현안은 말할 필요도 없이 '전시작전통제권의 전환'이다. 양국은 지난 2005년 10월의 제37차 한미 연례안보협의회의(이하 SCM)를 계기로 이 문제를 본격적으로 논의하기 시작했으나, 가장 중요한 쟁점인 전환시기에 대한 이견으로 좀처럼 진전을 이루지 못해왔다. 한국이 2012년을 제시했던 반면에 미국은 그보다 3년 빠른 2009년에 이양하겠다는 입장을 고수했으며, 지난해 10월 개최된 제38차 SCM에서는 '2009년 10월 15일~2012년 3월 15일 이내의 시점'이라는 불완전한 합의만이 도출되었다. 결국 이 문제는 지난 2월 24일 한미 국방장관회담에서 김장수 한국 국방장관과 로버트 게이츠 미 국방장관이 현재 한미연합사령부가 행사하고 있는 한국군의 전시작전통제권을 오는 2012년 4월 17일 한국군 합참에 완전 이양하기로 합의하면서 일단락되었다. 예정대로라면 지난 1950년 6.25전쟁 이후 계속되어 온 외국군 장성(주한미군사령관)의 군령권 관할시대가 62년만에, 그리고 1978년부터 시작된 한미연합방위체제는 34년만에 막을 내리는 것이다.

이에 따라 한미 동맹의 군사구조는 공동방위체제로 새롭게 개편될 예정이다. 기존의 한미 연합사령부는 당연히 해체되고, 이를 대신하여 오는 2010년까지 한국 합동군사령부와 주한 미 통합군사령부(USJTF-K) 사이의 전・평시 협력창구 기능을 담당할 한미 군사협조본부(MCC: Military Cooperation Center)가 신설된다. 한미 군사협조본부는 예하에 10여 개의 상설, 비상설 기구를 보유하며, 양측은 이들 기구를 통해 정보 공유, 공동위기관리 및 작전계획 작성, 군사훈련, 해외군사협력, 군수지원을 비롯한 주요 분야에서 지속적인 협력태세를 유지할 방침이다.[434] 아울러 한국 육・해・공군과 주한미군 예하 실전부대의 주요 작전사령부 사이에도 '작전협조반'이 설치되어 상호 협조관계를 구축하며, 이를 위해 미군 요원이 각 군의 작전사령부에 파견된다.

달라지는 것은 이것뿐만이 아니다. 한미 연합전력의 유사시 군사전략이었던 작전계획 5027은 주한미군만을 대상으로 하는 작전계획으로 축소되고, 이를 대신하는 새로운 공동작전계획을 수립한다. 이에 따라 독수리, RSOI, UFL을 비롯한 한미 양국의 연례 군사훈련도 그 규모와 시기, 횟수가 조정될 전망이다.[435] 특히 2010년과 2011년에는 UFL 훈련을 통해 한국군의 독자적인 전쟁 수행능력과 한미 양국의 공동작전계획, 그리고 군사협조본부에 의한 협조체제의 효율성 등을 점검하고, 2012년 3월에 다시 최종 훈련을 실시하여 전시작전통제권의 전환을 위한 준비를 마무리할 예정이다.[436]

---

434) 국방부, 2006, p.90.
435) 김귀근, "한미, 합동군사훈련 종합적 재검토 착수", 「연합뉴스」, 2007년 2월 25일자.
436) 이귀원, "전작권 환수-어떻게 준비하나", 「연합뉴스」, 2007년 2월 25일자.

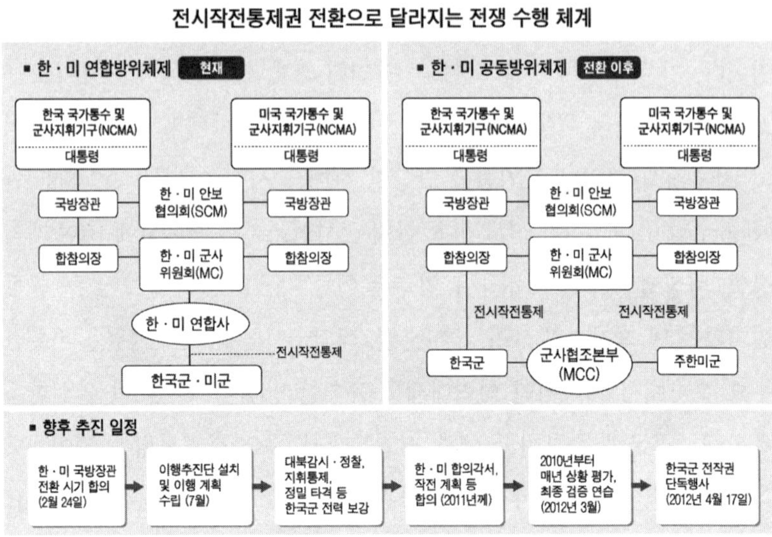

출처: 「중앙일보」, 2007년 2월 26일자

〈그림 4-19〉 전시작전통제권 전환 이후의 한미 군사협조 체제

현재의 '연합' 방위체제는 한국 정규군과 예비전력, 주한미군, 그리고 미 증원전력으로 구성되는 최대 440만 명 이상의 대군을 단일 사령부, 즉 한미 연합사령부가 통합 지휘하는 방식이다. 반면 이를 대체할 '공동' 방위체제의 경우 한국군과 주한미군이 평시는 물론 전시에도 개별 사령부의 지휘통제에 따라 독자적으로 임무를 수행하며, 훈련과 위기관리는 물론 전쟁대비 및 기획, 지도까지 각자 책임져야 한다. 한미 군사협조본부와 예하 기구들은 그 구성과 협력 분야가 한미 연합사령부와 비슷하지만 어디까지나 양측의 군사 기능별 협력체제를 유지하는 제도적 연결장치일 뿐이며, 한국군과 주한미군 병력을 움직일 수 있는 직접적인 지휘, 통제 권한은 없다. 쉽게 비유하자면 지금까지는 모든 축구선수들을 국가대표 단일팀으로 관리해 왔는데, 이제부터는 각 선수들의 소속 구단에서 훈련

과 실전준비를 책임지는 방식으로 바꾸겠다는 것과 같은 발상이다.

사실 '전시작전통제권의 전환'은 한국 정부의 친미 혹은 반미성향 여부와 상관없이 조만간 제기될 수밖에 없는 문제였다. 앞서 지적했듯이 미국은 주한미군을 한반도 이외의 지역으로도 투입할 수 있는 신속 기동부대로 개편 중이다. 이러한 미국의 입장에서 주한미군의 임무수행 범위를 한반도 이내로 국한시키는 기존의 한미 연합방위체제는 '전략적 유연성'을 제약하는 족쇄가 될 수 있다. 게다가 주한미군이 한국 안보에서 차지하는 비중도 최근의 병력규모 감축으로 갈수록 줄어드는 추세다. 현 상황에서는 평시 위기관리는 물론, 유사시에도 미군 증원전력이 본격적으로 한반도에 도착하기 이전인 개전 1개월 사이에는 병력 대다수를 차지하는 한국군이 거의 모든 주요 임무를 수행할 것이 분명하다. 따라서 단순히 증원전력의 규모를 근거로, 데프콘 3 수준의 위기상황부터 3만 명 미만의 병력만을 보유한 주한미군 사령관이 한미연합군 사령관의 자격으로 67만 명 규모의 한국군까지 지휘하는 것은 분명 비합리적인 일이다.

한미 연합방위체제를 한미동맹 자체와 동일시하면서 "전시작전통제권의 전환이 한미동맹의 존립마저 위협하고 있다"는 시각이 존재하는 것도 사실이다.[437] 하지만 한미 양국은 이미 전시작전통제권의 전환을 논의하는 과정에서도 '주한미군의 지속적 주둔'과 '유사시 압도적인 미군 증원전력의 파견', '정보자산을 비롯한 보완전력(Bridging Capability) 제공' 등을 비롯한 미국의 핵심적인 한국 방위공약을 유지한다는 원칙에 합의했다. 동맹국으로서의 최상위급 상설 대화기구인 한미 연례안보협의회의(SCM)와 군사위원회(MC)도 존속할 예정이다. 이러한 점들을 고려한다

437) 전시작전통제권의 전환을 둘러싼 찬성, 반대측의 주장에 대한 자세한 내용은 한국국방안보포럼 엮음, 『전시작전통제권 오해와 진실』(플래닛미디어, 2006)을 참고.

면 '전시작전통제권 환수 = 한미동맹 파탄'이라는 식의 주장은 지나친 비약인 것이다.

그럼에도 불구하고 한미 연합방위체제의 종식은 분명 적지 않은 손실을 수반할 수밖에 없다. 같은 군사 협조관계라고 해도 지휘권이 분산된 '공동'방위체제보다는 단일화된 '연합'방위체제가 전투력 운용의 효율성 및 결속력 측면에서 우월한 것은 엄연한 사실이기 때문이다. 뿐만 아니라 지금까지 한국군이 세계 최강을 자랑하는 미군과의 연합방위체제를 통해서 얻을 수 있었던 군사력 운용의 노하우(전쟁기획 및 작전계획 기법, 최신 전술 · 교리의 개발, 첨단무기의 사용법, 정보수집 및 해석방법 등)에 접근하는 것도 어려워질 것이다. 모두 한반도에서의 전쟁 억지, 승리와 직결되는 문제들이다. 특히 한국이 앞으로도 상당 기간동안 북한에 대한 억지, 승리 능력의 대부분을 미국의 정보자산, 증원전력에 의존할 수밖에 없다는 점을 고려한다면, 충분히 안보 공백의 문제가 될 수 있다.

따라서 한국이 위와 같은 희생을 감수해서라도 전시작전통제권을 환수해야 한다면, 앞으로 예상되는 문제점들에 대한 확실한 대책을 세워서 차질없이 진행시켜야 할 것이다. 한국뿐만 아니라 미국 정부도 전시작전통제권의 이양에 적극적인 입장이므로, 일부에서 주장하는 재협상보다는 전환 과정에서의 보완장치 마련이 더욱 현실적인 선택이기 때문이다. 이 과정에서 다루어져야 할 과제는 다음의 3개로 요약될 수 있다.

첫째, 전시작전통제권의 환수는 한국군이 추진 중인 전략 차원 능력의 보강에 맞추어 진행되어야 한다. 전시작전통제권이 전환된 이후에 출범할 한미 공동방위체제는 '한국 방위의 한국화'라는 원칙에 따라 운용될 것이 분명하다. 이것은 한반도에서의 평시 전쟁억지뿐만 아니라 유사시 주요 작전, 임무수행까지 한국군이 핵심적인 역할을 담당한다는 뜻이다.

주한미군과 미군 증원전력의 역할은 단지 한국군의 전투력 가운데 부족한 일부분을 보완해주는 지원 기능에 국한된다.

이러한 형태의 역할분담이 가능하려면 ① 한국 방위를 담당하는 전체 병력에서 한국군이 절대다수를 차지하고, ② 한국군이 전쟁 억지, 승리와 직결되는 중요임무(정보수집, 전시 초기대응, 반격 등)도 대부분을 담당하며, 그리고 ③ 해당 임무수행을 위한 전투력과 지원능력을 제공하는 무기체계를 한국군이 자체 보유하고 있어야 한다. 이 가운데 ①은 이미 한국군이 옛날에 달성한 사항이며, ②의 경우도 주한미군의 감축과 함께 진행되고 있는 10대 주요임무 이양을 통해 점진적으로 이루어지고 있다. 그렇다면 아직 한국군이 충족시키지 못한 조건은 ③뿐인데, 한국 국방당국은 『국방개혁 2020』과 『2007-2011 국방중기계획』을 통해서 관련 무기체계들의 전력화를 추진 중이다. 이들의 획득 시기는 대부분 전시작전통제권의 전환이 완료되는 오는 2012년까지로 예정되어 있다. 하지만 예산 확보는 국내외의 정치, 경제적 변수에 따라 얼마든지 영향을 받을 수 있는 문제이므로 해당 무기체계들이 반드시 계획대로 도입될 것이라고 낙관하기는 어렵다. 뿐만 아니라 실전배치 이전의 훈련, 시운전 등을 비롯한 초기 전력화절차를 고려한다면, 실질적인 전략 능력 확보에는 좀 더 시간이 걸릴 수밖에 없다.

따라서 전시작전통제권을 전환하는 이행절차는 시간뿐만 아니라 구체적으로 세분화된 한국군의 자체 군사역량의 충족 여부를 기준으로 진행되어야 할 것이다. 다시 말해서 2012년 4월 17일은 불변의 고정시한(Fixed Date)이 아닌 '목표시한(Target Date)'이 되어야 하며, 현재 진행중인 한국군의 전략급 무기체계 획득일정에 차질이 생기거나, 2010~2011년의 UFL 훈련 과정에서 미흡한 점이 드러날 경우에는 전시작전통제권의 전환 시기를 조정할 수 있다는 제도적 보완책이 필요하다. 한미 양국은 오는 7월까지 전시작전통제권의 전환에 필요한 구체적인 과정과 절차, 시간계획 등을 포함하는 '이행계획 로드맵'을 완성할 예정인데, 여기서 위와 같은 내용들이 반영되도록 해야 한다.

둘째, 보다 실효성 있는 핵우산 공약이 필요하다. 미국은 지난 1978년의 제11차 SCM을 통해 처음으로 '한국에 대한 지속적인 핵우산 제공'을 약속했으며, 이후 매년 SCM에서 이 점을 재확인해 왔다. 그렇지만 지난해 10월 9일의 북한 핵실험 사태를 계기로 핵우산 공약을 발전시켜야 할 필요성이 절실해졌다. 앞으로 한미 양국의 위기관리 및 방위전략은 실재적인 군사 위협으로 드러난 북한의 핵무장 능력에 맞서 실전에서의 핵무기 사용 가능성을 반영해야 하며, 따라서 핵우산도 군사전략의 일부로 구체화될 필요가 있는 것이다. 북한 핵실험 사태로부터 불과 10여일 후에 개최된 제38차 SCM에서 한미 양국의 국방당국은 "미국의 핵우산 제공을 통한 '확장억지'의 지속(Continuation of the extended deterrence offered by the U.S nuclear umbrella)"이 포함된 공동성명을 발표했다. 이에 앞서 개최된 양국 합참의장의 제28차 한미 군사위원회(MC)는 북한의 핵위협을 반영한 작전계획 5027의 보완, 감시 및 정찰기능 강화, 핵공격에 의한 피해 최소화방안 마련 등을 신규 '연구과제'로 채택하였으며, 한미 연합사령부에도 그 이행을 지시한 바 있다.[438] 그러나 '확장억지(Extended Deterrence)'는 사실상 핵우산과 동의어이며, 한미 군사위원회가 지시

---

438) 당시 한국군 합참은 "한미 군사위원회가 핵우산 제공을 구체화하기 위한 '전략지침'을 한미 연합사령부에 내렸다"고 발표했다가 미군측이 즉각 부인하면서 뒤늦게 '연구과제 이행'으로 정정하는 소동을 빚기도 했다. 이는 국방당국이 북한의 핵실험 직후 고조되고 있던 국민들의 안보 불안심리를 수습하는 과정에서 나타난 무리수로 평가된다.

했다는 군사적 대응방안은 기본적으로 비핵전력 차원이라는 점에서 불완전한 상태다.

결국 남은 과제는 여전히 정치적 선언 차원을 벗어나지 못하고 있는 미국의 핵우산 공약을 어떻게 실효성 있는 전쟁 억지, 승리수단으로 발전시킬 것인가에 달려있다. 이를 위해서는 먼저 군 통수권자로서 핵무기 사용 여부에 대한 결정권을 갖는 한국과 미국 대통령이 핵우산 공약을 구체화해야 한다는 점에 공식적인 원칙 합의를 해야 하며, 곧바로 자국 국방당국에 관련 조치를 세우도록 지시한다. 이어서 양국 국방당국은 미 국방성의 『핵태세 검토보고서』(NPR: Nuclear Posture Review)와 비슷한 형태의 유사시 핵전력 운용지침을 공동으로 작성하며,[439] 여기에는 ① 핵무기의 사용 여부를 결정하는 기준, ② 상황 및 단계별로 세분화된 핵전력 운용방식, ③ 핵무기에 의한 공격 대상 등을 포함해야 한다. 그리고 한미연합사령부는 이를 바탕으로 작전계획 5027을 수정, 보완하거나, 별도의 핵무기 운용계획을 마련하여 실제 사용될 핵탄두의 소요량과 탄두종류, 탑재수단, 구체적인 표적을 확정할 필요가 있다. 이러한 내용은 향후 전시작전통제권의 전환을 계기로 출범하게 될 한미 공동방위체제에서도 계승해야 한다.

그리고 셋째, 주한미군의 평시 전투력을 지속적으로 발전시킨다. 현재 주한미군은 그 병력규모가 이전보다 훨씬 줄어든 상태지만, 여전히 미

439) NPR은 미 국방성이 의회에 보고하는 비밀 보고서로 미국의 핵무기 운용전략을 제시, 건의하는 내용을 담고 있다. 지금까지 미 국방성의 NPR은 1994년과 2002년에 각각 작성되었으며, 특히 2002년의 제2차 NPR에는 '테러리즘 집단과 잠재적 핵개발 및 보유국에 대한 선제 핵공격', '지하시설 공격을 위한 신형 전술핵무기 개발' 등의 내용이 포함된 것으로 알려지면서 국제적인 논란을 야기했다. 김태우 · 김재두, 『미국의 핵전략 우리도 알아야한다』(살림, 2003), pp.53~58.

국의 한국 방위공약을 보장하는 핵심장치로서 한반도 전쟁억지에 기여하고 있다. 그러므로 주한미군의 평시 주둔규모는 유사시에 미국의 군사적 지원의지를 약속할 수 있는 최소한의 수준을 항상 유지해야 할 것이다. 구체적으로는 다수의 여단급 부대를 보유한 육군 1개 사단과 공군 1개 비행단 수준의 전투병력, 그리고 관련 지원부대가 포함된 1만 5,000~2만 명 이상의 규모를 뜻한다. 통일 이후에는 육군 1개 여단, 공군 1개 비행단이 포함되는 약 1만 명 수준으로 축소 유지될 수 있다. 만약 주한미군 소속의 전투부대 일부가 '전략적 유연성' 원칙에 따라 한반도 이외의 지역으로 투입된다면, 미국은 즉각 다른 부대를 순환배치 형식으로 한국에 파견하여 전력 공백을 막아야 한다.

전력구조의 경우 보병이나 기갑, 기계화보병을 비롯한 육상 기동전력의 비중은 줄어들어도 큰 문제가 없겠지만, 전쟁 초기에 북한의 기습침공을 효과적으로 저지하기 위해 필요한 핵심전력은 가능한 한 유지되어야 할 것이다. U-2 정찰기와 자주포, MLRS, 공격헬기, 그리고 공군의 전투기와 같은 정보 및 포병, 항공전력이 바로 여기에 해당한다. 이 점에서 지난 2003년부터 주한미군이 실행 중인 110억 달러 규모의 무인정찰기, 개량형 패트리어트(PAC-3) 지대공미사일, AH-64D '아파치 롱보우'(Apache Longbow) 개량형 공격헬기, 그리고 JDAM을 비롯한 정밀유도무기 도입은 매우 긍정적인 현상이다. F-15E '스트라이크 이글(Strike Eagle)' 대형 전투기나 F-117 스텔스 전폭기 등을 순환배치 형식으로 매년 수개월씩 한국에 정기 배치하는 것도 좋은 방법이 될 수 있다.440)

---

440) 미 공군은 지난 2001년 10월 아프가니스탄 대테러전쟁에 태평양주둔 항공모함 전단이 투입되면서 나타난 전력공백을 해소하기 위해 알래스카의 F-15E 1개 대대(약 20대)를 한국에 한시적으로 배치하였으며, 제2차 북핵위기가 본격화된 2003년과 2004년에

앞으로 한미 양국이 수립할 새로운 공동작전계획은 '북한의 남침 이후 미군의 대규모 증원에 의한 북진통일'로 요약되는 기존의 작전계획 5027에서 나타났던 정치, 군사적인 문제점들을 극복해야 한다. 그동안 작전계획 5027은 북한의 기습침공을 용인하는 것을 전제로, 한국군과 주한미군의 역할을 개전 후 1~2개월 내외에 걸쳐 대규모의 미군 증원전력이 도착할 때까지 휴전선 전방지대에서 방어하는 것으로 국한시켜 왔다. 이것은 유사시 한국 영토의 전체가 초토화될 가능성이 매우 높다는 치명적인 약점을 안고 있다. 여기에 장거리 탄도미사일을 비롯한 북한의 대량살상무기 전력이 태평양 일대의 미군기지와 미국 영토를 직접 공격할 수 있을 정도로 강화되고 있으며, 미국의 군사전략에서도 유사시 증원전력의 규모는 갈수록 감소하는 추세다.[441] 따라서 미군의 전력증원을 통해 기대할 수 있는 군사직인 효력은 이전보다 약화될 것으로 전망된다.

게다가 "미군의 증원전력이 도착한 후 본격적으로 북한의 침략을 격퇴하고, 북진하여 한국 주도의 통일을 완성시킨다"는 전략 목적은 북한과의 화해와 협력, 평화적 통일을 기본 방침으로 하는 한국의 정책목적과 모순되는 문제점이 있다. 그리고 북한측이 한반도에서의 군사적인 갈등

도 수 개월 동안 배치되었다. F-117 스텔스 전폭기는 제1차 북핵위기 시절인 1993년에 한미 연례군사훈련 참가를 위해 처음 한국에 투입되었으며, 이어 1996년과 2003~2005년에도 수 개월 동안 순환배치가 이루어졌다. 그리고 북한의 핵실험 사태로부터 3개월 만인 지난 1월 11일부터는 F-117 1개 대대가 다시 한국에 배치중이다. 이 외에도 지난 2월부터는 미 공군의 최신형 스텔스 제공전투기 F/A-22랩터 10여 대도 일본 오키나와의 가데나(嘉手納) 주일 미 공군기지에 배치되었다.

441) 미국은 지난 1991년의 제1차 걸프전쟁에서 총 69만 명 규모의 병력을 아랍 지역으로 동원하여 이라크를 쿠웨이트에서 몰아냈지만, 12년이 지난 제2차 걸프전쟁에서는 그 절반에도 못 미치는 30만 명 미만의 병력으로 훨씬 빠른 시일만에 이라크의 후세인 정권을 굴복시켰다.

출처: 「중앙일보」 2003년 1월 17일자

〈그림 4-20〉 한미 연합전력에 의한 '능동방어' 군사전략 개념도

지속에 대한 책임을 한국과 미국에 전가시키면서, 자신들의 대규모 군사력 유지와 대량살상무기 개발을 '외세의 압살 책동에 맞서기 위한 정당한 자위권이자 억제력의 확보'라면서 합리화하는 구실을 제공할 소지가 크다. 아울러 한미연합군의 북진과정에서 중국이 한반도에 군사적 개입을 시도할 가능성을 더욱 높일 것이며, 과거 6.25전쟁에서 그러했듯이 결과적으로는 통일을 더욱 어렵게 만들 위험도 크다.

따라서 한미 양국은 '선 수동방어, 후 총력공격'에 입각한 작전계획 5027을 유사시 북한에 대한 군사적 선제조치까지 포함하는, 대신 북한 정권의 타도나 북진통일은 배제하는 '능동방어' 개념의 군사전략을 반영하는 공동작전계획으로 조속히 수정해야 한다. 버웰 벨 주한미군 사령관이 지난해 7월 13일 국회 안보포럼 강연에서 제시한 '전시작전통제권 이양을 위한 전제조건'을 기준으로 설명하자면,[442] 새로운 전략은 ① 북한에 의한 기습침공의 조기, 신속제압과 ② 북한의 대량살상무기 개발 및 무장능력을 완전히 제거, 박탈하는 것을 전시 최종목적으로 규정한다. 요컨대 '북진통일'이 아닌 '북한의 군사적 침략능력 말살'을 지향해야 한다는 뜻이다. 기본적으로는 미 증원전력이 도착하기 전부터 한국군과 주한미군이 전쟁 초기에 '능동방어'에 입각하여 북한의 침공을 신속히 제압하며, 여기에 미 증원전력이 가세하는 방식으로 진행될 수 있을 것이다.

이러한 전략을 뒷받침하기 위해 필요한 미 증원전력은 최대한 빠른 시간 이내에 한반도로 투입할 수 있는 장거리 기동, 전력투사 수단을 중심으로 편성되어야 한다. 주로 미 해군의 수상전투함과 핵추진잠수함, 항공모함, 미 공군의 대형 전투기와 폭격기, 그리고 이들을 통해서 발사되는 정밀유도무기가 핵심적인 역할을 담당할 것이다. 여기서는 북진통일이 더 이상 실전 전략의 목적이 아니므로 미군 증원전력의 전체 규모는 기존의 작전계획 5027이 제시하는 최대 69만 명 수주보다는 축소될 수 있으며, 특히 육군의 비중이 대폭 낮아질 것이다. 대신 개전 직후의 수시간 내지 수일 이내에 북한의 장거리 야포, 탄도미사일 발사대, 공군기지, 지하 군사시설, 그리고 대량살상무기 생산 및 비축시설을 초토화할 수 있는 신속한 전투력 발휘가 요구된다. 이를 위해서는 먼저 주일미군과 태평양 지역에 배치중인 미 해군, 공군전력이 강화되어야 할 것이다. 또한 한반도에서의 전쟁 발발을 전후로 하여 이루어지는 초기 전력증원, 즉 신속억제방안(FDO)과 전투력 증강(FMP) 단계에서 해당 전투력의 대부분을 동원할 수 있도록 전력 운용방안을 발전시켜야 한다.[443] 요컨대 새로운

442) 당시 벨 사령관은 '한국 정부가 지향하는 전시 최종목적', '미군의 군사력 지원규모', '지상작전에 대한 미군의 기여 수준', 그리고 '전시작전통제권의 전환 이후 UN군 사령부와의 역할과 정전협정에 대한 상관관계' 등이 확정되어야 한다는 입장을 피력했다. 황일도, "전시작통권 환수 이후의 한반도 전쟁 작계(作計)", 「신동아」, 2006년 10월호.

한미 공동작전계획에서 중요한 것은 미 증원전력의 '전체규모'가 아니라 '투입시간 단축'이다.

현재 동북아시아, 태평양 지역에는 미 해군의 제3, 제7함대와 미 공군의 제5, 제11, 제13공군이 일본, 하와이, 괌, 알래스카 등지에 주둔하고 있다. 이 가운데 해군 전력은 5개 항공모함 전단 소속의 항공모함 5척, 수상전투함 53척(이지스 방공순양함/구축함 26척, 일반구축함 11척, 호위함 16척), 핵추진잠수함 35척, 상륙함 21척, 그리고 항공모함 탑재기 363대 등으로 구성된다. 공군의 경우 5개 전투비행단 소속의 전투기 190여 대와 공중 조기경보통제기 4대, 공중급유기 31대, 수송기 32대 등을 보유 중이다.[444] 이 외에도 미국은 태평양 지역에 대한 해·공군의 전력 증강을 차례로 진행시키고 있다. 우선 동북아시아 인근 해역에서 즉각 실전투입이 가능한 항공모함 전단 규모를 2개에서 4개로 늘리고, 태평양에 배치된 핵추진잠수함의 규모도 미 해군이 보유한 전체 잠수함의 60%를 넘어설 전망이다.

특히 태평양 지역에서의 미 해·공군력 강화가 괌을 중심으로 진행되고 있다는 점은 주목할만한 일이다.[445] 괌에서 한반도까지의 직선거리는

---

443) FDO 단계에서는 1개 항공모함 전단, 스텔스 전폭기를 포함한 200~300대 규모의 항공기 등으로 1~3일(24~72시간) 이내에 한반도에 투입될 수 있다. FDO 이후에 이루어지는 FMP의 경우 2개의 항공모함 전단, 1천여 대의 항공기, 다수의 미 해병부대까지 추가로 증원된다. 주일미군 소속의 항공기 140여 대, 그리고 해군 함정 12척 등도 수일만에 한반도로 이동할 수 있다. 김귀근, "한반도 유사시 전개되는 미 전력은", 「연합뉴스」, 2006년 10월 13일자.

444) 공군본부, 2005, pp.60~62.

445) 본래 괌 기지에는 2척의 핵추진잠수함이 배치되어 왔는데, 지난 2005년 말에 8척을 추가로 괌에 배치한다는 결정이 내려졌다. 지난 2004년에는 6대의 B-52 폭격기가 괌에 배치되었으며, 2005년에 12대의 F-15E 대형 전투기와 4대의 B-2 스텔스폭격기도 본토

3,400km인데, 폭격기로 5시간 이내에 도달할 수 있다. 미국 본토에서 출격하는 경우보다 10시간이나 단축되는 것이다. 이러한 미국의 움직임은 단기적으로 북한의 대량살상무기 위협에 대한 억지태세를 유지하고, 중 · 장기적으로는 중국의 동북아시아 지역패권 추구를 견제하기 위한 것으로 평가된다. 그리고 유사시 한반도에 대한 미 해 · 공군력의 신속한 증원을 보장한다는 점에서 한국 안보에도 긍정적으로 기여할 수 있다.

현재 개념계획 단계에 머물러 있는 한미 양국의 북한 급변사태 대응책도 조속히 공동 작전계획 수준으로 발전시켜야 한다. 두 나라는 지난 1999년에 북한 내부의 체제붕괴 가능성에 대비한 군사적 대응방안인 개념계획 5029를 처음 작성했으며, 2005년까지는 이를 정식 작전계획으로 구체화할 예정이었다.[446] 그러나 "전시 상황으로 판단하기 어려운 북한 급변사태에 미국이 연합방위 형식으로 개입한다면 주권 침해의 소지가 있다"는 한국 정부의 이의제기에 따라 2005년 4월부터는 관련 논의가 전면 중단되기에 이른다. 결국 개념계획 5029를 보완, 발전하는 방식으로 유지한다는 잠정적인 합의가 이루어졌으며, 북한의 핵실험 사태 직후에 개최된 제38차 SCM에서도 개념계획 5029의 본격적인 구체화 및 완성에 착수한다는 양국의 합의사항이 포함된 것으로 알려진다.[447]

기지에서 전진배치를 완료했다. 이 외에도 6대의 글로벌호크 고고도 무인정찰기, 그리고 일본 오키나와에 주둔해 왔던 미 해병 제3원정군 8천여명이 괌에 배치될 예정이다. 국방정보본부, 2006, p.41.

446) 개념계획은 특정한 군사적 상황이 발생할 경우에 지향해야 할 목적이나 개괄적인 대응방안의 방향을 담고 있지만, 병력동원이나 부대배치 계획, 작전부대 편성 등을 비롯한 구체적인 내용은 포함되지 않는다. 반면 작전계획은 이들 사항을 모두 포함하고 있기 때문에 곧바로 실행하기에 유리하다는 장점이 있다.

447) 이귀원, "한미, '개념계획 5029' 완성키로 합의", 「연합뉴스」, 2006년 12월 2일자.

구개념계획(작전계획) 5개 시나리오와 전략지침상 변화

시나리오	구 개념계획(작전계획) 5029	신 개념계획 5029를 위한 전략지침
쿠데타 등에 의한 북한 내전(內戰) 상황	· 내정 불개입 원칙에 따라 북측 지역으로는 진입하지 않되, 이로 인한 피해가 한국으로 확산되지 않도록 '봉쇄' · 신중 개입.	→ 시나리오의 완화 또는 삭제?
핵 · 미사일 등 대량살상무기 탈취	북한 내 반군(叛軍) 등이 대량 살상무기를 탈취해 유사시 사용하겠다고 위협하거나 해외 밀반출을 시도할 경우 한 · 미 양국군 특수부대가 투입돼 무력화 등.	→ 대응 방안 구체화? 또는 신중대처?
북한지역 내 한국인 인질 사태	다양한 구출작전	→ 작전계획 직전 단계까지 구체화?
대량 탈북난민 발생	육해공 군사적 지원	→ 작전계획 직전 단계까지 구체화?
북한 내 대규모 자연재해 발생	육해공 군사적 지원	→ 작전계획 직전 단계까지 구체화?

출처: 「조선일보」 2006년 3월 7일자

〈그림 4-21〉 **북한 급변사태 대비를 위한 한미 대응방안 현황**

북한 급변사태의 대응방안은 '휴전선 이북지역에 대한 한국 정부의 통제권 확보'라는 문제뿐만 아니라 '통일 과정에서의 국내외적 도전요인 관리'라는 측면에서도 다루어져야 하는 과제다. 한국 단독의 북한 급변사태 대응책만으로는 중국 등 주변 강대국이 개입할 경우 정치, 외교, 군사적으로 크게 불리할 수밖에 없다는 것이 치명적인 약점이다. 때문에 한국은 초강대국이자 동맹국인 미국과의 공동 대응방안을 마련할 필요가 있다. 한미 양국의 북한 급변사태 대응책은 기본적으로 한국의 주도권과 역할을 인정하는 가운데, 미국에서 특별히 관심을 기울이는 북한 대량살상무기의 외부유출 방지임무에 한하여 재량권을 부여하는 식으로 역할분담을 규정하는 것이 바람직하다.

(9) 정치지도층의 확고한 결단

국가적인 과제치고 정치지도자의 강한 결단력을 필요로 하지 않는 경우는 거의 없을 것이다. 그 가운데서도 일국의 최고수준 이익이라고 할 수 있는 '자기보존'과 '위험예방'과 직결되는 과제는 보통의 결단이 필요한 것이 아니다. 게다가 지금까지 논의해 온 '자주국방의 실현'은 앞으로 10년 이상의 오랜 기간에 걸친 정책적 노력, 그리고 막대한 규모의 예산을 필요로 한다. 이와 같은 과제를 달성하기 위해서는 대통령을 중심으로 하는 행정부, 그리고 실제 요구되는 예산을 승인하는 국회를 비롯한 정치지도층의 말 그대로 비상한 각오와 결단을 절실히 요구할 수밖에 없다.

건국 이후 한국의 자주국방을 가장 의욕적으로 추진했던 정치지도자는 단연 1970년대의 박정희 대통령이었다. 박 대통령은 미국의 주한미군 병력 철수, 남베트남의 패망, 그리고 당시의 부족했던 국내 경제 · 과학기술 기반을 비롯한 여러 국내외적 어려움 속에서도 자주국방에 총력을 기울였으며, 오늘날 북한에 대한 군사력의 질적 우세를 달성할 수 있는 기반을 닦아놓았다. 뿐만 아니라 탄도미사일과 핵무기의 독자개발을 추진하여 일찍부터 전략 수준의 능력 자립이 갖는 중요성을 간파하는 혜안을 보였다. 하지만 안타깝게도 이후의 정치지도자들은 다시 한국의 국가안보를 미국과의 동맹에 '올인'하면서 그 우산 속으로 안주하기에만 급급했으며, 한국은 독자적인 정치 · 군사적 지렛대를 확보할 기회를 잃었다. 그 결과 한국의 군사력은 한반도를 벗어나지 못하는 '우물안 개구리' 수준을 면치 못해왔으며, 안보 위기가 터질 때마다 오로지 미국의 도움만을 바라봐야 하는 비정상적 현실이 계속되어 온 것이다.

2003년 노무현 행정부의 출범은 지난 20년이 넘도록 잊혀져 왔던 자주국방 전략을 다시금 한국 국가안보전략의 주역으로 부각시키는 계기가 되었다. 노무현 대통령은 당선 직후인 2002년 12월 30일 육 · 해공군 본부가 위치한 충청남도 논산의 계룡대를 방문한 자리에서 각 군의 참모총장을 위시한 주요 장성들에게 "주한미군이 감축, 철수될 경우 이를 어떻게 보강할 것인지, 장기적인 대비책을 마련해 놓고 있는지 묻고 싶다"고 질문하면서 높은 관심을 피력한 바 있다. 또한 노무현 행정부는 출범 당시에 제시한 12대 국정과제 가운데 하나인 '한반도 평화체제 구축'을 위한 3대 핵심 추진과업으로 '확고한 평화보장을 위한 국방태세 확립'을 제시했으며, 세부적으로는 '자주적 방위역량의 조기확충'도 포함되었다.[448] 노 대통령은 취임 이후 여러 차례에 걸쳐 한미 동맹과의 병행발전을 전제로 하는 '협력적 자주국방'의 이름으로 자주국방 실현 의지를 강조했다. 바야흐로 '자주국방의 르네상스' 시대가 열린 것이다.

노무현 행정부가 출범한 이후 지난 4년 동안 국방예산은 연평균 8.3%가 증가했다.[449] 비록 당초 약속했던 GDP 대비 3% 수준의 국방예산 증액은 이루어지지 못했지만, 2000년 이후 연평균 증가율이 5~6% 수준을 면치 못했던 국방예산을 다시 상승추세로 돌려놓은 것만으로도 그 기여도는 충분히 인정할 수 있다. 특히 『국방개혁 2020』의 추진을 법제화한 『국방개혁법』이 제정된 것은 역사적으로도 큰 의미를 갖는다.[450] 그동안

---

448) 보다 구체적인 내용은 다음과 같다. 첫째, 한국적 여건에 맞는 "21세기형 첨단 정보 · 기술군" 육성추진. 둘째, 미래전 수행에 적합한 기술집약형 군구조로의 발전 및 통합전력 발휘를 위한 3군 균형발전 등 "군 구조개선". 그리고 셋째, 북한 · 불특정 위협 및 비군사적 위협 동시대비전력 우선 보강, 정보 · 정밀타격분야 긴요전력 중점 확보, 그리고 연구개발 투자 확대를 통한 무기체계 독자개발능력 확충 등의 "전력 증강". 청와대 홈페이지 http://www.president.go.kr/cwd/kr/government/agenda_01.php?m=1(검색일자 2007년 2월 7일)

449) 김귀근, "참여정부 국방비 증가율 역대정권 5위", 「연합뉴스」, 2006년 10월 13일자.

450) 『국방개혁법』의 정식 명칭은 『국방개혁에 관한 법률』(법률 제8097호)이며, 전체 5장 33개조 및 부칙으로 구성된다. 각 장은 제1장 '총칙', 제2장 '국방개혁의 추진', 제3장 '국방운영체제의 선진화', 제4장 '군 구조 · 전력체계 및 각 군의 균형발전', 그리고 제5장 '병영문화의 개선 · 발전'으로 되어있다. 『국방개혁법』은 지난해 11월 30일 국회 국

역대 정부가 추진했던 국방개혁은 주로 부분적인 조직 개편에 머물러왔으며, 그나마 실행과정에서 사실상 백지화되는 경우가 많았다.[451] 이에 비해서 『국방개혁법』은 앞서 언급한 전력구조 개편, 병력규모의 감축, 국방조직 문민화, 육 · 해 · 공군의 균형발전 등의 주요 개혁과제들을 대부분 포함하고 있으며, 그 결과 『국방개혁 2020』이 정권교체나 국방장관의 교체 여부와 상관없이 향후 10여 년 동안 일관성있게 진행될 수 있는 제도적 기반을 마련하였다. 무엇보다 한미동맹 일색이었던 국가안보전략에서 자주국방의 가치를 강조하고, 자주국방 관련 논의에 활기를 되찾게 한 것만으로도 노무현 행정부의 공로는 높이 평가받을 자격이 있다.

그러나 한편으로는 위와 같은 성과들을 무색하게 하는 부정적인 현상들도 계속 나타났다. 무엇보다 자주국방에 대한 논의가 국가안보 차원이 아닌 '국내의 정치, 이념적 논쟁'으로 변질되었다는 점이 가장 큰 문제였다. 유감스럽게도 이 대목에 관한 한 노무현 행정부의 미숙함을 짚고 넘어가지 않을 수 없다. 노 대통령은 취임 이전부터 '수평적 한미관계'를 역설하면서 그동안 한국 외교안보 정책의 대미 의존성향에 관한 문제의식을 여러차례 나타냈는데, 특히 전시작전통제권의 환수 문제를 다루는 태도는 열의를 넘어 집착에 가까울 정도였다. 그는 "스스로 작전권을 가진 자주군대"가 자주국방의 궁극적 지향점이라는 관점을 고집했으며, 종종 국가원수의 군 통수권(統帥權)과 고위장성의 권한인 군령권(軍令權)의 차이조차 구분 못하는 모습마저 보였다.[452]

방위원회의 수정, 의결을 거쳐 12월 1일 국회 본회의를 통과했다.

451) 역대 정부의 국방개혁 시도와 한계에 관한 자세한 내용은 김종하 · 김재엽, 2005, pp.2~3을 참고.

452) 노 대통령은 취임 직전인 지난 2003년 2월 13일 한국노총 관계자들과의 담화에서

결국 노 대통령은 자주국방의 추진과정에서 줄곧 '군사주권'의 측면을 지나치게 강조했으며, 특히 2005년 후반부터 미국과의 전시작전통제권의 환수논의가 본격화된 이후에는 그 정도가 더욱 심해졌다. "작전통제권이야말로 자주국방의 핵심이며, 자주국방이야말로 자주국가의 꽃"(2006년 8월 9일 연합뉴스 특별회견 中), "전시작전통제권 환수는 나라의 주권을 바로 세우고 국군통수권에 관한 헌법정신에 맞지 않는 비정상적인 상태를 바로잡는 일"(2006년 8월 15일 광복절 경축사 中) 등의 발언도 같은 맥락에서 비롯된 것이었다. 심지어는 엄연히 한미 양국의 군 통수기구로부터 제도적 통제를 받는 현재의 한미연합방위체제를 "자기 군대 작전통제도 제대로 할 수 없는 군대를 만들어 놔놓고…(중략)…작전통제권도 없는 사람이 민간시설에 폭격할 것인지 아닌지 그것도 마음대로 결정 못 하지, 어느 시설에 폭격할 것인지 그것도 지 마음대로 결정 못하는 나라가…(후략)"라는 식으로 폄하하기까지 했다.[453]

국가안보전략에서 가장 중요한 과제는 "어떻게 전쟁을 예방하고, 유사시에 승리할 것인가?"이다. "누가 군을 지휘하는가?"는 그 다음의 문제다. 특히 전쟁의 억지, 승리를 위한 핵심적인 능력을 대부분 동맹국에 의존해야 하는 상황에서 '군사주권'을 따지는 것은 사치에 불과하다. 다시

"막상 전쟁이 나면 국군지휘권도 한국 대통령이 갖고 있지 않다"라고 발언한 바 있다. 하지만 작전통제권을 비롯한 군령권은 기본적으로 고급장교, 즉 군인의 권한이며, 국가원수가 갖는 군 통수권에 비하면 하위개념에 불과하다. 앞으로 환수될 한국군의 전시작전통제권을 직접 행사하는 주체도 대통령이 아니라 합참이다. 그러므로 노 대통령의 당시 발언은 무지(無知)에 의한 것이거나, '수평적 한미관계'에 대한 개인적 소신을 부각시키려는 정치적 의도로 해석될 수밖에 없다.

453) 이 발언은 노 대통령이 지난해 12월 21일 민주평화통일자문회의에서 연설한 내용 가운데 포함된 것이다.

말해 군령권의 단독 행사는 독자적인 전쟁억지, 승리능력을 확보하는 과정에서 자연스럽게 이루어지는 결과물이지, 그 자체가 대단한 목적이라고 할 수는 없다. 그런데도 노무현 행정부는 전시작전통제권의 환수가 무슨 독립운동이라도 되는 것처럼 포장했으며, 엉뚱하게도 자주국방을 그 대의명분으로 내세운 것이다. 과거 권위주의 정권과 유력 언론들이 '안보 장사'를 해왔다고 하지만, 노무현 행정부도 '자주 장사'를 벌이고 있다는 비판에서 자유로울 수 없기는 마찬가지다.

노무현 행정부의 의도가 무엇이었는지의 여부와는 상관없이 위와 같은 '군사주권 본위의 자주국방' 추진은 국내 여론의 거센 반발과 논란을 일으켰고, 결국 자주국방을 "자주냐, 동맹이냐?"라는 식의 정쟁(政爭) 대상으로 전락시키는 지경에 이르렀다. 뿐만 아니라 전시작전통제권의 전환이라는 기본원칙에 공감하고 있으며, 오히려 더욱 적극적인 입장을 나타내는 동맹 미국과의 불필요한 오해와 마찰까지 야기할 가능성을 보여주었다.[454] 오늘날 한국은 자주국방 실현을 위한 국내외의 우호적인 여론을 그 어느 때보다 필요로 하는 입장이지만, 정작 노무현 행정부는 이와 정면으로 역행하는 자세를 견지해온 것이다.

그렇다면 전시작전통제권 환수에 강력히 반대하는 야당과 전직 국방장관, 퇴역 장성, 유력 언론사 등을 위시한 소위 보수진영은 이 문제에 떳떳할 수 있을까? 천만의 말씀이다. 그들 역시 '한미동맹 만능주의'에 매몰

454) 한 보기로 리처드 롤리스 미 국방성 동아시아 · 태평양담당 부차관보는 지난해 9월 27일의 미 하원 국제관계위원회의 청문회에서 "전시작전통제권의 이양은 한국과의 군사동맹 관계가 성숙하는 과정을 반영한 자연스러운 진화 단계"라고 답변했지만, 한편으로는 "한국 정부 일각에서 이 문제를 '주권 대 동맹'으로 규정하면서 분열에 강조점을 둔 것은 불행한 일"이라고 지적하여 유감을 나타냈다.

된 나머지, 자주국방을 반미와 동일시하는 오류를 범하고 있기 때문이다. 처음에는 주한미군의 추가 철수, 한반도 유사시 미군 전력증원을 비롯한 안보공약의 소멸 가능성을 강력히 제기했지만, 한미 양국은 이러한 주장들을 곧바로 반박하였다. 그러자 이번에는 더욱 황당무계한 반대 논리가 등장했다. 『국방개혁 2020』을 위한 향후 15년 동안의 국방예산 총액 621조 원을 '전시작전통제권 환수비용'으로 둔갑시키면서 국민부담 문제를 들고 나온 것이다. 군축을 외치는 평화운동가도 아닌, 어느 누구보다 안보를 걱정한다는 사람들이 국방예산 증액을 문제삼는 것은 그야말로 기현상이 아닐 수 없다. 이러한 모습들은 정상적인 안보의식이나 애국심과는 거리가 먼 '극단적인 대미 의존심리'에 불과하다.

이러다가 혹시 금년 말의 대통령 선거에서 정권교체가 이루어진다면, 현재 국방당국이 의욕적으로 추진하고 있는 각종 전략급 무기체계의 획득사업이 하루아침에 대폭 축소 내지 백지화되는 것은 아닌가 하는 걱정마저 든다. "한미동맹만 있으면 충분한데, 왜 돈 많이 써가면서 그런 걸 들여와야 하는가?"라면서 말이다. 그들은 미국의 정치적 지지를 대가로 박정희 행정부가 공들여 추진해 왔던 탄도미사일과 핵무기 개발계획을 하루아침에 포기해 버린 전두환 행정부의 과오가 한국 안보에 얼마나 큰 손실을 가져왔는지 벌써 잊었단 말인가? 게다가 과거 구한말과 같은 '강대국들의 틈바구니에 낀 샌드위치' 신세가 될 것을 걱정한다면서, 정작 이를 타개하기 위한 국방예산 증액에 대해서는 "과도한 경제부담", "한미동맹 약화" 운운하며 냉소를 퍼붓는 것은 무슨 이율배반인가? '국가안보'와 '한미동맹'의 이름으로 자주국방 무용론을 외치는 이들은 야당인 국민당의 반대로 전력확충에 번번이 실패하고 있는 대만이 오늘날 얼마나 큰 어려움에 빠져 있는지를 명심해야 할 것이다.

정리하자면 노무현 행정부는 자주국방의 중요성을 강조한 나머지 이를 정치 선전구호로 변질시켰으며, 보수진영은 한미동맹에만 의존하는 타성에 젖어 자주국방 자체가 불가능하다는 패배주의에 빠져 있다. 이제 균형감각을 되찾아야 할 시점이다. 자주국방의 핵심은 한국의 독자적인 전쟁의 억지, 승리를 보장해 주는 자력방위능력이며, 이를 전제로 하지 않는 전시작전통제권 환수는 '자주국방의 꽃'이 아닌 '유명무실한 휴지조각'에 불과하다. 따라서 노무현 행정부의 남은 임기 동안은 물론, 오는 12월의 제17대 대통령 선거를 통해 출범할 새 정부는 ① 적정수준 국방예산의 안정적 확보, ②『국방개혁법』에 의거한 국방개혁과제의 차질없는 실천, ③ 공식 국가안보전략과 군사전략의 수립 및 발전 그리고 ④ 전시작전통제권 환수를 비롯한 한미동맹관계의 각종 현안관리 등에 주력해야 한다. 특히 다음 정부는 임기 동안에『국방개혁 2020』의 제1단계를 마무리하고 제2단계로 본격 진입하는 중차대한 책임을 맡게 될 것이다. 이 과정에서 다음 정부는『국방개혁 2020』을 비롯하여 노무현 행정부가 첫 삽을 뜬 자주국방의 초기 혼란을 바로잡고, 이를 본 궤도에 올리기 위한 노력에 만전을 기울여야 한다. 이와 같은 정책적 노력은 없이 전시작전통제권 환수가 자주국방의 전부라고 착각하여 군사주권 타령만 한다면, 그것은 자주국방이 아니라 4,800만 국민들의 안전을 담보로 한 자해 내지 자살행위가 될 것이다.

국가안보가 기득권 세력의 이익을 대변하기 위한 상징조작 수단이나 정쟁의 소재로 변질되는 구태의 반복은 그 누구에게도 도움이 되지 않는다. 안전보장은 일국의 생존과 평화 그리고 자유와 직결되는 최고 수준의 국익이며, 국익 앞에서 보수와 진보, 여당과 야당의 차이란 무의미한 것이기 때문이다.

에필로그

'팍스 코리아나'를 위하여

본 연구를 마무리하면서 필자는 다시 한번 가장 기본적인 질문을 던지고 싶다. 왜 한국은 자주국방을 해야 하는가? 단순히 다른 나라들에게 "우리는 자주 독립국가다"라고 자랑하기 위해서? 물론 그렇지 않다. 스스로의 의지와 상관없이 오늘날 한국은 북한이나 주변 강대국을 비롯한 외부 세력들로부터 '자기보존'과 '위험 예방'에 대한 위협을 받고 있으며, 공동안보나 군비통제 그리고 미국과의 동맹을 비롯한 다른 선택들로 이에 맞서기에는 엄연히 한계가 있기 때문이다.

한국의 자주국방이 지향해야 할 목적은 '주석궁에 탱크를 몰고' 북진통일을 완성하는 것이 아니며, 만주를 수복하여 고구려와 발해의 영광을 되살리는 것도 아니다. 『무궁화 꽃이 피었습니다』와 『남벌(南伐)』에서처럼 일본을 정벌하려는 것 또한 아니다. 오직 4,800만 국민과 7,000만 겨레의 터전인 이 땅에서 "사느냐, 죽느냐"와 "전쟁이냐, 평화냐" 그리고 "자유냐, 속박이냐"의 여부를 결정할 권리를, 민족을 볼모로 삼는 시대착오적인 독재세력과 이방인들의 부당한 간섭과 압박으로부터 지켜내기 위해서다. 이것은 반드시 이루어야 할 지극히 정당한 과제이며, 충분히 해낼 수 있다. 주변 강대국들과의 상대적 비교에서 열세에 놓여있을 뿐, 세계 11대 경제대국이자 세계 6위의 군사력을 보유한 한국 자체는 결코 약소국일 수 없기 때문이다.

한국의 자주국방 실현은 한국만을 위한 것이 아니다. 중국, 일본, 러시아를 비롯한 강대국들에 둘러싸여 있으며, 여러 차례씩이나 이들의 '땅따먹기' 각축장이 되어 온 한반도의 안전은 동북아시아와 세계질서의 안정 여부와도 직결되는 문제일 수밖에 없다. 그리고 '약한 한국'은 한민족의 수난과 불행만으로 그치지 않았으며, 항상 동아시아와 세계에 분쟁과 전쟁의 불씨가 되어 왔다.

지난 19세기와 20세기 초 중국과 러시아, 일본 세 나라가 동북아시아의 지배권을 손에 넣기 위해 힘 없는 한반도를 놓고 전쟁을 치렀으며, 여기서 승리한 일본은 한반도를 발판으로 삼아 본격적으로 아시아 전체에 대한 침략을 일삼았다. 난징대학살과 태평양전쟁과 같은 비극도 여기서 비롯되었다. 냉전시대의 첫 번째 무력분쟁이 일어난 곳도 다름 아닌 미국과 소련 두 초강대국의 손에 분단된 약소국 한국이었다. 3년 동안 계속된 이념적 대리전쟁의 결과로 한반도는 철저히 파괴되었으며, 냉전 구도는 더욱 고착되었다. 이후 세계는 40년 가까이 냉전과 핵전쟁의 망령에 시달려야만 했다.

한국에게 '냉전과 전쟁의 공포'는 지나간 역사가 아니라 바로 이 순간에도 휴전선과 영변, 독도 등지에서 목격되고 있는 현재진행형이며, 언제든지 이 땅에서 살고 있는 모든 이들의 삶과 행복을 송두리째 망가뜨리는 재앙으로 다가올 수 있다. 그때 가서 폐허와 시체들을 붙잡고 또 다시 강대국의 횡포, 약소국의 설움 운운하는 넋두리만 늘어놓을 수는 없는 일이다. 세계의 정치・경제질서에서 그 중요성이 날로 커져가는 한편으로 여전히 강대국들 사이의 대립과 경쟁의 구도가 남아있는 동북아시아의 현실 속에서 한국이 계속 정치·군사적인 약소국으로 머무른다면 침략과 전쟁 그리고 압제로 점철되었던 지긋지긋한 비극의 역사는 앞으로도 몇 번이고 반복될 것이다. 북한도 자신들에게 혼자서는 맞설 능력이 없는 한국보다 미국과의 직접 담판만을 고집할 것이며, 한국에 대해서는 단지 정권의 수명을 유지하기 위한 경제협력과 지원, 제한적인 인적교류 그리고 '민족공조'로 포장된 내부분열 획책에만 열을 올릴 것이다.

이 점에서 필자는 소위 반전(反戰)·평화주의자를 자처하는 이들에게 섭섭함과 실망감을 금할 수 없다. 마치 지구상에서 전쟁을 일으킬 나라는 한국과 미국밖에 없다고 생각하는 듯 한국군과 미군의 연합군사훈련만 있으면 몰려들어 온갖 방해를 일삼는가 하면, 평택에서는 주한미군의 새 사령부와 기지 건설을 담당할 비무장 장병들에게 폭력을 휘두르는 행패마저 부렸다. 한국의 생명선인 해상교통로를 지켜낼 신형 군함들을 수용하기 위한 제주도 해군기지는 몇 년째 시작도 하지 못하고 있다. "'평화의 섬' 제주도에 군 기지가 웬 말이냐?"는 것이 반대론자들의 주장이다. 그러면서 정작 한반도와 동북아시아의 평화에 훨씬 부정적인 파급력을 가져오는 북한의 대량살상무기 개발과 대남 적대행위, 주변 강대국들의 군비경쟁, 독도, 대륙붕 및 EEZ, 그리고 역사 왜곡을 대상으로 한 영유권 침해 등은 애써 외면하고 있는 것이 이 땅의 '반전·평화주의자'의 현주소다. 그런 식의 평화는 '한국·한민족을 위한 평화'와는 거리가 먼 '외세와 평양의 독재자들을 위한 평화'에 불과하다.

한국을 몇 번이고 파멸시킬 수 있는 북한의 대규모 병력과 대량살상무기는 '강대국의 압력으로부터 생존을 보장받기 위한 협상수단'이라면서 애써 두둔하는 반면에, 북한이 탄도미사일을 발사하지 않는 이상 전혀 사용할 일도 없을 패트리어트 지대공미사일의 배치를 '전쟁을 부추기는 행위'라고 반발하는 장면에서는 아연실색할 수밖에 없다. 이런 사람들의 주장과 행동에 과연 '평화'라는 수식어가 붙을 자격이 있는 것일까? 도대체 그들이 원하는 평화는 누구를 위한 것이란 말인가? 오히려 인류 최악의 냉전 · 수구세력인 북한정권과 팽창지향적인 주변 강대국들을 위한 '쓸모있는 바보들(Useful Idiots)'로 전락하여 자신들도 모르게 한국의 안전뿐만 아니라 동북아시아와 세계의 평화를 해치는 공범이 될 뿐이다.

지금으로부터 정확히 100년 전인 1907년 네덜란드 헤이그에서는 제2차 만국평화회의가 열렸다. 하지만 그 자리에는 '강대국들을 위한 평화'만이 존재했을 뿐, 일본 제국주의의 침탈에 항의했던 이준, 이상설, 이위종 등 특사 3인의 목소리는 무참하게 외면당했다. 평화라고 다 같은 평화가 아닌 것이다. 우리가 추구해야 할 평화는 '한국 · 한민족을 위한 평화'이며, 막아야 할 선생은 '북한과 주변 강대국에 의한 전쟁'이다. 전시작전통제권 환수의 당위성을 주장할 때는 "북한의 군사적 위협은 부풀려진 것"이라고 큰소리쳤다가 정작 핵과 미사일을 앞세운 북한의 횡포에 분노하는 국민들에게는 도리어 "그럼 전쟁하자는 말인가?"라며 윽박지르고, 고작 몇 차례의 이벤트성 정치회담이나 공허한 미사여구로 가득찬 성명이나 선언만으로 평화가 완성된다고 착각하는 자들이 국가안보를 책임지는 일은 두 번 다시 없어야 한다.

하지만 그 반대로 한국이 외부 세력들과의 대결에서 자력으로 전쟁을 억지하거나 승리할 수 있다면, 강대국들은 감히 한반도를 동북아시아에서의 주도권 경쟁을 위한 그들의 각축장이나 홍정 대상으로 삼지 못하게 될 것이다. 그 결과 어떠한 강대국들도 동아시아에서 절대적인 세력우위를 점하기 어려워지면서 이들 사이의 무력분쟁 가능성을 크게 낮추는 계기를 마련할 뿐만 아니라, 궁극적으로는 강대국들로 하여금 군비팽창의 한계를 깨닫고 공동안보와 군비통제를 비롯한 '협력에 의한 전략'의 우선순위를 높이도록 촉진할 수 있다. 이 과정에서 한국이 보다 적극적인 역할을 맡을 수 있게 될 것임은 물론이다. 그리고 북한도 자력으로 스스로를 지킬 수 있는 한국을 더 이상 무시할 수 없게 되면서 보다 성의있는 자세로 한국과의 대화와 협력에 임하게 될 것이며, 그 결과 한반도의 평화와 통일을 위한 한국의 주도권은 더욱 커질 것임에 틀림없다.

동아시아와 세계의 평화가 깨졌던 때는 바로 한반도의 주권, 평화, 자유가 가장 위협받던 시기와 정확히 일치하며, 동시에 한국이 가장 허약한 시대였다. 이는 역사가 증명하는 사실이다. **따라서 한국이 진정으로 동아시아와 세계의 평화에 기여할 수 있는 최선의 길은 바로 자주국방의 실현이다.** '강한 한국'이야말로 한반도뿐만 아니라 동아시아, 그리고 세계의 평화, 번영을 약속하는 열쇠다. 이것이 바로 필자가 주장하는 '강한 한국에 의한 평화', 즉 '팍스 코리아나(Pax Koreana/Coreana)'의 요지다.

어떤 식으로든 한국은 앞으로 스스로의 '자기보존'과 '위험 예방'에 대해서 보다 큰 책임을 지게 될 것이다. 그렇다면 앞으로 새로이 한국을 책임져야 할 현재와 다음 세대는 마땅히 이 나라의 장래를 스스로 개척하기 위한 준비를 해야 한다. 그 가운데서도 가장 중요한 과제는 바로 전쟁 억지, 승리 능력의 자립을 통하여 한국의 독자적인 정치 · 군사적 지렛대를 확보하는 것이다. 이는 단순한 구호나 기도 이상의 고민과 노력 그리고 실천을 요구하고 있다. 불안정하기 짝이 없는 줄타기 외교, 한국의 필요에 따라 100% 움직여 준다는 보장도 없는 한미동맹에 대한 맹신, 김정일 정권 추종만이 민족화해와 평화, 통일의 길인양 착각하는 사이비 민족주의, 평화의 이름을 도용한 공상적 군축론, 그리고 냉소주의와 패배주의는 한국의 선택이 될 수 없다. 한국이 동아시아에서 '고래 싸움에 등 터지는 새우', '강대국들의 길들이기 대상' 취급을 받는 시대는 지난 20세기로 끝을 맺어야 한다.

대한민국의 생존과 자유, 평화 그리고 운명을 결정하는 주인은 다른 누구도 아닌 4,800만의 한국 국민과 7,000만 한민족이다. 결코 김정일이나 부시, 아베, 후진타오, 푸친일 수 없다. 그리고 이를 보장해 주는 것은 월드컵 4강이나 촛불집회가 아닌 '한국에 의한, 한국을 위한, 한국의 자주국방 전략과 능력'뿐이다. 우리 자신의 안전뿐만 아니라 동아시아 그리고 세계의 평화를 위해서, 이제 더 이상 스스로 강해지는 것을 두려워하지 말자.

:: 참고문헌

1. 정부자료

건설교통부, 『건설교통통계연보 2006』, 건설교통부, 2006.
공군본부, 『외국 군구조 편람 2005』, 공군본부, 2005.
_____, 『제262회 정기국회 국정감사 업무보고』, 2006년 10월 17일.
국가안전보장회의 상임위원회, 『평화번영과 국가안보: 참여정부의 안보정책구상』, 국가안전보장회의 사무처, 2004.
국가정보원 · 정보통신부 공편, 『국가정보보호백서 2006』, 국가정보원, 2006.
국방부, 『국방백서 2006』, 국방부, 2006.
_____, 『제250회 국회 국방위원회 2004년도 국정감사요구자료(Ⅰ)』, 2004년 10월.
_____, 『제250회 국회 국방위원회 2004년도 국정감사요구자료(Ⅱ)』, 2004년 10월.
_____, 『제256회 국회 국방위원회 2005년도 국정감사요구자료(Ⅱ)』, 2005년 9월.
_____, 『21세기 선진정예국방을 위한 국방개혁 2020(안)』, 국방부 보도자료, 2005년 9월 15일.
_____, 『제262회 국회 국방위원회 2006년도 국정감사요구자료(Ⅰ)』, 2006년 10월.
국방부 군비통제관실, 『대량살상무기(WMD) 문답백과』, 국방부, 2004.
국방부 군사편찬연구소, 『韓美 軍事關係史 1871-2002』, 국방부 군사편찬연구소, 2002.
국방부 군사혁신단, 『한국적 군사혁신의 비전과 방책』, 국방부, 2003.
국방부 정책실 편, 『한미동맹과 주한미군』, 국방부, 2002.
국방정보본부, 『2003~2004 世界軍事動向』, 국방부 국방정보본부, 2004.
_____, 『2005~2006 世界軍事動向』, 국방부 국방정보본부, 2006.
기획예산처, 『2006~2010년 국가재정운용계획』, 2006년 10월.
방위사업청, 『제262회 국회 국방위원회 2006년도 국정감사요구자료』, 2006년 10월.

비상기획위원회, 『제250회 국회정무위원회 2004년도 국정감사요구자료』, 2004년 10월.
산업자원부, 『산업자원백서 2005』, 산업자원부, 2006.
육군본부, 『제262회 정기국회 국정감사 업무보고』, 2006년 10월 16일.
통계청 인구동향과, 『장래인구추계 결과』, 통계청, 2006년 11월.
통계청 행정정보과, 『통계로 본 남북한의 모습』, 통계청, 2005.
통일부, 『통일백서 2004』, 통일부, 2004.
해군본부, 『제262회 정기국회 국정감사 업무보고』, 2006년 10월 17일.
해군 전투발전단, 『해양전략용어 해설집』, 해군본부, 2004.
해병대 전투발전단 편, 『세계 해병대 구조 및 무기체계 편람』, 해병대사령부, 2004.
해양수산부, 『2002-2003 해양수산백서』, 해양수산부, 2004.
_____, 『해양수산통계연보 2006』, 해양수산부, 2006.
행정중심복합도시 건설청 홍보기획팀, 『행정중심복합도시 건설 기본계획 50문 50답』, 충남: 행정중심복합도시 건설청, 2006.

2. 단행본

강영오, 『安保軍事戰略論』, 서울: 한국해양전략연구소, 2003.
강영오 · 이식희, 『均衡海軍戰略論』, 서울: 한국해양전략연구소, 1999.
강진석, 『한국의 안보전략과 국방개혁』, 서울: 평단문화사, 2005.
강호국 등, 『지형 및 기상』, 서울: 양서각, 1999.
고성윤 등, 『2003-2004 동북아 군사력』, 한국국방연구원, 2004.
_____, 『2005-2006 동북아군사력』, 한국국방연구원, 2006.
공의식, 『現代日本의 政治』. 부산: 세종출판사, 1998.
구상회, 『韓國의 防衛産業-展望과 政策』, 성남: 세종연구소, 1998.
구영록 저, 『한국의 國家利益: 외교정치의 現實과 理想』, 서울: 법문사, 1995.
권태영 등, 『동북아 전략균형 2006』, 서울: 한국전략문제연구소, 2006.
김광석 편저, 『用兵術語研究』, 병학사, 1998.
김구섭 · 차두현, 『북한의 권력구조와 권력엘리트』, 한국국방연구원, 2004.
김덕기, 『21세기 중국해군』, 서울: 한국해양전략연구소, 2000.
김상태 등, 『자연현상과 전장환경』, 서울: 양서각, 2003.
김일영 · 조성렬, 『주한미군-역사쟁점전망』, 서울: 한울아카데미, 2003.
김종하 · 김재엽, 『국방개혁 2020 추진방향과 입법과제』, 한남대 국방전략연구소, 2005.
김태우 · 김재두, 『미국의 핵전략 우리도 알아야한다』, 살림, 2003.
김태우 · 신성택 등, 『북한 핵문제 종합적 대처방안』, 한국국방연구원, 2003.
김태우, 『한국핵은 왜 안되는가』, 서울: 지식산업사, 1994.

_____, 『미사일 안보와 미사일 주권』, 성남: 세종연구소, 1999.
김태효, 『韓美日 安保協力의 可能性과 限界』, 서울: 외교안보연구원, 2003.
남만권, 『군비통제 이론과 실제』, 한국국방연구원, 2004.
노병천, 『이것이 한국전쟁이다』, 서울: 21세기 군사연구소, 2000.
로버트 김 후원회 엮음, 『집으로 돌아오다』, 서울: 한길사, 2004.
문정인 편저, 『국가정보론』, 서울: 박영사, 2002.
박경일 편저, 『동북아 안보의 도화선은 어디에 있는가?』, 서울: 한국해양전력연구소, 2003.
박경현, 『한국의 군사전략』, 국방대학교 합동참모대학, 2005.
박주현 등, 『참여정부의 국방비전과 적정 국방비』, 한국국방연구원, 2003.
박휘락, 『전쟁, 전략, 군사입문』, 서울: 법문사, 2005.
배정호, 『일본의 국가전략과 안보전략』, 서울: 나남출판, 2006.
백재옥 · 성채기 · 박주현, 『국방부문의 경제적 역할 분석』, 한국국방연구원, 2003.
백재옥 · 성채기 등, 『한미동맹의 경제적 역할 평가 및 정책방향』, 한국국방연구원, 2005.
백재옥 · 박주현 · 임길섭 등, 『'05 국방예산 분석평가 및 '06 전망』, 한국국방연구원, 2005.
백재옥 · 박수현 · 김상호 등, 『'06 국방예산 분석평가 및 '07 전망』, 한국국방연구원, 2006.
서진영, 『21세기 중국외교정책』, 서울: 폴리테이아, 2006.
성채기 · 박주현 등, 『북한 경제위기 10년과 군비증강 능력』, 한국국방연구원, 2003.
에너지경제연구원, 『비상시 석유수급 안정화방안 연구』, 에너지경제연구원, 1996.
이민룡, 『김정일 체제의 북한군대 해부』, 서울: 황금알, 2004.
이상우, 『북한정치입문』, 서울: 나남출판, 2000.
이정훈, 『한국군의 비전-대양해군』, 서울: 동아일보사, 2003.
이춘근, 『과학기술로 읽는 북한 핵』, 서울: 생각의 나무, 2005.
임덕순, 『地政學: 理論과 實際』, 서울: 법문사, 1999.
임상민 著, 『병기지식의 ABC: 항공병기편』, 서울: 군사정보, 1999.
임채정 외, 『간도에서 대마도까지-한중러일 영토문제 현장』, 서울: 동아일보사, 2005.
육군사관학교 편저, 『무기체계학』, 서울: 청문각, 2001.
윤기철, 『전구미사일방어(TMD)』, 서울: 평단문화사, 2000.
장명순, 『북한군사연구』, 서울: 팔복원, 1999.
장명순 등, 『회전익 혁명』, 한국국방연구원, 1999.
전상조 편저, 『作戰原理』, 서울: 연경문화사, 1998.

전 웅, 『外交政策論』, 서울: 법문사, 1986.
정의승, 『한국형 잠수함 KSX』, 서울: (주)고려원북스, 2006.
조영갑, 『국가안보학』, 서울: 선학사, 2006.
중앙일보 특별취재팀, 『실록 박정희』, 서울: 중앙 M&B, 1998.
하대덕, 『軍事戰略學: 전략이론의 과학화와 체계화』, 서울: 을지서적 출판부, 1998.
한국국방안보포럼 엮음, 『전시작전통제권 오해와 진실』, 플래닛미디어, 2006.
한국농촌경제연구원, 『2005년 식품수급표』, 한국농촌경제연구원, 2006.
한국무역협회 무역연구소, 『208개 경제무역사회지표로 본 대한민국 2006』, 한국무역협회, 2006.
한용섭 등, 『동아시아 안보공동체』, 서울: 나남출판, 2005.
허문영 등, 『2007년 북한 신년 공동사설 분석』, 통일연구원, 2007.
황재연 · 박재석 · 김정환 공저, 『2007 한국군 연감』, 서울: 군사연구, 2006.
홍대권, 『자주군수능력과 국가안보』, 성남: 세종연구소, 1998.
황병무, 『전쟁과 평화의 이해』, 서울: 오름, 2001.

3. 논문 및 기고문

강영오, "참여정부의 국가안보전략", 「군사논단」, 2004년 가을호, 통권 제40호.
김덕주, "러시아의 에너지자원 개발동향과 우리의 대응", 『주요국제문제분석』, 서울: 외교안보연구원, 2006년 4월 3일.
김의순, "전술데이터링크 운용 개념과 차세대 C^4ISR 체계", 「국방정책연구」, 2006년 겨울호.
김정익, "미래 기계화부대 지휘 구조 발전을 위한 제언", 「週刊國防論壇」, 2005년 8월 22일.
김재엽, "예방적 군사행동이 정당화되기 위한 조건들에 관한 고찰", 「軍事世界」, 2004년 1월호
김종하, "국방개혁의 핵심과제", 「한겨레」, 2004년 8월 25일자.
______, "한국 방위산업의 구조혁신-전문화계열화 제도 개선방안", 국무조정실 국방획득제도개선위원회, 『한국 방위산업의 경쟁력 강화방안: 국회 국방정책 토론회 자료』, 김명자 의원실, 2004년 12월 7일.
______, "미래전장 환경에 대비한 국방조직 발전방향", 김기정이성훈김순태 편, 『세계적 국방개혁 추세와 한국의 선택』, 서울: 오름, 2006.
김태우, "이스라엘의 국가생존 역사와 전략", 「국방정책연구」, 2001년 가을호
______, "비핵화공동선언 재고해야 한다", 「세계일보」 2006년 12월 30일자.
김태준, "군사적 측면에서 독도가 국가안보와 동해의 세력확보에 미치는 영향", 서대구JC

엮음, 『독도가 한국을 살린다』, 백산서당, 2004.
남만권, "핵 포기시 한국전 종료 선언'의 의미와 심각성", 「동북아 안보정세분석」, 2006년 12월 6일.
노훈 · 이재욱, "사이버전의 출현과 영향, 그리고 대응방향", 「국방정책연구」, 2001년 가을호.
동아시아연구원 국가안보패널, "북, 제재국면 전환 노려 국지도발할 가능성", 「조선일보」, 2007년 1월 4일자.
문장렬, "'한국주도의 한국방위'의 조건들", 「教授論叢」, 2000년 6월호, 통권 제18집.
박철희, "일본 9.11 총선의 의미와 한일관계 전망", 『주요국제문제분석』, 서울: 외교안보연구원, 2005년 9월 29일.
박충제, "한국군의 국방개혁 방향", 「軍事世界」, 2005년 9월호.
송화섭, "한일 안보협력의 장애요인과 극복방안", 「동북아 안보정세분석」, 2005년 9월 9일
신성택, "비살상 무기체계의 등장과 아국의 대응방향", 「合參」 통권 제20호, 2003년 1월호.
신현수 · 김정홍, "원자재 수급현황과 대책", 「KIET 실물경제」 통권 123호, 1998년 4월 1일.
안보경영연구원, "한국의 미사일 방어정책, 이대로 좋은가?", 「SMI 이슈 & 리포트」 제10호, 2006년 5월 15일.
양준호, "일본판 네오콘의 급부상", 「SERI 경제포커스」 제66호, 2005년 11월 14일.
유봉영, "外寇와 鑑訣 所謂十勝之地", 「白山學報」, 1970년 6월호, 통권 제8호.
유용원, "이러고도 '사단급 훈련' 이라고?", 「조선일보」, 2006년 11월 9일자.
______, "이어도에서 韓中 해양 분쟁 일어나면…", 「조선일보」, 2006년 11월 29일자.
______, "위성 추적감시 시스템 구축 시급", 「국방일보」 2007년 2월 15일자.
윤덕민, "북한의 탄도미사일 프로그램 평가", 『주요국제문제분석』, 서울: 외교안보연구원, 2006년 7월 26일.
윤영노, "세계 주요국가의 정찰위성 개발동향", 「週刊國防論壇」 2003년 6월 30일
이동휘, "BRICs의 국제 정치경제적 중요성과 우리의 대응", 『주요국제문제분석』, 서울: 외교안보연구원, 2006년 11월 10일.
이상현, "협력적 자주국방 구현을 위한 해군력 건설방향", 『제11회 함상토론회-국방개혁 2020과 한국의 해양안보』, 해군본부, 2006년 5월 25~26일.
이승현, "통일비용: 정확한 추산과 국민의 참여", 「國會圖書館報」, 제42권 제1호, 통권 제309호, 2005년 1월.
이영훈, "남북경협의 현황 및 평가", 한국은행, 2006년 12월

이원길, “전자기 펄스탄의 공격에 대비하자”, 「국방과 기술」, 2004년 3월호.

이원덕, “일본사회의 우경화와 안보정책 전환: 군사적 보통국가를 향하여”, 김호섭 등 지음, 『일본우익연구』. 서울: 중심, 2000.

이재욱, “북한의 대량살상무기 위협과 우리의 대응방안”, 「국방정책연구」, 2004년 가을호.

임상민, “한반도 주변국 전투기의 전력과 전망-일본을 중심으로”, 「軍事世界」, 2005년 11월호.

임상민 · 김병로 · 이일우, “2020년 주변국 공군전력 분석 및 전력지수 연구”, 『항공우주무기체계 발전세미나 2006 논문집』, 국방과학연구소공군 전투발전단, 2006년 10월 26일.

전진호, “일본의 원자력 정책”, 『한국의 核주권』, 「신동아」 2006년 12월호 특별부록.

정병호, “북한의 군사능력 평가 및 전망”, 차영구황병무 편저, 『국방정책의 이론과 실제』, 서울: 오름, 2004.

정준호, “國家安全保障의 概念과 展開”, 『安全保障理論』, 서울: 국방대학교, 2002.

정의승, “잠수함의 비밀-‘No라고 말할 수 있는 한국’이 되기 위한 최선의 방법”, 「World Village」, 2004년 겨울호, 통권 7호.

제성호, “북한 붕괴 · 대규모 탈북 등 최악의 시나리오 대비해야”, 「주간조선」, 2004년 10월 28일.

조성렬, “북한의 핵미사일 전력과 미사일지도국”, 전현준 등, 『10.9 한반도와 핵』, 서울: 이룸, 2006.

최명상, “한국의 국방개혁과 군 구조 개편의 과제”, 김기정이성훈김순태 편, 『세계적 국방개혁 추세와 한국의 선택』, 서울: 오름, 2006.

하광희, “야전포병의 대화력전 수행 능력 발전을 위한 제언”, 「週刊國防論壇」, 2005년 2월 14일.

하용출 · 심경욱, “러시아연방 극동 전략태세의 현황과 전망”, 한국전략문제연구소, 『동북아 재래식군사력 평가』, 서울: 홍문당, 1999.

한용섭, “전시작전통제권 환수문제”, 심지연 · 김일영 등, 『한미동맹 50년: 법적 쟁점과 미래의 전망』, 서울: 백산서당, 2004.

______, “한국 국방정책의 변천과정”, 차영구 · 황병무 편저, 『국방정책의 이론과 실제』, 서울: 오름, 2004.

함택영 · 서재정, “북한의 군사력 및 남북한 군사력균형”, 함택영 등, 『북한군사문제의 재조명』, 서울: 한울아카데미, 2006.

4. 언론보도

강경희, "세계軍費 절반은 미국이 쓴다", 「조선일보」, 2006년 6월 14일자.

강민석, "원자력 주권회복 한 · 미협정 바꾼다", 「중앙 SUNDAY」, 2007년 3월 25일자.

강정민 · 황일도, "美 NRDC의 한반도 핵폭격 시뮬레이션", 「신동아」, 2004년 12월호.

______, "美 노틸러스연구소의 '북한군 戰時 연료수급능력 시뮬레이션", 「신동아」, 2006년 8월호.

강찬호, "미군 재배치 전략 부합 '손해 없는 게임'", 「중앙일보」, 2006년 8월 11일자.

강의영, "일심회-통일전선체 구축 시도", 「연합뉴스」, 2006년 12월 8일자.

고태성, "北 고농축우라늄 美 평가 엇갈려", 「한국일보」, 2007년 2월 25일자.

고태성 · 장인철, "北美 '한반도 평화체제' 구축 합의", 「한국일보」, 2007년 3월 7일자.

공만식, "첨단무기체계 독자개발", 「국방일보」, 2004년 6월 23일자.

국방부 기획조정관실, "국방운영의 문민기반 확대", 「국방일보」, 2005년 10월 6일자.

______, "지원부대 외주 확대", 「국방일보」, 2005년 10월 12일자.

국방부 동원국, "예비전력 정예화 · 동원체제 개선", 「국방일보」, 2005년 10월 20일자.

권영석, "중국 정부, 항공모함 건조 사실 공식 시인", 「연합뉴스」, 2007년 3월 18일자.

김가영, "해군 지휘체계 단순화", 「국방일보」, 2007년 3월 8일자.

김귀근, "中, 한반도 유사시 北에 제한적 군사력 지원", 「연합뉴스」, 2004년 10월 5일자.

______, "軍, 향토사단 4~5개 감축 추진", 「연합뉴스」, 2005년 10월 16일자.

______, "美 8군사령부 '위상' 어떻게 변화되나", 「연합뉴스」, 2006년 9월 29일자.

______, "핵무기 추가 제조 가능성", 「연합뉴스」, 2006년 10월 9일자.

______, "한반도 유사시 전개되는 미 전력은", 「연합뉴스」, 2006년 10월 13일자.

______, "참여정부 국방비 증가율 역대정권 5위", 「연합뉴스」, 2006년 10월 13일자.

______, "합참조직 17년만에 '대수술' 착수", 「연합뉴스」, 2007년 2월 15일자.

______, "한미, 합동군사훈련 종합적 재검토 착수", 「연합뉴스」, 2007년 2월 25일자.

______, "軍, 2012년까지 '비행 폭탄' 개발", 「연합뉴스」, 2007년 3월 21일자.

______, "북한군, '공기부양 전투함' 실전배치", 「연합뉴스」, 2007년 4월 1일자.

김귀근 · 이귀원, "軍, 전시작통권 환수대비 5~6년간 세부일정 마련", 「연합뉴스」, 2006년 8월 17일자.

______, "유도탄사령부, 28일 중부지역에 창설", 「연합뉴스」, 2006년 9월 27일자.

김당, "정보 자주화 없는 자주국방은 공염불", 「시사저널」, 1996년 10월 7일.

김민석, "집중해부 NLL: 서해 5도-서울, 평양 넘보는 요충지", 「중앙일보」 2002년 7월 10일자.

김민석 · 김성탁, "한국, 크루즈 미사일 개발 중", 「중앙일보」, 2006년 7월 8일자.

김병륜, "미군 군구조 개편", 「국방일보」, 2005년 5월 26일자.

______, "東중국해 해양분쟁 가능성 상존", 「국방일보」, 2006년 3월 16일자.
김세동, "軍의 문민통제", 「문화일보」, 2004년 8월 4일자.
김승범, "해군기지 건설 '평화의 섬' 방향에 달려", 「연합뉴스」, 2006년 12월 1일자.
김정곤, "공군, 제주에 전략기지 만든다", 「한국일보」, 2006년 4월 12일자.
______, "해병대 헬기부대 생긴다", 「한국일보」, 2006년 9월 6일자.
김현기, "북한 우라늄 원심분리기 2600개 만들 부품 입수", 「중앙일보」, 2005년 6월 5일자.
김현준, "우리 영해에 8번째 광구 생긴다", 「연합뉴스」 2006년 5월 25일자.
박기성, "이어도, 한중 해양분쟁 출발점 될 수도", 「연합뉴스」, 2006년 9월 14일자.
박병진, "군도 유가 고공행진 '초비상'…훈련통합 · 비행시간 등 축소", 『세계일보』, 2006년 4월 25일자.
박영민, "병 복무기간 2014년까지 6개월 단축", 「국방일보」, 2007년 2월 6일자.
박용채, "中, 韓日 공동대륙붕 넘보나", 「경향신문」, 2006년 3월 9일자.
손철, "대륙붕 개발 다시 본격화", 「서울경제」 2006년 6월 19일자.
신인호, "북핵 한반도 안보에 심각한 위협", 「국방저널」, 2007년 2월호.
신지홍, "日 적기지 공격 공론화-'전수방어' 허물기", 「연합뉴스」, 2006년 7월 10일자.
______, "日 '평화헌법' 공포 60년-'평화주의' 퇴색", 「연합뉴스」, 2006년 11월 1일자.
여영무, "남북화해시대의 지하조직 한민전", 「신동아」, 2000년 11월호.
오원철, "유도탄 개발, 全斗煥과 미국이 막았다", 「신동아」, 1996년 1월호.
유민호, "보수 본류 '기시 후예들' 아시아 정조준", 「주간조선」, 2003년 8월 28일.
유용원 · 정병선, "첨단무기 전시장 빰친 중 · 러 연합훈련", 「조선일보」, 2005년 8월 29일자.
유용원, "가공할 북한의 대량살상무기", 「주간조선」, 2002년 12월 26일자.
______, "北, 김정일 지시로 南 정보 해킹", 「조선일보」, 2004년 5월 28일자.
______, "日 혼자 北 공격? 불가능!", 「조선일보」, 2006년 7월 12일자
______, "北이 지난 5일 쏜 미사일 7발 중 2발은 '최대사정 4000km 新型'일수도", 「조선일보」, 2006년 7월 18일자.
______, "사거리 1000km 크루즈 미사일 실전배치", 「조선일보」, 2006년 10월 25일자.
______, "한국군, 7000t급 이지스함 6척 만든다", 「조선일보」, 2007년 3월 14일자.
윤상호, "한국군 자체 戰力 북한의 83% 수준", 「동아일보」, 2003년 5월 21일자.
이교관, "미국, 간첩침투 알고 있었다", 「시사저널」, 1996년 10월 17일
이귀원, "한미, '개념계획 5029' 완성키로 합의", 「연합뉴스」, 2006년 12월 2일자.
______, "전작권 환수-어떻게 준비하나", 「연합뉴스」, 2007년 2월 25일자.
이기창, "美 합참의장 "추가 전쟁 수행능력 충분"", 「연합뉴스」, 2006년 10월 25일자.

이근영 · 강태호, "핵무기 개발능력 어느 정도? 한국도 3달이면 만든다", 「한겨레」, 2006년 10월 20일자.

이돈관, "中, 비행기 동원 이어도 해양과학기지 감시", 「연합뉴스」, 2006년 9월 13일자.

이동재, "北 재래식 무기만으로도 開戰 24시간 이내 수도권서 2백여만 명 死傷", 「국민일보」, 2004년 8월 20일자.

______, "軍감축 수술 끝나면 별자리 몇개나 사라지나", 「국민일보」, 2006년 6월 21일자.

이상수 · 손원제, "중국 '슈퍼 핵항모' 은밀히 추진", 「한겨레」, 2007년 3월 28일자.

이석종, "제주에 해군기지 건설", 「국방일보」, 2005년 4월 1일자.

______, "북 핵무기 위협대비 예산 증액", 「국방일보」, 2006년 12월 28일자.

이정내, "국과위에 '국방전문委' 신설", 「연합뉴스」, 2006년 11월 29일자.

이장훈, "2.13 합의는 미완성 작품…北의 핵포기 여부, 여전히 의문", 인터넷 신문 업코리아(http://www.upkorea.net), 2007년 2월 16일자.

이정진, "한국 부담할 비용 얼마나 되나", 「연합뉴스」, 2007년 2월 13일자.

이정훈, "北의 욕심, 南의 조심-NLL은 불안하다", 「신동아」, 2006년 5월호

______, "군함 만들어도 정박할 항구가 없다?", 「주간동아」, 2007년 2월 6일.

______, "한국, 올 여름 세계 최대 · 최강의 '슈퍼 이지스' 전투함 띄운다", 「신동아」, 2007년 4월호.

이주형, "디지털 군단 첫 전력화", 「국방일보」, 2006년 6월 27일자

______, "북에 사이버전 담당 부대 있다", 「국방일보」, 2006년 7월 13일자.

정광재, "대한민국 청사진 '비전 2030'", 「매일경제」, 2006년 9월 14일자.

정권현 · 유용원, "자마기지로 이전할 美 UEx부대 한반도 유사시 駐日미군 지휘권", 「조선일보」, 2005년 8월 2일자.

정권현, "美, 日 헌법개정에 힘 실어 주나", 「조선일보」, 2006년 9월 9일자.

정충신, "軍 비축탄약 43% 부족", 「문화일보」, 2000년 10월 19일자.

정혁훈, "비슷한 무기도 따로 생산. 전문화가 되레 발전저해", 「매일경제」, 2004년 9월 7일자.

조선일보 특별취재반, "북 영변원자로 2개 가동 중 동시 파괴땐 중 · 일도 대규모 방사능 피해", 「조선일보」, 2007년 1월 4일자.

조계창, "독도문제에 미국은 어떠한 입장인가", 「연합뉴스」, 2005년 3월 16일자.

조성대, "韓-中 서해 영해 분쟁 소지", 「연합뉴스」, 2004년 8월 5일자.

진병태 · 정주호, "중국 역사왜곡, 서남 · 서북에 이어 동북공정까지", 「연합뉴스」, 2006년 9월 13일자.

채병건, "주한미군 2사단 미래형 사단 개편… '몸집' 줄였지만 전력은 그대로", 「중앙일보」 2005년 7월 6일자.

최영재, "참여정부 핵잠수함사업(SSX) 추진 전모", 「월간중앙」, 2006년 2월호.
최원기, "리비아-파키스탄-북한 핵 개발 3角 커넥션", 「월간중앙」, 2004년 3월호.
______, "중 · 이란, 3000㎞ 미사일 구입", 「중앙일보」, 2005년 2월 5일자.
______, "日 각의 "강제연행 자료 없다" 입장 공식화", 「연합뉴스」, 2007년 3월 16일자.
황대일, "南, 北에 비해 공군은 우세. 육해군은 열세", 「연합뉴스」, 2004년 8월 30일자.
황유성 · 김기현, "러시아, 연해주서 대규모 군사훈련", 「동아일보」, 2004년 6월 19일자.
황유성, "대만, 中대륙 선제공격案 수립", 「동아일보」, 2004년 6월 11일자.
______, "日, 3~6개월 이내 핵무장 가능", 「동아일보」, 2006년 10월 13일자.
황일도, "北 장사정포, 알려지지 않은 다섯 가지 진실", 「신동아」, 2004년 12월호.
______, "전시작통권 환수 이후의 한반도 전쟁 작계(作計)", 「신동아」, 2006년 10월호.
홍인표, "중국軍 사상 첫 1,000km 장거리 기동훈련 '한반도 참전' 겨냥했다", 「경향신문」, 2006년 9월 11일자.

5. 외국단행본

金元奉 · 光藤修 [共]編著, 『最新 朝鮮半島 軍事情報"?全貌』, 講談社, 2000.
日本 防衛廳, 『平城18年版 防衛白書-日本"防衛』, 防衛廳, 2006.
Ashton B. Carter and William J. Perry, *Preventive Defense: a New Security Strategy for America*, Washington D.C: Brookings Institution Press, 1999.
IISS, *North Korea's Weapons Programmes: A Net Assessment*, New York: Palgrave Macmillan, 2004.
______, *Military Balance 2006.*
Klaus Knorr, *Military Power and Potential*, Lexington, Mass.: Heath Lexington Books, 1970.
Jane's Aircraft Recognition Guide, HarperCollins, 1999.
Jane's Tank & Combat Vehicle Recognition Guide, HarperCollins, 2002.
Jane's Fighting Ships 2006-2007, Jane's Information Group, 2006.
James E. Dougherty & Robert L. Pfaltzgraff, Jr., *Contending Theories of International Relations: a Comprehensive Survey*, 2nd edition, New York: Harper & Row, 1987.
James G. Taylor, *Lanchester Models of Warfare*, Monterey: Naval Postgraduate School, 1983.
John M. Collins, *Grand Strategy: Principles and Practices*, Annapolis, Maryland: Naval Institute Press, 1973.
Richard A. Clarke, *Against All Enemies: Inside America's War on Terror*, New York:

Free Press, 2004.
SIPRI, *SIPRI Yearbook 2001: Armament, Disarmament and International Security*, Oxford: Oxford University Press, 2001.
______, *SIPRI Yearbook 2006: Armament, Disarmament and International Security*, Oxford: Oxford University Press, 2006.
The White House, *A National Security Strategy of Engagement and Enlargement*, February, 1995.
______, *The National Security Strategy of the United States of America*, September 17th, 2002.
U.S Joint Chief of Staff, *The National Military Strategy of the United States of America*, Office of the Chairman Joint Chief of Staff, 2004.

6. 외국논문 및 언론보도

Aron L. Friedberg, "Will Europe's Past Be Asia's Future?", *Survival,* Autumn 2000, Vol.42, No.3.
Bruce Bennet, "Weapons of Mass Destruction: The North Korean Threat", *The Korean Journal of Defense Analysis,* Vol. 16, No. 2, Fall 2004.
Joseph S. Bermudez, "Moving Missiles", *Jane's Defense Weekly,* August 3rd, 2005.
Siegfried S. Hecker, "Report on North Korean Nuclear Program", 인터넷 웹사이트 http://www.nautilus.org/fora/security/0697Hecker.html (개재날짜 2006년 11월 15일)
Steven A. Hildreth, "North Korean Ballistic Missile Threat to the United States", *CRS Report for Congress*, January 3rd, 2007.

7. 인터넷 자료

e-나라지표, http//:www.index.go.kr
한국국방연구원 세계분쟁데이터베이스 http://www.kida.re.kr/woww
통계청 통계정보시스템 http://kosis.nso.go.kr
Chinese Defence Today http://www.sinodefence.com
Global Security http://www.globalsecurity.org
Russian Military Analysis http://www.warfare.ru

:: 찾아보기

(ㅅ)

(ㅇ)

(ㅈ)

(숫자·영문)